チャート式® 基礎と演習 数学 C

チャート研究所　編著

はじめに

CHART
（チャート）
とは 何？

C.O.D.(*The Concise Oxford Dictionary*)には，CHART —— Navigator's sea map, with coast outlines, rocks, shoals, *etc.* と説明してある。

海図 —— 浪風荒き問題の海に船出する若き船人に捧げられた海図 —— 問題海の全面をことごとく一眸の中に収め，もっとも安らかな航路を示し，あわせて乗り上げやすい暗礁や浅瀬を一目瞭然たらしめる CHART!
　　　　　　—— 昭和初年チャート式代数学巻頭言

本書では，この CHART の意義に則り，下に示したチャート式編集方針で問題の急所がどこにあるか，その解法をいかにして思いつくかをわかりやすく示すことを主眼としています。

チャート式編集方針

1
基本となる事項を，定義や公式・定理という形で覚えるだけではなく，問題を解くうえで直接に役に立つ形でとらえるようにする。

▶

2
問題と基本となる事項の間につながりをつけることを考える——問題の条件を分析して既知の基本事項と結びつけて結論を導き出す。

▶

3
問題と基本となる事項を端的にわかりやすく示したものが CHART である。CHART によって基本となる事項を問題に活かす。

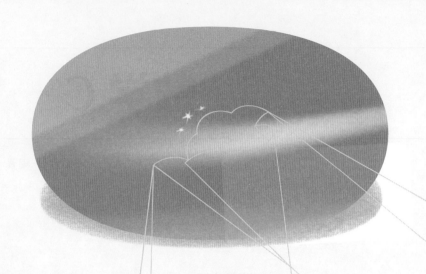

問.

❦❦❦❦❦❦❦❦❦❦❦❦

「なりたい自分」から、
逆算しよう。

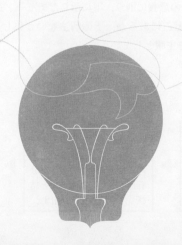

数字で表せない成長がある。

チャート式との学びの旅も、いよいよ最終章です。
これまでの旅路を振り返ってみよう。
大きな難題につまづいたり、思い通りの結果が出なかったり、
出口がなかなか見えず焦ることも、たくさんあったはず。
そんな長い学びの旅路の中で、君が得たものは何だろう。
それはきっと、たくさんの公式や正しい解法だけじゃない。
納得いくまで、自分の頭で考え抜く力。
自分の考えを、言葉と数字で表現する力。
難題を恐れず、挑み続ける力。
いまの君には、数学を通して大きな力が身についているはず。

磨いているのは「未来の問題」を解く力。

数年後、君はどんな大人になっていたいのだろう?
そのためには、どんな力が必要だろう?
チャート式との学びの先に待っているのは、君が主役の人生。
この先、知識や公式だけでは解けない問題にも直面するだろう。
だからいま、数学を一生懸命学んでほしい。
チャート式と身につけた君の力。
その力こそ、これから訪れる身の回りの小さな問題も、
社会に訪れる大きな難題も乗り越えて、
君が目指すゴールに向かって進み続ける助けになるから。

その答えが、
君の未来を前進させる解になる。

本 書 の 構 成

● Let's Start

その節で学習する内容の概要を示した。単に，基本事項（公式や定理など）だけを示すのではなく，それはどのような意味か，どのように考えるか，などをかみくだいて説明している。また，その節でどのようなことを学ぶのかを冒頭で説明している。

Play Back
（Play Back 中学）　既習内容の復習を必要に応じて設けた。新しく学習する内容の土台となるので，しっかり確認しておこう。

● 例 題

基本例題，標準例題，**発展例題** の 3 種類がある。

基本例題　基礎力をつけるための問題。教科書の例，例題として扱われているタイプの問題が中心である。

標準例題　複数の知識を用いる等のやや応用力を必要とする問題。

発展例題
（発展学習）　基本例題，標準例題の発展で重要な問題。教科書の章末に扱われているタイプの問題が中心である。一部，学習指導要領の範囲を超えた内容も扱っている。

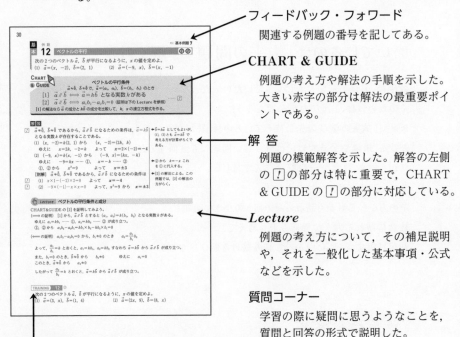

フィードバック・フォワード
関連する例題の番号を記してある。

CHART & GUIDE
例題の考え方や解法の手順を示した。大きい赤字の部分は解法の最重要ポイントである。

解 答
例題の模範解答を示した。解答の左側の $\boxed{!}$ の部分は特に重要で，CHART & GUIDE の $\boxed{!}$ の部分に対応している。

Lecture
例題の考え方について，その補足説明や，それを一般化した基本事項・公式などを示した。

質問コーナー
学習の際に疑問に思うようなことを，質問と回答の形式で説明した。

TRAINING
各ページで学習した内容の反復練習問題を 1 問取り上げた。

5

● コ ラ ム

「STEP forward」
　基本例題への導入を丁寧に説明している。

「STEP into ここで整理」
　問題のタイプに応じて定理や公式などをどのように使い分けるかを，見やすくまとめている。公式の確認・整理に利用できる。

「STEP into ここで解説」
　わかりにくい事柄を掘り下げて説明している。

「STEP UP!」
　学んだ事柄を発展させた内容などを紹介している。

「ズーム UP」
　考える力を多く必要とする例題について，その考え方を詳しく解説している。

「ズーム UP-review-」
　フィードバック先が複数ある例題について，フィードバック先に対応する部分の解答を丁寧に振り返っている。

「数学の扉」
　日常生活や身近な事柄に関連するような数学的内容を紹介している。

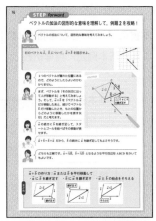

「STEP forward」の紙面例

● EXERCISES

　各章の最後に例題の類題を扱った。「EXERCISES A」では標準例題の類題，「EXERCISES B」では発展例題の類題が中心である。

● 実 践 編

　「大学入学共通テスト」の準備・対策のための長文問題を例題形式で扱った。なお，例題に関連する問題を「TRAINING 実践」として扱った。

▶ 例題のコンパスマークの個数や，TRAINING，EXERCISES の問題の番号につけた数字は，次のような **難易度** を示している。

　　🧭，① … 教科書の例レベル　　　　🧭🧭🧭🧭，④ … 教科書の章末レベル

　　🧭🧭，② … 教科書の例題レベル　　🧭🧭🧭🧭🧭，⑤ … 教科書を超えるレベル

　　🧭🧭🧭，③ … 教科書の応用例題，　　（数研出版発行の教科書「新編 数学」
　　　　　　　　　補充問題レベル　　　　　シリーズを基準としている。）

　また，大学入学共通テストの準備・対策向きの問題には，⭐ の印をつけた。

本書の使用法

本書のメインとなる部分は「基本例題」と「標準例題」です。
また，基本例題，標準例題とそれ以外の構成要素は次のような関係があります。

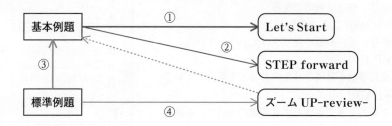

● 基本例題がよくわからないとき ⟶

① 各節は，基本事項をまとめた「Let's Start」のページからはじまります。
基本例題を解いていて，公式や性質などわからないことがあったとき，
「Let's Start」のページを確認しよう。

② 基本例題の中には，その例題につながる基本的な考え方などを説明した
「STEP forward」のページが直前に掲載されていることがあります。
「STEP forward」のページを参照することも有効です。

● 標準例題がよくわからないとき ⟶

③ 標準例題は基本例題の応用問題となっていることもあり，標準例題のもととなっている基本例題をきちんと理解できていないことが原因で標準例題がよくわからないのかもしれません。
フィードバック(例題ページ上部に掲載)で基本例題が参照先として示されている場合，その基本例題を参照してみよう。

④ 標準例題の中には，既習の例題などを振り返る「ズーム UP-review-」のページが右ページに掲載されていることがあり，そこを参照することも有効です。

(補足) 基本例題(標準例題)を解いたら，その反復問題である TRAINING を解いてみよう。例題の内容をきちんと理解できているか確認できます。

(参考) 発展的なことを学習したいとき
各章の後半には，発展例題と「EXERCISES」のページがあります。
基本例題，標準例題を理解した後，
　　　さらに応用的な例題を学習したいときは，発展例題
　　　同じようなタイプの問題を演習したいときは，EXERCISES のA問題
に取り組んでみよう。

デジタルコンテンツの活用方法

本書では，QR コード*からアクセスできるデジタルコンテンツを用意しています。これらを活用することで，わかりにくいところの理解を補ったり，学習したことをさらに深めたりすることができます。

● 解説動画

一部の例題について，解説動画を配信しています。
数学講師が丁寧に解説しているので，本書と解説動画をあわせて学習することで，例題のポイントを確実に理解することができます。
例えば，
  ・例題を解いたあとに，その例題の理解を確認したいとき
  ・例題が解けなかったときや，解説を読んでも理解できなかったとき
といった場面で活用できます。
数学講師による解説を　いつでも，どこでも，何度でも　視聴することができます。
解説動画も活用しながら，チャート式とともに数学力を高めていってください。

● サポートコンテンツ

本書に掲載した問題や解説の理解を深めるための補助的なコンテンツも用意しています。
例えば，関数のグラフや図形の動きを考察する例題において，画面上で実際にグラフや図形を動かしてみることで，視覚的なイメージと数式を結びつけて学習できるなど，より深い理解につなげることができます。

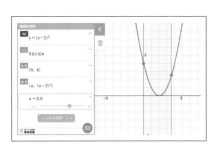

<デジタルコンテンツのご利用について>
デジタルコンテンツはインターネットに接続できるコンピュータやスマートフォン等でご利用いただけます。下記の URL，右の QR コード，もしくは Let's Start や一部の例題のページにある QR コードからアクセスできます。
    https://cds.chart.co.jp/books/139nbjn0kc
※追加費用なしにご利用いただけますが，通信料はお客様のご負担となります。Wi-Fi 環境でのご利用をおすすめいたします。学校や公共の場では，マナーを守ってスマートフォンなどをご利用ください。

  ＊　QR コードは，(株)デンソーウェーブの登録商標です。
  ※　上記コンテンツは，順次配信予定です。また，画像は制作中のものです。

8

目　次

目　次

	問題数
例　題	126 (基本：60，標準：37，発展：29)
TRAINING	126
EXERCISES	52　(A：28，B：24)
実践編	8 (実践例題：4，TRAINING 実践：4)

コラム一覧

数学C

平面上のベクトル

1章

1 ベクトルとその演算

長さ，面積，体積などは，1つの数値でその量を表すことができます。しかし，自然現象の中には，数値だけでは表すことができないものもあります。

例えば，時速 40 km で走る自動車の 1 時間後の場所は，自動車が南東方向に走るのと，北東方向に走るのとではまったく異なります。すなわち，速度は，南東方向に 40 km/h などのように，向きと大きさを考えないと意味をなさないことがあるのです。ここでは，向きのある線分に着目してみましょう。

■ 有向線分とベクトル

平面上での平行移動は，その移動の向きを，右の図のように矢印をつけた線分で表すことができる。

このように，向きをつけた線分を **有向線分** という。

有向線分 AB では，A を **始点**，B を **終点** といい，その **向き** は A から B へ向かっているとする。

また，線分 AB の長さを，有向線分 AB の **大きさ**（または**長さ**）という。

有向線分AB

B
終点

A
始点

数学 I で学んだ放物線の平行移動も，向きと大きさで表される。右の図のように，その平行移動を表す有向線分はいくつも図示できるが，それらは位置が違うだけであり，向きは同じで大きさも等しい。

有向線分の位置の違いを無視して，その向きと大きさだけに注目したものを **ベクトル** という。

ベクトルは，向きと大きさをもつ量である。

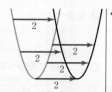

◆ 左の図は，「x 軸方向に 2 だけ平行移動する」ことを表している。このとき，赤の矢印は，どれも向きと大きさが同じである。

■ ベクトルの表し方

有向線分 AB が表すベクトルを $\overrightarrow{\mathrm{AB}}$ で表す。また，ベクトルは，小文字を使って，$\vec{a}$ のように表すこともある。

さらに，ベクトル $\overrightarrow{\mathrm{AB}}$，$\vec{a}$ の大きさをそれぞれ $|\overrightarrow{\mathrm{AB}}|$，$|\vec{a}|$ で表し，$\overrightarrow{\mathrm{AB}}$ の大きさ，$\vec{a}$ の大きさ と読む。

ベクトル$\overrightarrow{\mathrm{AB}}$

$\vec{a}$

大きさ
$|\overrightarrow{\mathrm{AB}}|,|\vec{a}|$

■ 等しいベクトル

向きが同じで大きさも等しい 2 つのベクトル $\vec{a}$, $\vec{b}$ は **等しい** とい
い, $\vec{a} = \vec{b}$ と表す。

$\overrightarrow{AB} = \overrightarrow{CD}$ であるとき, 有向線分 AB を平行移動して有向線分 CD
に重ね合わせることができる。

すなわち, $\overrightarrow{AB} = \overrightarrow{CD}$ であることは, 有向線分 AB, CD について,
次の [1], [2] が同時に成り立つことである。

- [1]　向きが同じ　　⟷　矢印の向きが同じ
- [2]　大きさが等しい　⟷　AB＝CD

◀ $\overrightarrow{AB} = \overrightarrow{CD}$ であって,
直線 AB が直線 CD
上にないとき, 四角形
ABDC は平行四辺形
である。

■ 逆ベクトル

ベクトル $\vec{a}$ と大きさが等しく向きが反対の
ベクトルを $\vec{a}$ の **逆ベクトル** といい, $-\vec{a}$
で表す。

$\vec{a} = \overrightarrow{AB}$ のとき, $-\vec{a} = \overrightarrow{BA}$ であるから,
$\overrightarrow{BA} = -\overrightarrow{AB}$ が成り立つ。

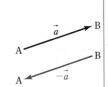

◀ $\vec{a}$ とその逆ベクトル
$-\vec{a}$ は大きさが等しい
から
$$|-\vec{a}| = |\vec{a}|$$
が成り立つ。

■ ベクトルの加法

[1]　2 つのベクトル $\vec{a} = \overrightarrow{AB}$ と $\vec{b}$ があ
る。このとき, $\overrightarrow{BC} = \vec{b}$ となるように
点 C をとる。このようにして定まる
ベクトル $\overrightarrow{AC}$ を, $\vec{a}$ と $\vec{b}$ の **和** といい,
$\vec{a} + \vec{b}$ と書く。このとき
$$\overrightarrow{AB} + \overrightarrow{BC} = \overrightarrow{AC}$$

[2]　図 [2] の平行四辺形 ABCD において $\overrightarrow{AD} = \overrightarrow{BC}$ であるから, [1] より
$$\overrightarrow{AB} + \overrightarrow{AD} = \overrightarrow{AB} + \overrightarrow{BC} = \overrightarrow{AC}$$

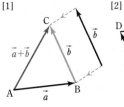

ベクトルの加法について, 次の性質が成り立つ。

1　**交換法則**	$\vec{a} + \vec{b} = \vec{b} + \vec{a}$
2　**結合法則**	$(\vec{a} + \vec{b}) + \vec{c} = \vec{a} + (\vec{b} + \vec{c})$

これらは, 右の図を用いて確かめられる。
結合法則が成り立つから, $\vec{a}$, $\vec{b}$, $\vec{c}$ の和を
単に $\vec{a} + \vec{b} + \vec{c}$ と書く。

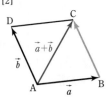
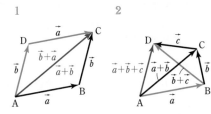

■ 零ベクトル

$\vec{a} = \overrightarrow{AB}$ のとき, $-\vec{a} = \overrightarrow{BA}$ であるから $\vec{a} + (-\vec{a}) = \overrightarrow{AB} + \overrightarrow{BA} = \overrightarrow{AA}$ となる。

ここで, $\overrightarrow{AA}$ は始点と終点が一致した有向線分が表すベクトルと考え, その大きさは 0 と
する。大きさが 0 のベクトルを **零ベクトル** またはゼロベクトルといい, $\vec{0}$ で表す。零ベク
トルの向きは考えず, 次の性質が成り立つ。
$$\vec{a} + (-\vec{a}) = \vec{0}, \qquad \vec{a} + \vec{0} = \vec{a}$$

■ ベクトルの減法

2つのベクトル $\vec{a}$, $\vec{b}$ に対して，$\vec{b}+\vec{c}=\vec{a}$
を満たすベクトル $\vec{c}$ を，$\vec{a}$ と $\vec{b}$ の 差 といい，
$\vec{a}-\vec{b}$ と書く。

$\vec{a}=\overrightarrow{OA}$, $\vec{b}=\overrightarrow{OB}$ のとき，$\overrightarrow{OB}+\overrightarrow{BA}=\overrightarrow{OA}$
であるから　$\overrightarrow{OA}-\overrightarrow{OB}=\overrightarrow{BA}$

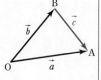

補足　$\overrightarrow{OA}+\overrightarrow{AB}=\overrightarrow{OB}$ で
あるから
$\overrightarrow{AB}=\overrightarrow{OB}-\overrightarrow{OA}$ も
成り立つ。

ベクトルの減法について，次の性質が成り立つ。

> 1　$\vec{a}-\vec{b}=\vec{a}+(-\vec{b})$
>
> 2　$\vec{a}-\vec{a}=\vec{0}$

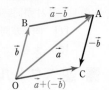

1 が成り立つことは，右の図を用いて確かめられる。

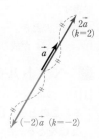

■ ベクトルの実数倍

一般に，実数 k とベクトル $\vec{a}(\neq\vec{0})$ に対し，$\vec{a}$ の k 倍のベクトル
$k\vec{a}$ を次のように定める。

$k\vec{a}$ は
$\begin{cases} k>0 \text{ なら，} \vec{a} \text{ と同じ向き で，大きさが } k \text{ 倍} \\ \qquad 特に \quad 1\vec{a}=\vec{a} \\ k<0 \text{ なら，} \vec{a} \text{ と反対向き で，大きさが } |k| \text{ 倍} \\ \qquad 特に \quad (-1)\vec{a}=-\vec{a} \\ k=0 \text{ なら，} \vec{0} \text{ すなわち } 0\vec{a}=\vec{0} \end{cases}$

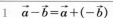

注意　$\vec{0}$ に対しては，どんな実数 k に対しても $k\vec{0}=\vec{0}$ とする。また，$k\neq0$ のとき，
$(-k)\vec{a}=-(k\vec{a})$ が成り立つから，これらを単に $-k\vec{a}$ と書く。

■ ベクトルの平行と単位ベクトル

$\vec{0}$ でない2つのベクトル $\vec{a}$, $\vec{b}$ は，向きが同じか反
対 のとき 平行 であるといい，$\vec{a}/\!/\vec{b}$ と書く。
ベクトルの実数倍の定義から，次のことが成り立つ。

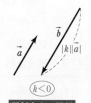

ベクトルの平行条件

$\vec{a}\neq\vec{0}$, $\vec{b}\neq\vec{0}$ のとき
$\vec{a}/\!/\vec{b} \iff \vec{b}=k\vec{a}$ となる実数 k がある

$(k>0)$ 同じ向きに平行
$(k<0)$ 反対向きに平行

$\vec{b}=k\vec{a}$ において　$k>0$ のとき　$\vec{a}$ と $\vec{b}$ は 同じ向き
$\qquad\qquad\qquad\qquad k<0$ のとき　$\vec{a}$ と $\vec{b}$ は 反対向き
また，大きさが1のベクトルを 単位ベクトル という。

実際の問題で，学習したことを使ってみましょう。新しい考え方ですから，定義
や性質をくり返し見ながら使うことで身につけていくことが大切です。

等しいベクトル ⊘

右の図に示されたベクトルについて，次の
ようなベクトルの番号の組をすべてあげよ。
(1) 大きさが等しいベクトル
(2) 向きが同じベクトル
(3) 等しいベクトル
(4) 互いに逆ベクトル

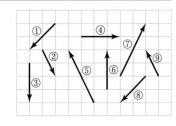

CHART & GUIDE

等しいベクトル
向きが同じで，大きさが等しい

(1) 線分の長さが等しいもの　　(2) 矢印の向きが同じもの
(3) 線分の長さが等しく，かつ矢印の向きが同じもの
(4) 線分の長さが等しく，かつ矢印の向きが反対のもの　　をそれぞれ選ぶ。

解答

(1) ①と⑧，②と⑨，③と④と⑥，⑤と⑦
(2) ①と⑧，⑤と⑨
(3) ①と⑧
(4) ②と⑨，③と⑥

ベクトルの向きや大きさは
横方向，縦方向の方眼の目
盛りを数えて調べる。
◀(1)と(2)に共通する組。

Lecture 等しいベクトル

上の例題の(1)，(2)で求めた大きさが等しいベクトル，向きが同じベクトルはそれぞれ複数の組が
あったが，(3)の等しいベクトルは「①と⑧」の1組だけである。他の組が等しいベクトルでは
ないことは，次のことからわかる。
　②と⑨，③と④と⑥，⑤と⑦：大きさは等しいが，向きが同じではない
　⑤と⑨：向きは同じだが，大きさは等しくない
ベクトルが等しいとは
　　　　　向きが同じで，大きさが等しい
ことである。すなわち，(3)で求めるのは，(1)と(2)の両方に共通する組である。
(補足) 「$\overrightarrow{AB}=\overrightarrow{CD}$ ならば AB=CD」は成り立つが，「AB=CD ならば $\overrightarrow{AB}=\overrightarrow{CD}$」は成り立たない。

TRAINING 1 ①

右の図に示されたベクトルについて，次の
ようなベクトルの番号の組をすべてあげよ。
(1) 大きさが等しいベクトル
(2) 向きが同じベクトル
(3) 等しいベクトル
(4) 互いに逆ベクトル

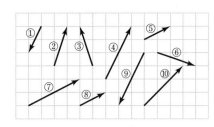

STEP *forward*

ベクトルの加法の図形的な意味を理解して，例題 2 を攻略！

 ベクトルの加法について，図形的な意味を考えてみましょう。

右のベクトル $\vec{a}$, $\vec{b}$ について，$\vec{a}+\vec{b}$ を図示せよ。

 2つのベクトルが離れた位置にあるので，どのようにしたらよいのかわかりません。

 まず，ベクトルを「その矢印に沿って人が移動する」と考えてみましょう。そして，$\vec{a}+\vec{b}$ を「ベクトル $\vec{a}$ だけ移動したあと，続けてベクトル $\vec{b}$ だけ移動したとき，もとの位置からどのように移動したかを表す矢印」だと考えます。

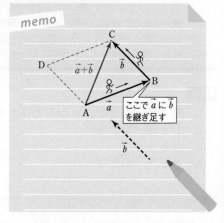

memo

ここで $\vec{a}$ に $\vec{b}$ を継ぎ足す

 $\vec{a}$ の続きに $\vec{b}$ を継ぎ足して，スタートとゴールを結べばその移動が表せます。

 $\vec{a}+\vec{b}=\vec{b}+\vec{a}$ だから，$\vec{b}$ の続きに $\vec{a}$ を継ぎ足してもよさそうです。

 どちらも正解です。$\vec{a}=\overrightarrow{\mathrm{AB}}$, $\vec{b}=\overrightarrow{\mathrm{AD}}$ となるような平行四辺形 ABCD をかいてもよいです。

まとめ

$\vec{a}+\vec{b}$ の作り方：$\vec{a}$ または $\vec{b}$ を平行移動して
・$\vec{a}$ に $\vec{b}$ を継ぎ足す　・$\vec{b}$ に $\vec{a}$ を継ぎ足す　・$\vec{a}$ と $\vec{b}$ の始点をそろえる

　　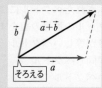

基本 例題
2 ベクトルの加法 🕐

右の図のベクトル $\vec{a}$, $\vec{b}$, $\vec{c}$, $\vec{d}$ について，次のベクトル
を図示せよ。

(1) $\vec{a}+\vec{b}$　　　　　　(2) $\vec{a}+\vec{b}+\vec{c}$

(3) $\vec{a}+\vec{d}$

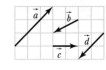

1章
1
ベクトルとその演算

CHART
& GUIDE

ベクトルの和 $\vec{a}+\vec{b}$ の作図
継ぎ足す　か　始点をそろえる

(1) 具体的には，次の [1] または [2] のようにすればよい。

　[1] $\vec{a}=\overrightarrow{AB}$, $\vec{b}=\overrightarrow{BC}$ として三角形 ABC 　　　　を作ると　　$\vec{a}+\vec{b}=\overrightarrow{AC}$
　[2] $\vec{a}=\overrightarrow{AB}$, $\vec{b}=\overrightarrow{AD}$ として平行四辺形 ABCD

(2) $(\vec{a}+\vec{b})+\vec{c}$ と考えて (1) を利用。

(3) 始点と終点を重ねる。

解答

(1) 図の $\overrightarrow{AC}$ が求める $\vec{a}+\vec{b}$

◀[1] $\vec{a}$ に $\vec{b}$ を継ぎ足す。
　[2] $\vec{a}$ と $\vec{b}$ の始点をそ
　　ろえる。

(2) (1) から，図の $\overrightarrow{AD}$ が求める $\vec{a}+\vec{b}+\vec{c}$

(3) 図の $\overrightarrow{AE}$ が求める $\vec{a}+\vec{d}$

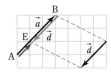

◀ 2 つのベクトルが平行な
とき，(1)，(2) のような
三角形は作れない。

TRAINING　2　①

右の図のベクトル $\vec{a}$, $\vec{b}$, $\vec{c}$, $\vec{d}$ について，次のベクトルを
図示せよ。

(1) $\vec{a}+\vec{b}$　　　　　　(2) $\vec{b}+\vec{d}$

(3) $\vec{a}+\vec{b}+\vec{c}$　　　　(4) $\vec{a}+\vec{c}+\vec{d}$

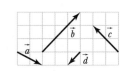

基本 例題

3 ベクトルの減法

次のベクトル $\vec{a}$, $\vec{b}$ について, $\vec{a}-\vec{b}$ を図示せよ。

(1)   (2)   (3)

CHART & GUIDE

ベクトルの差 $\vec{a}-\vec{b}$ の作図
始点どうしが重なるように平行移動

1 一方を平行移動して，始点どうしを重ねる。

2 例えば，$\vec{a}=\overrightarrow{OA}$, $\vec{b}=\overrightarrow{OB}$ とすると，$\overrightarrow{BA}$ が求めるもの。

解答

下の図の $\overrightarrow{BA}$ が求めるベクトルである。

(1)   (2)   (3)

参考 $\vec{a}-\vec{b}$ をベクトル $\vec{a}$ と $\vec{b}$ の逆ベクトル $(-\vec{b})$ の和 $\vec{a}+(-\vec{b})$ とみて図示すると，下のようになる。

(1)   (2)   (3)

TRAINING **3** ①

右の図の四角形 ABCD はひし形であり，点Oは対角線 AC と
BD の交点である。

$\overrightarrow{OA}=\vec{a}$, $\overrightarrow{AB}=\vec{b}$, $\overrightarrow{CD}=\vec{c}$ とするとき

(1) $\vec{a}-\vec{b}$, $\vec{a}-\vec{c}$ を図示せよ。

(2) $\vec{b}+\vec{c}$ はどのようなベクトルか。

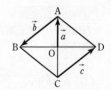

基本 例題 **4** ベクトルの等式の証明

次の等式が成り立つことを証明せよ。

(1) $\overrightarrow{BC}+\overrightarrow{AB}-\overrightarrow{AC}=\vec{0}$ (2) $\overrightarrow{KH}-\overrightarrow{RS}-\overrightarrow{SH}-\overrightarrow{NR}=\overrightarrow{KN}$

CHART & GUIDE

ベクトルの等式の証明

$\overrightarrow{A\square}+\overrightarrow{\square B}=\overrightarrow{AB}$, $\overrightarrow{\square\blacktriangle}=-\overrightarrow{\blacktriangle\square}$, $\overrightarrow{\square\square}=\vec{0}$ などの変形を利用

左辺（複雑な式）を変形して右辺（簡単な式）を導く。交換法則も利用。…… **!**

解答

! (1) $\overrightarrow{BC}+\overrightarrow{AB}-\overrightarrow{AC}=(\overrightarrow{AB}+\overrightarrow{BC})+\overrightarrow{CA}$
$=\overrightarrow{AC}+\overrightarrow{CA}$
$=\overrightarrow{AA}$
$=\vec{0}$

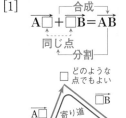

$\overrightarrow{AA}=\vec{0}$

まわって $\vec{0}$

$\overrightarrow{AB}+\overrightarrow{BC}+\overrightarrow{CA}=\vec{0}$

◄ $\overrightarrow{BC}+\overrightarrow{AB}=\overrightarrow{AB}+\overrightarrow{BC}$,
$-\overrightarrow{AC}=\overrightarrow{CA}$,
$\overrightarrow{AB}+\overrightarrow{BC}=\overrightarrow{AC}$

◄ $\overrightarrow{\square\square}=\vec{0}$

! (2) $\overrightarrow{KH}-\overrightarrow{RS}-\overrightarrow{SH}-\overrightarrow{NR}=\overrightarrow{KH}+\overrightarrow{SR}+\overrightarrow{HS}+\overrightarrow{RN}$
$=(\overrightarrow{KH}+\overrightarrow{HS})+(\overrightarrow{SR}+\overrightarrow{RN})$
$=\overrightarrow{KS}+\overrightarrow{SN}$
$=\overrightarrow{KN}$

[別解]（左辺）
$=\overrightarrow{KH}$
$\quad-(\overrightarrow{RS}+\overrightarrow{SH})-\overrightarrow{NR}$
$=\overrightarrow{KH}-\overrightarrow{RH}-\overrightarrow{NR}$
$=\overrightarrow{KH}+\overrightarrow{HR}+\overrightarrow{RN}$
$=\overrightarrow{KR}+\overrightarrow{RN}=\overrightarrow{KN}$

✋ *Lecture* ベクトルの変形

ベクトルの変形において，次の等式は重要である。なお，等式の中で，□や▲のところには，どのような点をもってきてもよいことを意味する。

[1] 合成
$\overrightarrow{A\square}+\overrightarrow{\square B}=\overrightarrow{AB}$
同じ点
分割

[2] 合成
$\overrightarrow{\square A}-\overrightarrow{\square B}=\overrightarrow{BA}$
同じ点
分割

[3] 向き変え
$\overrightarrow{\square\blacktriangle}=-\overrightarrow{\blacktriangle\square}$
始点と終点を入れ替えるとマイナスがつく。

[4] $\overrightarrow{\square\square}=\vec{0}$
同じ文字が並ぶと零ベクトル

□ どのような点でもよい
$\overrightarrow{A\square}$ 寄り道
近道 $\overrightarrow{\square B}$
A B

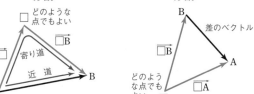

B
差のベクトル
$\overrightarrow{\square B}$
A
どのような点でもよい
□ $\overrightarrow{\square A}$

注意 [1] 寄り道が2つ以上の場合も同様にできる。 $\overrightarrow{A\square}+\overrightarrow{\square\blacktriangle}+\overrightarrow{\blacktriangle B}=\overrightarrow{AB}$ など。

[2] $\overrightarrow{\square A}-\overrightarrow{\square B}=\overrightarrow{BA}$ 後ろから前を引く と覚えてもよい。
後　　前　前後

TRAINING **4** ①

次の等式が成り立つことを証明せよ。

(1) $\overrightarrow{PQ}+\overrightarrow{RS}+\overrightarrow{QR}+\overrightarrow{SP}=\vec{0}$ (2) $\overrightarrow{PB}+\overrightarrow{DS}-\overrightarrow{PS}-\overrightarrow{XB}=\overrightarrow{DX}$

1章 1

ベクトルとその演算

20

基本 例題 **5** ベクトルの実数倍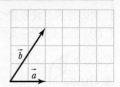

右のベクトル $\vec{a}$, $\vec{b}$ について，次のベクトルを図示せよ。

(1) $2\vec{a}$

(2) $\dfrac{1}{3}\vec{b}$

(3) $2\vec{a}+\dfrac{1}{3}\vec{b}$

CHART & GUIDE

ベクトル $\vec{a}$ の実数倍 $k\vec{a}$
向きは k の符号で判断　大きさは $|\vec{a}|$ の $|k|$ 倍

(3) (1)，(2) の結果を利用して，ベクトルの和 $(2\vec{a})+\left(\dfrac{1}{3}\vec{b}\right)$ とみる。

解答

(1)

(2)

(3)

← (2) の有向線分の始点が (1) の有向線分の終点に重なるように，(2) を平行移動する。

TRAINING 5 ①

右のベクトル $\vec{a}$, $\vec{b}$ について，次のベクトルを図示せよ。

(1) $3\vec{a}$

(2) $-\dfrac{3}{2}\vec{b}$

(3) $\vec{a}+2\vec{b}$

(4) $2\vec{a}-3\vec{b}$

基本 例題 **6** ベクトルの計算

次の計算をせよ。

(1) $4\vec{a}+2\vec{a}-\vec{a}$

(2) $5(2\vec{a}-\vec{b})-4(-3\vec{a}+7\vec{b})$

CHART & GUIDE

ベクトルの計算
文字式の計算と同じ要領で

(1) $4\vec{a}+2\vec{a}-\vec{a}=(4+2-1)\vec{a}$ と変形する。

(2) まず，$5(2\vec{a}-\vec{b})$，$-4(-3\vec{a}+7\vec{b})$ をそれぞれ計算。

解答

(1) $4\vec{a}+2\vec{a}-\vec{a}=(4+2-1)\vec{a}=\boldsymbol{5\vec{a}}$

(2) $5(2\vec{a}-\vec{b})-4(-3\vec{a}+7\vec{b})$

$\quad=5(2\vec{a})+5(-\vec{b})-4(-3\vec{a})-4(7\vec{b})$

$\quad=10\vec{a}-5\vec{b}+12\vec{a}-28\vec{b}$

$\quad=(10+12)\vec{a}+(-5-28)\vec{b}$

$\quad=\boldsymbol{22\vec{a}-33\vec{b}}$

> (1)は $4a+2a-a$，(2)は
> $5(2a-b)-4(-3a+7b)$
> の計算と同じ要領。
> ベクトルの記号 $\rightarrow$ を付け
> るのを忘れないように。

Lecture　ベクトルの実数倍の性質

ベクトルの実数倍について，次の性質がある。

k, l は実数とする。
1　$k(l\vec{a})=(kl)\vec{a}$
2　$(k+l)\vec{a}=k\vec{a}+l\vec{a}$
3　$k(\vec{a}+\vec{b})=k\vec{a}+k\vec{b}$

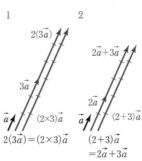

$k=2$，$l=3$ の場合に，図で説明すると右のようになる。k, l がこれら以外の数，例えば，負の数であっても同じように成り立つ。p.13，14 で学んだ性質や上の性質 $1\sim3$ は，文字式の計算の場合とまったく同じ形をしている。

1
$3\vec{a}$
$\vec{a}$
$2(3\vec{a})$
$(2\times3)\vec{a}$
$2(3\vec{a})=(2\times3)\vec{a}$

2
$2\vec{a}+3\vec{a}$
$2\vec{a}$
$\vec{a}$
$(2+3)\vec{a}$
$(2+3)\vec{a}$
$=2\vec{a}+3\vec{a}$

3
$\triangle ABC \infty \triangle ADE$ である。
$2(\vec{a}+\vec{b})=2\vec{AC}=\vec{AE}$，
$2\vec{a}+2\vec{b}=\vec{AD}+\vec{DE}$
$\qquad=\vec{AE}$
から　$2(\vec{a}+\vec{b})=2\vec{a}+2\vec{b}$

TRAINING　6 ①

次の計算をせよ。

(1) $3\vec{a}+2\vec{a}$

(2) $5\vec{b}-2(-6\vec{b})$

(3) $-2(3\vec{a}-2\vec{b})+4(\vec{a}-\vec{b})$

(4) $\dfrac{1}{2}(\vec{a}+2\vec{b})+\dfrac{3}{2}(\vec{a}-2\vec{b})$

(5) $\dfrac{2}{3}(2\vec{a}-3\vec{b})+\dfrac{1}{2}(-\vec{a}+5\vec{b})$

基本 例題
7 ベクトルの平行と単位ベクトル

AB=3，AD=4 である長方形 ABCD において，$\overrightarrow{AB}=\vec{b}$，$\overrightarrow{AC}=\vec{c}$ とする。
(1) 辺 AD の中点を E とするとき，$\overrightarrow{DE}$ を $\vec{b}$，$\vec{c}$ を用いて表せ。
(2) $\vec{c}$ と同じ向きの単位ベクトル $\vec{d}$ を $\vec{c}$ を用いて表せ。

CHART & GUIDE

$\vec{p}$ と向きが同じか反対のベクトル $\vec{q}$
$\vec{p} \parallel \vec{q}$ で $\vec{q}=k\vec{p}$（k は実数）と表される

(1) DE // CB であるから，まず，$\overrightarrow{DE}$ を $\overrightarrow{CB}$ で表す。$\overrightarrow{CB}=\overrightarrow{AB}-\overrightarrow{AC}$
(2) 三平方の定理を用いて線分 AC の長さ（すなわち，$\vec{c}$ の大きさ $|\vec{c}|$）を求める。

単位ベクトルは大きさが 1 であるから，$\vec{d}$ の大きさは $\vec{c}$ の大きさの $\dfrac{1}{|\vec{c}|}$ 倍である。

解答

(1) $DE=\dfrac{1}{2}DA=\dfrac{1}{2}CB$，DA // CB で

あるから　$\overrightarrow{DE}=\dfrac{1}{2}\overrightarrow{CB}=\dfrac{1}{2}(\vec{b}-\vec{c})$

(2) 三平方の定理により
$$|\vec{c}|=AC=\sqrt{3^2+4^2}=\sqrt{25}=5$$

よって　$\vec{d}=\dfrac{1}{|\vec{c}|}\vec{c}=\dfrac{1}{5}\vec{c}$

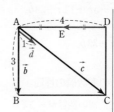

← DA // CB，DA=CB から $\overrightarrow{DA}=\overrightarrow{CB}$

← $\overrightarrow{CB}=\overrightarrow{AB}-\overrightarrow{AC}$

← $AC=\sqrt{AB^2+BC^2}$

← $\dfrac{1}{5}\vec{c}$ を $\dfrac{\vec{c}}{5}$ と書くこともある。

参考 (2) で，問題文が「$\vec{c}$ と平行な単位ベクトルを $\vec{c}$ を用いて表せ。」の場合は，

$\vec{c}$ と同じ向きの単位ベクトルが　$\dfrac{1}{5}\vec{c}$

$\vec{c}$ と反対向きの単位ベクトルが　$-\dfrac{1}{5}\vec{c}$

であるから，答えは $\dfrac{1}{5}\vec{c}$ と $-\dfrac{1}{5}\vec{c}$ の 2 つとなる。

一般に，$\vec{a} \neq \vec{0}$ のとき，$\vec{a}$ と平行な単位ベクトルは，$\dfrac{1}{|\vec{a}|}\vec{a}$ と $-\dfrac{1}{|\vec{a}|}\vec{a}$ の 2 つである。

TRAINING 7 ②

1 辺の長さが 2 の正方形 ABCD において，$\overrightarrow{AB}=\vec{b}$，$\overrightarrow{AC}=\vec{c}$ とする。
(1) 辺 AD を 2：1 に内分する点 E に対して，$\overrightarrow{DE}$ を $\vec{b}$，$\vec{c}$ を用いて表せ。
(2) $\vec{c}$ と反対向きの単位ベクトル $\vec{d}$ を $\vec{c}$ を用いて表せ。

標準 例題 **8** 正六角形とベクトル

右の図の正六角形 ABCDEF において，$\overrightarrow{AB}=\vec{a}$，$\overrightarrow{AF}=\vec{b}$
とする。次のベクトルを $\vec{a}$，$\vec{b}$ を用いて表せ。

(1) $\overrightarrow{CE}$
(2) $\overrightarrow{EA}$
(3) $\overrightarrow{AD}$

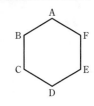

図形の性質とベクトル

分割（$\overrightarrow{AB}=\overrightarrow{A\square}+\overrightarrow{\square B}$），向き変え（$\overrightarrow{\square\blacktriangle}=-\overrightarrow{\blacktriangle\square}$）を利用

(1) $\overrightarrow{CE}$ を分割を利用して和の形 $\overrightarrow{CE}=\overrightarrow{CD}+\overrightarrow{DE}$
に変形すると，$\overrightarrow{CD}$ は $\overrightarrow{AF}$ と，$\overrightarrow{DE}$ は $\overrightarrow{AB}$ とそれ
ぞれ平行であるから，$\overrightarrow{CE}$ は $\vec{a}$，$\vec{b}$ で表される。

$$\overrightarrow{CE}=\overrightarrow{CD}+\overrightarrow{DE}=\vec{b}+(-\vec{a})$$
しりとりのように

(3) 対角線 BE と CF の交点を O とすると
$$AD=2AO$$

解答

(1) $\overrightarrow{CE}=\overrightarrow{CD}+\overrightarrow{DE}$
$=\overrightarrow{AF}+\overrightarrow{BA}$
$=\vec{b}+(-\vec{a})$
$=-\vec{a}+\vec{b}$

(2) $\overrightarrow{EA}=\overrightarrow{EB}+\overrightarrow{BA}$
$=-2\overrightarrow{AF}-\overrightarrow{AB}$
$=-\vec{a}-2\vec{b}$

(3) 対角線 BE と CF の交点を O とすると
$\overrightarrow{AD}=2\overrightarrow{AO}=2(\overrightarrow{AB}+\overrightarrow{BO})$
$=2(\overrightarrow{AB}+\overrightarrow{AF})$
$=2(\vec{a}+\vec{b})$
$=2\vec{a}+2\vec{b}$

[別解] $\overrightarrow{AD}=\overrightarrow{AB}+\overrightarrow{BE}+\overrightarrow{ED}$
ここで $\overrightarrow{AB}=\overrightarrow{ED}=\vec{a}$，$\overrightarrow{BE}=2\vec{b}$ であるから
$\overrightarrow{AD}=\vec{a}+2\vec{b}+\vec{a}=2\vec{a}+2\vec{b}$

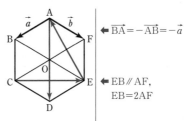

◀ $\overrightarrow{BA}=-\overrightarrow{AB}=-\vec{a}$

◀ EB∥AF，
EB=2AF

◀ AD=2AO

◀ $\vec{a}$，$\vec{b}$ と平行になるベク
トルを探して $\overrightarrow{AD}$ を分
割する。

TRAINING **8** ③

右の図の正六角形 ABCDEF において，対角線 AD と BE の
交点を O とし，$\overrightarrow{OA}=\vec{a}$，$\overrightarrow{OB}=\vec{b}$ とする。
このとき，次のベクトルを $\vec{a}$，$\vec{b}$ を用いて表せ。

(1) $\overrightarrow{DE}$　　　　(2) $\overrightarrow{FC}$
(3) $\overrightarrow{AC}$　　　　(4) $\overrightarrow{BF}$

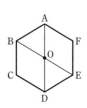

1章 1 ベクトルとその演算

STEP into ここで**解説**

●$\vec{a}$＋■$\vec{b}$（●，■は実数）の形

前ページの例題の結果に注目してみましょう。
3つのベクトル $\overrightarrow{CE}$，$\overrightarrow{EA}$，$\overrightarrow{AD}$ はすべて，2つのベクトル $\vec{a}$，$\vec{b}$ を用いて
$$●\vec{a}＋■\vec{b}（●，■は実数）$$
の形に表されていますね。
一般に，平面上のベクトルについて，次のことがいえます。

$\vec{0}$ でない2つのベクトル $\vec{a}$，$\vec{b}$ が平行でないとき (※)，どんなベクトル $\vec{p}$ も $\vec{a}$，$\vec{b}$ と適当な実数 s，t を用いて
$$\vec{p}＝s\vec{a}＋t\vec{b}$$
の形に表すことができる。しかも，この表し方はただ1通りである。

証明 右の図のように，$\vec{a}＝\overrightarrow{OA}$，$\vec{b}＝\overrightarrow{OB}$，$\vec{p}＝\overrightarrow{OP}$ とする。
点 P を通り，直線 OB に平行な直線と直線 OA の交点
を A′，点 P を通り，直線 OA に平行な直線と直線 OB
の交点を B′ とすると　　$\overrightarrow{OP}＝\overrightarrow{OA'}＋\overrightarrow{OB'}$
$\overrightarrow{OA} /\!/ \overrightarrow{OA'}$，$\overrightarrow{OB} /\!/ \overrightarrow{OB'}$ であるから
$$\overrightarrow{OA'}＝s\overrightarrow{OA}＝s\vec{a}，\quad \overrightarrow{OB'}＝t\overrightarrow{OB}＝t\vec{b}$$
となる実数 s，t があり，$\overrightarrow{OP}＝s\vec{a}＋t\vec{b}$ が成り立つ。
ここで，$\overrightarrow{OP}$ が2通りに表されると仮定する。
まず，$\overrightarrow{OP}＝s\vec{a}＋t\vec{b}$，$\overrightarrow{OP}＝s'\vec{a}＋t'\vec{b}$ である実数 s，t，s'，t' において，$s \neq s'$ と
仮定すると，$s\vec{a}＋t\vec{b}＝s'\vec{a}＋t'\vec{b}$ から　　$\vec{a}＝\dfrac{t'－t}{s－s'}\vec{b}$

このとき，$t＝t'$ ならば $\vec{a}＝\vec{0}$，$t \neq t'$ ならば $\vec{a} /\!/ \vec{b}$ となり，どちらも条件
（$\vec{a} \neq \vec{0}$，$\vec{a} \not/\!/ \vec{b}$）に矛盾する。
同様に，$t \neq t'$ と仮定しても矛盾する。
よって　　$s＝s'$，$t＝t'$
すなわち，$\overrightarrow{OP}＝s\vec{a}＋t\vec{b}$ の表し方はただ1通りである。

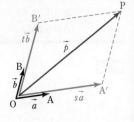

注意 （※）を満たす平面上のベクトル $\vec{a}$，$\vec{b}$ は 1次独立 であるという。
　　　また，$\vec{a}$ と $\vec{b}$ が平行でないことを，$\vec{a} \not/\!/ \vec{b}$ と表すこともある。

なお，「$\vec{a}$，$\vec{b}$ は $\vec{0}$ でない」，「$\vec{a}$ と $\vec{b}$ は平行でない」という条件
は大切である。なぜなら，$\vec{p}＝\overrightarrow{OP}$，$\vec{a}＝\overrightarrow{OA}$，$\vec{b}＝\overrightarrow{OB}$ と実数 s，t
に対して，$\vec{p}＝s\vec{a}＋t\vec{b}$ と表されたとき
　$\vec{a}＝\vec{0}$ とすると　　$\vec{p}＝t\vec{b}$　　←点Pは直線 OB 上
　$\vec{b}＝\vec{0}$ とすると　　$\vec{p}＝s\vec{a}$　　←点Pは直線 OA 上
　$\vec{a} /\!/ \vec{b}$ とすると，$\vec{b}＝k\vec{a}$ となる実数 k があるから
　　　　　　　　　　　$\vec{p}＝(s＋tk)\vec{a}$　　←点Pは直線 OA 上
すなわち，点Pは直線 OA 上または OB 上にあるものに限られてしまう。

平行四辺形ができない

Let's Start

2 ベクトルの成分

ここでは，ベクトルの表示に座標を利用する方法を学んでいきましょう。

■ ベクトルの成分表示

Oを原点とする座標平面上で，x 軸，y 軸の正の向きと同じ向きの単位ベクトル(大きさが 1 のベクトル)を **基本ベクトル** といい，それぞれ $\vec{e_1}$, $\vec{e_2}$ で表す。

任意のベクトル $\vec{a}$ を，$\vec{e_1}$, $\vec{e_2}$ で表してみよう。

座標平面上のベクトル $\vec{a}$ に対し，$\vec{a}=\overrightarrow{OA}$ である点Aの座標が $(a_1,\ a_2)$ のとき，A から x 軸に垂線 AH，y 軸に垂線 AK を下ろす。

Hの x 座標は a_1，K の y 座標は a_2 で，$\overrightarrow{OH}=a_1\vec{e_1}$，$\overrightarrow{OK}=a_2\vec{e_2}$ と表されるから

$$\vec{a}=\overrightarrow{OA}=\overrightarrow{OH}+\overrightarrow{OK}=a_1\vec{e_1}+a_2\vec{e_2}$$

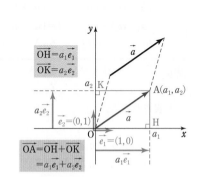

と書くことができる。ここで，$\vec{e_1}$, $\vec{e_2}$ は $\vec{0}$ でなく平行ではないから，p.24 で示したように，$\vec{a}$ の表し方はただ 1 通りである。

このを $\vec{a}$ を $\vec{a}=(a_1,\ a_2)$ …… ① のようにも書く。

① における a_1, a_2 を，それぞれ $\vec{a}$ の **x 成分**，**y 成分** といい，まとめて $\vec{a}$ の **成分** という。また，① を $\vec{a}$ の **成分表示** という。

基本ベクトル $\vec{e_1}$, $\vec{e_2}$ と零ベクトル $\vec{0}$ の成分表示は $\vec{e_1}=(1,\ 0)$，$\vec{e_2}=(0,\ 1)$，$\vec{0}=(0,\ 0)$ となる。

← 平行移動して重ね合わせることができる有向線分は，ベクトルとしてはすべて等しいから，$\overrightarrow{OA}$ で $\vec{a}$ を代表させる。

■ ベクトルの相等

上のように，ベクトル $\vec{a}$ を，原点Oを始点とする有向線分を用いて，$\vec{a}=\overrightarrow{OA}$ と表すと，$\vec{a}$ の成分の組 $(a_1,\ a_2)$ は，終点Aの座標と一致する。よって，2 つのベクトル $\vec{a}=(a_1,\ a_2)$, $\vec{b}=(b_1,\ b_2)$ について，次が成り立つ。

$$\vec{a}=\vec{b} \iff a_1=b_1,\ a_2=b_2$$

$\vec{a}$ と $\vec{b}$ が等しい
$\iff$
始点をそろえた $\vec{a}$ と $\vec{b}$ の終点が等しい
$\iff$
$\vec{a}$ と $\vec{b}$ の成分が等しい

■ ベクトルの大きさ

右の図で $|\vec{a}|=\text{OA}$ であるから

$$|\vec{a}|^2=\text{OA}^2=\text{OH}^2+\text{AH}^2=a_1{}^2+a_2{}^2$$

三平方の定理

よって，ベクトル $\vec{a}=(a_1,\ a_2)$ の大きさ $|\vec{a}|$ は次のようになる。

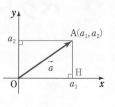

$$\vec{a}=(a_1,\ a_2) \text{ のとき }\quad |\vec{a}|=\sqrt{a_1{}^2+a_2{}^2}$$

← $\vec{a}\neq\vec{0}$ ならば $|\vec{a}|>0$ である。

■ ベクトルの和，差，実数倍の成分表示

成分表示されたベクトルの和，差，実数倍について次の $1\sim3$ が成り立つ。

1	$(a_1,\ a_2)+(b_1,\ b_2)=(a_1+b_1,\ a_2+b_2)$	和
2	$(a_1,\ a_2)-(b_1,\ b_2)=(a_1-b_1,\ a_2-b_2)$	差
3	$k(a_1,\ a_2)=(ka_1,\ ka_2)$ ただし，k は実数	実数倍

[証明] $\vec{e_1},\ \vec{e_2}$ を基本ベクトルとすると，$\vec{a}=(a_1,\ a_2)$，$\vec{b}=(b_1,\ b_2)$ は，

$$\vec{a}=a_1\vec{e_1}+a_2\vec{e_2},\quad \vec{b}=b_1\vec{e_1}+b_2\vec{e_2}$$

と表される。

1，2　$\vec{a}+\vec{b}=(a_1\vec{e_1}+a_2\vec{e_2})+(b_1\vec{e_1}+b_2\vec{e_2})=(a_1+b_1)\vec{e_1}+(a_2+b_2)\vec{e_2}$

$\vec{a}-\vec{b}=(a_1\vec{e_1}+a_2\vec{e_2})-(b_1\vec{e_1}+b_2\vec{e_2})=(a_1-b_1)\vec{e_1}+(a_2-b_2)\vec{e_2}$

よって　$(a_1,\ a_2)+(b_1,\ b_2)=(a_1+b_1,\ a_2+b_2)$，

$(a_1,\ a_2)-(b_1,\ b_2)=(a_1-b_1,\ a_2-b_2)$

3　$k\vec{a}=k(a_1\vec{e_1}+a_2\vec{e_2})=k(a_1\vec{e_1})+k(a_2\vec{e_2})=(ka_1)\vec{e_1}+(ka_2)\vec{e_2}$

よって　$k(a_1,\ a_2)=(ka_1,\ ka_2)$

■ 座標平面上の点とベクトル

座標平面上に 2 点 $\text{A}(a_1,\ a_2)$，$\text{B}(b_1,\ b_2)$ をとると，

$\overrightarrow{\text{OA}}=(a_1,\ a_2)$，$\overrightarrow{\text{OB}}=(b_1,\ b_2)$ である。

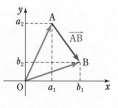

よって　$\overrightarrow{\text{AB}}=\overrightarrow{\text{OB}}-\overrightarrow{\text{OA}}=(b_1,\ b_2)-(a_1,\ a_2)$

$$=(b_1-a_1,\ b_2-a_2)\quad\longleftarrow (x \text{座標の差，} y \text{座標の差})$$

ゆえに　$|\overrightarrow{\text{AB}}|=\sqrt{(b_1-a_1)^2+(b_2-a_2)^2}\quad\longleftarrow \vec{p}=(p_1,\ p_2)$ のとき

以上をまとめると，次のようになる。

$$|\vec{p}|=\sqrt{p_1{}^2+p_2{}^2}$$

2 点 $\text{A}(a_1,\ a_2)$，$\text{B}(b_1,\ b_2)$ について $\quad\overrightarrow{\text{AB}}=(b_1-a_1,\ b_2-a_2)$ $\quad|\overrightarrow{\text{AB}}|=\sqrt{(b_1-a_1)^2+(b_2-a_2)^2}\quad\cdots\cdots (*)$

注意 $|\overrightarrow{\text{AB}}|=\text{AB}$ であるから，$(*)$ は 2 点 A，B 間の距離の公式（数学 II で学習）を言いかえたものである。

では，成分で表示されたベクトルの問題を解いてみましょう。

基本	**9**	ベクトルの成分と大きさ

例題

右の図のベクトル $\vec{a}$, $\vec{b}$ について

(1) $\vec{a}$, $\vec{b}$ をそれぞれ成分表示せよ。

(2) $\vec{a}$, $\vec{b}$ を，それぞれ基本ベクトル $\vec{e_1}$, $\vec{e_2}$ を用いて表せ。

(3) $\vec{a}$, $\vec{b}$ の大きさをそれぞれ求めよ。

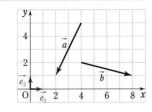

CHART & GUIDE

ベクトルの成分と大きさ

$$\vec{a}=(a_1,\ a_2) \text{ のとき } |\vec{a}|=\sqrt{a_1{}^2+a_2{}^2} \ \cdots\cdots \boxed{!}$$

(1) $\vec{a}$, $\vec{b}$ をそれぞれ $\vec{a}=\overrightarrow{OA}$, $\vec{b}=\overrightarrow{OB}$ となるように平行移動し（O は原点），点A，B の座標を調べる。または，始点を原点とみて終点の座標を読みとる。

(2) $\vec{p}=(\bullet,\ \blacksquare) \iff \vec{p}=\bullet\vec{e_1}+\blacksquare\vec{e_2}$

解答

(1) $\vec{a}$, $\vec{b}$ を，有向線分の始点が原点Oにくるように平行移動して，$\vec{a}=\overrightarrow{OA}$, $\vec{b}=\overrightarrow{OB}$ とすると

点Aの座標は $(-2,\ -4)$

点Bの座標は $(4,\ -1)$

よって $\vec{a}=\overrightarrow{OA}=(-2,\ -4)$

$\vec{b}=\overrightarrow{OB}=(4,\ -1)$

(2) (1)から $\vec{a}=(-2)\vec{e_1}+(-4)\vec{e_2}=-2\vec{e_1}-4\vec{e_2}$,

$\vec{b}=4\vec{e_1}+(-1)\vec{e_2}=4\vec{e_1}-\vec{e_2}$

$\boxed{!}$ (3) (1)から $|\vec{a}|=\sqrt{(-2)^2+(-4)^2}=\sqrt{20}=2\sqrt{5}$

$|\vec{b}|=\sqrt{4^2+(-1)^2}=\sqrt{17}$

←$\vec{a}$ の終点は，始点から
左へ 2（右へ-2），
下へ 4（上へ-4）
移動した位置と考えて
$\vec{a}=(-2,\ -4)$
$\vec{b}$ の終点は，始点から
右へ 4，
下へ 1（上へ-1）
移動した位置と考えて
$\vec{b}=(4,\ -1)$
と成分表示してもよい。

(補足) $\vec{a}=(a_1,\ a_2) \iff \vec{a}=a_1\vec{e_1}+a_2\vec{e_2} \iff \vec{a}=\overrightarrow{OA}$ のとき A$(a_1,\ a_2)$

TRAINING	**9**	①

右の図のベクトル $\vec{a}$, $\vec{b}$, $\vec{c}$ について

(1) $\vec{a}$, $\vec{b}$, $\vec{c}$ をそれぞれ成分表示せよ。

(2) $|\vec{a}|$, $|\vec{b}|$, $|\vec{c}|$ をそれぞれ求めよ。

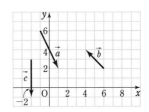

28

基 例題
本 **10** 成分表示によるベクトルの計算　　　　　　　>>> 基本例題 **44**

$\vec{a}=(3,\ -2),\ \vec{b}=(-1,\ 2)$ のとき，次のベクトルを成分表示せよ。
(1) $\vec{a}+\vec{b}$　　　(2) $\vec{a}-\vec{b}$　　　(3) $5\vec{b}$　　　(4) $-2\vec{a}+3\vec{b}$

CHART & GUIDE

成分表示されたベクトルの和・差・実数倍
x 成分どうし，y 成分どうしの和・差
x 成分，y 成分をそれぞれ実数倍

次の 1 ～ 3 を利用して計算する。
1　$(a_1,\ a_2)+(b_1,\ b_2)=(a_1+b_1,\ a_2+b_2)$　　　和
2　$(a_1,\ a_2)-(b_1,\ b_2)=(a_1-b_1,\ a_2-b_2)$　　　差
3　$k(a_1,\ a_2)=(ka_1,\ ka_2)$　ただし，k は実数　　実数倍

解答

(1) $\vec{a}+\vec{b}=(3,\ -2)+(-1,\ 2)$
　　　　$=(3+(-1),\ -2+2)$　　　　　　　　　← GUIDE の 1
　　　　$=\mathbf{(2,\ 0)}$　　　　　　　　　　　　　← x 成分，y 成分を計算。
(2) $\vec{a}-\vec{b}=(3,\ -2)-(-1,\ 2)$
　　　　$=(3-(-1),\ -2-2)$　　　　　　　　　← GUIDE の 2
　　　　$=\mathbf{(4,\ -4)}$　　　　　　　　　　　　← x 成分，y 成分を計算。
(3) $5\vec{b}=5(-1,\ 2)$
　　　$=(5\times(-1),\ 5\times2)$　　　　　　　　← GUIDE の 3
　　　$=\mathbf{(-5,\ 10)}$
(4) $-2\vec{a}+3\vec{b}=-2(3,\ -2)+3(-1,\ 2)$
　　　　　$=(-2\times3,\ -2\times(-2))+(3\times(-1),\ 3\times2)$　← GUIDE の 3
　　　　　$=(-6,\ 4)+(-3,\ 6)$
　　　　　$=(-6-3,\ 4+6)$　　　　　　　　　← GUIDE の 1
　　　　　$=\mathbf{(-9,\ 10)}$

TRAINING　10 ①

$\vec{a}=(3,\ -4),\ \vec{b}=(-2,\ 1)$ のとき，次のベクトルを成分表示せよ。
(1) $2\vec{a}$　　　(2) $-\vec{b}$　　　(3) $\vec{a}+2\vec{b}$　　　(4) $2\vec{a}-3\vec{b}$

例題 **11** ベクトルの分解と成分

>>> 標準例題 45

$\vec{a}=(2,\ 1)$, $\vec{b}=(-1,\ 1)$ であるとき，ベクトル $\vec{p}=(1,\ 5)$ を，適当な実数 s，t を用いて $s\vec{a}+t\vec{b}$ の形に表せ。

CHART & GUIDE

$\vec{p}=s\vec{a}+t\vec{b}$ の形に表す問題
$s\vec{a}+t\vec{b}$ を成分表示し，$\vec{p}$ の成分と比較

1 $s\vec{a}+t\vec{b}$ の各成分を s，t の式で表す。
2 $\vec{p}$ の成分と $s\vec{a}+t\vec{b}$ の成分を比較して，s，t の連立方程式を作る。…… [!]
3 s，t の値を求め，$\vec{p}=●\vec{a}+■\vec{b}$ の形に書く。
$s\vec{a}+t\vec{b}$ の表し方はただ1通りである（下の Lecture 参照）。

解答

$$s\vec{a}+t\vec{b}=s(2,\ 1)+t(-1,\ 1)$$
$$=(2s,\ s)+(-t,\ t)$$
$$=(2s-t,\ s+t)$$
$\vec{p}=s\vec{a}+t\vec{b}$ とすると
$$(1,\ 5)=(2s-t,\ s+t)$$

[!]　よって　　$2s-t=1$，$s+t=5$
これを解いて　　$s=2$，$t=3$
したがって　　　$\vec{p}=2\vec{a}+3\vec{b}$

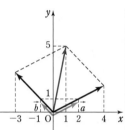

◀ $\vec{a}$，$\vec{b}$ は $\vec{a}\neq\vec{0}$，
$\vec{b}\neq\vec{0}$，$\vec{a}\not\parallel\vec{b}$ である
（下の Lecture 参照）。

◀ ベクトルの相等
$(a_1,\ a_2)=(b_1,\ b_2)$
$\iff a_1=b_1$，$a_2=b_2$

Lecture　$\vec{p}$ が $●\vec{a}+■\vec{b}$ の形に表されるための条件

上の例題では，平面上のベクトル $\vec{p}$ を，同じ平面上の2つのベクトル $\vec{a}$，$\vec{b}$ を使って，$2\vec{a}+3\vec{b}$ の形に表している。これは，p.24 で学習したように
$$\vec{a},\ \vec{b}\ \text{は}\ \vec{a}\neq\vec{0},\ \vec{b}\neq\vec{0},\ \vec{a}\not\parallel\vec{b}\ \text{を満たす}\ \cdots\cdots (*)$$
からできることであり，この条件 $(*)$ を満たさない $\vec{a}$，$\vec{b}$ では上のように表すことができない場合がある。例えば，上の例題で，$\vec{b}=(-1,\ 1)$，$\vec{p}=(1,\ 5)$ のままで，
$$\vec{a}=(0,\ 0)\ [\vec{a}=\vec{0}]\qquad や\qquad \longleftarrow (1,\ 5)=(-t,\ t)$$
$$\vec{a}=(-2,\ 2)\ [\vec{a}\parallel\vec{b}]\qquad\quad \longleftarrow (1,\ 5)=(-2s-t,\ 2s+t)$$
とすると，どちらも s，t の連立方程式は解をもたない。すなわち，どちらの場合も $s\vec{a}+t\vec{b}$ の形に表すことができない。
条件 $(*)$ を満たしていれば，$\vec{p}=(1,\ 5)$ に限らず，**同じ平面上のどんなベクトル $\vec{p}$ も $\vec{a}$，$\vec{b}$ と実数 s，t を用いて** $\vec{p}=s\vec{a}+t\vec{b}$ **の形に表すことができ，この表し方はただ1通りである。**
つまり，上の例題では，$\vec{p}=2\vec{a}+3\vec{b}$ 以外の表し方は存在しない。

TRAINING　11 ②

$\vec{a}=(2,\ 3)$，$\vec{b}=(-2,\ 2)$，$\vec{c}=(5,\ 5)$ であるとき，$\vec{c}=x\vec{a}+y\vec{b}$ を満たす実数 x，y の値を求めよ。

基本 例題
12 ベクトルの平行

次の2つのベクトル $\vec{a}$, $\vec{b}$ が平行になるように，x の値を定めよ。
(1) $\vec{a}=(x,\ -2)$, $\vec{b}=(2,\ 1)$　　　　(2) $\vec{a}=(-9,\ x)$, $\vec{b}=(x,\ -1)$

CHART
& GUIDE
ベクトルの平行条件
$\vec{a}\neq\vec{0}$, $\vec{b}\neq\vec{0}$ で，$\vec{a}=(a_1,\ a_2)$, $\vec{b}=(b_1,\ b_2)$ のとき

[1]　$\vec{a}\ /\!/\ \vec{b}\iff\vec{a}=k\vec{b}$ となる実数 k がある　　……[!]

[2]　$\vec{a}\ /\!/\ \vec{b}\iff a_1b_2-a_2b_1=0$ （証明は下の Lecture を参照）

[1] の解法なら $\vec{a}$ の成分と $k\vec{b}$ の成分を比較して，k, x の連立方程式を作る。

解答

[!]　$\vec{a}\neq\vec{0}$, $\vec{b}\neq\vec{0}$ であるから，$\vec{a}\ /\!/\ \vec{b}$ になるための条件は，$\vec{a}=k\vec{b}$
となる実数 k が存在することである。

　(1)　$(x,\ -2)=k(2,\ 1)$ から　　$(x,\ -2)=(2k,\ k)$
　　　ゆえに　　$x=2k$, $-2=k$　　よって　　$\boldsymbol{x=2\times(-2)=-4}$

　(2)　$(-9,\ x)=k(x,\ -1)$ から　　$(-9,\ x)=(kx,\ -k)$
　　　ゆえに　　$-9=kx$ …… ①，　　$x=-k$ …… ②
　　　①，② から　　$x^2=9$　　　　よって　　$\boldsymbol{x=\pm3}$

　[別解]　$\vec{a}\neq\vec{0}$, $\vec{b}\neq\vec{0}$ であるから，$\vec{a}\ /\!/\ \vec{b}$ になるための条件は

[!]　(1)　$x\times1-(-2)\times2=0$　　よって　　$\boldsymbol{x=-4}$

[!]　(2)　$-9\times(-1)-x\times x=0$　　よって，$x^2=9$ から　　$\boldsymbol{x=\pm3}$

◀ $\vec{b}=k\vec{a}$ としてもよいが，(1)，(2) とも $\vec{a}=k\vec{b}$ で考える方が計算がらくである。

◀ ② から　$k=-x$　これを ① に代入する。

◀ [2] の解法による。この例題では，[2] の解法の方がらく。

🖑 *Lecture*　ベクトルの平行条件と成分

CHART&GUIDE の [2] を証明してみよう。

（$\Longrightarrow$ の証明）　[1] から，$\vec{a}\ /\!/\ \vec{b}$ とすると $(a_1,\ a_2)=k(b_1,\ b_2)$ となる実数 k がある。
　ゆえに　$a_1=kb_1$ …… ①，$a_2=kb_2$ …… ② が成り立つ。
　①，② から　$a_1b_2-a_2b_1=kb_1\times b_2-kb_2\times b_1=0$

（$\Longleftarrow$ の証明）　$a_1b_2-a_2b_1=0$ から，$b_1\neq0$ のとき　　$a_2=\dfrac{a_1}{b_1}b_2$

よって，$\dfrac{a_1}{b_1}=k$ とおくと，$a_1=kb_1$, $a_2=kb_2$ すなわち $\vec{a}=k\vec{b}$ から $\vec{a}\ /\!/\ \vec{b}$ が成り立つ。

また，$b_1=0$ のとき，$\vec{b}\neq\vec{0}$ から　　$b_2\neq0$　　　ゆえに　　$a_1=0$
このとき，$\vec{a}\neq\vec{0}$ から　　$a_2\neq0$

したがって $\dfrac{a_2}{b_2}=k$ とおくと，$\vec{a}=k\vec{b}$ から $\vec{a}\ /\!/\ \vec{b}$ が成り立つ。

TRAINING　**12** ②

次の2つのベクトル $\vec{a}$, $\vec{b}$ が平行になるように，x の値を定めよ。
(1)　$\vec{a}=(3,\ x)$, $\vec{b}=(1,\ 4)$　　　　(2)　$\vec{a}=(2x,\ 9)$, $\vec{b}=(8,\ x)$

基本 例題 13 点の座標とベクトル ◐◐

4点 $A(-1, -2)$, $B(2, -1)$, $C(3, 2)$, $D(x, y)$ がある。

(1) $\overrightarrow{AB}$, $\overrightarrow{BC}$ をそれぞれ成分表示し, $|\overrightarrow{AB}|$, $|\overrightarrow{BC}|$ を求めよ。

(2) 四角形 ABCD が平行四辺形になるように, x, y の値を定めよ。

CHART & GUIDE

点の座標とベクトル

$A(a_1, a_2)$, $B(b_1, b_2)$ のとき $\overrightarrow{AB}=(b_1-a_1, b_2-a_2)$

x 成分, y 成分それぞれ後ろから前を引く

(1) $\overrightarrow{BC}=([C の x 座標]-[B の x 座標], [C の y 座標]-[B の y 座標])$

(2) 四角形 ABCD において ABCD が平行四辺形 $\Longleftrightarrow$ $\overrightarrow{AB}=\overrightarrow{DC}$ (下の質問コーナー)

よって, $\overrightarrow{DC}$ と(1)で求めた $\overrightarrow{AB}$ に対し, $\overrightarrow{AB}=\overrightarrow{DC}$ とする。…… [!]

解答

(1) $\qquad \overrightarrow{AB}=(2-(-1), -1-(-2))=(3, 1)$

よって $\qquad |\overrightarrow{AB}|=\sqrt{3^2+1^2}=\sqrt{10}$

また $\qquad \overrightarrow{BC}=(3-2, 2-(-1))=(1, 3)$

よって $\qquad |\overrightarrow{BC}|=\sqrt{1^2+3^2}=\sqrt{10}$

← x 成分, y 成分それぞれ後ろから前を引く。

[!] (2) 四角形 ABCD が平行四辺形になる

のは, $\overrightarrow{AB}=\overrightarrow{DC}$ のときである。

$\overrightarrow{DC}=(3-x, 2-y)$ であるから

$\qquad (3, 1)=(3-x, 2-y)$

よって $\qquad 3=3-x, 1=2-y$

したがって $\qquad x=0, y=1$

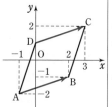

← $\overrightarrow{AD}=\overrightarrow{BC}$ でもよい。

← x 成分, y 成分それぞれ後ろから前を引く。

← ベクトルの相等

? 質問コーナー

(2)で, 四角形 ABCD が平行四辺形になる条件は, $\overrightarrow{AB}=\overrightarrow{DC}$ だけでよいのですか。$\overrightarrow{AB}=\overrightarrow{DC}$ かつ $\overrightarrow{AD}=\overrightarrow{BC}$ ではないのですか。

次のいずれかが成り立つとき, 四角形 ABCD は平行四辺形である。

① 2組の対辺がそれぞれ平行 ② 1組の対辺が平行でその長さが等しい

③ 2組の対辺の長さがそれぞれ等しい ④ 2組の対角の大きさがそれぞれ等しい

⑤ 対角線がそれぞれの中点で交わる

$\overrightarrow{AB}=\overrightarrow{DC}$ から $AB /\!/ DC$ かつ $AB=DC$ ←― 平行で, 長さが等しい

すなわち $\overrightarrow{AB}=\overrightarrow{DC}$ だけで ② がいえる。よって, 条件は, $\overrightarrow{AB}=\overrightarrow{DC}$ のみでよい。

TRAINING 13 ②

4点 $A(-2, 3)$, $B(2, -2)$, $C(8, x)$, $D(y, 7)$ がある。

(1) $\overrightarrow{AB}$ を成分表示し, $|\overrightarrow{AB}|$ を求めよ。

(2) 四角形 ABCD が平行四辺形になるように, x, y の値を定めよ。

Let's Start

3 ベクトルの内積

ここでは，「内積」とよばれる量について学んでいきましょう。

■ ベクトルの内積

$\vec{0}$ でない2つのベクトル $\vec{a}$, $\vec{b}$ について，
1点 O を定め，$\vec{a}=\overrightarrow{OA}$, $\vec{b}=\overrightarrow{OB}$ となる
点 A，B をとる。このようにして定まる
$\angle AOB$ の大きさ θ を，$\vec{a}$ と $\vec{b}$ の **なす角**
という。ただし，$0°\leqq\theta\leqq180°$ である。
$|\vec{a}||\vec{b}|\cos\theta$ を $\vec{a}$ と $\vec{b}$ の **内積** といい，$\vec{a}\cdot\vec{b}$ で表す。

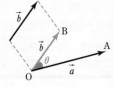

> $\vec{0}$ でない2つのベクトル $\vec{a}$, $\vec{b}$ のなす角を θ とすると
> $$\vec{a}\cdot\vec{b}=|\vec{a}||\vec{b}|\cos\theta$$

$\vec{a}=\vec{0}$ または $\vec{b}=\vec{0}$ のときは，$\vec{a}$ と $\vec{b}$ の内積を $\vec{a}\cdot\vec{b}=0$ と定める。
この定義からわかるように，2つのベクトルの内積は，ベクトルで
はなく，実数である。

注意 $\vec{0}$ とのなす角は考えない。

◀ 例えば，下の場合，$\vec{a}$
と $\vec{b}$ のなす角は120°

注意 内積の記号・を省いて $\vec{a}\vec{b}$ としてはいけない。

■ 成分による内積の表示

内積を成分で表すと，次のような形になる。

> $\vec{a}=(a_1,\ a_2)$, $\vec{b}=(b_1,\ b_2)$ のとき $\vec{a}\cdot\vec{b}=a_1b_1+a_2b_2$

証明 $\vec{a}\neq\vec{0}$, $\vec{b}\neq\vec{0}$ とする。$\vec{a}=\overrightarrow{OA}$, $\vec{b}=\overrightarrow{OB}$,
$\theta=\angle AOB$ とすると，$\vec{a}$ と $\vec{b}$ の内積は
$$\vec{a}\cdot\vec{b}=|\vec{a}||\vec{b}|\cos\theta=|\overrightarrow{OA}||\overrightarrow{OB}|\cos\theta$$
$0°<\theta<180°$ のとき，$\triangle OAB$ を作ることができ
るから，$\triangle OAB$ において，余弦定理により
$$BA^2=OA^2+OB^2-2OA\times OB\cos\theta \cdots\cdots Ⓐ$$
よって $|\overrightarrow{BA}|^2=|\overrightarrow{OA}|^2+|\overrightarrow{OB}|^2-2|\overrightarrow{OA}||\overrightarrow{OB}|\cos\theta$
ゆえに $|\vec{a}-\vec{b}|^2=|\vec{a}|^2+|\vec{b}|^2-2|\vec{a}||\vec{b}|\cos\theta$
よって $(a_1-b_1)^2+(a_2-b_2)^2=(a_1{}^2+a_2{}^2)+(b_1{}^2+b_2{}^2)-2(\vec{a}\cdot\vec{b})$
整理すると $\vec{a}\cdot\vec{b}=a_1b_1+a_2b_2 \cdots\cdots Ⓑ$
$\theta=0°$ のとき $BA^2=(OA-OB)^2=OA^2+OB^2-2OA\times OB\times 1$
$\theta=180°$ のとき $BA^2=(OA+OB)^2=OA^2+OB^2-2OA\times OB\times(-1)$
よって，$\theta=0°$，$\theta=180°$ のときも Ⓐ すなわち Ⓑ が成り立つ。
注意 $\vec{a}=\vec{0}$ または $\vec{b}=\vec{0}$ のときも Ⓑ は成り立つ。

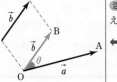

◀ 区別をはっきり！
$\vec{a}\cdot\vec{b}$ は内積，a_1b_1，
a_2b_2 は数どうしの積。

Play Back
余弦定理（数学 I）

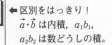

$$●^2=○^2+□^2-2○□\cos\theta$$

◀ $-2a_1b_1-2a_2b_2$
$=-2(\vec{a}\cdot\vec{b})$

◀ $1=\cos0°$

◀ $-1=\cos180°$

■ ベクトルのなす角と垂直条件

> ベクトルのなす角の余弦

$\vec{0}$ でない 2 つのベクトル $\vec{a}=(a_1,\ a_2)$, $\vec{b}=(b_1,\ b_2)$ のなす角を θ とする。このとき

$$\cos\theta=\frac{\vec{a}\cdot\vec{b}}{|\vec{a}||\vec{b}|}=\frac{a_1b_1+a_2b_2}{\sqrt{a_1^2+a_2^2}\sqrt{b_1^2+b_2^2}} \qquad \text{ただし} \quad 0°\leqq\theta\leqq180°$$

$\vec{0}$ でない 2 つのベクトル $\vec{a}$ と $\vec{b}$ のなす角が $90°$ のとき,$\vec{a}$ と $\vec{b}$ は **垂直** であるといい,
$\vec{a}\perp\vec{b}$ と書く。

$\vec{a}\perp\vec{b}$ のとき $\qquad \vec{a}\cdot\vec{b}=|\vec{a}||\vec{b}|\cos 90°=|\vec{a}||\vec{b}|\times 0=0$

逆に,$\vec{a}\cdot\vec{b}=0$ すなわち $|\vec{a}||\vec{b}|\cos\theta=0$ のとき,$|\vec{a}|\neq 0$, $|\vec{b}|\neq 0$
であるから $\quad \cos\theta=0 \qquad$ よって,$\theta=90°$ であるから $\qquad \vec{a}\perp\vec{b}$

ベクトルが垂直
⇕
なす角が 90°
⇕
内積が 0

> ベクトルの垂直条件

$\vec{a}\neq\vec{0}$, $\vec{b}\neq\vec{0}$ で,$\vec{a}=(a_1,\ a_2)$, $\vec{b}=(b_1,\ b_2)$ のとき
1 $\quad \vec{a}\perp\vec{b} \iff \vec{a}\cdot\vec{b}=0$
2 $\quad \vec{a}\perp\vec{b} \iff a_1b_1+a_2b_2=0$

■ 内積の性質

ベクトルの内積について,次の 1 ~ 5 が成り立つ。

1 $\quad \vec{a}\cdot\vec{a}=|\vec{a}|^2 \qquad\qquad$ 2 $\quad \vec{a}\cdot\vec{b}=\vec{b}\cdot\vec{a}$
3 $\quad (\vec{a}+\vec{b})\cdot\vec{c}=\vec{a}\cdot\vec{c}+\vec{b}\cdot\vec{c} \qquad$ 4 $\quad \vec{a}\cdot(\vec{b}+\vec{c})=\vec{a}\cdot\vec{b}+\vec{a}\cdot\vec{c}$
5 $\quad (k\vec{a})\cdot\vec{b}=\vec{a}\cdot(k\vec{b})=k(\vec{a}\cdot\vec{b}) \qquad$ ただし,k は実数

[証明] $\vec{a}=(a_1,\ a_2)$, $\vec{b}=(b_1,\ b_2)$, $\vec{c}=(c_1,\ c_2)$ とする。
1 $\quad \vec{a}\cdot\vec{a}=a_1^2+a_2^2=(\sqrt{a_1^2+a_2^2})^2=|\vec{a}|^2 \qquad$ 2 $\quad \vec{a}\cdot\vec{b}=a_1b_1+a_2b_2=b_1a_1+b_2a_2=\vec{b}\cdot\vec{a}$
3 $\quad \vec{a}+\vec{b}=(a_1+b_1,\ a_2+b_2)$ であるから
$\qquad (\vec{a}+\vec{b})\cdot\vec{c}=(a_1+b_1)c_1+(a_2+b_2)c_2=(a_1c_1+a_2c_2)+(b_1c_1+b_2c_2)=\vec{a}\cdot\vec{c}+\vec{b}\cdot\vec{c}$
4 $\quad \vec{b}+\vec{c}=(b_1+c_1,\ b_2+c_2)$ であるから
$\qquad \vec{a}\cdot(\vec{b}+\vec{c})=a_1(b_1+c_1)+a_2(b_2+c_2)=(a_1b_1+a_2b_2)+(a_1c_1+a_2c_2)=\vec{a}\cdot\vec{b}+\vec{a}\cdot\vec{c}$
5 $\quad k\vec{a}=(ka_1,\ ka_2)$ から $\quad (k\vec{a})\cdot\vec{b}=ka_1\times b_1+ka_2\times b_2=k(a_1b_1+a_2b_2)=k(\vec{a}\cdot\vec{b})$
$\qquad k\vec{b}=(kb_1,\ kb_2)$ から $\quad \vec{a}\cdot(k\vec{b})=a_1\times kb_1+a_2\times kb_2=k(a_1b_1+a_2b_2)=k(\vec{a}\cdot\vec{b})$

性質 5 が成り立つから,$(k\vec{a})\cdot\vec{b}$,$\underline{k(\vec{a}\cdot\vec{b})}$ などを単に $k\vec{a}\cdot\vec{b}$ と書く。

内積を利用していろいろな問題を解決していきましょう。

基本 例題
14 ベクトルの内積

1 辺の長さが 2 の正方形 ABCD において，次の内積を求めよ。
(1) $\overrightarrow{AB}\cdot\overrightarrow{AC}$ （2） $\overrightarrow{AB}\cdot\overrightarrow{CA}$ （3） $\overrightarrow{AB}\cdot\overrightarrow{DA}$

CHART & GUIDE

図形をもとに内積 $\vec{a}\cdot\vec{b}$ を計算する問題
$\vec{a}\cdot\vec{b}=|\vec{a}||\vec{b}|\cos\theta$ を適用（θ は $\vec{a}$ と $\vec{b}$ のなす角）

1 $\vec{a}$ または $\vec{b}$ を平行移動して有向線分の始点をそろえ，なす角 θ を求める。

2 図形の性質からベクトルの大きさ $|\vec{a}|$，$|\vec{b}|$ を求める。

3 $\vec{a}\cdot\vec{b}=|\vec{a}||\vec{b}|\cos\theta$ に代入して，内積を計算する。

(2)，(3) では，始点を A にそろえるように，それぞれ $\overrightarrow{CA}$，$\overrightarrow{DA}$ を平行移動。

解答

(1) $|\overrightarrow{AC}|=2\sqrt{2}$ であり，$\overrightarrow{AB}$ と $\overrightarrow{AC}$ のなす角は 45°
よって $\overrightarrow{AB}\cdot\overrightarrow{AC}=|\overrightarrow{AB}||\overrightarrow{AC}|\cos 45°$
$$=2\times 2\sqrt{2}\times\frac{1}{\sqrt{2}}=4$$

← △ABC は ∠B=90° の
直角二等辺三角形である
から AC=$2\sqrt{2}$

注意 ・（内積）と×（数の
積）をはっきり区別するよ
うにしよう。

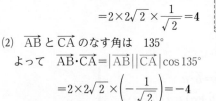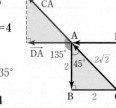

(2) $\overrightarrow{AB}$ と $\overrightarrow{CA}$ のなす角は 135°
よって $\overrightarrow{AB}\cdot\overrightarrow{CA}=|\overrightarrow{AB}||\overrightarrow{CA}|\cos 135°$
$$=2\times 2\sqrt{2}\times\left(-\frac{1}{\sqrt{2}}\right)=-4$$

(3) $\overrightarrow{AB}$ と $\overrightarrow{DA}$ のなす角は 90°
よって $\overrightarrow{AB}\cdot\overrightarrow{DA}=|\overrightarrow{AB}||\overrightarrow{DA}|\cos 90°=2\times 2\times 0=0$

← なす角が 90° のとき内積
はいつも 0

Play Back

$\cos\theta$ の値
内積に関する問題では，数学 I で学習した $\cos\theta$［余弦］
がよく出てくる。ここで，三角比の定義と $\cos\theta$ の値を
振り返っておこう。

θ	0°	30°	45°	60°	90°	120°	135°	150°	180°
$\cos\theta$	1	$\frac{\sqrt{3}}{2}$	$\frac{1}{\sqrt{2}}$	$\frac{1}{2}$	0	$-\frac{1}{2}$	$-\frac{1}{\sqrt{2}}$	$-\frac{\sqrt{3}}{2}$	-1

定義 $0°\leqq\theta\leqq 180°$ のとき

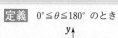

$$\sin\theta=\frac{y}{r},\ \cos\theta=\frac{x}{r},\ \tan\theta=\frac{y}{x}$$

TRAINING 14 ①

右の図の直角三角形 ABC において，$\overrightarrow{AB}=\vec{a}$，$\overrightarrow{AC}=\vec{b}$，
$\overrightarrow{BC}=\vec{c}$ とするとき，内積 $\vec{a}\cdot\vec{b}$，$\vec{b}\cdot\vec{c}$，$\vec{c}\cdot\vec{a}$ をそれぞれ求
めよ。

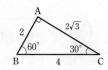

≫≫ 発展例題 **40**，標準例題 **47**

基本 例題 **15** ベクトルの内積となす角 ◐◑ ◐◑

次のベクトル $\vec{a}$，$\vec{b}$ の内積となす角 θ を求めよ。

(1) $\vec{a}=(\sqrt{3},\ 1)$, $\vec{b}=(1,\ \sqrt{3})$　　(2) $\vec{a}=(1,\ 2)$, $\vec{b}=(1,\ -3)$

1章
3
ベクトルの内積

CHART & GUIDE

成分表示のベクトルの内積 $\vec{a}\cdot\vec{b}$ となす角 θ
$$\vec{a}=(a_1,\ a_2),\ \vec{b}=(b_1,\ b_2)\ \text{のとき}\quad \vec{a}\cdot\vec{b}=a_1b_1+a_2b_2$$

内積を計算した後，次の手順で $\vec{a}$，$\vec{b}$ のなす角 θ を求める。

1 $|\vec{a}|=\sqrt{a_1^2+a_2^2}$，$|\vec{b}|=\sqrt{b_1^2+b_2^2}$ を利用して，大きさ $|\vec{a}|$，$|\vec{b}|$ を計算。

2 $\cos\theta=\dfrac{\vec{a}\cdot\vec{b}}{|\vec{a}||\vec{b}|}$ …… ⚠ に代入して，$\cos\theta$ の値を求める。

3 $\cos\theta$ の値をもとに θ を求める（$0°\leqq\theta\leqq180°$ に注意）。

解答

(1) $\vec{a}\cdot\vec{b}=\sqrt{3}\times1+1\times\sqrt{3}=2\sqrt{3}$

また　　$|\vec{a}|=\sqrt{(\sqrt{3})^2+1^2}=2$,

　　　　$|\vec{b}|=\sqrt{1^2+(\sqrt{3})^2}=2$

⚠　よって　　$\cos\theta=\dfrac{\vec{a}\cdot\vec{b}}{|\vec{a}||\vec{b}|}=\dfrac{2\sqrt{3}}{2\times2}=\dfrac{\sqrt{3}}{2}$

　　$0°\leqq\theta\leqq180°$ であるから　　$\theta=30°$

(2) $\vec{a}\cdot\vec{b}=1\times1+2\times(-3)=-5$

また　　$|\vec{a}|=\sqrt{1^2+2^2}=\sqrt{5}$,

　　　　$|\vec{b}|=\sqrt{1^2+(-3)^2}=\sqrt{10}$

⚠　よって　　$\cos\theta=\dfrac{\vec{a}\cdot\vec{b}}{|\vec{a}||\vec{b}|}=\dfrac{-5}{\sqrt{5}\sqrt{10}}=-\dfrac{1}{\sqrt{2}}$

　　$0°\leqq\theta\leqq180°$ であるから　　$\theta=135°$

◀ x 成分どうし，y 成分どうしの積の和。

◀ ベクトルのなす角 θ は $0°\leqq\theta\leqq180°$ であること [かくれた条件] に注意。

TRAINING 15 ②

次のベクトル $\vec{a}$，$\vec{b}$ の内積となす角 θ を求めよ。

(1) $\vec{a}=(3,\ 4)$, $\vec{b}=(7,\ 1)$　　(2) $\vec{a}=(1,\ \sqrt{3})$, $\vec{b}=(-\sqrt{3},\ -1)$

(3) $\vec{a}=(\sqrt{2},\ -2)$, $\vec{b}=(-1,\ \sqrt{2})$　　(4) $\vec{a}=(-1,\ 2)$, $\vec{b}=(6,\ 3)$

基本 例題 **16** ベクトルのなす角から成分を求める ◖◗◖◗

ベクトル $\vec{a}=(1,\ 2)$ とのなす角が $45°$ で，大きさが $\sqrt{10}$ であるベクトル $\vec{b}$ を求めよ。

CHART & GUIDE

ベクトルのなす角から成分を求める問題

内積を $\vec{a}\cdot\vec{b}=|\vec{a}||\vec{b}|\cos\theta$（定義），$\vec{a}\cdot\vec{b}=a_1b_1+a_2b_2$（成分） の2通りで表し，これらが等しいとおいた方程式を利用する。

■ $\vec{b}=(x,\ y)$ とする。このとき，$|\vec{b}|=\sqrt{10}$ から $|\vec{b}|^2=(\sqrt{10})^2$

② $\vec{a}$，$\vec{b}$ の内積 $\vec{a}\cdot\vec{b}$ を2通りで表す。

定義	$\vec{a}\cdot\vec{b}=|\vec{a}||\vec{b}|\cos\theta$ から	$\sqrt{1^2+2^2}\cdot\sqrt{10}\cos45°$
成分	$\vec{a}\cdot\vec{b}=a_1b_1+a_2b_2$ から	$1\times x+2\times y$

これらが等しいとおく。すなわち
$$\sqrt{1^2+2^2}\cdot\sqrt{10}\cos45°=1\times x+2\times y$$

③ ■，② で作った $x,\ y$ の連立方程式を解く。

解答

$\vec{b}=(x,\ y)$ とする。

$|\vec{b}|=\sqrt{10}$ であるから $|\vec{b}|^2=10$ ← $|\vec{b}|=\sqrt{x^2+y^2}$

よって $x^2+y^2=10$ …… ①

$|\vec{a}|=\sqrt{1^2+2^2}=\sqrt{5}$ であるから

$$\vec{a}\cdot\vec{b}=|\vec{a}||\vec{b}|\cos45°=\sqrt{5}\cdot\sqrt{10}\cdot\frac{1}{\sqrt{2}}=5$$

← $\vec{a}\cdot\vec{b}=|\vec{a}||\vec{b}|\cos\theta$

また $\vec{a}\cdot\vec{b}=1\times x+2\times y=x+2y$ ← $\vec{a}\cdot\vec{b}=a_1b_1+a_2b_2$

ゆえに $x+2y=5$ ← $|\vec{a}||\vec{b}|\cos\theta$

よって $x=5-2y$ …… ② $=a_1b_1+a_2b_2$

② を ① に代入して $(5-2y)^2+y^2=10$

展開して整理すると $y^2-4y+3=0$

よって $(y-1)(y-3)=0$ ゆえに $y=1,\ 3$

② から $y=1$ のとき $x=3$

$\qquad\qquad y=3$ のとき $x=-1$

したがって $\vec{b}=(3,\ 1),\ (-1,\ 3)$

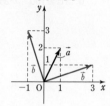

TRAINING 16 ②

ベクトル $\vec{a}=(-1,\ 1)$ とのなす角が $60°$ で，大きさが $2\sqrt{2}$ であるベクトル $\vec{b}$ を求めよ。

≪≪ 基本例題 **16**　≫≫ 標準例題 **48**

基本 例題 **17** ベクトルの垂直

(1) $\vec{a}=(5,\ 1)$ と $\vec{b}=(2,\ x)$ が垂直になるような x の値を求めよ。

(2) $\vec{c}=(\sqrt{3},\ 1)$ に垂直な単位ベクトル $\vec{e}$ を求めよ。

CHART & GUIDE

ベクトルの垂直条件
$$\vec{a}\perp\vec{b} \iff \vec{a}\cdot\vec{b}=0 \quad \text{を利用} \quad (\vec{a}\neq\vec{0},\ \vec{b}\neq\vec{0}) \cdots\cdots \boxed{!}$$

(2) **1** $\vec{e}=(x,\ y)$ とする。

2 大きさの条件と垂直条件を $x,\ y$ の式で表す。
　　…… $|\vec{e}|=1$ から $|\vec{e}|^2=1^2$, $\vec{c}\perp\vec{e}$ から $\vec{c}\cdot\vec{e}=0$

3 **2** で作った $x,\ y$ の連立方程式を解き，$\vec{e}$ を求める。

解答

$\boxed{!}$ (1) $\vec{a}\cdot\vec{b}=0$ から　　$5\times2+1\times x=0$

　　よって　　$x=-10$ 　　　　　　　　　　　　　　　　　　$\leftarrow \vec{a}\cdot\vec{b}=5\times2+1\times x$

(2) $\vec{e}=(x,\ y)$ とすると，$|\vec{e}|=1$ であるから

　　　　　　$x^2+y^2=1$ ……① 　　　　　　　　　　　　　$\leftarrow |\vec{e}|^2=1^2$

$\boxed{!}$ 　$\vec{c}\perp\vec{e}$ であるから　　$\vec{c}\cdot\vec{e}=0$ すなわち $\sqrt{3}\,x+y=0$ 　　$\leftarrow \vec{c}\cdot\vec{e}=\sqrt{3}\times x+1\times y$

　　よって　　$y=-\sqrt{3}\,x$ ……②

　　②を①に代入して　　$x^2+(-\sqrt{3}\,x)^2=1$

　　よって　　$4x^2=1$ 　　ゆえに，$x^2=\dfrac{1}{4}$ から　　$x=\pm\dfrac{1}{2}$

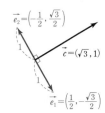

　　②から　　$x=\dfrac{1}{2}$ のとき　　$y=-\dfrac{\sqrt{3}}{2}$,

　　　　　　　$x=-\dfrac{1}{2}$ のとき　　$y=\dfrac{\sqrt{3}}{2}$

　　したがって　　$\vec{e}=\left(\dfrac{1}{2},\ -\dfrac{\sqrt{3}}{2}\right),\ \left(-\dfrac{1}{2},\ \dfrac{\sqrt{3}}{2}\right)$ 　　　$\leftarrow \vec{e}$ は 2 つある。

1章 **3** ベクトルの内積

TRAINING 17 ②

(1) $\vec{a}=(x+2,\ 1)$ と $\vec{b}=(1,\ -6)$ が垂直になるような x の値を求めよ。

(2) $\vec{c}=(2,\ 1)$ に垂直で，大きさが $2\sqrt{5}$ であるベクトル $\vec{d}$ を求めよ。

基本 例題 18 内積と等式の証明

次の等式が成り立つことを証明せよ。

(1) $2\vec{a}\cdot(5\vec{a}+7\vec{b})=10|\vec{a}|^2+14\vec{a}\cdot\vec{b}$　　(2) $|\vec{a}+3\vec{b}|^2=|\vec{a}|^2+6\vec{a}\cdot\vec{b}+9|\vec{b}|^2$

CHART & GUIDE

内積の計算

$$\vec{a}\cdot\vec{a}=|\vec{a}|^2 \text{ を利用する}$$

次の内積の性質 1 ～ 5 を利用し，左辺を変形して右辺を導く。

1　$\vec{a}\cdot\vec{a}=|\vec{a}|^2$　　　　　　　　　2　$\vec{a}\cdot\vec{b}=\vec{b}\cdot\vec{a}$
3　$(\vec{a}+\vec{b})\cdot\vec{c}=\vec{a}\cdot\vec{c}+\vec{b}\cdot\vec{c}$　　　4　$\vec{a}\cdot(\vec{b}+\vec{c})=\vec{a}\cdot\vec{b}+\vec{a}\cdot\vec{c}$
5　$(k\vec{a})\cdot\vec{b}=\vec{a}\cdot(k\vec{b})=k(\vec{a}\cdot\vec{b})$　　　ただし，k は実数

(2)については，性質 1 から，$|\vec{a}+3\vec{b}|^2=(\vec{a}+3\vec{b})\cdot(\vec{a}+3\vec{b})$ として計算。

解答

(1) (左辺)$=2\vec{a}\cdot5\vec{a}+2\vec{a}\cdot7\vec{b}$　　　　　　　◀ GUIDE の 4
　　　　$=10\vec{a}\cdot\vec{a}+14\vec{a}\cdot\vec{b}$　　　　　　◀ GUIDE の 5
　　　　$=10|\vec{a}|^2+14\vec{a}\cdot\vec{b}=$(右辺)　　◀ $\vec{a}\cdot\vec{a}=\vec{a}^2$ ではない！

(2) (左辺)$=(\vec{a}+3\vec{b})\cdot(\vec{a}+3\vec{b})$
　　　　$=\vec{a}\cdot(\vec{a}+3\vec{b})+3\vec{b}\cdot(\vec{a}+3\vec{b})$　　◀ 右側の $\vec{a}+3\vec{b}$ を 1 つの
　　　　$=\vec{a}\cdot\vec{a}+3\vec{a}\cdot\vec{b}+3\vec{b}\cdot\vec{a}+9\vec{b}\cdot\vec{b}$　　　ベクトルとみて GUIDE
　　　　$=|\vec{a}|^2+6\vec{a}\cdot\vec{b}+9|\vec{b}|^2=$(右辺)　　の 3 を利用。
　　　　　　　　　　　　　　　　　　　　　　◀ GUIDE の 1，2

Lecture 内積の性質 1

性質 1 については，

　　　① $\triangle\cdot\triangle$ を $|\triangle|^2$ に変形　（左辺→右辺）

　　　② $|\triangle|^2$ を $\triangle\cdot\triangle$ に変形　（左辺←右辺）

の両方が重要である。上の例題では，例えば

　　　(1)で $\vec{a}\cdot\vec{a}$ を $|\vec{a}|^2$ に変形するのが ①

　　　(2)で $|\vec{a}+3\vec{b}|^2$ を $(\vec{a}+3\vec{b})\cdot(\vec{a}+3\vec{b})$ に変形するのが ②

である。

TRAINING 18 ②

次の等式が成り立つことを証明せよ。

(1) $3\vec{a}\cdot(3\vec{a}-2\vec{b})=9|\vec{a}|^2-6\vec{a}\cdot\vec{b}$　　(2) $|4\vec{a}-\vec{b}|^2=16|\vec{a}|^2-8\vec{a}\cdot\vec{b}+|\vec{b}|^2$

標準 例題 **19** 内積とベクトルの大きさ 🕐🕐🕐

$|\vec{a}|=2$, $|\vec{b}|=5$ とする。次の問いに答えよ。

(1) $\vec{a}\cdot\vec{b}=3$ のとき，$|\vec{a}+\vec{b}|$ の値を求めよ。

(2) $|\vec{a}-\vec{b}|=\sqrt{13}$ のとき，$\vec{a}\cdot\vec{b}$ と $|\vec{a}+2\vec{b}|$ の値を求めよ。

★は，大学入学共通テストの準備・対策向きの問題であることを示す。

1章 3 ベクトルの内積

CHART & GUIDE　$|\vec{p}|$ が関係した問題　$|\vec{p}|$ は $|\vec{p}|^2$ として扱う

(1) $|\vec{a}+\vec{b}|$ を求めるために，2 乗して $|\vec{a}+\vec{b}|^2$ を計算する。

…… $|\vec{a}|$, $|\vec{b}|$, $\vec{a}\cdot\vec{b}$ が出てくる ので，それぞれ代入する。

(2) (前半) $|\vec{a}-\vec{b}|=\sqrt{13}$ の両辺を 2 乗すると，求めたい $\vec{a}\cdot\vec{b}$ が出てくる。

(後半) $|\vec{a}+2\vec{b}|^2$ を計算する。

解答

(1) $|\vec{a}+\vec{b}|^2=(\vec{a}+\vec{b})\cdot(\vec{a}+\vec{b})=\vec{a}\cdot(\vec{a}+\vec{b})+\vec{b}\cdot(\vec{a}+\vec{b})$

$\qquad =|\vec{a}|^2+2\vec{a}\cdot\vec{b}+|\vec{b}|^2=2^2+2\times3+5^2=35$

$|\vec{a}+\vec{b}|\geqq0$ であるから　$|\vec{a}+\vec{b}|=\sqrt{35}$

← $\vec{a}\cdot\vec{a}=|\vec{a}|^2$, $\vec{b}\cdot\vec{b}=|\vec{b}|^2$, $\vec{b}\cdot\vec{a}=\vec{a}\cdot\vec{b}$ に注意。

(2) $|\vec{a}-\vec{b}|^2=(\vec{a}-\vec{b})\cdot(\vec{a}-\vec{b})=|\vec{a}|^2-2\vec{a}\cdot\vec{b}+|\vec{b}|^2$

ゆえに，$|\vec{a}-\vec{b}|^2=(\sqrt{13})^2$ から　$|\vec{a}|^2-2\vec{a}\cdot\vec{b}+|\vec{b}|^2=(\sqrt{13})^2$

よって　$2^2-2\vec{a}\cdot\vec{b}+5^2=13$　したがって　$\vec{a}\cdot\vec{b}=8$

次に　$|\vec{a}+2\vec{b}|^2=(\vec{a}+2\vec{b})\cdot(\vec{a}+2\vec{b})=|\vec{a}|^2+4\vec{a}\cdot\vec{b}+4|\vec{b}|^2$

$\qquad =2^2+4\times8+4\times5^2=136$

$|\vec{a}+2\vec{b}|\geqq0$ であるから　$|\vec{a}+2\vec{b}|=\sqrt{136}=2\sqrt{34}$

← $\vec{a}\cdot(\vec{a}-\vec{b})-\vec{b}\cdot(\vec{a}-\vec{b})$

← $\vec{a}\cdot(\vec{a}+2\vec{b})+2\vec{b}\cdot(\vec{a}+2\vec{b})$

← $\vec{a}\cdot\vec{b}=8$ は上で求めたもの。

← $\sqrt{136}=\sqrt{2^2\times34}=2\sqrt{34}$

👆 **Lecture**　$|s\vec{a}+t\vec{b}|^2$ (s, t は実数) の計算

$|s\vec{a}+t\vec{b}|^2$ (s, t は実数)を，内積の性質($p.33$ 参照)に従って計算すると

$\qquad |s\vec{a}+t\vec{b}|^2=(s\vec{a}+t\vec{b})\cdot(s\vec{a}+t\vec{b})=s\vec{a}\cdot(s\vec{a}+t\vec{b})+t\vec{b}\cdot(s\vec{a}+t\vec{b})$

$\qquad\qquad =s^2(\vec{a}\cdot\vec{a})+st(\vec{a}\cdot\vec{b})+st(\vec{b}\cdot\vec{a})+t^2(\vec{b}\cdot\vec{b})$

よって　$|s\vec{a}+t\vec{b}|^2=s^2|\vec{a}|^2+2st\vec{a}\cdot\vec{b}+t^2|\vec{b}|^2$　　——$\vec{a}\cdot\vec{a}=|\vec{a}|^2$, $\vec{a}\cdot\vec{b}=\vec{b}\cdot\vec{a}$ など

これは文字式の計算 $(sa+tb)^2=s^2a^2+2stab+t^2b^2$ に似ているが，$s^2\vec{a}^2$ や $2st\vec{a}\vec{b}$ のように書いてはいけない。

TRAINING　19 ③ ★

$|\vec{a}|=1$, $|\vec{b}|=2$ とする。次の問いに答えよ。

(1) $\vec{a}\cdot\vec{b}=-1$ のとき，$|\vec{a}-\vec{b}|$ の値を求めよ。

(2) $|\vec{a}+\vec{b}|=1$ のとき，$\vec{a}\cdot\vec{b}$ と $|2\vec{a}-3\vec{b}|$ の値を求めよ。

≪≪ 基本例題 **15**, 標準例題 **19**

標準 例題 **20** ベクトルの大きさ・垂直条件となす角

次の各場合において, $\vec{a}$ と $\vec{b}$ のなす角 θ を求めよ。

(1) $|\vec{a}|=1$, $|\vec{b}|=2\sqrt{2}$, $|2\vec{a}-3\vec{b}|=10$ のとき

(2) $|\vec{a}|=2$, $|\vec{b}|=1$ で, $\vec{a}-3\vec{b}$ と $2\vec{a}+\vec{b}$ が垂直であるとき

CHART & GUIDE

ベクトルのなす角

$$\cos\theta = \frac{\vec{a}\cdot\vec{b}}{|\vec{a}||\vec{b}|} \ \text{を利用} \ \cdots\cdots \ \boxed{!}$$

そのために, まず $\vec{a}\cdot\vec{b}$ を求める。

(1) 前ページの例題と同じ要領で, $\vec{a}\cdot\vec{b}$ を求める。
 …… $|2\vec{a}-3\vec{b}|=10$ の両辺を2乗すると, $\vec{a}\cdot\vec{b}$ が出てくる。

(2) $(\vec{a}-3\vec{b})\perp(2\vec{a}+\vec{b})$ から $(\vec{a}-3\vec{b})\cdot(2\vec{a}+\vec{b})=0$
 左辺を計算して, $\vec{a}\cdot\vec{b}$ を求める。

解答

(1) $|2\vec{a}-3\vec{b}|=10$ から $|2\vec{a}-3\vec{b}|^2=100$ ← $|\vec{p}|$ は $|\vec{p}|^2$ として扱う。

よって $(2\vec{a}-3\vec{b})\cdot(2\vec{a}-3\vec{b})=100$

ゆえに $4|\vec{a}|^2-12\vec{a}\cdot\vec{b}+9|\vec{b}|^2=100$

$|\vec{a}|=1$, $|\vec{b}|=2\sqrt{2}$ から $4\times1^2-12\vec{a}\cdot\vec{b}+9(2\sqrt{2})^2=100$

すなわち $4-12\vec{a}\cdot\vec{b}+72=100$ よって $\vec{a}\cdot\vec{b}=-2$

$\boxed{!}$ ゆえに $\cos\theta = \frac{\vec{a}\cdot\vec{b}}{|\vec{a}||\vec{b}|} = \frac{-2}{1\times2\sqrt{2}} = -\frac{1}{\sqrt{2}}$

$0°\leqq\theta\leqq180°$ であるから $\boldsymbol{\theta=135°}$

(2) $(\vec{a}-3\vec{b})\perp(2\vec{a}+\vec{b})$ から $(\vec{a}-3\vec{b})\cdot(2\vec{a}+\vec{b})=0$ ← 垂直 ⟶ 内積 0

よって $\vec{a}\cdot(2\vec{a}+\vec{b})-3\vec{b}\cdot(2\vec{a}+\vec{b})=0$

ゆえに $2|\vec{a}|^2-5\vec{a}\cdot\vec{b}-3|\vec{b}|^2=0$

$|\vec{a}|=2$, $|\vec{b}|=1$ であるから $2\cdot2^2-5\vec{a}\cdot\vec{b}-3\cdot1^2=0$

$\boxed{!}$ よって $\vec{a}\cdot\vec{b}=1$ ゆえに $\cos\theta = \frac{\vec{a}\cdot\vec{b}}{|\vec{a}||\vec{b}|} = \frac{1}{2\times1} = \frac{1}{2}$

$0°\leqq\theta\leqq180°$ であるから $\boldsymbol{\theta=60°}$

TRAINING 20 ③

次の各場合において, $\vec{a}$ と $\vec{b}$ のなす角 θ を求めよ。

(1) $|\vec{a}|=2$, $|\vec{b}|=3$, $|2\vec{a}+\vec{b}|=\sqrt{13}$ のとき

(2) $|\vec{a}|=2$, $|\vec{b}|=\sqrt{3}$ で, $\vec{a}-\vec{b}$ と $6\vec{a}+7\vec{b}$ が垂直であるとき

数学の扉 内積と仕事

ベクトルは大きさと向きをもつ量ですが，その内積は，向きをもたない大きさだけの量（スカラーという）でした。ここでは，内積の意味と，内積が利用されている物理における「仕事」について紹介します。

●内積の図形的な意味

平面上に，3点 O，A，B をとり，$\overrightarrow{OA}$ と $\overrightarrow{OB}$ のなす角を θ とする。右の図のように，点 B から直線 OA 上に垂線 BB′ を下ろし，$\overrightarrow{OA}$ の向きを正として符号を含んだ長さ OB′ を考えると

$$OB'=OB\cos\theta \quad \longleftarrow 90°\leqq\theta\leqq180° \text{ のとき } OB'\leqq0$$

と表される。これを，ベクトルを用いて表すと

$$OB'=|\overrightarrow{OB}|\cos\theta \quad \longleftarrow OB=|\overrightarrow{OB}|$$

となる。ここで，内積 $\overrightarrow{OA}\cdot\overrightarrow{OB}$ を考えると

$$\overrightarrow{OA}\cdot\overrightarrow{OB}=|\overrightarrow{OA}||\overrightarrow{OB}|\cos\theta=|\overrightarrow{OA}|OB' \quad \cdots\cdots ①$$

すなわち，内積 $\overrightarrow{OA}\cdot\overrightarrow{OB}$ は，**線分 OA の長さと線分 OB′ の符号を含んだ長さの積** ということができる。

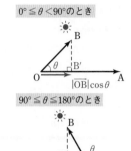

$0°\leqq\theta<90°$ のとき

$90°\leqq\theta\leqq180°$ のとき

(参考) 線分 OB′ は，線分 OB の真上から光を当てたときに直線 OA 上にできる影と見ることができる。これを，線分 OB の直線 OA 上への **正射影** という。また，$\overrightarrow{OA}=\vec{a}$，$\overrightarrow{OB}=\vec{b}$ とすると

$$\overrightarrow{OB'}=OB'\times\frac{\vec{a}}{|\vec{a}|}^{(*)}=\frac{\vec{a}\cdot\vec{b}}{|\vec{a}|}^{(**)}\times\frac{\vec{a}}{|\vec{a}|}=\frac{\vec{a}\cdot\vec{b}}{|\vec{a}|^2}\vec{a}$$

（＊）$\vec{a}$ と同じ向きの単位ベクトル
（＊＊）① を変形

これを **正射影ベクトル** ということがある。

●内積と仕事

物体に一定の力がはたらいて，その力の向きに物体が移動したとき，力と移動距離の積を，この力が物体にした **仕事** という。なお，力と移動距離は向きをもつベクトル量，仕事は向きをもたないスカラー量である。

今，ひものついた物体に，水平方向と角度 θ をなす向きに力 $\vec{F}$ を加えて，ひもを引くとき，水平方向に $|\vec{x}|$ だけ移動したときの仕事 W を考えてみよう。

力 $\vec{F}$ を水平方向にはたらく力と垂直方向にはたらく力に分解すると，水平方向は $|\vec{F}|\cos\theta$，垂直方向は $|\vec{F}|\sin\theta$ と表すことができる。

移動距離 $|\vec{x}|$

ここで，垂直方向の力 $|\vec{F}|\sin\theta$ は，物体を動かすはたらきをしていない。物体を水平方向に動かすはたらきをしているのは $|\vec{F}|\cos\theta$ であるから，加えた力のした仕事 W は $W=|\vec{F}|\cos\theta\times|\vec{x}|$ となる。

$|\vec{F}|\cos\theta\times|\vec{x}|=|\vec{F}||\vec{x}|\cos\theta=\vec{F}\cdot\vec{x}$ であるから，仕事 W は $\vec{F}$ と $\vec{x}$ の内積で表されることがわかる。

例題 **21** 内積と三角形の面積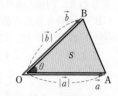

(1) △OAB において，$\overrightarrow{OA}=\vec{a}$，$\overrightarrow{OB}=\vec{b}$ のとき，△OAB の面積 S を $\vec{a}$，$\vec{b}$ を用いて表せ。

(2) (1) を利用して，$|\overrightarrow{OA}|=3$，$|\overrightarrow{OB}|=4$，$\overrightarrow{OA}\cdot\overrightarrow{OB}=-6$ のとき，△OAB の面積 S を求めよ。

CHART & GUIDE

内積と三角形の面積

(1) $\angle AOB=\theta$ $(0°<\theta<180°)$ とすると $S=\dfrac{1}{2}OA\times OB\sin\theta$ これに当てはめる。

$OA=|\overrightarrow{OA}|=|\vec{a}|$，$OB=|\overrightarrow{OB}|=|\vec{b}|$ であり，$\sin^2\theta+\cos^2\theta=1$ から

$$\sin\theta=\sqrt{1-\cos^2\theta} \qquad \text{よって} \quad S=\dfrac{1}{2}|\vec{a}||\vec{b}|\sqrt{1-\cos^2\theta}$$

さらに，$|\vec{a}||\vec{b}|$ を $\sqrt{}$ の中に入れると，内積の定義式が現れる。

解答

(1) $\angle AOB=\theta$ $(0°<\theta<180°)$ とする。

$\sin^2\theta+\cos^2\theta=1$ から $\sin^2\theta=1-\cos^2\theta$

$0°<\theta<180°$ のとき，$\sin\theta>0$ であるから

$$\sin\theta=\sqrt{1-\cos^2\theta}$$

よって $S=\dfrac{1}{2}|\vec{a}||\vec{b}|\sin\theta=\dfrac{1}{2}|\vec{a}||\vec{b}|\sqrt{1-\cos^2\theta}$

$=\dfrac{1}{2}\sqrt{|\vec{a}|^2|\vec{b}|^2(1-\cos^2\theta)}$

$=\dfrac{1}{2}\sqrt{|\vec{a}|^2|\vec{b}|^2-|\vec{a}|^2|\vec{b}|^2\cos^2\theta}$

$=\dfrac{1}{2}\sqrt{|\vec{a}|^2|\vec{b}|^2-(|\vec{a}||\vec{b}|\cos\theta)^2}$

$=\dfrac{1}{2}\sqrt{|\vec{a}|^2|\vec{b}|^2-(\vec{a}\cdot\vec{b})^2}$

← $|\vec{a}||\vec{b}|$ を $\sqrt{}$ の中に入れる。2乗をつけるのを忘れずに。

← $\vec{a}\cdot\vec{b}=|\vec{a}||\vec{b}|\cos\theta$

(2) $|\vec{a}|=3$，$|\vec{b}|=4$，$\vec{a}\cdot\vec{b}=-6$ であるから，(1) より

$$S=\dfrac{1}{2}\sqrt{3^2\times4^2-(-6)^2}=\dfrac{\sqrt{108}}{2}=\dfrac{6\sqrt{3}}{2}=3\sqrt{3}$$

(参考) △OAB で $\overrightarrow{OA}=\vec{a}=(a_1,\ a_2)$，$\overrightarrow{OB}=\vec{b}=(b_1,\ b_2)$ とすると，△OAB の面積 S は

$S=\dfrac{1}{2}|a_1b_2-a_2b_1|$ と表される。証明は解答編 $p.9$ 参照。

TRAINING 21 ③

次の各場合において，△OAB の面積 S を求めよ。

(1) $|\overrightarrow{OA}|=\sqrt{2}$，$|\overrightarrow{OB}|=\sqrt{3}$，$\overrightarrow{OA}\cdot\overrightarrow{OB}=2$ のとき

(2) 3点 O(0, 0)，A(1, −3)，B(2, 2) を頂点とするとき

Let's Start

4 位置ベクトル

図形の性質をベクトルを利用して調べる方法を学習していきましょう。

■ 位置ベクトルとは…

平面上で点Oを定めておくと，どんな点Pの位置もベクトル $\vec{p}=\overrightarrow{OP}$ によって決まる。このようなベクトル $\vec{p}$ を，点Oに関する点Pの **位置ベクトル** という。

注意 以下，特に断らない限り，1つ定めた点Oに関する位置ベクトルを考える。

また，位置ベクトルが $\vec{p}$ である点Pを，**P($\vec{p}$)** で表す。位置ベクトルが同じ点は一致する。2点 A($\vec{a}$)，B($\vec{b}$) について，ベクトルの差の定義から $\overrightarrow{AB}=\overrightarrow{OB}-\overrightarrow{OA}$ であるから，次のことが成り立つ。

← 位置ベクトルにおける基準となる点Oは平面上のどこに定めてもよい。

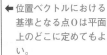

| 2点 A($\vec{a}$)，B($\vec{b}$) に対して $\overrightarrow{AB}=\vec{b}-\vec{a}$ |

← 後ろから前を引く

■ 内分点・外分点の位置ベクトル

m，n を正の数とするとき，線分 AB の内分点・外分点Pは，次の図のようになる(数学Ⅱ「図形と方程式」参照)。

内分点，外分点をまとめて **分点** ということがある。

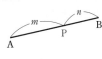

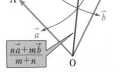

← どの図についても $AP:PB=m:n$ となっている。(外分では $m \neq n$)

ここで，内分点・外分点の位置ベクトルについて，次のことが成り立つ。

2点 A($\vec{a}$)，B($\vec{b}$) に対して，線分 AB を $m:n$ に内分する点，$m:n$ に外分する点の位置ベクトルは

内分 … $\dfrac{n\vec{a}+m\vec{b}}{m+n}$

外分 … $\dfrac{-n\vec{a}+m\vec{b}}{m-n}$

特に，線分 AB の中点の位置ベクトルは $\dfrac{\vec{a}+\vec{b}}{2}$

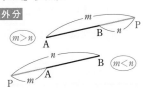

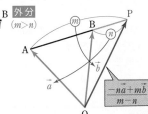

←── 線分 AB の中点は，線分 AB を 1:1 に内分する。

[内分点の位置ベクトルについての証明]

線分 AB を $m:n$ に内分する点を $P(\vec{p})$ とする。

$AP:AB=m:(m+n)$ であるから $\quad \overrightarrow{AP}=\dfrac{m}{m+n}\overrightarrow{AB}$

ゆえに $\quad \vec{p}-\vec{a}=\dfrac{m}{m+n}(\vec{b}-\vec{a})$

よって $\quad \vec{p}=\left(1-\dfrac{m}{m+n}\right)\vec{a}+\dfrac{m}{m+n}\vec{b}=\dfrac{n\vec{a}+m\vec{b}}{m+n}$ ……（＊）

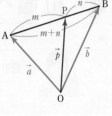

補足 （＊）について，$\vec{p}=\dfrac{n}{m+n}\vec{a}+\dfrac{m}{m+n}\vec{b}$ と変形し，$\dfrac{m}{m+n}=t$ と

おくと，$0<t<1$ であり，$\dfrac{n}{m+n}=1-t$ と表されるから，$\vec{p}$ は，

次のように表すこともできる。

$$\vec{p}=(1-t)\vec{a}+t\vec{b} \quad t\text{ は実数} \quad (0<t<1)$$

← 内分の比は1つの文字
　t を用いて $t:(1-t)$
　（ただし $0<t<1$）と
　表すことができる。

[外分点の位置ベクトルについての証明]　（$m>n$ の場合を示す。$m<n$ の場合も同様。）

線分 AB を $m:n$ に外分する点を $P(\vec{p})$ とする。

$AP:AB=m:(m-n)$ であるから $\quad \overrightarrow{AP}=\dfrac{m}{m-n}\overrightarrow{AB}$

ゆえに $\quad \vec{p}-\vec{a}=\dfrac{m}{m-n}(\vec{b}-\vec{a})$

よって $\quad \vec{p}=\left(1-\dfrac{m}{m-n}\right)\vec{a}+\dfrac{m}{m-n}\vec{b}=\dfrac{-n\vec{a}+m\vec{b}}{m-n}$

← 外分点の公式は，内分
　点の公式の n を $-n$
　にしたものである。

■ 三角形の重心の位置ベクトル

△ABC の重心Gの位置ベクトルについて，次のことが成り立つ。

> 3点 $A(\vec{a})$，$B(\vec{b})$，$C(\vec{c})$ を頂点とする △ABC の重心の位置ベクトルは
> $$\dfrac{\vec{a}+\vec{b}+\vec{c}}{3}$$

証明　重心を $G(\vec{g})$ とする。

辺 BC の中点を $D(\vec{d})$ とすると

$$\vec{d}=\dfrac{\vec{b}+\vec{c}}{2} \quad \text{よって} \quad 2\vec{d}=\vec{b}+\vec{c}$$

△ABC の重心Gは，中線 AD を $2:1$
に内分する点であるから

$$\vec{g}=\dfrac{\vec{a}+2\vec{d}}{2+1}=\dfrac{\vec{a}+\vec{b}+\vec{c}}{3}$$

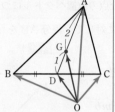

重心 … 三角形の3つの
　中線（頂点と対辺
　の中点を結ぶ線）
　の交点。

← 三角形の重心は，各中
　線を $2:1$ に内分する。

では，基本的な位置ベクトルの問題に取り組んでみましょう。

基本 例題 22 内分点・外分点・重心の位置ベクトル ◐◐

3 点 $A(\vec{a})$, $B(\vec{b})$, $C(\vec{c})$ を頂点とする $\triangle ABC$ において, 辺 AB を $2:1$ に内分する点をP, 辺 BC を $2:5$ に外分する点をQとする。次のベクトルを $\vec{a}$, $\vec{b}$, $\vec{c}$ を用いて表せ。

(1) 点 P, Q の位置ベクトル　　　　(2) $\overrightarrow{PQ}$

(3) $\triangle CPQ$ の重心Gの位置ベクトル

CHART & GUIDE

内分点・外分点の位置ベクトル

2 点 $A(\vec{a})$, $B(\vec{b})$ を結ぶ線分を $m:n$ に

内分 … $\dfrac{n\vec{a}+m\vec{b}}{m+n}$　　外分 … $\dfrac{-n\vec{a}+m\vec{b}}{m-n}$ $\left(\dfrac{n\vec{a}-m\vec{b}}{-m+n}\right)$

3 点 $A(\vec{a})$, $B(\vec{b})$, $C(\vec{c})$ を頂点とする $\triangle ABC$ の重心の位置ベクトル

$$\dfrac{\vec{a}+\vec{b}+\vec{c}}{3}$$

(2) $P(\vec{p})$, $Q(\vec{q})$ とすると $\overrightarrow{PQ}=\vec{q}-\vec{p}$ であるから, (1) の結果を利用できる。

解答

$P(\vec{p})$, $Q(\vec{q})$, $G(\vec{g})$ とする。

(1) $\vec{p}=\dfrac{\vec{a}+2\vec{b}}{2+1}=\dfrac{1}{3}\vec{a}+\dfrac{2}{3}\vec{b}$

← $\dfrac{\vec{a}+2\vec{b}}{3}$ と答えてもよい。

$\vec{q}=\dfrac{-5\vec{b}+2\vec{c}}{2-5}=\dfrac{5}{3}\vec{b}-\dfrac{2}{3}\vec{c}$

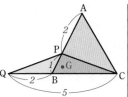

← 基準とする点Oは, 必要がない限り, 図にかかなくてよい。

(2) $\overrightarrow{PQ}=\vec{q}-\vec{p}$

$=\left(\dfrac{5}{3}\vec{b}-\dfrac{2}{3}\vec{c}\right)-\left(\dfrac{1}{3}\vec{a}+\dfrac{2}{3}\vec{b}\right)$

$=-\dfrac{1}{3}\vec{a}+\left(\dfrac{5}{3}-\dfrac{2}{3}\right)\vec{b}-\dfrac{2}{3}\vec{c}=-\dfrac{1}{3}\vec{a}+\vec{b}-\dfrac{2}{3}\vec{c}$

(3) $\vec{g}=\dfrac{\vec{c}+\vec{p}+\vec{q}}{3}=\dfrac{1}{3}\left\{\vec{c}+\left(\dfrac{1}{3}\vec{a}+\dfrac{2}{3}\vec{b}\right)+\left(\dfrac{5}{3}\vec{b}-\dfrac{2}{3}\vec{c}\right)\right\}$

$=\dfrac{1}{3}\left\{\dfrac{1}{3}\vec{a}+\left(\dfrac{2}{3}+\dfrac{5}{3}\right)\vec{b}+\left(1-\dfrac{2}{3}\right)\vec{c}\right\}=\dfrac{1}{9}\vec{a}+\dfrac{7}{9}\vec{b}+\dfrac{1}{9}\vec{c}$

TRAINING 22 ②

3 点 $A(\vec{a})$, $B(\vec{b})$, $C(\vec{c})$ を頂点とする $\triangle ABC$ において, 辺 AB の中点を P, 辺 BC を $1:2$ に外分する点をQ, 辺 CA を $2:1$ に外分する点をRとし, $\triangle AQR$ の重心をGとする。次のベクトルを $\vec{a}$, $\vec{b}$, $\vec{c}$ を用いて表せ。

(1) 点 G の位置ベクトル　　　　(2) $\overrightarrow{PG}$

46

標準 | 例題 23　ベクトルの等式と点の位置　　⏱⏱⏱

平面上に，△ABC と点 P，Q があるとする。次の等式が成り立つとき，点 P，Q はどのような位置にあるか答えよ。

(1) $5\overrightarrow{\mathrm{AP}}-2\overrightarrow{\mathrm{AB}}-3\overrightarrow{\mathrm{AC}}=\vec{0}$　　(2) $7\overrightarrow{\mathrm{AQ}}+2\overrightarrow{\mathrm{BQ}}+3\overrightarrow{\mathrm{CQ}}=\vec{0}$

CHART & GUIDE

ベクトルの等式と点の位置
始点をそろえて変形する

(1) $\overrightarrow{\mathrm{AP}}=\dfrac{\bullet\overrightarrow{\mathrm{AB}}+\blacksquare\overrightarrow{\mathrm{AC}}}{\blacksquare+\bullet}$ …… P は辺 BC を $\blacksquare:\bullet$ に内分する点である。…… ?

(2) $\overrightarrow{\mathrm{AQ}}$, $\overrightarrow{\mathrm{BQ}}$, $\overrightarrow{\mathrm{CQ}}$ は始点が異なるから，1つの始点にそろえる。ここでは，A を始点とすることによって，A を基準とした位置ベクトルが利用できる。

解答

(1) $5\overrightarrow{\mathrm{AP}}-2\overrightarrow{\mathrm{AB}}-3\overrightarrow{\mathrm{AC}}=\vec{0}$ から　　$5\overrightarrow{\mathrm{AP}}=2\overrightarrow{\mathrm{AB}}+3\overrightarrow{\mathrm{AC}}$

? よって　　$\overrightarrow{\mathrm{AP}}=\dfrac{2\overrightarrow{\mathrm{AB}}+3\overrightarrow{\mathrm{AC}}}{5}=\dfrac{2\overrightarrow{\mathrm{AB}}+3\overrightarrow{\mathrm{AC}}}{3+2}$　　◀ $\dfrac{2}{5}+\dfrac{3}{5}=1$

ゆえに，点Pは **辺 BC を 3:2 に内分する位置** にある。　　◀2:3 としないように注意！

(2) $7\overrightarrow{\mathrm{AQ}}+2\overrightarrow{\mathrm{BQ}}+3\overrightarrow{\mathrm{CQ}}=\vec{0}$ から
$$7\overrightarrow{\mathrm{AQ}}+2(\overrightarrow{\mathrm{AQ}}-\overrightarrow{\mathrm{AB}})+3(\overrightarrow{\mathrm{AQ}}-\overrightarrow{\mathrm{AC}})=\vec{0}$$

よって　　$12\overrightarrow{\mathrm{AQ}}=2\overrightarrow{\mathrm{AB}}+3\overrightarrow{\mathrm{AC}}$

? ゆえに　　$\overrightarrow{\mathrm{AQ}}=\dfrac{2\overrightarrow{\mathrm{AB}}+3\overrightarrow{\mathrm{AC}}}{12}=\dfrac{5}{12}\times\dfrac{2\overrightarrow{\mathrm{AB}}+3\overrightarrow{\mathrm{AC}}}{5}=\dfrac{5}{12}\overrightarrow{\mathrm{AP}}$

よって，点Qは **線分 AP を 5:7 に内分する位置** にある。

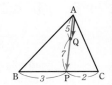

👆 *Lecture*　**始点のとり方**

上の例題において，O を始点として，A($\vec{a}$)，B($\vec{b}$)，C($\vec{c}$)，P($\vec{p}$)，Q($\vec{q}$) とすると，(1) は
$$5(\vec{p}-\vec{a})-2(\vec{b}-\vec{a})-3(\vec{c}-\vec{a})=\vec{0}$$　　←$5(\overrightarrow{\mathrm{OP}}-\overrightarrow{\mathrm{OA}})-2(\overrightarrow{\mathrm{OB}}-\overrightarrow{\mathrm{OA}})-3(\overrightarrow{\mathrm{OC}}-\overrightarrow{\mathrm{OA}})=\vec{0}$

$5\vec{p}=2\vec{b}+3\vec{c}$ から　$\vec{p}=\dfrac{2\vec{b}+3\vec{c}}{5}$ となる。この式からも点Pの位置はつかめる。

しかし，(2) は同様に変形すると $\vec{q}=\dfrac{7\vec{a}+2\vec{b}+3\vec{c}}{12}$ となり，点Qの位置がつかみにくい。

A を始点にとると，点Aの位置ベクトルは $\vec{0}$ になる(A が基準になる)ため，点Aから見て，PやQがどのような位置にあるかがわかりやすい，というメリットがある。一般に，図形を題材とする問題は，図形上の点(頂点など)を始点とした方が考えやすいことが多い。

TRAINING　23 ③

平面上に，△ABC と点 P，Q があるとする。次の等式が成り立つとき，点 P，Q はどのような位置にあるか答えよ。

(1) $3\overrightarrow{\mathrm{AP}}-\overrightarrow{\mathrm{AB}}-2\overrightarrow{\mathrm{AC}}=\vec{0}$　　(2) $4\overrightarrow{\mathrm{AQ}}+\overrightarrow{\mathrm{BQ}}+2\overrightarrow{\mathrm{CQ}}=\vec{0}$

基本 例題 24 点が一致することの証明

3 点 A($\vec{a}$), B($\vec{b}$), C($\vec{c}$) を頂点とする △ABC において,
辺 BC, CA, AB を 3：2 に内分する点をそれぞれ L,
M, N とする。このとき, △ABC の重心と △LMN の
重心は一致することを証明せよ。

解説動画へGO!!

1章

4

位置ベクトル

CHART & GUIDE

点が一致することの証明

点 P, Q が一致する
⟺ 2 点 P, Q の位置ベクトルが一致する

△ABC, △LMN の重心をそれぞれ G, G′ とし, G, G′ の位置ベクトルが一致すること
を示す。そのために, まず, 点 L, M, N の位置ベクトルを, 内分点の公式を用いて, $\vec{a}$,
$\vec{b}$, $\vec{c}$ で表す。

解答

△ABC, △LMN の重心をそれぞれ G, G′ とし, L($\vec{l}$),
M($\vec{m}$), N($\vec{n}$), G($\vec{g}$), G′($\vec{g'}$) とすると

$$\vec{g} = \frac{\vec{a}+\vec{b}+\vec{c}}{3}$$

◀ △ABC の重心 G の位置ベクトル。

また
$$\vec{l} = \frac{2\vec{b}+3\vec{c}}{3+2} = \frac{2\vec{b}+3\vec{c}}{5},$$
$$\vec{m} = \frac{2\vec{c}+3\vec{a}}{3+2} = \frac{2\vec{c}+3\vec{a}}{5},$$
$$\vec{n} = \frac{2\vec{a}+3\vec{b}}{3+2} = \frac{2\vec{a}+3\vec{b}}{5}$$

◀ $\vec{l}$, $\vec{m}$, $\vec{n}$ をそれぞれ $\vec{a}$, $\vec{b}$, $\vec{c}$ で表す。

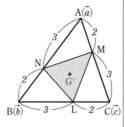

したがって
$$\vec{g'} = \frac{\vec{l}+\vec{m}+\vec{n}}{3}$$

◀ △LMN の重心 G′ の位置ベクトル。

$$= \frac{1}{3}\left(\frac{2\vec{b}+3\vec{c}}{5} + \frac{2\vec{c}+3\vec{a}}{5} + \frac{2\vec{a}+3\vec{b}}{5}\right)$$

$$= \frac{1}{3} \times \frac{5\vec{a}+5\vec{b}+5\vec{c}}{5} = \frac{\vec{a}+\vec{b}+\vec{c}}{3}$$

◀ $\vec{g}=\vec{g'}$

ゆえに, $\vec{g}$ と $\vec{g'}$ は一致するから, △ABC と △LMN の重心は
一致する。

TRAINING 24 ②

四角形 ABCD の辺 AB, BC, CD, DA の中点をそれぞれ P, Q, R, S とし, 対角線
AC, BD の中点をそれぞれ T, U とする。このとき, 線分 PR の中点, 線分 QS の中
点, 線分 TU の中点はすべて一致することを証明せよ。

Let's Start

5 ベクトルの図形への応用

ベクトルを用いると，図形の問題をうまく解決できることがあります。この節では，今までに学んだベクトルの知識を用いて，さらに応用的な図形の問題に取り組みましょう。そのためには，まず，図形の条件をベクトルの条件で表すことが必要です。

■ ベクトルの平行から導かれる図形の条件

ベクトルの平行条件　$\vec{0}$ でない2つのベクトル $\vec{a}$, $\vec{b}$ について

$\vec{a} /\!/ \vec{b} \Longleftrightarrow \vec{a} = k\vec{b}$ （または $\vec{b} = k\vec{a}$）となる実数 k がある

により，次のことが成り立つ。

[1] 3点が一直線上にあるための条件 ［共線条件］　　　　[➡例題 25]

> 2点 A，B が異なるとき
> 点 C が直線 AB 上にある
> $\Longleftrightarrow \overrightarrow{AC} = k\overrightarrow{AB}$ となる実数 k がある

異なる2点 A，B を通る直線 AB 上に点 C があるとき，$\overrightarrow{AB} /\!/ \overrightarrow{AC}$ または $\overrightarrow{AC} = \vec{0}$ である。

(参考)　2直線の平行条件
　　　　2直線 AB, CD が平行
　　　　$\Longleftrightarrow \overrightarrow{AB} /\!/ \overrightarrow{CD}$
　　　　$\Longleftrightarrow \overrightarrow{AB} = k\overrightarrow{CD}$ となる実数 k がある

← このとき
　AB = $|k|$CD

■ ベクトルの内積，垂直から導かれる図形の条件

内積の性質　$\vec{a} \cdot \vec{a} = |\vec{a}|^2$ から，次のことが成り立つ。

[2] 線分 AB の長さ について
　　$AB^2 = |\overrightarrow{AB}|^2 = \overrightarrow{AB} \cdot \overrightarrow{AB}$　　　　　　　[➡例題 28]

また，ベクトルの垂直条件　$\vec{0}$ でない2つのベクトル $\vec{a}$, $\vec{b}$ について
$\vec{a} \perp \vec{b} \Longleftrightarrow \vec{a} \cdot \vec{b} = 0$ により，次のことが成り立つ。

[3] 2直線の直交　2直線 AB, CD について
　　$AB \perp CD \Longleftrightarrow \overrightarrow{AB} \perp \overrightarrow{CD} \Longleftrightarrow \overrightarrow{AB} \cdot \overrightarrow{CD} = 0$　　　[➡例題 29]

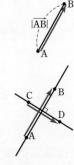

[1]～[3]に加え，$p.24$ で学んだことを言いかえた

[4] $\vec{a} \neq \vec{0}$, $\vec{b} \neq \vec{0}$, $\vec{a} \not/\!/ \vec{b}$ のとき
　　$s\vec{a} + t\vec{b} = s'\vec{a} + t'\vec{b} \Longleftrightarrow s = s'$, $t = t'$

を使って解く問題もある。

← 1通りに表されるならば，$\vec{a}$ の係数，$\vec{b}$ の係数はそれぞれ等しい。

標
準

例題

25 3点が一直線上にあることの証明 ◐◐◐

平行四辺形 ABCD において，辺 CD を 3:1 に内分する点を E，対角線 BD を 4:1 に内分する点をFとする。このとき，3点 A, F, E は一直線上にあることを証明せよ。

1章

5

ベクトルの図形への応用

CHART
& GUIDE

3点 P，Q，R が一直線上にあることの証明
$$\overrightarrow{PR}=k\overrightarrow{PQ}\ \text{となる実数}\ k\ \text{があることを示す}\ \cdots\cdots\ \boxed{!}$$

■ $\overrightarrow{AB}=\vec{b},\ \overrightarrow{AD}=\vec{d}$ とする。……平行四辺形にはこの表し方が有効。
■ $\overrightarrow{AE},\ \overrightarrow{AF}$ をそれぞれ $\vec{b},\ \vec{d}$ を用いて表す。
■ $\overrightarrow{AF}=\bullet\overrightarrow{AE}$（または $\overrightarrow{AE}=\blacksquare\overrightarrow{AF}$）となることを示す。

解答

$\overrightarrow{AB}=\vec{b},\ \overrightarrow{AD}=\vec{d}$ とする。

点Eは辺 CD を 3:1 に内分するから

$$\overrightarrow{AE}=\frac{\overrightarrow{AC}+3\overrightarrow{AD}}{3+1}=\frac{(\vec{b}+\vec{d})+3\vec{d}}{4}\ ^{(*)}$$

$$=\frac{\vec{b}+4\vec{d}}{4}\ \cdots\cdots\ ①$$

点Fは対角線 BD を 4:1 に内分するから

$$\overrightarrow{AF}=\frac{\overrightarrow{AB}+4\overrightarrow{AD}}{4+1}=\frac{\vec{b}+4\vec{d}}{5}\ \cdots\cdots\ ②$$

$\boxed{!}$　①，② から　　$\overrightarrow{AF}=\dfrac{4}{5}\overrightarrow{AE}$

よって，3点 A, F, E は一直線上にある。

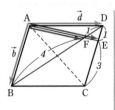

◀ 点Aを基準とした位置ベクトルを考えている。

$(*)$　$\overrightarrow{AC}=\overrightarrow{AB}+\overrightarrow{BC}$
　　　$=\vec{b}+\vec{d}$
　　$\overrightarrow{AE}=\overrightarrow{AD}+\overrightarrow{DE}$
　　　$=\vec{d}+\dfrac{1}{4}\vec{b}$
としてもよい。

◀ $\overrightarrow{AF}=\dfrac{4}{5}\cdot\dfrac{\vec{b}+4\vec{d}}{4}$
　　$=\dfrac{4}{5}\overrightarrow{AE}$

👆 *Lecture*　**3点が一直線上にあることの証明**

上の例題では，3点 A, F, E が一直線上にあることを証明するのに，点Aを始点とする2つのベクトル $\overrightarrow{AE}$，$\overrightarrow{AF}$ が平行であること，つまり，$\overrightarrow{AF}=\dfrac{4}{5}\overrightarrow{AE}$ を示したが，始点は3点 A, F, E のうちどれを選んでもよい。例えば，E を始点として $\overrightarrow{EA}=5\overrightarrow{EF}$ を示してもよい。

なお，$\overrightarrow{AF}=\dfrac{4}{5}\overrightarrow{AE}$ から　　$|\overrightarrow{AF}|=\dfrac{4}{5}|\overrightarrow{AE}|$

すなわち，**AF**:**FE**=4:1 であることもわかる。

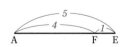

TRAINING 25 ③

△ABC の辺 AC の中点を D，線分 BD の中点を E，辺 BC を 1:2 に内分する点をF とする。このとき，3点 A, E, F が一直線上にあることを示せ。

標準 例題 **26** 線分の交点の位置ベクトル(1)

≪≪ 基本例題 22　≫≫ 標準例題 33 ★

△OAB の辺 OA を 2:1 に内分する点を D,辺 OB を 3:2 に内分する点を E とし,線分 AE と BD の交点を P とする。$\overrightarrow{OA}=\vec{a}$, $\overrightarrow{OB}=\vec{b}$ とするとき,$\overrightarrow{OP}$ を $\vec{a}$, $\vec{b}$ を用いて表せ。

CHART & GUIDE

線分の交点の位置ベクトル
2線分上の分点として　2通りに表して係数比較 …… ?

1 AP:PE=s:$(1-s)$, BP:PD=t:$(1-t)$ とする。
2 $\overrightarrow{OP}$ を,線分 AE に注目して $\vec{a}$, $\vec{b}$, s を用いて,
　　線分 BD に注目して $\vec{a}$, $\vec{b}$, t を用いて表す。
3 2通りに表した $\overrightarrow{OP}$ の $\vec{a}$, $\vec{b}$ の係数を比較して,s, t の連立方程式を作る。
4 s, t の値を求め,2 の $\overrightarrow{OP}$ の式に代入。

解答

AP:PE=s:$(1-s)$ とすると
　　$\overrightarrow{OP}=(1-s)\overrightarrow{OA}+s\overrightarrow{OE}$
　　　　　$=(1-s)\vec{a}+\dfrac{3}{5}s\vec{b}$ …… ①

BP:PD=t:$(1-t)$ とすると
　　$\overrightarrow{OP}=t\overrightarrow{OD}+(1-t)\overrightarrow{OB}$
　　　　　$=\dfrac{2}{3}t\vec{a}+(1-t)\vec{b}$ …… ②

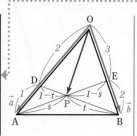

← $0<s<1$ である。
← 線分 AE に注目。
← $\overrightarrow{OE}=\dfrac{3}{5}\overrightarrow{OB}$
← $0<t<1$ である。
← 線分 BD に注目。
← $\overrightarrow{OD}=\dfrac{2}{3}\overrightarrow{OA}$

$\vec{a}\neq\vec{0}$, $\vec{b}\neq\vec{0}$, $\vec{a}\not\parallel\vec{b}$ であるから,$\overrightarrow{OP}$ の $\vec{a}$, $\vec{b}$ を用いた表し方はただ1通りである。よって,①,② から

← ＿＿ の断り書きは重要。

?　　$1-s=\dfrac{2}{3}t$, $\dfrac{3}{5}s=1-t$

これを解いて　　$s=\dfrac{5}{9}$, $t=\dfrac{2}{3}$

よって　　　　$\overrightarrow{OP}=\dfrac{4}{9}\vec{a}+\dfrac{1}{3}\vec{b}$

参考 線分を内分する点の表現として,次のように考えることもできる($0<s<1$ とする)。
　　　点Pが線分 AE 上にある $\iff$ $\overrightarrow{AP}=s\overrightarrow{AE}$ となる実数 s がある
　　　よって　　$\overrightarrow{OP}-\overrightarrow{OA}=s(\overrightarrow{OE}-\overrightarrow{OA})$
　　　すなわち　$\overrightarrow{OP}=(1-s)\overrightarrow{OA}+s\overrightarrow{OE}$
　　　と表すことができる。

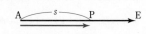

TRAINING 26 ③ ★

△ABC において,辺 AB を 3:1 に内分する点を D,辺 AC を 2:3 に内分する点を Eとし,線分 BE と線分 CD の交点をPとする。$\overrightarrow{AB}=\vec{b}$, $\overrightarrow{AC}=\vec{c}$ とするとき,$\overrightarrow{AP}$ を $\vec{b}$, $\vec{c}$ を用いて表せ。

交点の位置ベクトル

交点の位置ベクトルを求める問題は，入試でも頻出です。詳しく見ていきましょう。

● 内分の比の表し方

左の例題で，点Pを線分 AE を $m:n$ に内分する点 $[\text{AP}:\text{PE}=m:n]$ とすると

$$\overrightarrow{\text{OP}}=\frac{n\overrightarrow{\text{OA}}+m\overrightarrow{\text{OE}}}{m+n}=\frac{n}{m+n}\overrightarrow{\text{OA}}+\frac{m}{m+n}\overrightarrow{\text{OE}} \cdots\cdots Ⓐ$$

と表すことができる。しかし，Ⓐ の $\overrightarrow{\text{OA}}$，$\overrightarrow{\text{OE}}$ の係数には文字が m，n の 2 つあり，しかも分数の形でもあるため，以後の計算がしづらい。

そこで，$\dfrac{n}{m+n}+\dfrac{m}{m+n}=1$ ［係数の和が 1］に着目

して，$\dfrac{m}{m+n}=s$ とおく。

したがって，$\dfrac{n}{m+n}=1-s$ となり，Ⓐ を

$$\overrightarrow{\text{OP}}=(1-s)\overrightarrow{\text{OA}}+s\overrightarrow{\text{OE}} \cdots\cdots Ⓐ'$$ と表すことができる。

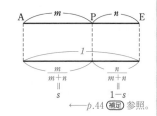

←p.44 補足 参照。

このとき，Ⓐ′ は $\overrightarrow{\text{OP}}=\dfrac{(1-s)\overrightarrow{\text{OA}}+s\overrightarrow{\text{OE}}}{s+(1-s)}$ と変形できるから，点Pは，線分 AE を

$s:(1-s)$ に内分する点 $[\text{AP}:\text{PE}=s:(1-s)]$ ということができる。

Ⓐ′ は文字が s の 1 つで，分数も現れないため，以後の計算がしやすい。したがって，左の例題では，$\text{AP}:\text{PE}=s:(1-s)$ としたのである。

● 2 通りに表されたベクトルの係数

$\vec{a}\neq\vec{0}$，$\vec{b}\neq\vec{0}$，$\vec{a}\nparallel\vec{b}$ であるとき，どんなベクトル $\vec{p}$ も $\vec{a}$，$\vec{b}$ と適当な実数 s，t を用いて $\vec{p}=s\vec{a}+t\vec{b}$ の形に表すことができ，しかもその表し方はただ 1 通りであることを $p.24$ で学んだ。左の例題では

$$\overrightarrow{\text{OP}}=(1-s)\vec{a}+\frac{3}{5}s\vec{b} \cdots\cdots ①$$
$$\overrightarrow{\text{OP}}=\frac{2}{3}t\vec{a}+(1-t)\vec{b} \cdots\cdots ②$$

① と ② は一致する。

よって $\begin{cases} 1-s=\dfrac{2}{3}t \\[2mm] \dfrac{3}{5}s=1-t \end{cases}$

という流れになっている。

一般に，次の性質が成り立つ。

$\vec{a}\neq\vec{0}$，$\vec{b}\neq\vec{0}$，$\vec{a}\nparallel\vec{b}$ のとき

$$s\vec{a}+t\vec{b}=s'\vec{a}+t'\vec{b} \iff s=s',\ t=t'$$

標準

例題 27 三角形の内心の位置ベクトル

△ABC において，AB＝6，BC＝3，CA＝4 とし，内心を I とする。$\overrightarrow{AI}$ を $\overrightarrow{AB}$，$\overrightarrow{AC}$ で表せ。

CHART & GUIDE

三角形の内心の位置ベクトル

角の二等分線と線分比の関係　を利用

内心は，三角形の 3 つの内角の二等分線の交点である。
右の図の △ABC において，∠A の二等分線と辺 BC の交点を
D とすると　　**BD：DC＝AB：AC**　……　!
である。これを利用する。

解答

△ABC の ∠A の二等分線と辺 BC の交点を D とすると

! 　　　　　BD：DC＝AB：AC＝3：2　　　　　　　　　　　◆ AB：AC＝6：4

よって　　$\overrightarrow{AD}＝\dfrac{2\overrightarrow{AB}+3\overrightarrow{AC}}{5}$　　　　　　　　　　◆ $\dfrac{2\overrightarrow{AB}+3\overrightarrow{AC}}{3+2}$

また，BD＝$3×\dfrac{3}{5}＝\dfrac{9}{5}$ であるから

! 　　AI：ID＝BA：BD＝$6：\dfrac{9}{5}＝10：3$　　　　◆ 直線 BI は ∠B の二等分線。

よって　　$\overrightarrow{AI}＝\dfrac{10}{13}\overrightarrow{AD}＝\dfrac{10}{13}×\dfrac{2\overrightarrow{AB}+3\overrightarrow{AC}}{5}$　　◆ $\overrightarrow{AI}＝\dfrac{10}{10+3}\overrightarrow{AD}$

　　　　　　$＝\dfrac{4}{13}\overrightarrow{AB}+\dfrac{6}{13}\overrightarrow{AC}$

Lecture 角の二等分線上にある点の位置ベクトル

△ABC において，AB′＝1，AC′＝1 となる点 B′，C′ をそれぞれ辺 AB，
AC 上にとると，△AB′C′ は二等辺三角形となるから，∠A の二等分線
AI は B′C′ の中点 M を通る。

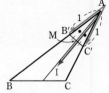

よって　　$\overrightarrow{AI}＝k'\overrightarrow{AM}＝k'×\dfrac{\overrightarrow{AB'}+\overrightarrow{AC'}}{2}＝\dfrac{k'}{2}(\overrightarrow{AB'}+\overrightarrow{AC'})$ [k′ は実数]

$\overrightarrow{AB'}$，$\overrightarrow{AC'}$ をそれぞれ $\overrightarrow{AB}$，$\overrightarrow{AC}$ と同じ向きの単位ベクトルと考え，

$\dfrac{k'}{2}＝k$ とおくと　　$\overrightarrow{AI}＝k\left(\dfrac{\overrightarrow{AB}}{|\overrightarrow{AB}|}+\dfrac{\overrightarrow{AC}}{|\overrightarrow{AC}|}\right)$ [k は実数]

TRAINING 27 ③

△ABC において，AB＝7，BC＝5，CA＝3 とし，内心を I とする。$\overrightarrow{AI}$ を $\overrightarrow{AB}$，$\overrightarrow{AC}$
で表せ。

標準 例題

28 線分の長さに関する等式の証明

⟨clock icons⟩

平行四辺形 ABCD において，等式 $2(AB^2+BC^2)=AC^2+BD^2$ が成り立つことを，ベクトルを用いて証明せよ。 ［近畿大］

CHART & GUIDE

線分の長さに関する等式の証明

$$AB^2=\left|\overrightarrow{AB}\right|^2=\overrightarrow{AB}\cdot\overrightarrow{AB} \quad を利用$$

平行四辺形 ABCD に関する問題であるから，$\overrightarrow{AB}=\vec{b}$，$\overrightarrow{AD}=\vec{d}$ として考える。
まず，右辺を $AC^2+BD^2=\left|\overrightarrow{AC}\right|^2+\left|\overrightarrow{BD}\right|^2$ とみて変形していく。

解答

$\overrightarrow{AB}=\vec{b}$，$\overrightarrow{AD}=\vec{d}$ とすると
  $\overrightarrow{AC}=\vec{b}+\vec{d}$，$\overrightarrow{BD}=\vec{d}-\vec{b}$
よって

$$\begin{aligned}
(右辺)&=AC^2+BD^2\\
&=\left|\overrightarrow{AC}\right|^2+\left|\overrightarrow{BD}\right|^2\\
&=\left|\vec{b}+\vec{d}\right|^2+\left|\vec{d}-\vec{b}\right|^2\\
&=(\left|\vec{b}\right|^2+2\vec{b}\cdot\vec{d}+\left|\vec{d}\right|^2)+(\left|\vec{d}\right|^2-2\vec{d}\cdot\vec{b}+\left|\vec{b}\right|^2)\\
&=2(\left|\vec{b}\right|^2+\left|\vec{d}\right|^2)=2(\left|\overrightarrow{AB}\right|^2+\left|\overrightarrow{AD}\right|^2)\\
&=2(AB^2+AD^2)=2(AB^2+BC^2)=(左辺)
\end{aligned}$$

したがって，$2(AB^2+BC^2)=AC^2+BD^2$ が成り立つ。

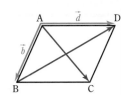

◀ $\overrightarrow{BD}=\overrightarrow{AD}-\overrightarrow{AB}$

◀ 右辺 AC^2+BD^2 を変形して左辺 $2(AB^2+BC^2)$ を導く。

◀ 平行四辺形の対辺は等しいから
  AD=BC
すなわち $AD^2=BC^2$

👆 **Lecture** 線分の長さの平方と内積

p.48 で学んだように，線分の長さについて
$$AB^2=\left|\overrightarrow{AB}\right|^2=\overrightarrow{AB}\cdot\overrightarrow{AB}$$
が成り立つ。このことを利用して，線分の長さに関する等式を，ベクトルを用いて証明することもできる。ここで，等式 $P=Q$ を証明する方法 について，もう一度確認しておこう。
（次の 1～3 の方法などがある。上の例題は，**方法 1** で証明している。）

  1 P か Q の一方を変形して，他方を導く
  2 P と Q の両方を変形して，同じ式を導く
  3 $P-Q$ を変形して，**0** になることを示す   ⟵ $P-Q=0$ を示す。

ベクトルの等式 $\vec{p}=\vec{q}$ を証明する場合も，方針は上の 1～3 と同様である。
（ただし，3 については「$\vec{p}-\vec{q}$ を変形して，$\vec{0}$ になることを示す」となる。）

TRAINING 28 ③

  三角形 ABC において，辺 BC を 2：1 に内分する点を D とするとき，等式
$AB^2+2AC^2=3AD^2+6CD^2$ が成り立つことを示せ。 ［中央大］

≪≪ 基本例題 **17**　≫≫ 発展例題 **37**

標準 例題 **29** 垂直であることの証明 (1)

∠A が直角である直角二等辺三角形 ABC において，3辺 BC，CA，AB を 3：2 に内分する点を，それぞれ L，M，N とする。このとき，AL⊥MN であることを証明せよ。

CHART & GUIDE

内積を用いた図形の性質の証明

「垂直」には（内積）=0　　$PQ \perp PR \iff \overrightarrow{PQ} \cdot \overrightarrow{PR} = 0$
（ただし，$\overrightarrow{PQ} \neq \vec{0}$，$\overrightarrow{PR} \neq \vec{0}$）

■ $\overrightarrow{AB} = \vec{b}$，$\overrightarrow{AC} = \vec{c}$ とする。…… 三角形にはこの表し方が有効。
■ $\overrightarrow{AL}$，$\overrightarrow{MN}$ をそれぞれ $\vec{b}$，$\vec{c}$ を用いて表す。
■ 内積 $\overrightarrow{AL} \cdot \overrightarrow{MN}$ を計算して，$\overrightarrow{AL} \cdot \overrightarrow{MN} = 0$ となることを示す。

解答

$\overrightarrow{AB} = \vec{b}$，$\overrightarrow{AC} = \vec{c}$ とすると

$\overrightarrow{AL} = \dfrac{2\overrightarrow{AB} + 3\overrightarrow{AC}}{3+2} = \dfrac{2\vec{b} + 3\vec{c}}{5}$

$\overrightarrow{MN} = \overrightarrow{AN} - \overrightarrow{AM} = \dfrac{3}{5}\vec{b} - \dfrac{2}{5}\vec{c} = \dfrac{3\vec{b} - 2\vec{c}}{5}$

ゆえに

$\overrightarrow{AL} \cdot \overrightarrow{MN} = \left(\dfrac{2\vec{b} + 3\vec{c}}{5}\right) \cdot \left(\dfrac{3\vec{b} - 2\vec{c}}{5}\right) = \dfrac{6|\vec{b}|^2 + 5\vec{b}\cdot\vec{c} - 6|\vec{c}|^2}{25}$

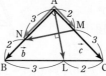

ここで，∠A=90° から　　$\overrightarrow{AB} \cdot \overrightarrow{AC} = 0$　すなわち　$\vec{b} \cdot \vec{c} = 0$

また，AB=AC から　　$|\overrightarrow{AB}| = |\overrightarrow{AC}|$　すなわち　$|\vec{b}| = |\vec{c}|$

よって　　$\overrightarrow{AL} \cdot \overrightarrow{MN} = \dfrac{6|\vec{b}|^2 + 5\times0 - 6|\vec{b}|^2}{25} = 0$

$\overrightarrow{AL} \neq \vec{0}$，$\overrightarrow{MN} \neq \vec{0}$ であるから　$\overrightarrow{AL} \perp \overrightarrow{MN}$　すなわち　AL⊥MN

← $\overrightarrow{AL} \cdot \overrightarrow{MN}$ の計算がしやすくなるように $\dfrac{2\vec{b}+3\vec{c}}{5}$ などと書いておく。

← $\dfrac{(2\vec{b}+3\vec{c}) \cdot (3\vec{b}-2\vec{c})}{25}$

← 問題の図形の条件をベクトルの条件に書き換える。

← $\vec{b}\cdot\vec{c}=0$，$|\vec{c}|=|\vec{b}|$ を代入。

Lecture　三角形の垂心

右の図で，HB⊥CA，HC⊥AB とすると，HA⊥BC であることが証明される。

証明　$\overrightarrow{HA} = \vec{a}$，$\overrightarrow{HB} = \vec{b}$，$\overrightarrow{HC} = \vec{c}$ とすると　$\overrightarrow{HB} \cdot \overrightarrow{CA} = 0$，$\overrightarrow{HC} \cdot \overrightarrow{AB} = 0$

よって，$\vec{b}\cdot(\vec{a}-\vec{c})=0$，$\vec{c}\cdot(\vec{b}-\vec{a})=0$ から　$\vec{a}\cdot\vec{b}=\vec{b}\cdot\vec{c}=\vec{c}\cdot\vec{a}$

ゆえに，$\overrightarrow{HA} \cdot \overrightarrow{BC} = \vec{a}\cdot(\vec{c}-\vec{b})=\vec{a}\cdot\vec{c}-\vec{a}\cdot\vec{b}=0$ となり　HA⊥BC

一般に，三角形の3つの頂点からそれぞれ対辺またはその延長上に下ろした垂線は，1点で交わる。この交点をその三角形の **垂心** という。

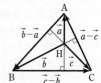

TRAINING　29 ③

直角三角形でない三角形 ABC の外心を O とする。$\overrightarrow{OH} = \overrightarrow{OA} + \overrightarrow{OB} + \overrightarrow{OC}$ を満たす点 H をとると，BH⊥CA であることを示せ。

Let's Start

6 図形のベクトルによる表示

平面上の点が位置ベクトルによって表されることは既に学習しました。ここでは，直線や円を位置ベクトルを用いて表すことを考えてみましょう。まず，直線は
　　① 通る1点と傾き（方向）　　または　　② 通る2点
が与えられると定まることに注目して，ベクトルで表してみましょう。

■ ベクトル $\vec{d}$ に平行な直線

① 通る1点と傾き（方向）が与えられた直線について考えよう。

点 $A(\vec{a})$ を通り，$\vec{0}$ でないベクトル $\vec{d}$ に平行な直線を g とすると直線 g（点Aを除く）上の任意の点 $P(\vec{p})$ について，次のことが成り立つ。

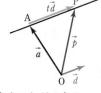

　　点 $P(\vec{p})$ が g 上にある
　　　$\iff \overrightarrow{AP} /\!/ \vec{d}$
　　　$\iff \overrightarrow{AP} = t\vec{d}$ となる実数 t がある

よって　　$\vec{p} - \vec{a} = t\vec{d}$

すなわち　$\vec{p} = \vec{a} + t\vec{d}$ …… Ⓐ

← ベクトルの平行
$\vec{a} \neq \vec{0},\ \vec{b} \neq \vec{0}$ のとき
$\vec{a} /\!/ \vec{b} \iff$
$\vec{b} = k\vec{a}$ となる実数 k がある

ここで，点Aは，Ⓐ において $t=0$ とすると表すことができる。

よって，Ⓐ において，t がすべての実数値をとって変化するとき，点 $P(\vec{p})$ の全体は直線 g になる。

Ⓐ を直線 g の **ベクトル方程式** といい，実数 t を **媒介変数** または **パラメータ**，$\vec{d}$ を直線 g の **方向ベクトル** という。

← 方向ベクトルは，直線に平行。

次に，直線 g のベクトル方程式を成分表示してみよう。

O を原点とする座標平面上で，点 $A(x_1,\ y_1)$ を通り，$\vec{d} = (l,\ m)$ に平行な直線 g 上の点を $P(x,\ y)$ とする。

Ⓐ において，$\vec{p} = (x,\ y)$，$\vec{a} = (x_1,\ y_1)$，$\vec{d} = (l,\ m)$ であるから
　　　$(x,\ y) = (x_1,\ y_1) + t(l,\ m)$

よって　$\begin{cases} x = x_1 + lt \\ y = y_1 + mt \end{cases}$ …… Ⓑ

これを直線 g の **媒介変数表示** という。

Ⓑ から t を消去すると，次のことがいえる。

　　点 $A(x_1,\ y_1)$ を通り，$\vec{d} = (l,\ m)$ に平行な直線の方程式は
　　　$m(x - x_1) - l(y - y_1) = 0$

← （上式）$\times m -$（下式）$\times l$

■ 異なる2点 A, B を通る直線

次に, ② **通る2点** が与えられた直線について考えてみよう。

異なる2点 A($\vec{a}$), B($\vec{b}$) を通る直線を g とし, 直線 g 上の任意の点を P($\vec{p}$) とする。

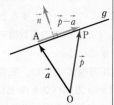

直線 g は, 点Aを通り, $\overrightarrow{AB}=\vec{b}-\vec{a}$ を方向ベクトルとする直線と考えられるから, 前ページの ④ において, $\vec{d}=\vec{b}-\vec{a}$ とおくと, 直線 g のベクトル方程式が得られる。

$$\vec{p}=\vec{a}+t(\vec{b}-\vec{a})$$

すなわち $\vec{p}=(1-t)\vec{a}+t\vec{b}$

ここで, $1-t=s$ とおくと $\vec{p}=s\vec{a}+t\vec{b}$, ただし, $s+t=1$

← 点Pは, 線分 AB の
- 外分点 ($t<0$, $1<t$)
- 内分点 ($0<t<1$)

> 異なる2点 A($\vec{a}$), B($\vec{b}$) を通る直線のベクトル方程式は
> 1 $\vec{p}=(1-t)\vec{a}+t\vec{b}$ (t は実数)
> 2 $\vec{p}=s\vec{a}+t\vec{b}$, $s+t=1$ (s, t は実数) …… ©

← 係数の和が1

© において, 特に $s\geqq0$, $t\geqq0$ のとき, このベクトル方程式は線分 AB を表す(p.59 ズーム UP 参照)。

← $t\geqq0$, $s\geqq0$ のとき $0\leqq t\leqq1$

■ ベクトル $\vec{n}$ に垂直な直線

最後に, 内積を利用して **直線を表すこと**を考えてみよう。

点 A($\vec{a}$) を通り, $\vec{0}$ でないベクトル $\vec{n}$ に垂直な直線を g とし, 直線 g 上の任意の点を P($\vec{p}$) とすると

$\vec{n}\perp\overrightarrow{AP}$ または $\overrightarrow{AP}=\vec{0}$

$\iff \vec{n}\cdot\overrightarrow{AP}=0$

$\iff \vec{n}\cdot(\vec{p}-\vec{a})=0$ …… ⑩

⑩ は, 点 A を通り, $\vec{n}$ に垂直な直線 g のベクトル方程式である。また, $\vec{n}$ を直線 g の **法線ベクトル** という。

← $\overrightarrow{AP}=\vec{0}$ となるのは, PがAに一致するとき。

← 直線 g の法線ベクトルは, g に垂直。

では, ベクトル方程式の問題を解いてみましょう。

>>> 発展例題 **62**

基本 例題 **30** 直線のベクトル方程式

次の条件を満たす直線の方程式を，ベクトルを用いて求めよ。
(1) 点 $A(-2, 3)$ を通り，ベクトル $\vec{d}=(2, 1)$ に平行
(2) 2点 $A(-1, 2)$，$B(3, 1)$ を通る

CHART & GUIDE

直線のベクトル方程式

[1] 点 $A(\vec{a})$ を通り，$\vec{d}$ に平行 $\longrightarrow$ $\vec{p}=\vec{a}+t\vec{d}$

[2] 異なる2点 $A(\vec{a})$，$B(\vec{b})$ を通る $\longrightarrow$ $\vec{p}=(1-t)\vec{a}+t\vec{b}$

1 直線上の任意の点を $P(\vec{p})$ とする。
2 $P(x, y)$ として，(1)では [1] を，(2)では [2] を成分表示する。
3 媒介変数 t を消去して，x, y の方程式を求める。…… !

解答

(1) 直線上の任意の点を $P(\vec{p})$ とし，また $A(\vec{a})$ とすると，求める直線のベクトル方程式は
$$\vec{p}=\vec{a}+t\vec{d}$$
ここで，$P(x, y)$ とすると
$$(x, y)=(-2, 3)+t(2, 1)$$
$$=(-2+2t, 3+t)$$
よって $\begin{cases} x=-2+2t & \cdots\cdots ① \\ y=3+t & \cdots\cdots ② \end{cases}$

! ①$-$②$\times 2$ から $\quad x-2y+8=0$

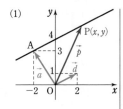

$\Leftarrow (-2, 3)+t(2, 1)$
$= (-2, 3)+(2t, t)$
$= (-2+2t, 3+t)$

$\Leftarrow t$ を消去した式。

(2) 直線上の任意の点を $P(\vec{p})$ とし，また $A(\vec{a})$，$B(\vec{b})$ とすると，求める直線のベクトル方程式は
$$\vec{p}=(1-t)\vec{a}+t\vec{b}$$
ここで，$P(x, y)$ とすると
$$(x, y)=(1-t)(-1, 2)+t(3, 1)$$
$$=(-1+4t, 2-t)$$
よって $\begin{cases} x=-1+4t & \cdots\cdots ① \\ y=2-t & \cdots\cdots ② \end{cases}$

! ①$+$②$\times 4$ から $\quad x+4y-7=0$

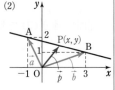

$\Leftarrow \vec{p}=\vec{a}+t\overrightarrow{AB}$ として求めてもよい。

TRAINING **30** ①

次の条件を満たす直線の方程式を，ベクトルを用いて求めよ。
(1) 点 $A(-3, 5)$ を通り，ベクトル $\vec{d}=(1, -\sqrt{3})$ に平行
(2) 2点 $A(-7, -4)$，$B(5, 5)$ を通る

標準 例題 **31** 終点の存在範囲(1)

>>> 発展例題 **39**

△OAB に対して，$\overrightarrow{OP}=s\overrightarrow{OA}+t\overrightarrow{OB}$ とする。実数 s，t が $s+t=\dfrac{1}{3}$，$s\geqq0$，$t\geqq0$ を満たすとき，点 P の存在範囲を求めよ。

解説動画へGO!!

CHART & GUIDE

$\overrightarrow{OP}=s\overrightarrow{OA}+t\overrightarrow{OB}$ を満たす点 P の存在範囲

[1]　$s+t=1$ ⟺ **直線 AB**

[2]　$s+t=1$，$s\geqq0$，$t\geqq0$ ⟺ **線分 AB**

[1] または [2] が利用できるように，$s+t=●$ を変形して $=1$ を導く工夫をする。
本問の場合，両辺に 3 を掛ける。……　!

解答

!　$s+t=\dfrac{1}{3}$ から　　$3s+3t=1$

また　　$\overrightarrow{OP}=s\overrightarrow{OA}+t\overrightarrow{OB}$

$\qquad\qquad =3s\left(\dfrac{1}{3}\overrightarrow{OA}\right)+3t\left(\dfrac{1}{3}\overrightarrow{OB}\right)$

ここで，$3s=s'$，$3t=t'$ とおくと

$\qquad \overrightarrow{OP}=s'\left(\dfrac{1}{3}\overrightarrow{OA}\right)+t'\left(\dfrac{1}{3}\overrightarrow{OB}\right)$，

$\qquad s'+t'=1$，$s'\geqq0$，$t'\geqq0$

よって，$\dfrac{1}{3}\overrightarrow{OA}=\overrightarrow{OC}$，$\dfrac{1}{3}\overrightarrow{OB}=\overrightarrow{OD}$ となる点 C，D をとると

$\qquad \overrightarrow{OP}=s'\overrightarrow{OC}+t'\overrightarrow{OD}$，$s'+t'=1$，$s'\geqq0$，$t'\geqq0$

したがって，点 P の存在範囲は **線分 CD** である。

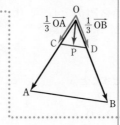

←右辺が 1 になるように変形する。

←$3s$ と $3t$ が係数になると，係数の和が 1 となる。

←点 C，D はそれぞれ線分 OA，OB を $1:2$ に内分する。

TRAINING　31 ③

△OAB に対して，$\overrightarrow{OP}=s\overrightarrow{OA}+t\overrightarrow{OB}$ とする。実数 s，t が次の式を満たすとき，点 P の存在範囲を求めよ。

(1)　$s+t=2$

(2)　$s+t=3$，$s\geqq0$，$t\geqq0$

ズームUP 終点の存在範囲

$\overrightarrow{\mathrm{OP}}=s\overrightarrow{\mathrm{OA}}+t\overrightarrow{\mathrm{OB}}$ のとき，s，t の条件によって，点Pの存在範囲がどう変わるのか，考えてみましょう。

● 係数の和が1のとき，存在範囲は直線

異なる2点 $\mathrm{A}(\vec{a})$，$\mathrm{B}(\vec{b})$ について，次の式を満たす点$\mathrm{P}(\vec{p})$ は直線 AB 上にある。

$$\vec{p}=s\vec{a}+t\vec{b} \quad (s+t=1) \qquad \longleftarrow p.56 参照。$$

つまり，△OAB において ← 係数の和が1

$$\overrightarrow{\mathrm{OP}}=s\overrightarrow{\mathrm{OA}}+t\overrightarrow{\mathrm{OB}} \quad (s+t=1)$$

を満たす点Pの存在範囲は，直線 AB である。

[例] 右の図で，

$$\overrightarrow{\mathrm{OP_1}}=(-1)\overrightarrow{\mathrm{OA}}+2\overrightarrow{\mathrm{OB}},$$

$$\overrightarrow{\mathrm{OP_2}}=\frac{1}{3}\overrightarrow{\mathrm{OA}}+\frac{2}{3}\overrightarrow{\mathrm{OB}},$$

$$\overrightarrow{\mathrm{OP_3}}=1\overrightarrow{\mathrm{OA}},$$

$$\overrightarrow{\mathrm{OP_4}}=3\overrightarrow{\mathrm{OA}}+(-2)\overrightarrow{\mathrm{OB}}$$

のように，係数の和が1になるとき，点Pは直線 AB 上に存在する。

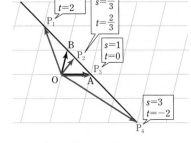

● 係数の和が1，係数が0以上のとき，存在範囲は線分

係数の和が1という条件に，係数が0以上$(s\geqq0，t\geqq0)$という条件が加わると，存在範囲がどう変わるのか考えてみよう。

$\overrightarrow{\mathrm{OP}}=s\overrightarrow{\mathrm{OA}}+t\overrightarrow{\mathrm{OB}}$ であるから，点Pは

$s\geqq0$ のときは図 [1] の網部分⎫
$t\geqq0$ のときは図 [2] の網部分⎭ に存在する

ことがわかる。

よって，$s\geqq0$ かつ $t\geqq0$ のとき，点Pの存在範囲は，図 [3] の網部分である。

したがって，$s+t=1$，$s\geqq0$，$t\geqq0$ が同時に成り立つとき，直線 AB と図 [3] の網部分の共通部分，すなわち線分 AB が，点Pの存在範囲になる。

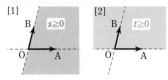

● 係数の和を1にする

左の例題では，$s+t=\frac{1}{3}$ から $3s+3t=1$ である。よって，$3s$ と $3t$ が係数となるように，$\overrightarrow{\mathrm{OP}}$ の式を次のように変形する。

$$\overrightarrow{\mathrm{OP}}=3s\left(\frac{1}{3}\overrightarrow{\mathrm{OA}}\right)+3t\left(\frac{1}{3}\overrightarrow{\mathrm{OB}}\right)$$

係数の和が1

≪≪ 基本例題 **30**　≫≫ 発展例題 **40**, **41**

基本 例題
32　定ベクトルに垂直な直線のベクトル方程式　◑◑

(1) 点 A(3, 1) を通り，ベクトル $\vec{n}=(3, -7)$ に垂直な直線の方程式を求めよ。

(2) 3 点 A(3, 1)，B(-2, 2)，C(1, -5) について，点Cを通り，直線 AB に垂直な直線の方程式を，ベクトルを用いて求めよ。

CHART
& GUIDE

点 $A(\vec{a})$ を通り，$\vec{n}$ に垂直な直線のベクトル方程式

直線上の任意の点をPとすると　$\vec{n}\cdot\overrightarrow{AP}=0$ ……（＊）

(1)　■ 求める直線上の任意の点を $P(x, y)$ とする。

　　■ $\overrightarrow{AP}$ を成分表示する。

　　■ $\vec{n}\cdot\overrightarrow{AP}=0$ を成分で計算して，式を整理する。

(2)　求める直線上の任意の点をPとすると，点Cを通る直線であるから，（＊）において $\vec{n}=\overrightarrow{AB}$，$\overrightarrow{AP}=\overrightarrow{CP}$ の場合である。

解答

直線上の任意の点を $P(x, y)$ とする。

(1)　$\overrightarrow{AP}=(x-3, y-1)$

　　$\vec{n}\perp\overrightarrow{AP}$ または $\overrightarrow{AP}=\vec{0}$ であるから

　　　　$\vec{n}\cdot\overrightarrow{AP}=0$

　　よって　　$3(x-3)-7(y-1)=0$

　　したがって　　$3x-7y-2=0$

(2)　求める直線は，点Cを通り，$\overrightarrow{AB}$ に垂直である。

　　　　$\overrightarrow{AB}=(-2-3, 2-1)=(-5, 1)$，

　　　　$\overrightarrow{CP}=(x-1, y-(-5))=(x-1, y+5)$

　　$\overrightarrow{AB}\perp\overrightarrow{CP}$ または $\overrightarrow{CP}=\vec{0}$ であるから　　$\overrightarrow{AB}\cdot\overrightarrow{CP}=0$

　　よって，$-5(x-1)+1\times(y+5)=0$ から

　　　　$5x-y-10=0$

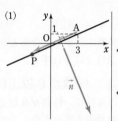

←P が A に一致するとき もあるから，＿＿のように に書いている。

←$\vec{a}=(a_1, a_2)$，
$\vec{b}=(b_1, b_2)$ のとき
$\vec{a}\cdot\vec{b}=a_1b_1+a_2b_2$

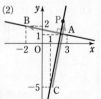

🖐 **Lecture**　法線ベクトルと直線の方程式

ベクトル方程式 $\vec{n}\cdot(\vec{p}-\vec{a})=0$ において，$\vec{p}=(x, y)$，$\vec{n}=(a, b)$，$\vec{a}=(x_1, y_1)$ として成分で計算してみると　　$a(x-x_1)+b(y-y_1)=0$ …… ①

すなわち，点 $A(x_1, y_1)$ を通り，$\vec{n}=(a, b)$ に垂直な直線の方程式が ① である。

また，① を変形すると　　$ax+by-ax_1-by_1=0$

ここで，$-ax_1-by_1$ は定数であるから，これを c（c は定数）とおくと　　$ax+by+c=0$

よって，ベクトル $\vec{n}=(\underline{a}, \underline{b})$ は直線 $\underline{a}x+\underline{b}y+c=0$ に垂直 であることがわかる。

TRAINING 32 ②

点 (3, 2) を通り，ベクトル $\vec{n}=(4, 3)$ に垂直な直線の方程式を求めよ。

標準 例題 **33** 線分の交点の位置ベクトル (2)

△OAB において，辺 OA の中点を C，線分 BC を $2:3$ に内分する点を D とし，直線 OD と辺 AB の交点を E とする。

(1) $\overrightarrow{OD}$ を $\overrightarrow{OA}$，$\overrightarrow{OB}$ を用いて表せ。 (2) $\overrightarrow{OE}$ を $\overrightarrow{OA}$，$\overrightarrow{OB}$ を用いて表せ。

(3) $AE:EB$ を求めよ。

CHART & GUIDE

△OAB において

$$\overrightarrow{OP}=\bullet\overrightarrow{OA}+\blacksquare\overrightarrow{OB},\quad \bullet+\blacksquare=1\ (係数の和が1)$$
$$\Longleftrightarrow\ 点 P が直線 AB 上にある$$

(1) $\overrightarrow{OC}=\dfrac{1}{2}\overrightarrow{OA}$ と表されることに注目。

(2) 点 E は 2 つの直線上の点である。

・直線 OD 上 …… $\overrightarrow{OE}=k\overrightarrow{OD}$ となる実数 k がある。…… ⚠

・直線 AB 上 …… $\overrightarrow{OE}=\bullet\overrightarrow{OA}+\blacksquare\overrightarrow{OB}$，$\bullet+\blacksquare=1$ …… ⚠

解答

(1) $CD:DB=3:2$ であるから

$$\overrightarrow{OD}=\frac{2\overrightarrow{OC}+3\overrightarrow{OB}}{3+2}=\frac{2}{5}\times\frac{1}{2}\overrightarrow{OA}+\frac{3}{5}\overrightarrow{OB}$$
$$=\frac{1}{5}\overrightarrow{OA}+\frac{3}{5}\overrightarrow{OB}$$

(2) 点 E は直線 OD 上にあるから，$\overrightarrow{OE}=k\overrightarrow{OD}$ となる実数 k がある。(1)から

⚠
$$\overrightarrow{OE}=k\left(\frac{1}{5}\overrightarrow{OA}+\frac{3}{5}\overrightarrow{OB}\right)=\frac{1}{5}k\overrightarrow{OA}+\frac{3}{5}k\overrightarrow{OB}\ \cdots\cdots ①$$

⚠ 点 E は直線 AB 上にあるから $\dfrac{1}{5}k+\dfrac{3}{5}k=1$

← 点 E が直線 AB 上 $\overrightarrow{OA}$，$\overrightarrow{OB}$ で表したとき 係数の和が 1

よって $k=\dfrac{5}{4}$

① に代入して $\overrightarrow{OE}=\dfrac{1}{4}\overrightarrow{OA}+\dfrac{3}{4}\overrightarrow{OB}$

(3) (2)により，$\overrightarrow{OE}=\dfrac{\overrightarrow{OA}+3\overrightarrow{OB}}{3+1}$ であるから

$$AE:EB=\mathbf{3:1}$$

← 点 E は辺 AB を $3:1$ に内分する。

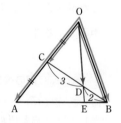

TRAINING 33 ③ ★

△OAB において，辺 OA を $3:2$ に内分する点を C，線分 BC を $5:1$ に内分する点を P とし，直線 OP と辺 AB の交点を Q とする。

(1) $\overrightarrow{OQ}$ を $\overrightarrow{OA}$，$\overrightarrow{OB}$ を用いて表せ。 (2) $OP:OQ$ を求めよ。

標準 例題 34　円のベクトル方程式 🕐🕐🕐

定点 O, A と動点 P がある。$\overrightarrow{OA}=\vec{a}$, $\overrightarrow{OP}=\vec{p}$ とするとき，$|6\vec{p}-3\vec{a}|=2$ で表される点 P は，ある円の周上にある。その円の中心と半径を求めよ。ただし，$\vec{a}\neq\vec{0}$ とする。

CHART & GUIDE

中心 $C(\vec{c})$，半径 r の円のベクトル方程式
$$|\vec{p}-\vec{c}|=r \quad \text{(Lecture 参照)}$$

$|6\vec{p}-3\vec{a}|=2$ を変形して，$|\vec{p}-■|=▲$ の形に直すと円の中心を表すベクトルと半径がわかる。
←── $\vec{p}$ の係数が 1 となるように変形

解答

$|6\vec{p}-3\vec{a}|=2$ から　$6\left|\vec{p}-\dfrac{1}{2}\vec{a}\right|=2$

よって　　$\left|\vec{p}-\dfrac{1}{2}\vec{a}\right|=\dfrac{1}{3}$

したがって，P は **線分 OA の中点を**
中心 とする **半径 $\dfrac{1}{3}$** の円の周上にある。

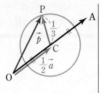

◀ $\vec{p}$ の係数を 1 に。
$k>0$ のとき
$|k\vec{p}|=k|\vec{p}|$

👆 Lecture　円のベクトル方程式

平面上で，点 $C(\vec{c})$ を中心とする半径 r の円を C とする。
円周上の任意の点を $P(\vec{p})$ とすると　　$\overrightarrow{CP}=\vec{p}-\vec{c}$
ここで，円の半径が r であるから　　$|\overrightarrow{CP}|=r$
よって　　$|\vec{p}-\vec{c}|=r$ …… ①
① を，円 C のベクトル方程式という。

なお，$\vec{p}=(x, y)$, $\vec{c}=(a, b)$ とすると　　$\vec{p}-\vec{c}=(x-a, y-b)$
ここで，① から $|\vec{p}-\vec{c}|^2=r^2$　すなわち $(\vec{p}-\vec{c})\cdot(\vec{p}-\vec{c})=r^2$
よって，円の方程式 $(x-a)^2+(y-b)^2=r^2$（数学Ⅱ参照）が導かれる。
また，2 点 $A(\vec{a})$, $B(\vec{b})$ を直径の両端とする円をベクトル方程式で表すと
$$(\vec{p}-\vec{a})\cdot(\vec{p}-\vec{b})=0$$
となる（このことについては，解答編 $p.16$ Lecture 参照）。

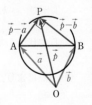

TRAINING 34 ③

2 つの定点 $A(\vec{a})$, $B(\vec{b})$ と動点 $P(\vec{p})$ がある。ただし，$\vec{a}\neq\vec{0}$, $\vec{b}\neq\vec{0}$, $\vec{a}\not\parallel\vec{b}$ とする。次のベクトル方程式で表される点 P はどんな図形上にあるか。

(1) $|4\vec{p}+\vec{a}|=2$　　　(2) $|2\vec{p}-\vec{a}-\vec{b}|=6$　　　(3) $\vec{p}\cdot\vec{p}=\vec{p}\cdot\vec{a}$

発展学習

≪≪ 標準例題 **19**　≫≫ 発展例題 **59**

発展 例題 35 ベクトルの大きさの最小値

1章

発展学習

ベクトル $\vec{a}$, $\vec{b}$ について，$|\vec{a}|=2\sqrt{5}$，$|\vec{b}|=\sqrt{2}$，$\vec{a}\cdot\vec{b}=-2$ であるとき

(1) 実数 t に対し，$|\vec{a}+t\vec{b}|$ の最小値と，そのときの t の値を求めよ。

(2) (1)で求めた t に対して，ベクトル $\vec{a}+t\vec{b}$ と $\vec{b}$ は垂直であることを示せ。

CHART & GUIDE

$|\vec{a}+t\vec{b}|$ の最小値

$|\vec{a}+t\vec{b}|^2$ を考え，t の2次関数の最小値へ

1 $|\vec{a}+t\vec{b}|^2$ を計算して，まず t の式で表す。

2 **1** で求めた $|\vec{a}+t\vec{b}|^2$ を $●(t-▲)^2+■$ の形に変形（$●>0$，$■>0$）。…… !

3 $t=▲$ のとき，$|\vec{a}+t\vec{b}|$ は最小値 $\sqrt{■}$ をとる。

(2) 垂直 ⟶ (内積)＝0 を示す。

解答

(1) $|\vec{a}+t\vec{b}|^2=(\vec{a}+t\vec{b})\cdot(\vec{a}+t\vec{b})=|\vec{a}|^2+2t\vec{a}\cdot\vec{b}+t^2|\vec{b}|^2$

$\phantom{|\vec{a}+t\vec{b}|^2}=(2\sqrt{5}\,)^2+2t\times(-2)+t^2\times(\sqrt{2}\,)^2$

$\phantom{|\vec{a}+t\vec{b}|^2}=2(t^2-2t+10)=2(t-1)^2+18$

← $|\vec{a}|=2\sqrt{5}$，$|\vec{b}|=\sqrt{2}$，$\vec{a}\cdot\vec{b}=-2$ を代入。

よって，$t=1$ で $|\vec{a}+t\vec{b}|^2$ は最小となる。

$|\vec{a}+t\vec{b}|\geqq0$ であるから，このとき $|\vec{a}+t\vec{b}|$ も最小となる。

← $|\vec{c}|^2$ の最小値 l ⟺ $|\vec{c}|$ の最小値 $\sqrt{l}$

したがって，**$t=1$ で最小値 $\sqrt{18}=3\sqrt{2}$**

← $\sqrt{18}=\sqrt{3^2\times2}=3\sqrt{2}$

(2) (1)から $t=1$ のとき　$\vec{a}+t\vec{b}=\vec{a}+\vec{b}$

このとき　$(\vec{a}+\vec{b})\cdot\vec{b}=\vec{a}\cdot\vec{b}+|\vec{b}|^2=-2+(\sqrt{2}\,)^2=0$

$\vec{a}+\vec{b}$，$\vec{b}$ は $\vec{0}$ ではないから，$\vec{a}+\vec{b}$ と $\vec{b}$ は垂直である。

← (1)から　$\vec{a}+\vec{b}\neq\vec{0}$

Lecture $|\vec{a}+t\vec{b}|$ の最小値の図形的意味

$\vec{p}=\vec{a}+t\vec{b}$ とおくと，点 $P(\vec{p})$ は点 $A(\vec{a})$ を通りベクトル $\vec{b}$ に平行な直線 g 上にあることを学んだ（p.55参照）。

よって，$|\vec{p}|=|\vec{a}+t\vec{b}|=|\overrightarrow{OP}|$ が最小になるのは，$\overrightarrow{OP}\perp g$ のときである。つまり，例題での $t=1$ は，点 P が点 O から直線 g に下ろした垂線と直線 g との交点に一致するときの t の値である。

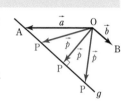

TRAINING 35 ④

$|\vec{a}|=2\sqrt{10}$，$|\vec{b}|=\sqrt{5}$，$\vec{a}\cdot\vec{b}=-10$ であるとき

(1) 実数 t に対し，$|\vec{a}+t\vec{b}|$ の最小値と，そのときの t の値を求めよ。

(2) (1)で求めた t の値に対して，$\vec{a}+t\vec{b}$ と $\vec{b}$ は垂直であることを示せ。

発展 例題 **36** ベクトルの等式と点の位置，面積比 🕐🕐🕐🕐

△ABC の内部に点 P があり，$\overrightarrow{PA}+2\overrightarrow{PB}+3\overrightarrow{PC}=\vec{0}$ が成り立っている。

(1) 点 P はどのような位置にあるか。

(2) 面積比 △PBC：△PCA：△PAB を求めよ。

CHART & GUIDE

等式 $a\overrightarrow{PA}+b\overrightarrow{PB}+c\overrightarrow{PC}=\vec{0}$ と点 P の位置，三角形の面積比

1 点 A を始点としたベクトルの式に変形する。

2 **1** で導いた式を $\overrightarrow{AP}=\bullet\times\dfrac{\blacksquare\overrightarrow{AB}+\blacktriangle\overrightarrow{AC}}{\blacktriangle+\blacksquare}$ の形に変形する。…… !

(2) 三角形の面積比 ① 高さが同じなら底辺の長さの比
② 底辺の長さが同じなら高さの比

を利用して，各三角形と △ABC との面積比を求める。

解答

(1) $\overrightarrow{PA}+2\overrightarrow{PB}+3\overrightarrow{PC}=\vec{0}$ から

$-\overrightarrow{AP}+2(\overrightarrow{AB}-\overrightarrow{AP})+3(\overrightarrow{AC}-\overrightarrow{AP})=\vec{0}$

ゆえに $6\overrightarrow{AP}=2\overrightarrow{AB}+3\overrightarrow{AC}$

よって $\overrightarrow{AP}=\dfrac{2\overrightarrow{AB}+3\overrightarrow{AC}}{6}$

! $=\dfrac{5}{6}\times\dfrac{2\overrightarrow{AB}+3\overrightarrow{AC}}{3+2}$

$\dfrac{2\overrightarrow{AB}+3\overrightarrow{AC}}{3+2}=\overrightarrow{AD}$ とおくと $\overrightarrow{AP}=\dfrac{5}{6}\overrightarrow{AD}$

したがって，**辺 BC を 3：2 に内分する点を D とすると，点 P は線分 AD を 5：1 に内分する位置**にある。

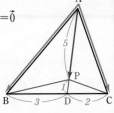

← $\overrightarrow{PB}=\Box\overrightarrow{B}-\Box\overrightarrow{P}$
(後)−(前)

← 分子 $(2\overrightarrow{AB}+3\overrightarrow{AC})$ に対し，分母に $3+2(=5)$ が出てくるように工夫して変形。

← $\overrightarrow{AD}=\dfrac{\blacksquare\overrightarrow{AB}+\blacktriangle\overrightarrow{AC}}{\blacktriangle+\blacksquare}$
$\iff$ BD：DC＝▲：■
$\overrightarrow{AP}=\bullet\overrightarrow{AD}$（●は実数）
$\iff$ 点 P は直線 AD 上

(2) (1)から △PBC＝$\dfrac{1}{6}$△ABC

$\triangle PCA=\dfrac{5}{6}\triangle ADC=\dfrac{5}{6}\times\dfrac{2}{5}\triangle ABC=\dfrac{2}{6}\triangle ABC$

$\triangle PAB=\dfrac{5}{6}\triangle ABD=\dfrac{5}{6}\times\dfrac{3}{5}\triangle ABC=\dfrac{3}{6}\triangle ABC$

よって △PBC：△PCA：△PAB＝**1：2：3**

← 三角形の面積比は高さが同じなら底辺の長さの比。底辺の長さが同じなら高さの比。

参考 上の解答の ___ は約分しないで分母を 6 のままにしておくと，比の計算がらくである。

TRAINING 36 ④ ★

△ABC の内部に点 P があり，$2\overrightarrow{PA}+3\overrightarrow{PB}+5\overrightarrow{PC}=\vec{0}$ が成り立っている。

(1) 点 P はどのような位置にあるか。

(2) 面積比 △PBC：△PCA：△PAB を求めよ。

発展 例題 37 垂直であることの証明 (2)

正三角形でも直角三角形でもない △ABC の外心を O,重心を G とし,線分 OG の G を越える延長上に OH=3OG となる点 H をとる。このとき,AH⊥BC であることを証明せよ。

CHART & GUIDE

垂直であることの証明

$$\vec{a} \perp \vec{b} \iff \vec{a} \cdot \vec{b} = 0 \quad を活用$$

垂直　　　（内積）=0 　　　（ただし,$\vec{a} \neq \vec{0}$,$\vec{b} \neq \vec{0}$）

証明したいことは AH⊥BC であるから,$\overrightarrow{AH} \cdot \overrightarrow{BC} = 0$ を示す。
$\overrightarrow{OA} = \vec{a}$,$\overrightarrow{OB} = \vec{b}$,$\overrightarrow{OC} = \vec{c}$ として,まず $\overrightarrow{AH}$,$\overrightarrow{BC}$ を $\vec{a}$,$\vec{b}$,$\vec{c}$ を用いて表す。

解答

$\overrightarrow{OA} = \vec{a}$,$\overrightarrow{OB} = \vec{b}$,$\overrightarrow{OC} = \vec{c}$ とすると,
点 O は △ABC の外心であるから

$$OA = OB = OC$$

よって　$|\vec{a}| = |\vec{b}| = |\vec{c}|$

点 G は △ABC の重心であるから

$$\overrightarrow{OG} = \frac{\vec{a} + \vec{b} + \vec{c}}{3}$$

ゆえに　$\overrightarrow{AH} = \overrightarrow{OH} - \overrightarrow{OA} = 3\overrightarrow{OG} - \overrightarrow{OA}$
　　　　　　$= (\vec{a} + \vec{b} + \vec{c}) - \vec{a} = \vec{b} + \vec{c}$

また　$\overrightarrow{BC} = \overrightarrow{OC} - \overrightarrow{OB} = \vec{c} - \vec{b}$

よって　$\overrightarrow{AH} \cdot \overrightarrow{BC} = (\vec{c} + \vec{b}) \cdot (\vec{c} - \vec{b}) = |\vec{c}|^2 - |\vec{b}|^2 = 0$

$\overrightarrow{AH} \neq \vec{0}$,$\overrightarrow{BC} \neq \vec{0}$ より,$\overrightarrow{AH} \perp \overrightarrow{BC}$ であるから　　AH⊥BC

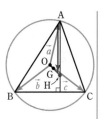

← 外心 O を基準とした位置ベクトル。

← $3\overrightarrow{OG} = \vec{a} + \vec{b} + \vec{c}$

← OH=3OG から
$\overrightarrow{OH} = 3\overrightarrow{OG}$

← $|\vec{b}| = |\vec{c}|$

🖐 Lecture　ベクトルの始点のとり方の工夫

△ABC の問題では,位置ベクトルの始点を頂点 A にとることが多いが,上の例題の場合,外心 O が多く出てくることや,外心の性質 OA=OB=OC を利用したいので,始点として外心 O を選ぶと,上のようなスッキリした解答になる。

なお,上の例題で,BH⊥CA も同様に証明できて,点 H は △ABC の垂心であることがわかる。さらに,$\overrightarrow{OH} = 3\overrightarrow{OG}$ から,外心 O,重心 G,垂心 H はこの順に同じ直線上にあって(3点 O,G,H が通る直線を オイラー線 という),OG:GH=1:2 であることもわかる。

TRAINING 37 ④

AD=BC の平行四辺形でない四角形 ABCD がある。辺 AB,CD の中点をそれぞれ P,Q とし,対角線 AC,BD の中点をそれぞれ M,N とする。
(1) $\overrightarrow{PQ}$,$\overrightarrow{MN}$ をそれぞれ $\overrightarrow{AD}$,$\overrightarrow{BC}$ を用いて表せ。
(2) PQ⊥MN であることを証明せよ。

発展 例題 **38** 垂心とベクトル 🕐🕐🕐🕐

△OAB において，OA＝2，OB＝3，AB＝$\sqrt{7}$ とし，垂心をHとする。
$\overrightarrow{OA}=\vec{a}$，$\overrightarrow{OB}=\vec{b}$ とするとき，次の問いに答えよ。

(1) 内積 $\vec{a}\cdot\vec{b}$ を求めよ。　　　(2) $\overrightarrow{OH}$ を $\vec{a}$，$\vec{b}$ を用いて表せ。

CHART & GUIDE

垂心とベクトル
垂直 ⟺ 内積 0 を利用

Hは垂心であるから，OA⊥BH，OB⊥AH，AB⊥OH が成り立つ。
これを利用する。

(1) $|\overrightarrow{AB}|=\sqrt{7}$ から $|\overrightarrow{AB}|^2=(\sqrt{7})^2$ すなわち $|\vec{b}-\vec{a}|^2=7$

(2) $\overrightarrow{OH}=s\vec{a}+t\vec{b}$ として，$\overrightarrow{OA}\cdot\overrightarrow{BH}=0$，$\overrightarrow{OB}\cdot\overrightarrow{AH}=0$ から s，t の値を求める。

解答

(1) $|\overrightarrow{AB}|=\sqrt{7}$ から $|\vec{b}-\vec{a}|^2=7$　　　　◀ $\overrightarrow{AB}=\overrightarrow{OB}-\overrightarrow{OA}$
　　よって $|\vec{b}|^2-2\vec{b}\cdot\vec{a}+|\vec{a}|^2=7$　　　　　$=\vec{b}-\vec{a}$

　　$|\vec{a}|=2$，$|\vec{b}|=3$ から $9-2\vec{b}\cdot\vec{a}+4=7$　　ゆえに $\vec{a}\cdot\vec{b}=3$

(2) Hは垂心であるから

$$\overrightarrow{OA}\perp\overrightarrow{BH},\ \overrightarrow{OB}\perp\overrightarrow{AH}$$

$\overrightarrow{OH}=s\vec{a}+t\vec{b}$（$s$，$t$ は実数）とする。　　◀ $\overrightarrow{OA}\cdot\overrightarrow{BH}=0$
$\overrightarrow{OA}\cdot\overrightarrow{BH}=0$ から　　　　　　　　　　　　　$\overrightarrow{OB}\cdot\overrightarrow{AH}=0$

　　　　$\vec{a}\cdot\{s\vec{a}+(t-1)\vec{b}\}=0$　　　　　　◀ $\overrightarrow{BH}=\overrightarrow{OH}-\overrightarrow{OB}$
ゆえに $s|\vec{a}|^2+(t-1)\vec{a}\cdot\vec{b}=0$　　　　　　　　$=s\vec{a}+t\vec{b}-\vec{b}$
　　　　　　　　　　　　　　　　　　　　　　　　　　$=s\vec{a}+(t-1)\vec{b}$
$|\vec{a}|=2$，$\vec{a}\cdot\vec{b}=3$ から　$4s+3(t-1)=0$

よって　$4s+3t=3$ ……①

同様に，$\overrightarrow{OB}\cdot\overrightarrow{AH}=0$ から　$\vec{b}\cdot\{(s-1)\vec{a}+t\vec{b}\}=0$　◀ $\overrightarrow{AH}=\overrightarrow{OH}-\overrightarrow{OA}$

ゆえに　$(s-1)\vec{a}\cdot\vec{b}+t|\vec{b}|^2=0$　　　　　　　　　$=s\vec{a}+t\vec{b}-\vec{a}$
　　　　　　　　　　　　　　　　　　　　　　　　　　$=(s-1)\vec{a}+t\vec{b}$
$\vec{a}\cdot\vec{b}=3$，$|\vec{b}|=3$ から　$3(s-1)+9t=0$

よって　$s+3t=1$ ……②

①，②を解いて　$s=\dfrac{2}{3}$，$t=\dfrac{1}{9}$

したがって　$\overrightarrow{OH}=\dfrac{2}{3}\vec{a}+\dfrac{1}{9}\vec{b}$

TRAINING **38** ④ ★

△OAB において，OA＝3，OB＝4，∠AOB＝60° とし，垂心をHとする。$\overrightarrow{OA}=\vec{a}$，$\overrightarrow{OB}=\vec{b}$ とするとき，$\overrightarrow{OH}$ を $\vec{a}$，$\vec{b}$ を用いて表せ。

発展 例題 **39** 終点の存在範囲 (2)

△OAB がある。実数 s, t が次の条件を満たしながら変化するとき，
$\overrightarrow{\mathrm{OP}} = s\overrightarrow{\mathrm{OA}} + t\overrightarrow{\mathrm{OB}}$ で表される点Pの存在範囲を求めよ。

(1) $s+t \leqq 3$, $s \geqq 0$, $t \geqq 0$ (2) $0 \leqq s \leqq 1$, $0 \leqq t \leqq 2$

CHART & GUIDE

$$\overrightarrow{\mathrm{OP}} = s\overrightarrow{\mathrm{OA}} + t\overrightarrow{\mathrm{OB}} \ \text{を満たす点Pの存在範囲}$$

[3] $s+t \leqq 1$, $s \geqq 0$, $t \geqq 0$ $\Longleftrightarrow$ △OAB の周および内部

[4] $0 \leqq s \leqq 1$, $0 \leqq t \leqq 1$

$\Longleftrightarrow$ 平行四辺形 OACB の周および内部 $(\overrightarrow{\mathrm{OC}} = \overrightarrow{\mathrm{OA}} + \overrightarrow{\mathrm{OB}})$

(1) *p.*58 例題 31 と同じ要領で，[3] を利用できるように ≦1 を導く工夫をする。

(2) s, t は互いに無関係に変化するから，まず，一方を固定して考える。

解答

(1) $s+t \leqq 3$ から $\dfrac{s}{3} + \dfrac{t}{3} \leqq 1$

 ◀ 両辺を 3 で割って ≦1 の形に。

$\dfrac{s}{3} = s'$, $\dfrac{t}{3} = t'$ とおくと

  $s' + t' \leqq 1$, $s' \geqq 0$, $t' \geqq 0$

◀ $s \geqq 0$, $t \geqq 0$ のとき $\dfrac{s}{3} \geqq 0$, $\dfrac{t}{3} \geqq 0$

$\overrightarrow{\mathrm{OP}} = \dfrac{s}{3}(3\overrightarrow{\mathrm{OA}}) + \dfrac{t}{3}(3\overrightarrow{\mathrm{OB}})$ である

から $\overrightarrow{\mathrm{OP}} = s'(3\overrightarrow{\mathrm{OA}}) + t'(3\overrightarrow{\mathrm{OB}})$

よって，$\overrightarrow{\mathrm{OC}} = 3\overrightarrow{\mathrm{OA}}$，$\overrightarrow{\mathrm{OD}} = 3\overrightarrow{\mathrm{OB}}$ となるような点 C，D をとると，点 P の存在範囲は △OCD の周および内部 である。

◀ 点 C，D はそれぞれ OC＝3OA，OD＝3OB を満たす。

(2) s を固定して，$\overrightarrow{\mathrm{OQ}} = s\overrightarrow{\mathrm{OA}}$ とおく。

t を $0 \leqq t \leqq 2$ の範囲で変化させると，点Pは図の線分 QR 上を動く。
ただし $\overrightarrow{\mathrm{OR}} = \overrightarrow{\mathrm{OQ}} + 2\overrightarrow{\mathrm{OB}}$

次に，s を $0 \leqq s \leqq 1$ の範囲で変化させると，線分 QR は線分 OD から線分 AC まで平行に動く。
ただし $\overrightarrow{\mathrm{OD}} = 2\overrightarrow{\mathrm{OB}}$，$\overrightarrow{\mathrm{OC}} = \overrightarrow{\mathrm{OA}} + \overrightarrow{\mathrm{OD}}$

よって，点 P の存在範囲は平行四辺形 OACD の周および内部 である。

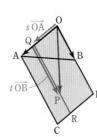

◀ 図において $\overrightarrow{\mathrm{OP}} = \overrightarrow{\mathrm{OQ}} + t\overrightarrow{\mathrm{OB}}$ $(0 \leqq t \leqq 2)$ とみる。 $t=0$ のときPはQに一致し，$t=2$ のときPはRに一致する。

TRAINING 39 ⑤

△OAB がある。実数 s, t が次の条件を満たしながら変化するとき，$\overrightarrow{\mathrm{OP}} = s\overrightarrow{\mathrm{OA}} + t\overrightarrow{\mathrm{OB}}$ で表される点Pの存在範囲を求めよ。

(1) $2s + 2t \leqq 1$, $s \geqq 0$, $t \geqq 0$ (2) $0 \leqq s \leqq 3$, $0 \leqq t \leqq 1$

$\overrightarrow{\mathrm{OP}}=s\overrightarrow{\mathrm{OA}}+t\overrightarrow{\mathrm{OB}}$ を満たす点Pの存在範囲

△OAB に対して，$\overrightarrow{\mathrm{OP}}=s\overrightarrow{\mathrm{OA}}+t\overrightarrow{\mathrm{OB}}$ を満たす点Pの存在範囲について整理しておきましょう。

まず，s，t の条件式について，基本となる次の4つのタイプがある。

[1] $s+t=1$（係数の和が1） $\iff$ 直線 AB	
[2] $s+t=1$，$s\geqq0$，$t\geqq0$ $\iff$ 線分 AB ── 例題 31	
[3] $s+t\leqq1$，$s\geqq0$，$t\geqq0$ $\iff$ △OAB の周および内部 ── 例題 39 (1)	
[4] $0\leqq s\leqq1$，$0\leqq t\leqq1$ $\iff$ 平行四辺形 OACB の周および内部	
$(\overrightarrow{\mathrm{OC}}=\overrightarrow{\mathrm{OA}}+\overrightarrow{\mathrm{OB}})$ ── 例題 39 (2)	

[1]，[2] については，p.59 で触れているので，ここでは [3]，[4] について説明しておこう。

[3] $s+t=k$ とおくと，$s\geqq0$，$t\geqq0$ であるから　$0\leqq k\leqq1$

$k=0$ のとき　$s=t=0$ であるから　　$\vec{p}=\vec{0}$

よって，点Pは点Oに一致する。

$k\neq0$ のとき　$s+t=k$ から　　$\dfrac{s}{k}+\dfrac{t}{k}=1$

$\dfrac{s}{k}=s'$，$\dfrac{t}{k}=t'$ とおくと　　$s'+t'=1$，$s'\geqq0$，$t'\geqq0$

$\overrightarrow{\mathrm{OP}}=\dfrac{s}{k}(k\overrightarrow{\mathrm{OA}})+\dfrac{t}{k}(k\overrightarrow{\mathrm{OB}})$ であるから

$$\overrightarrow{\mathrm{OP}}=s'(k\overrightarrow{\mathrm{OA}})+t'(k\overrightarrow{\mathrm{OB}})$$

よって，$\overrightarrow{\mathrm{OC}}=k\overrightarrow{\mathrm{OA}}$，$\overrightarrow{\mathrm{OD}}=k\overrightarrow{\mathrm{OB}}$ となるような点C，D
をとると，点Pは線分 CD [辺 AB に平行] 上を動く。

ゆえに，k を $0\leqq k\leqq1$ の範囲で変化させると，点Cは辺
OA 上をOからAまで，点Dは辺 OB 上をOからBまで動く。

よって，点Pの存在範囲は，△OAB の周および内部である。

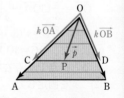

[4] s を固定して，$\overrightarrow{\mathrm{OA'}}=s\overrightarrow{\mathrm{OA}}$ とすると　$\overrightarrow{\mathrm{OP}}=\overrightarrow{\mathrm{OA'}}+t\overrightarrow{\mathrm{OB}}$

ここで，t を $0\leqq t\leqq1$ の範囲で変化させると，点Pは図の
線分 A'C' 上を動く$(\overrightarrow{\mathrm{OC'}}=\overrightarrow{\mathrm{OA'}}+\overrightarrow{\mathrm{OB}})$。

次に，s を $0\leqq s\leqq1$ の範囲で変化させると，線分 A'C' は
線分 OB から線分 AC まで平行に動く$(\overrightarrow{\mathrm{OC}}=\overrightarrow{\mathrm{OA}}+\overrightarrow{\mathrm{OB}})$。

よって，点Pの存在範囲は，平行四辺形 OACB の周および
内部である。

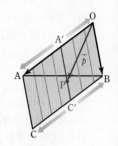

$\overrightarrow{\mathrm{OP}}=s\overrightarrow{\mathrm{OA}}+t\overrightarrow{\mathrm{OB}}$ を満たす点Pの存在範囲を考える問題は，s，t の条件式から，上の
[1]〜[4] のどれに当てはまるかを考える。そのとき

　「$=1$」や「$\leqq1$」の形を導く（[1]〜[3]），s（または t）を固定する（[4]）

がポイントとなる。

≪≪ 基本例題 15, 32

発展 例題 **40** 2直線のなす角 ◉◉◉

2直線 $2x-3y+6=0$, $x+5y-5=0$ のなす鋭角を求めよ。

CHART & GUIDE

2直線のなす角

$\vec{n}=(a, b)$ が, 直線 $ax+by+c=0$ に垂直(直線の法線ベクトル)であることを利用する($p.60$ Lecture)。

① 2直線のそれぞれの法線ベクトルを $\vec{n_1}=(2, -3)$, $\vec{n_2}=(1, 5)$ とする。

② $\vec{n_1}$, $\vec{n_2}$ のなす角を θ として,

$\cos\theta=\dfrac{\vec{n_1}\cdot\vec{n_2}}{|\vec{n_1}||\vec{n_2}|}$ により θ を求める。

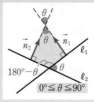
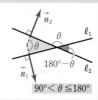

③ θ が鋭角 $\longrightarrow$ 2直線のなす鋭角は θ
θ が鈍角 $\longrightarrow$ 2直線のなす鋭角は
$180°-\theta$

$0°\leqq\theta\leqq90°$　　$90°<\theta\leqq180°$

解答

直線 $2x-3y+6=0$ を ℓ_1, 直線 $x+5y-5=0$ を ℓ_2 とし, ℓ_1 の法線ベクトルを $\vec{n_1}=(2, -3)$, ℓ_2 の法線ベクトルを $\vec{n_2}=(1, 5)$ とする。

$\vec{n_1}\cdot\vec{n_2}=2\times1+(-3)\times5=-13$,

$|\vec{n_1}|=\sqrt{2^2+(-3)^2}=\sqrt{13}$, $\quad|\vec{n_2}|=\sqrt{1^2+5^2}=\sqrt{26}$

よって, $\vec{n_1}$ と $\vec{n_2}$ のなす角を θ とすると

$$\cos\theta=\dfrac{\vec{n_1}\cdot\vec{n_2}}{|\vec{n_1}||\vec{n_2}|}=\dfrac{-13}{\sqrt{13}\times\sqrt{26}}=-\dfrac{1}{\sqrt{2}}$$

$0°\leqq\theta\leqq180°$ であるから $\theta=135°$

したがって, 2直線のなす鋭角は $180°-135°=\mathbf{45°}$

← 直線 $ax+by+c=0$ の法線ベクトルの1つは $\vec{n}=(a, b)$

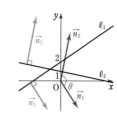

(参考) 数学Ⅱで学習する正接の加法定理を用いて解くと, 次のようになる。

直線 ℓ_1, ℓ_2 と x 軸の正の向きとのなす角をそれぞれ θ_1, θ_2 とし,

$\theta=\theta_2-\theta_1$ とすると, ℓ_1, ℓ_2 の傾きはそれぞれ $\dfrac{2}{3}$, $-\dfrac{1}{5}$ である

から $\quad\tan\theta_1=\dfrac{2}{3}$, $\tan\theta_2=-\dfrac{1}{5}$

よって $\quad\tan\theta=\tan(\theta_2-\theta_1)=\dfrac{\tan\theta_2-\tan\theta_1}{1+\tan\theta_2\tan\theta_1}=-1$

ゆえに, $\theta=135°$ であるから, 2直線のなす鋭角は
$180°-135°=45°$

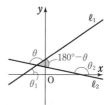

TRAINING 40 ③

2直線 $x-\sqrt{3}\,y+3=0$, $\sqrt{3}\,x+3y+1=0$ のなす鋭角を求めよ。

発展 例題 **41** 垂線の長さ 🕐🕐🕐🕐

点 A(3, 1) から直線 $\ell : x+2y+3=0$ に垂線を引き，交点を H とする。

(1) $\vec{n}=(1, 2)$ に対して，$\overrightarrow{AH}=k\vec{n}$ を満たす実数 k の値を求めよ。

(2) 点 A と直線 ℓ の距離を求めよ。

CHART & GUIDE

(1) $\ell : 1 \cdot x+2y+3=0$, $\vec{n}=(1, 2)$ から，$\vec{n}$ は直線 ℓ の法線ベクトルである。H(s, t) として，$\overrightarrow{AH}$，$k\vec{n}$ をそれぞれ成分表示し，各成分が等しいとおく。点 H は ℓ 上にあることも利用する。

(2) 点 A と直線 ℓ の距離は AH すなわち $|\overrightarrow{AH}|$ に等しい。また $|\overrightarrow{AH}|=|k\vec{n}|=|k||\vec{n}|$

解答

(1) 点 H の座標を (s, t) とすると

$\overrightarrow{AH}=(s-3, t-1)$, $\quad k\vec{n}=k(1, 2)=(k, 2k)$

$\overrightarrow{AH}=k\vec{n}$ から $\quad s-3=k$, $t-1=2k$

よって $\quad s=k+3$ ……① , $t=2k+1$ ……②

また，点 H は直線 ℓ 上にあるから $\quad s+2t+3=0$ ……③

①，② を ③ に代入して $\quad (k+3)+2(2k+1)+3=0$

これを解いて $\quad k=-\dfrac{8}{5}$

(2) (1)の結果から，点 A と直線 ℓ の距離は

$AH=|\overrightarrow{AH}|=|k||\vec{n}|$

$\quad = \left| -\dfrac{8}{5} \right| \sqrt{1^2+2^2} = \dfrac{8\sqrt{5}}{5}$

◄ P(p_1, p_2), Q(q_1, q_2) のとき
$\overrightarrow{PQ}=(q_1-p_1, q_2-p_2)$

◄ 点 (●, ■) が直線 $ax+by+c=0$ 上 ⟺ $a●+b■+c=0$

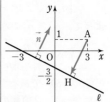

Lecture 点と直線の距離

一般に，点 P(x_1, y_1) と直線 $ax+by+c=0$ の距離は，次の式で表される(数学Ⅱ参照)。

$$\dfrac{|ax_1+by_1+c|}{\sqrt{a^2+b^2}}$$

このことは，ベクトルを用いて証明することもできる(点 P から直線に垂線 PH を下ろすと，直線の法線ベクトル $\vec{n}=(a, b)$ と $\overrightarrow{PH}$ が平行であることを利用する)。その証明については，解答編 $p.20$ Lecture で扱ったので参考にしてほしい。

TRAINING 41 ④

点 P(1, 3) から直線 $\ell : 2x-3y+4=0$ に垂線を引き，交点を H とする。

(1) ベクトルを用いて点 H の座標を求めよ。

(2) 点 P と直線 ℓ の距離を求めよ。

EXERCISES

A

1① 次の等式を満たす $\vec{x}$ を $\vec{a}$, $\vec{b}$ を用いて表せ。
(1) $4\vec{x}-\vec{a}=3\vec{x}+2\vec{b}$ (2) $2(\vec{x}-3\vec{a})+3(\vec{x}-2\vec{b})=\vec{0}$
≪≪ 基本例題 **6**

1章

発展学習

2③ △ABC の辺 BC, CA, AB の中点をそれぞれ L, M, N とするとき, 等式 $\overrightarrow{AL}+\overrightarrow{BM}+\overrightarrow{CN}=\vec{0}$ が成り立つことを証明せよ。 ≪≪ 基本例題 **4**, 標準例題 **8**

3③ ★ 2つのベクトル $\vec{a}=(1,\ 2)$, $\vec{b}=(3,\ 1)$ と実数 t に対して $\vec{p}=\vec{a}+t\vec{b}$ とおくとき, $\vec{p}$ の大きさが5となる t の値と $\vec{p}$ を求めよ。 [山形大]
≪≪ 標準例題 **19**

4③ ★ △ABC の辺 AB を $1:2$ に内分する点を D, 辺 AC を $2:1$ に内分する点を E とし, 辺 BC を $t:(1-t)$ に内分する点を F とする。ただし, t は $0<t<1$ を満たす実数である。
(1) △ABC の重心を G_1, △DEF の重心を G_2 とするとき, ベクトル $\overrightarrow{AG_1}$, $\overrightarrow{AG_2}$ を $\overrightarrow{AB}$ と $\overrightarrow{AC}$ で表せ。
(2) (1)の G_1 と G_2 が一致するときの t の値を求めよ。
(3) (2)のとき, △ABC と △DEF の面積比を求めよ。 [類 東北学院大]
≪≪ 基本例題 **22**, **24**, 標準例題 **26**

B

5④ 3点 $A(1,\ 1)$, $B(3,\ 2)$, $C(5,\ -2)$ がある。
(1) $\overrightarrow{AB}$ と $\overrightarrow{AC}$ のなす角 θ に対して $\cos\theta$ を求めよ。
(2) △ABC の面積を求めよ。
(3) ベクトル $t\overrightarrow{AB}+\overrightarrow{AC}$ の大きさを最小にする実数 t の値とその最小値を求めよ。
≪≪ 標準例題 **21**, 発展例題 **35**

HINT

1 (1) 等式 $4x-a=3x+2b$ を x について解くのと同じ要領。(2)も同様。
2 $\overrightarrow{AL}$, $\overrightarrow{BM}$, $\overrightarrow{CN}$ をそれぞれ $\overrightarrow{AB}$, $\overrightarrow{BC}$, $\overrightarrow{CA}$ を用いて表す。
例えば $\overrightarrow{AL}=\overrightarrow{AB}+\overrightarrow{BL}=\overrightarrow{AB}+\dfrac{1}{2}\overrightarrow{BC}$
3 $\vec{p}$ の大きさ $|\vec{p}|$ は $|\vec{p}|^2$ として扱う。
4 (3) △DEF=△ABC−(△ADE+△BFD+△CEF) と考える。

B 6④ 平面上に，△ABC があり，その外接円の半径を1とし，外心をOとする。この △ABC が $4\overrightarrow{OA}+4\overrightarrow{OB}+\overrightarrow{OC}=\vec{0}$ を満たすとき，内積 $\overrightarrow{OA}\cdot\overrightarrow{OB}$ の値は，ア□ であり，△OAB の面積は，△ABC の面積の ィ□ 倍である。

〔芝浦工大〕 ≪≪ 発展例題 **36**

7④ ★ 4点 O, A, B, C が同一平面上にある。3点 O, A, B は，OA=3, OB=2, ∠AOB=60° を満たすとする。点Cが線分 OA の垂直二等分線と線分 OB の垂直二等分線の交点であるとき，$\overrightarrow{OC}$ を $\overrightarrow{OA}$，$\overrightarrow{OB}$ を用いて表せ。

〔類 富山県大〕 ≪≪ 発展例題 **38**

8⑤ O(0, 0), A(3, 1), B(1, 2) とする。実数 s, t が次の条件を満たしながら変化するとき，$\overrightarrow{OP}=s\overrightarrow{OA}+t\overrightarrow{OB}$ で表される点Pの存在範囲を図示せよ。

(1) $s+t\leqq2$, $s\geqq0$, $t\geqq0$　　　(2) $0\leqq s\leqq1$, $1\leqq t\leqq2$ ≪≪ 発展例題 **39**

9③ 点 P(5, −1) を通り，$\vec{n}=(1, 2)$ が法線ベクトルである直線の方程式を求めよ。また，この直線と直線 $x-3y-2=0$ とのなす角 α を求めよ。ただし，$0°\leqq\alpha\leqq90°$ とする。

〔岩手大〕 ≪≪ 発展例題 **40**

10④ ★ 座標平面上に点 A(2, 0) をとり，原点Oを中心とする半径が2の円周上に点 B, C, D, E, F を，点 A, B, C, D, E, F が順に正六角形の頂点となるようにとる。ただし，B は第1象限にあるとする。〔類 センター試験〕

(1) 点Bの座標と点Dの座標を求めよ。

(2) 線分 BD の中点をMとし，直線 AM と直線 CD の交点をNとする。$\overrightarrow{ON}$ は実数 r, s を用いて，$\overrightarrow{ON}=\overrightarrow{OA}+r\overrightarrow{AM}$，$\overrightarrow{ON}=\overrightarrow{OD}+s\overrightarrow{DC}$ と2通りに表されることを利用して，$\overrightarrow{ON}$ を求めよ。

(3) 線分 BF 上に点Pをとり，その y 座標を a とする。点Pから直線 CE に引いた垂線と，点Cから直線 EP に引いた垂線との交点をHとする。このとき，$\overrightarrow{EP}$ を a を用いて表せ。また，点Hの座標を a を用いて表せ。

(4) $\overrightarrow{OP}$ と $\overrightarrow{OH}$ のなす角を θ とする。$\cos\theta=\dfrac{12}{13}$ のとき，a の値を求めよ。

HINT

7 線分 OA の中点をM，線分 OB の中点をNとして，$\overrightarrow{OA}\perp\overrightarrow{MC}$，$\overrightarrow{OB}\perp\overrightarrow{NC}$ であることを利用する。

10 (1) △OAB は，1辺の長さが2の正三角形である。

(3) P(1, a) である。また，Hの y 座標も a であるから，H(x, a) とおき，$\overrightarrow{CH}\cdot\overrightarrow{EP}=0$ を利用する。

数学C

空間のベクトル

2章

レベル ………… 各例題の難易度を表す ⏱ の個数(1〜5 の 5 段階)。

★印 ………… 大学入学共通テストの準備・対策向き。

◉，◎，○印 … 各項目で重要度の高い例題につけた(◉，◎，○の順に重要度が高い)。
　　　　　　　時間の余裕がない場合は，◉，◎，○の例題を中心に勉強すると効果的である。
　　　　　　　また，◉の例題には，解説動画がある。

Let's Start

7 空間の点

この章で学習する空間のベクトルでは，数学Aで学習した空間における点の座標の知識を用いることもあります。その内容を確認しておきましょう。

↩ Play Back

■ 空間の点の座標 ［数学A］

平面上の点の位置を座標平面上で2つの実数の組で示したように，空間の点についても座標というものを考えると，空間における点の位置を3つの実数の組で表すことができる。

空間に点Oをとり，Oで互いに直交する3本の数直線を，右の図のように定める。これらを，それぞれ x 軸，y 軸，z 軸といい，まとめて座標軸という。また，点Oを原点という。さらに

x 軸と y 軸で定まる平面を xy 平面，
y 軸と z 軸で定まる平面を yz 平面，
z 軸と x 軸で定まる平面を zx 平面といい，これらをまとめて座標平面という。

← 座標平面では，
x 軸（横方向）
y 軸（縦方向）
の2つの軸があったが，座標空間では，これに z 軸（高さ）が加わる。

← $(xy$ 平面$)\perp(z$ 軸$)$
$(yz$ 平面$)\perp(x$ 軸$)$
$(zx$ 平面$)\perp(y$ 軸$)$

空間の点Pに対して，Pを通り，各座標軸に垂直な平面が，x 軸，y 軸，z 軸と交わる点を，それぞれA，B，Cとする。A，B，Cの各座標軸上での座標が，それぞれ a，b，c のとき，3つの実数の組 $(a,\ b,\ c)$ を，

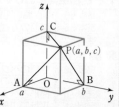

← 原点Oと左の図の点A，B，Cの座標は
O$(0,\ 0,\ 0)$
A$(a,\ 0,\ 0)$
B$(0,\ b,\ 0)$
C$(0,\ 0,\ c)$
である。

点Pの座標といい，a，b，c をそれぞれ点Pの x 座標，y 座標，z 座標という。点Pの座標が $(a,\ b,\ c)$ のとき，これを P$(a,\ b,\ c)$ と表す。

また，座標の定められた空間を座標空間という。

■ 原点Oと点Pの距離 ［数学A］

原点Oと点P$(a,\ b,\ c)$ の距離は $\quad OP=\sqrt{a^2+b^2+c^2}$

← 座標平面上における原点Oと点Q$(a,\ b)$の距離は
$OQ=\sqrt{a^2+b^2}$
これに z 座標が加わったもの。

>>> 発展例題 **63**

基本 例題

42 空間の点の座標, 原点 O との距離

(1) 点 P(4, 5, 3) から xy 平面, yz 平面, zx 平面にそれぞれ垂線 PA, PB, PC を下ろす。3 点 A, B, C の座標を求めよ。

(2) 点 P(4, 5, 3) と xy 平面, yz 平面, zx 平面に関して対称な点をそれぞれ D, E, F とする。3 点 D, E, F の座標を求めよ。

(3) 原点 O と点 P(4, 5, 3) の距離を求めよ。

2章
7

空間の点

CHART & GUIDE

点 P を通り, 各座標軸に垂直な 3 つの平面と 3 つの座標平面で作られる直方体をかいて考えるとよい。

(2) 座標の符号の変化に注意。

(3) 原点 O と点 P(a, b, c) の距離　$OP = \sqrt{a^2 + b^2 + c^2}$

解答

(1) A(4, 5, 0)
B(0, 5, 3)
C(4, 0, 3)

(2) D(4, 5, −3)
E(−4, 5, 3)
F(4, −5, 3)

(3) $OP = \sqrt{4^2 + 5^2 + 3^2}$
$= 5\sqrt{2}$

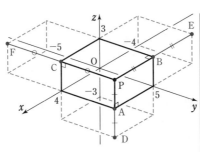

座標平面上の点の座標
xy 平面上 → (a, b, 0)
yz 平面上 → (0, b, c)
zx 平面上 → (a, 0, c)
●▲平面上
→●, ▲座標以外は 0
座標軸上の点の座標
x 軸上 → (a, 0, 0)
y 軸上 → (0, b, 0)
z 軸上 → (0, 0, c)
●軸上 → ●座標以外は 0

Lecture　空間の点の座標

座標空間は 3 つの座標平面で 8 つの部分に分けられる。そして, 点 P(a, b, c) がどの部分に存在するかは, a, b, c の符号によって定まる。

また, 点 P(a, b, c) と, 各座標平面, 各座標軸に関して対称な点の座標は

xy 平面に関して対称な点 (a, b, $-c$)　　　x 軸に関して対称な点 (a, $-b$, $-c$)

yz 平面に関して対称な点 ($-a$, b, c)　　　y 軸に関して対称な点 ($-a$, b, $-c$)

zx 平面に関して対称な点 (a, $-b$, c)　　　z 軸に関して対称な点 ($-a$, $-b$, c)

となり, ……… 部分の符号が変わっている。

TRAINING 42 ①

(1) 点 P(−3, 5, 1) から xy 平面, yz 平面, zx 平面にそれぞれ垂線 PA, PB, PC を下ろす。3 点 A, B, C の座標を求めよ。

(2) 点 P(−3, 5, 1) と xy 平面, yz 平面, zx 平面に関して対称な点をそれぞれ D, E, F とする。3 点 D, E, F の座標を求めよ。

(3) 原点 O と点 P(−3, 5, 1) の距離を求めよ。

8 空間のベクトル

空間においても，平面と同様に有向線分を考えることができます。

■ 空間のベクトルとその性質

空間において，始点を A，終点を B とする有向線分 AB が表す
ベクトルを $\overrightarrow{AB}$ で表し，その大きさを $|\overrightarrow{AB}|$ で表す。

空間のベクトルも小文字を使って $\vec{a}$, $\vec{b}$ と表すことがある。

空間のベクトルは，平面の場合とまったく同じように定義される。

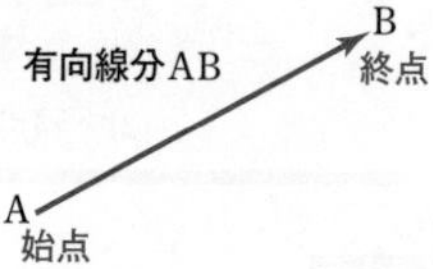

有向線分 AB

B 終点

A 始点

↰ Play Back

■ **等しいベクトル**　　　　　　　　[平面の場合➡ p.13]

$\vec{a}$ と $\vec{b}$ が向きが同じで大きさも等しい $\iff \vec{a}=\vec{b}$

■ **$\vec{a}$ の逆ベクトル $-\vec{a}$**　　　　[平面の場合➡ p.13]

$\vec{a}$ と大きさが等しく向きが反対のベクトル

■ **零ベクトル $\vec{0}$，単位ベクトル** [平面の場合➡ p.13, 14]

大きさが 0 のベクトルは零ベクトル，

大きさが 1 のベクトルは単位ベクトル

■ **加法**　　　　　　　　　　　　[平面の場合➡ p.13]

右の〔図 1〕で　$\vec{a}+\vec{b}=\overrightarrow{AB}+\overrightarrow{BC}=\overrightarrow{AC}$

■ **減法**　　　　　　　　　　　　[平面の場合➡ p.14]

右の〔図 2〕で　$\vec{a}-\vec{b}=\overrightarrow{OA}-\overrightarrow{OB}=\overrightarrow{BA}$

■ **実数倍 $k\vec{a}$**　　　　　　　　[平面の場合➡ p.14]

$k>0$ なら，$\vec{a}$ と同じ向きで，大きさが k 倍

$k<0$ なら，$\vec{a}$ と反対向きで，大きさが $|k|$ 倍

$k=0$ なら，$\vec{0}$　すなわち　$0\vec{a}=\vec{0}$

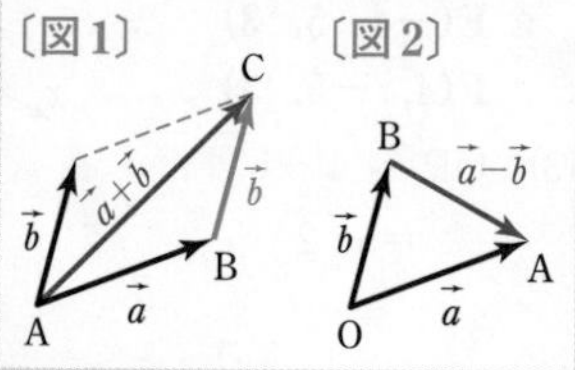

〔図 1〕

C

$\vec{a}+\vec{b}$

$\vec{b}$

$\vec{b}$

A

$\vec{a}$

B

〔図 2〕

B

$\vec{a}-\vec{b}$

$\vec{b}$

O

$\vec{a}$

A

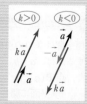

また，p.13，14，21 で学んだベクトルの加法，減法，実数倍の性質，および平行条件も，
空間においてまったく同じ形で成り立つ。

1　$\vec{a}+\vec{b}=\vec{b}+\vec{a}$（交換法則），　　$(\vec{a}+\vec{b})+\vec{c}=\vec{a}+(\vec{b}+\vec{c})$（結合法則）

2　$\vec{a}-\vec{b}=\vec{a}+(-\vec{b})$，　　$\vec{a}-\vec{a}=\vec{0}$

3　k, l を実数とするとき

　　　　$k(l\vec{a})=(kl)\vec{a}$，　　$(k+l)\vec{a}=k\vec{a}+l\vec{a}$，　　$k(\vec{a}+\vec{b})=k\vec{a}+k\vec{b}$

4　ベクトルの平行　$\vec{a}\neq\vec{0}$, $\vec{b}\neq\vec{0}$ のとき　$\vec{a}/\!/\vec{b} \iff \vec{b}=k\vec{a}$ となる実数 k がある

基本 例題 **43** 空間のベクトルの基本

向かい合う3組の面がそれぞれ平行である平行六面体
ABCD-EFGH において

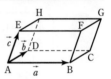

(1) $\overrightarrow{AB}$, $\overrightarrow{AD}$, $\overrightarrow{AE}$ に等しいベクトルをそれぞれすべて求めよ。

(2) $\overrightarrow{AB}=\vec{a}$, $\overrightarrow{AD}=\vec{b}$, $\overrightarrow{AE}=\vec{c}$ とし，対角線 AG の中点をMとする。このとき，次のベクトルを $\vec{a}$, $\vec{b}$, $\vec{c}$ を用いて表せ。

(ア) $\overrightarrow{DG}$　　(イ) $\overrightarrow{CE}$　　(ウ) $\overrightarrow{HB}$　　(エ) $\overrightarrow{AM}$

CHART & GUIDE

平行六面体におけるベクトル
分割 ($\overrightarrow{AB}=\overrightarrow{A\square}+\overrightarrow{\square B}$)，向き変え ($\overrightarrow{\square\blacktriangle}=-\overrightarrow{\blacktriangle\square}$)
を利用してベクトルの和で表す

(2) (エ)　まず，$\overrightarrow{AG}$ を $\vec{a}$, $\vec{b}$, $\vec{c}$ を用いて表すとよい。

解答

(1) $\overrightarrow{AB}$, $\overrightarrow{AD}$, $\overrightarrow{AE}$ の順に
　　$\overrightarrow{DC}$, $\overrightarrow{EF}$, $\overrightarrow{HG}$；　$\overrightarrow{BC}$, $\overrightarrow{EH}$, $\overrightarrow{FG}$；　$\overrightarrow{BF}$, $\overrightarrow{CG}$, $\overrightarrow{DH}$

(2) (ア) $\overrightarrow{DG}=\overrightarrow{DC}+\overrightarrow{CG}=\overrightarrow{AB}+\overrightarrow{AE}$
　　　　$=\vec{a}+\vec{c}$

(イ) $\overrightarrow{CE}=\overrightarrow{CD}+\overrightarrow{DA}+\overrightarrow{AE}=-\overrightarrow{AB}-\overrightarrow{AD}+\overrightarrow{AE}$
　　　$=-\vec{a}-\vec{b}+\vec{c}$

(ウ) $\overrightarrow{HB}=\overrightarrow{HG}+\overrightarrow{GF}+\overrightarrow{FB}=\overrightarrow{AB}-\overrightarrow{AD}-\overrightarrow{AE}$
　　　$=\vec{a}-\vec{b}-\vec{c}$

(エ) $\overrightarrow{AG}=\overrightarrow{AB}+\overrightarrow{BC}+\overrightarrow{CG}=\vec{a}+\vec{b}+\vec{c}$ であるから
　　　$\overrightarrow{AM}=\dfrac{1}{2}\overrightarrow{AG}=\dfrac{1}{2}(\vec{a}+\vec{b}+\vec{c})$
　　　　　$=\dfrac{1}{2}\vec{a}+\dfrac{1}{2}\vec{b}+\dfrac{1}{2}\vec{c}$

注意 2つずつ平行な3組の平面で囲まれる立体を**平行六面体**という。
平行六面体の各面は，平行四辺形である。

(エ)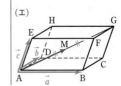

TRAINING 43 ②
直方体 ABCD-EFGH において，対角線 EC の中点をMとする。$\overrightarrow{AB}=\vec{a}$, $\overrightarrow{AD}=\vec{b}$, $\overrightarrow{AE}=\vec{c}$ とするとき，次のベクトルを $\vec{a}$, $\vec{b}$, $\vec{c}$ を用いて表せ。

(1) $\overrightarrow{AG}$　　　　(2) $\overrightarrow{AH}$
(3) $\overrightarrow{DF}$　　　　(4) $\overrightarrow{EC}$
(5) $\overrightarrow{EM}$

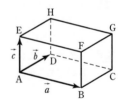

STEP *into* ▶ ここで**解説**

●$\vec{a}$＋▲$\vec{b}$＋■$\vec{c}$　（●，▲，■は実数）の形

$\vec{a}+\vec{c}=1\vec{a}+0\vec{b}+1\vec{c}$, $-\vec{a}-\vec{b}+\vec{c}=(-1)\vec{a}+(-1)\vec{b}+1\vec{c}$ と表されるように，例題 43 (2) のベクトルは，すべて ●$\vec{a}$＋▲$\vec{b}$＋■$\vec{c}$ （●，▲，■は実数）の形になっています。

このように，空間のベクトルについては，一般に次のことが成り立ちます。

> 同じ平面上にない 4 点 O，A，B，C が与えられたとき，$\overrightarrow{OA}=\vec{a}$，$\overrightarrow{OB}=\vec{b}$，$\overrightarrow{OC}=\vec{c}$
> とすると，どんなベクトル $\vec{p}$ も $\vec{a}$，$\vec{b}$，$\vec{c}$ と適当な実数 s，t，u を用いて
> $$\vec{p}=s\vec{a}+t\vec{b}+u\vec{c}$$
> の形に表すことができる。しかも，この表し方はただ 1 通りである。

これは，平面の場合の

> $\vec{0}$ でない 2 つのベクトル $\vec{a}$，$\vec{b}$ が平行でないとき，どんなベクトル $\vec{p}$ も
> $\vec{a}$，$\vec{b}$ と適当な実数 s，t を用いて
> $$\vec{p}=s\vec{a}+t\vec{b}$$
> の形に表すことができる。しかも，この表し方はただ 1 通りである。

ということ (p.24) を，空間の場合に拡張させたものである。

証明 $\vec{p}=\overrightarrow{OP}$ となる点Pをとる。3 辺がそれぞれ直線 OA，OB，OC 上にあり，P を 1 つの頂点とする右の図のような平行六面体 OA′P′B′-C′QPR を作る。

点 P′ は，3 点 O，A，B の定める平面上にあるから，$\overrightarrow{OP'}=s\vec{a}+t\vec{b}$ となる実数 s，t がただ 1 組ある。

また，P′P∥OC′，P′P＝OC′ であるから，$\overrightarrow{P'P}=\overrightarrow{OC'}=u\vec{c}$ となる実数 u がただ 1 つある。

よって　$\overrightarrow{OP}=\overrightarrow{OP'}+\overrightarrow{P'P}=s\vec{a}+t\vec{b}+u\vec{c}$

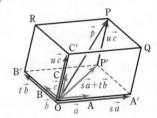

ゆえに，$\vec{p}=s\vec{a}+t\vec{b}+u\vec{c}$ となる実数 s，t，u がただ 1 通りに定まる。

なお，「4 点 O，A，B，C が同じ平面上にないとき」ということうのは，O，A，B，C を頂点とする四面体を作ることができる場合をいう。これは，ベクトル $\vec{a}$，$\vec{b}$，$\vec{c}$ を表す有向線分 OA，OB，OC が同じ平面上にないということであり，このことを，ベクトルと有向線分を同一視して

「ベクトル $\vec{a}$，$\vec{b}$，$\vec{c}$ が同じ平面上にないとき」

などと表現することもある。

注意 $\vec{a}=\vec{0}$ であったり，$\vec{a}/\!/\vec{b}$ であったりすると，4 点 O，A，B，C を頂点とする四面体を作ることができない。すなわち 4 点 O，A，B，C は同じ平面上にあり，$\vec{a}$，$\vec{b}$，$\vec{c}$ は同じ平面上にあることになるので注意しよう。

参考 一直線上にない 3 点 O，A，B を通る平面は，ただ 1 つ定まる。この平面を，**3 点 O，A，B の定める平面**，あるいは簡単に **平面 OAB** ということがある。

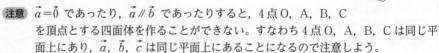

9 ベクトルの成分

 空間のベクトルも，座標を利用して成分を考えることができます。このことを学習していきましょう。

■ ベクトルの成分表示

Oを原点とする座標空間において，x軸，y軸，z軸の正の向きと同じ向きの単位ベクトルを **基本ベクトル** といい，それぞれ $\vec{e_1}$, $\vec{e_2}$, $\vec{e_3}$ で表す。

この空間のベクトル $\vec{a}$ に対し $\vec{a}=\overrightarrow{OA}$ となる点Aの座標が $(a_1,\ a_2,\ a_3)$ であるとき，$\vec{a}$ は

$$\vec{a}=a_1\vec{e_1}+a_2\vec{e_2}+a_3\vec{e_3}$$

と表される。この $\vec{a}$ を，次のようにも書く。

$$\vec{a}=(a_1,\ a_2,\ a_3) \ \cdots\cdots ①$$

① における a_1, a_2, a_3 を，それぞれ $\vec{a}$ の **x成分**，**y成分**，**z成分** といい，まとめて $\vec{a}$ の **成分** という。また，① を $\vec{a}$ の **成分表示** という。

空間の基本ベクトル $\vec{e_1}$, $\vec{e_2}$, $\vec{e_3}$ および零ベクトル $\vec{0}$ の成分表示は次のようになる。

$$\vec{e_1}=(1,\ 0,\ 0), \quad \vec{e_2}=(0,\ 1,\ 0), \quad \vec{e_3}=(0,\ 0,\ 1), \quad \vec{0}=(0,\ 0,\ 0)$$

空間の2つのベクトル $\vec{a}=(a_1,\ a_2,\ a_3)$, $\vec{b}=(b_1,\ b_2,\ b_3)$ については，平面の場合と同じように，次のことが成り立つ。

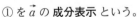

$$\vec{a}=\vec{b} \iff a_1=b_1,\ a_2=b_2,\ a_3=b_3$$

ベクトルが等しい ⟷ 各成分が一致

◀ 平面の場合に z 成分が加わったもの。
大きさ，和・差・実数倍についても同様である。

右の図において
$$|\vec{a}|^2 = \text{OA}^2 = a_1{}^2 + a_2{}^2 + a_3{}^2$$
よって，ベクトル $\vec{a} = (a_1,\ a_2,\ a_3)$
の大きさ $|\vec{a}|$ は次のようになる。

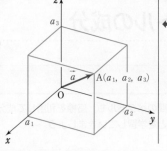

← $|\vec{a}|$ は原点 O と
点 $A(a_1,\ a_2,\ a_3)$ の
距離に等しい。

$\vec{a} = (a_1,\ a_2,\ a_3)$ のとき
$$|\vec{a}| = \sqrt{a_1{}^2 + a_2{}^2 + a_3{}^2}$$

■ 和，差，実数倍の成分表示

平面の場合と同様に，空間のベクトルの和，差，実数倍の成分表示について，次のことが
成り立つ。

和　$(a_1,\ a_2,\ a_3) + (b_1,\ b_2,\ b_3) = (a_1+b_1,\ a_2+b_2,\ a_3+b_3)$
差　$(a_1,\ a_2,\ a_3) - (b_1,\ b_2,\ b_3) = (a_1-b_1,\ a_2-b_2,\ a_3-b_3)$
実数倍　$k(a_1,\ a_2,\ a_3) = (ka_1,\ ka_2,\ ka_3)$　ただし，k は実数

■ 空間の点とベクトル

座標空間の原点 O と 2 点 $A(a_1,\ a_2,\ a_3)$，$B(b_1,\ b_2,\ b_3)$ について，$\overrightarrow{AB}$ の成分表示を求
めると
$$\overrightarrow{AB} = \overrightarrow{OB} - \overrightarrow{OA}$$
$$= (b_1,\ b_2,\ b_3) - (a_1,\ a_2,\ a_3)$$
$$= (b_1-a_1,\ b_2-a_2,\ b_3-a_3)$$
よって，次のことが成り立つ。

2 点 $A(a_1,\ a_2,\ a_3)$，$B(b_1,\ b_2,\ b_3)$ について
$$\overrightarrow{AB} = (b_1-a_1,\ b_2-a_2,\ b_3-a_3)$$
$$|\overrightarrow{AB}| = \sqrt{(b_1-a_1)^2 + (b_2-a_2)^2 + (b_3-a_3)^2}$$

← 左のことは，$p.26$ で
学んだことに z 成分が
加わったもの。

すなわち，2 点 A，B 間の距離は $AB = |\overrightarrow{AB}| = \sqrt{(b_1-a_1)^2 + (b_2-a_2)^2 + (b_3-a_3)^2}$ となる。

空間のベクトルの成分表示について，平面上のベクトルと同じように考えること
ができることがわかりましたか。
それでは，実際の問題に取り組んでみましょう。

基本 例題
44 ベクトルの成分計算と2点間の距離

(1) $\vec{a}=(-2,\ 3,\ -1)$, $\vec{b}=(3,\ -2,\ 1)$ のとき，次のベクトルを成分表示せよ。また，その大きさを求めよ。

(ア) $\vec{a}+\vec{b}$　　　(イ) $-3\vec{a}$　　　(ウ) $2\vec{a}-3\vec{b}$

(2) 2点 A(4, −1, 3), B(−2, 2, 5) について，$\overrightarrow{AB}$ を成分表示し，$|\overrightarrow{AB}|$ を求めよ。

CHART & GUIDE

成分表示されたベクトルの和・差・実数倍
平面の場合と同様に　**各成分どうしの和・差**
　　　　　　　　　　各成分をそれぞれ実数倍

(2) 2点 $A(a_1,\ a_2,\ a_3)$, $B(b_1,\ b_2,\ b_3)$ について　$\overrightarrow{AB}=(b_1-a_1,\ b_2-a_2,\ b_3-a_3)$

各成分それぞれ後ろから前を引く

解答

(1) (ア) $\vec{a}+\vec{b}=(-2,\ 3,\ -1)+(3,\ -2,\ 1)$
$=(-2+3,\ 3+(-2),\ -1+1)=(1,\ 1,\ 0)$
$|\vec{a}+\vec{b}|=\sqrt{1^2+1^2+0^2}=\sqrt{2}$

(イ) $-3\vec{a}=-3(-2,\ 3,\ -1)$
$=(-3\times(-2),\ -3\times3,\ -3\times(-1))=(6,\ -9,\ 3)$
$|-3\vec{a}|=3|\vec{a}|=3\sqrt{(-2)^2+3^2+(-1)^2}=3\sqrt{14}$

(ウ) $2\vec{a}-3\vec{b}=2(-2,\ 3,\ -1)-3(3,\ -2,\ 1)$
$=(-4,\ 6,\ -2)+(-9,\ 6,\ -3)$
$=(-4-9,\ 6+6,\ -2-3)=(-13,\ 12,\ -5)$
$|2\vec{a}-3\vec{b}|=\sqrt{(-13)^2+12^2+(-5)^2}=\sqrt{338}=13\sqrt{2}$

(2) $\overrightarrow{AB}=(-2-4,\ 2-(-1),\ 5-3)=(-6,\ 3,\ 2)$
また　$|\overrightarrow{AB}|=\sqrt{(-6)^2+3^2+2^2}=\sqrt{49}=7$

←$\vec{p}=(p_1,\ p_2,\ p_3)$ のとき $|\vec{p}|=\sqrt{p_1{}^2+p_2{}^2+p_3{}^2}$

←実数 k に対して $|k\vec{a}|=|k||\vec{a}|$ これを利用すると $|-3\vec{a}|=|-3||\vec{a}|=3|\vec{a}|$

TRAINING 44 ①

(1) $\vec{a}=(-1,\ 2,\ 3)$, $\vec{b}=(2,\ 1,\ -1)$, $\vec{c}=(3,\ 2,\ -2)$ のとき，次のベクトルを成分表示せよ。また，その大きさを求めよ。

(ア) $\vec{a}+\vec{b}$　　(イ) $\vec{a}-\vec{b}$　　(ウ) $3\vec{a}$　　(エ) $2\vec{a}-3\vec{b}+\vec{c}$

(2) 2点 A(2, 0, −1), B(6, 4, −5) について，$\overrightarrow{AB}$ を成分表示し，$|\overrightarrow{AB}|$ を求めよ。

標準 例題 **45** ベクトルの分解と成分

$\vec{a}=(2,\ 3,\ 1)$, $\vec{b}=(2,\ 5,\ 0)$, $\vec{c}=(3,\ 1,\ 1)$ であるとき，$\vec{p}=(5,\ 10,\ -1)$ を適当な実数 s, t, u を用いて $s\vec{a}+t\vec{b}+u\vec{c}$ の形に表せ。

CHART & GUIDE

$$\vec{p}=s\vec{a}+t\vec{b}+u\vec{c}\ \text{の形に表す問題}$$
$$s\vec{a}+t\vec{b}+u\vec{c}\ \text{を成分表示し，}\ \vec{p}\ \text{の成分と比較}$$

p.29 例題 11 の空間バージョンである。方針は同じで

1 $s\vec{a}+t\vec{b}+u\vec{c}$ の各成分を s, t, u の式で表す。

2 $\vec{p}$ の成分と $s\vec{a}+t\vec{b}+u\vec{c}$ の成分を比較して，s, t, u の連立方程式を作る。…… **!**

3 s, t, u の値を求め，$\vec{p}=\bullet\vec{a}+\blacktriangle\vec{b}+\blacksquare\vec{c}$ の形に書く。

解答

$$s\vec{a}+t\vec{b}+u\vec{c}=s(2,\ 3,\ 1)+t(2,\ 5,\ 0)+u(3,\ 1,\ 1)$$
$$=(2s+2t+3u,\ 3s+5t+u,\ s+u)$$

$\vec{p}=s\vec{a}+t\vec{b}+u\vec{c}$ …… Ⓐ とすると

$$(5,\ 10,\ -1)=(2s+2t+3u,\ 3s+5t+u,\ s+u)$$

! ゆえに　　$2s+2t+3u=5$ …… ①　　　　　←ベクトルの相等

$3s+5t+u=10$ …… ②

$s+u=-1$ …… ③

①×5−②×2 から　　$4s+13u=5$ …… ④　　←③には t が含まれて

③，④ を解いて　　$s=-2$, $u=1$　　　　　いないことに注目し，まず

$s=-2$, $u=1$ を ① に代入して　　$-4+2t+3=5$　①，② から t を消去。

よって　　$t=3$　　　したがって　　$\vec{p}=-2\vec{a}+3\vec{b}+\vec{c}$　←求めた s, t, u の値を Ⓐ に代入。

🖐 Lecture $\vec{p}$ が $\bullet\vec{a}+\blacktriangle\vec{b}+\blacksquare\vec{c}$ の形に表されるための条件

上の例題では，ベクトル $\vec{p}$ を，3つのベクトル $\vec{a}$, $\vec{b}$, $\vec{c}$ を使って，$-2\vec{a}+3\vec{b}+\vec{c}$ の形に表している。これは，$\overrightarrow{OA}=\vec{a}$, $\overrightarrow{OB}=\vec{b}$, $\overrightarrow{OC}=\vec{c}$ とすると *p*.78 で学習したように

　　　4点 O, A, B, C が同じ平面上にない …… (∗)

からできることである。

条件 (∗) を満たしていれば，$\vec{p}=(5,\ 10,\ -1)$ に限らず，どんなベクトル $\vec{p}$ も $\vec{a}$, $\vec{b}$, $\vec{c}$ と適当な実数 s, t, u を用いて $\vec{p}=s\vec{a}+t\vec{b}+u\vec{c}$ の形に表すことができ，この表し方はただ1通りである。

つまり，上の例題では，$\vec{p}=-2\vec{a}+3\vec{b}+\vec{c}$ 以外の表し方は存在しない。

TRAINING 45 ③

$\vec{a}=(1,\ 1,\ 1)$, $\vec{b}=(2,\ -1,\ 0)$, $\vec{c}=(0,\ 3,\ -1)$ とする。このとき，$\vec{d}=(-2,\ 13,\ -1)$ を $s\vec{a}+t\vec{b}+u\vec{c}$ (s, t, u は実数) の形に表せ。

10 ベクトルの内積

空間においても，平面の場合と同様にベクトルの内積を定義することができます。この節では，このことを学習していきましょう。

■ ベクトルの内積

空間の $\vec{0}$ でない2つのベクトル $\vec{a}=(a_1,\ a_2,\ a_3)$, $\vec{b}=(b_1,\ b_2,\ b_3)$ に対して，$\vec{a}$ と $\vec{b}$ のなす角 θ を平面の場合と同様に定義し，$\vec{a}$ と $\vec{b}$ の内積 $\vec{a}\cdot\vec{b}$ も同じ式

$$\vec{a}\cdot\vec{b}=|\vec{a}||\vec{b}|\cos\theta \quad\cdots\cdots ①$$

で定義する。ただし，$0°\leqq\theta\leqq180°$ であり，$\vec{a}=\vec{0}$ または $\vec{b}=\vec{0}$ のときは内積を $\vec{a}\cdot\vec{b}=0$ と定める。

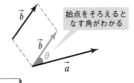
始点をそろえるとなす角がわかる

また，この内積を成分で表すと，次のようになる。

$$\vec{a}\cdot\vec{b}=a_1b_1+a_2b_2+a_3b_3 \quad\cdots\cdots ②$$

証明 空間のベクトルにおいても，p.32 と同じように

等式 $|\vec{a}-\vec{b}|^2=|\vec{a}|^2+|\vec{b}|^2-2|\vec{a}||\vec{b}|\cos\theta$ が成り立つから

$$(a_1-b_1)^2+(a_2-b_2)^2+(a_3-b_3)^2$$
$$=(a_1{}^2+a_2{}^2+a_3{}^2)+(b_1{}^2+b_2{}^2+b_3{}^2)-2(\vec{a}\cdot\vec{b})$$

整理すると，$\vec{a}\cdot\vec{b}=a_1b_1+a_2b_2+a_3b_3$ となり，② が導かれる。

なお，$\vec{a}=\vec{0}$ または $\vec{b}=\vec{0}$ のときも ② は成り立つ。

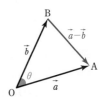

①，② から，$\vec{a}\neq\vec{0}$, $\vec{b}\neq\vec{0}$ のとき，次のことが成り立つ。

$$\cos\theta=\frac{\vec{a}\cdot\vec{b}}{|\vec{a}||\vec{b}|}=\frac{a_1b_1+a_2b_2+a_3b_3}{\sqrt{a_1{}^2+a_2{}^2+a_3{}^2}\sqrt{b_1{}^2+b_2{}^2+b_3{}^2}}$$

◆$\vec{a}=\vec{0}$ または $\vec{b}=\vec{0}$ のとき，$\vec{a}$ と $\vec{b}$ のなす角 θ は考えない。

注意 p.33 の内積の性質は，空間のベクトルについても成り立つ。

■ ベクトルの垂直

空間のベクトルの垂直条件について，次のことが成り立つ。

$\vec{a}\neq\vec{0}$, $\vec{b}\neq\vec{0}$ で，$\vec{a}=(a_1,\ a_2,\ a_3)$, $\vec{b}=(b_1,\ b_2,\ b_3)$ のとき

1　$\vec{a}\perp\vec{b} \iff \vec{a}\cdot\vec{b}=0$

2　$\vec{a}\perp\vec{b} \iff a_1b_1+a_2b_2+a_3b_3=0$

◆$\vec{a}\neq\vec{0}$, $\vec{b}\neq\vec{0}$ のとき
$\vec{a}\perp\vec{b}$
$\iff$ なす角が $90°$
$\iff$ 内積が 0

STEP *forward*

空間ベクトルのなす角を理解して，例題 **46** を攻略！

 空間においても，平面と同様に内積が定義されることはわかりましたが，平面と違って，なす角の大きさをどう求めるのかわかりません。

 平面を抜き出して考えると，わかりやすくなります。具体的な問題を通して，考えてみましょう。

Get ready

$AB=\sqrt{3}$ ，$AE=1$ である直方体 ABCD-EFGH において，内積 $\overrightarrow{AF}\cdot\overrightarrow{DC}$ を求めよ。

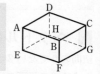

 平面上のベクトルについて内積を計算するときにはどのようにしましたか。

 一方のベクトルを平行移動して，始点をそろえました。
この問題の場合，$\overrightarrow{DC}=\overrightarrow{AB}$ だから，$\overrightarrow{AF}$ と $\overrightarrow{AB}$ の内積を計算すればよいことまではわかるのですが，この後はどうすればよいのでしょうか。

 2 つのベクトル $\overrightarrow{AF}$ と $\overrightarrow{AB}$ が，同じ平面上にあるので，この平面を取り出して，辺の長さや角の大きさを考えてみましょう。

 △ABF を取り出すということですね。直角三角形が取り出されて，辺の長さや角の大きさが求められそうです。

memo

解 答

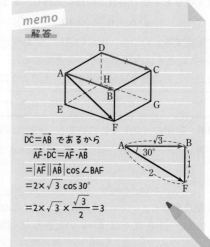

$\overrightarrow{DC}=\overrightarrow{AB}$ であるから
$$\overrightarrow{AF}\cdot\overrightarrow{DC}=\overrightarrow{AF}\cdot\overrightarrow{AB}$$
$$=|\overrightarrow{AF}||\overrightarrow{AB}|\cos\angle BAF$$
$$=2\times\sqrt{3}\cos 30°$$
$$=2\times\sqrt{3}\times\frac{\sqrt{3}}{2}=3$$

まとめ

・一方のベクトルを平行移動して，2 つのベクトルの始点をそろえる。

・平面(三角形)を取り出して考える。

<table>
<tr><td>基本</td><td>例題
46</td><td>図形とベクトルの内積（空間）(1)</td><td></td></tr>
</table>

1辺の長さが1の立方体 ABCD-EFGH において，次の内積を求めよ。
(1) $\overrightarrow{\text{AC}} \cdot \overrightarrow{\text{HG}}$
(2) $\overrightarrow{\text{AC}} \cdot \overrightarrow{\text{AF}}$
(3) $\overrightarrow{\text{AF}} \cdot \overrightarrow{\text{AG}}$

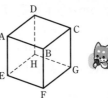

解説動画へGO!!

CHART & GUIDE

図形をもとに内積 $\vec{a} \cdot \vec{b}$ を計算する問題（空間）
平面を取り出して考える

平面の場合(p.34)と同様の手順で求めることができる。
１ $\vec{a}$ または $\vec{b}$ を平行移動して有向線分の始点をそろえ，なす角 θ を求める。
２ 図形の性質からベクトルの大きさ $|\vec{a}|$，$|\vec{b}|$ を求める。
３ $\vec{a} \cdot \vec{b} = |\vec{a}||\vec{b}| \cos\theta$ に代入して内積を求める。
(3) △AFG について余弦定理を適用すると，$\cos\angle\text{FAG}$ が求まる。

解答

(1) $\overrightarrow{\text{HG}} = \overrightarrow{\text{AB}}$ であり，$\overrightarrow{\text{AC}}$ と $\overrightarrow{\text{AB}}$ のなす角は 45°
また，△ABC は，AB＝BC＝1，∠ABC＝90° の直角二等
辺三角形であるから AC＝$\sqrt{2}$
よって $\overrightarrow{\text{AC}} \cdot \overrightarrow{\text{HG}} = \overrightarrow{\text{AC}} \cdot \overrightarrow{\text{AB}} = |\overrightarrow{\text{AC}}||\overrightarrow{\text{AB}}| \cos 45°$
$$= \sqrt{2} \times 1 \times \frac{1}{\sqrt{2}} = \mathbf{1}$$

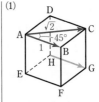

(2) △AFC は，1辺が $\sqrt{2}$ の正三角形であるから，$\overrightarrow{\text{AC}}$ と $\overrightarrow{\text{AF}}$ のなす角は 60°
よって $\overrightarrow{\text{AC}} \cdot \overrightarrow{\text{AF}} = |\overrightarrow{\text{AC}}||\overrightarrow{\text{AF}}| \cos 60° = \sqrt{2} \times \sqrt{2} \times \frac{1}{2} = \mathbf{1}$

(3) $\text{AG} = \sqrt{\text{AC}^2 + \text{CG}^2} = \sqrt{(\sqrt{2})^2 + 1^2} = \sqrt{3}$
また，AF＝$\sqrt{2}$，FG＝1 であるから
$$\cos\angle\text{FAG} = \frac{(\sqrt{2})^2 + (\sqrt{3})^2 - 1^2}{2 \times \sqrt{2} \times \sqrt{3}} = \frac{2}{\sqrt{6}}$$
よって $\overrightarrow{\text{AF}} \cdot \overrightarrow{\text{AG}} = |\overrightarrow{\text{AF}}||\overrightarrow{\text{AG}}| \cos\angle\text{FAG}$
$$= \sqrt{2} \times \sqrt{3} \times \frac{2}{\sqrt{6}} = \mathbf{2}$$

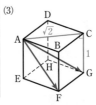

TRAINING 46 ②

上の例題の立方体 ABCD-EFGH において，次の内積を求めよ。
(1) $\overrightarrow{\text{AB}} \cdot \overrightarrow{\text{ED}}$ (2) $\overrightarrow{\text{AF}} \cdot \overrightarrow{\text{BG}}$ (3) $\overrightarrow{\text{BH}} \cdot \overrightarrow{\text{DF}}$

標
準 例題 **47** ベクトルの内積となす角（空間）

(1) 次の2つのベクトル $\vec{a}$, $\vec{b}$ の内積となす角 θ を求めよ。
$$\vec{a}=(1,\ 0,\ 1),\ \vec{b}=(2,\ 2,\ 1)$$

(2) 3点 A(1, 1, 0)，B(0, 2, 2)，C(1, 2, 1) を頂点とする △ABC におい
て，∠BAC の大きさ θ を求めよ。

CHART & GUIDE

ベクトル $\vec{a}=(a_1,\ a_2,\ a_3)$, $\vec{b}=(b_1,\ b_2,\ b_3)$ のなす角 θ
$$\cos\theta=\frac{\vec{a}\cdot\vec{b}}{|\vec{a}||\vec{b}|}=\frac{a_1b_1+a_2b_2+a_3b_3}{\sqrt{a_1{}^2+a_2{}^2+a_3{}^2}\sqrt{b_1{}^2+b_2{}^2+b_3{}^2}}$$
$$(\vec{a}\cdot\vec{b}=a_1b_1+a_2b_2+a_3b_3)$$

$\vec{a}$ と $\vec{b}$ のなす角 θ を求めるのも，平面の場合（$p.35$）と同様に考える。

1 $\vec{a}\cdot\vec{b}$, $|\vec{a}|$, $|\vec{b}|$ をそれぞれ計算し，$\cos\theta=\dfrac{\vec{a}\cdot\vec{b}}{|\vec{a}||\vec{b}|}$ から $\cos\theta$ の値を求める。

2 $\cos\theta$ の値をもとに θ を求める（$0°\leqq\theta\leqq180°$ に注意）。

(2) $\overrightarrow{AB}$ を $\vec{a}$，$\overrightarrow{AC}$ を $\vec{b}$ とみて考える。

解答

(1) $\vec{a}\cdot\vec{b}=1\times2+0\times2+1\times1=3$

また $|\vec{a}|=\sqrt{1^2+0^2+1^2}=\sqrt{2}$，$|\vec{b}|=\sqrt{2^2+2^2+1^2}=\sqrt{9}=3$

よって $\cos\theta=\dfrac{\vec{a}\cdot\vec{b}}{|\vec{a}||\vec{b}|}=\dfrac{3}{\sqrt{2}\times3}=\dfrac{1}{\sqrt{2}}$

$0°\leqq\theta\leqq180°$ であるから $\theta=45°$

> $\vec{a}=(a_1,\ a_2,\ a_3)$，
> $\vec{b}=(b_1,\ b_2,\ b_3)$ のとき
> $\vec{a}\cdot\vec{b}=a_1b_1+a_2b_2+a_3b_3$
> $|\vec{a}|=\sqrt{a_1{}^2+a_2{}^2+a_3{}^2}$

(2) $\overrightarrow{AB}=(0-1,\ 2-1,\ 2-0)=(-1,\ 1,\ 2)$

$\overrightarrow{AC}=(1-1,\ 2-1,\ 1-0)=(0,\ 1,\ 1)$

よって $\overrightarrow{AB}\cdot\overrightarrow{AC}=-1\times0+1\times1+2\times1=3$

また $|\overrightarrow{AB}|=\sqrt{(-1)^2+1^2+2^2}=\sqrt{6}$，

$|\overrightarrow{AC}|=\sqrt{0^2+1^2+1^2}=\sqrt{2}$

よって $\cos\theta=\dfrac{\overrightarrow{AB}\cdot\overrightarrow{AC}}{|\overrightarrow{AB}||\overrightarrow{AC}|}=\dfrac{3}{\sqrt{6}\times\sqrt{2}}=\dfrac{\sqrt{3}}{2}$

$0°\leqq\theta\leqq180°$ であるから $\theta=30°$

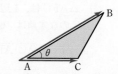

TRAINING 47 ③

(1) 次の2つのベクトル $\vec{a}$, $\vec{b}$ の内積となす角 θ を求めよ。
$$\vec{a}=(1,\ 0,\ -1),\quad \vec{b}=(-1,\ 2,\ 2)$$

(2) 3点 A(4, 3, -3)，B(3, 1, 0)，C(5, -2, 1) を頂点とする △ABC において，
内積 $\overrightarrow{BA}\cdot\overrightarrow{BC}$ および ∠ABC の大きさ θ を求めよ。

標準 例題 **48** 2つのベクトルに垂直なベクトル ◐◐◐◐

2つのベクトル $\vec{a}=(1,\ -2,\ -2)$, $\vec{b}=(-2,\ -2,\ 1)$ の両方に垂直で，大きさが9のベクトル $\vec{p}$ を求めよ。

CHART & GUIDE

ベクトルの垂直条件
$$\vec{a}\perp\vec{p}\ \Longleftrightarrow\ \vec{a}\cdot\vec{p}=0\ \text{を利用}\quad(\vec{a}\neq\vec{0},\ \vec{p}\neq\vec{0})$$

1 $\vec{p}=(x,\ y,\ z)$ とする。

2 垂直条件 ($\vec{a}\perp\vec{p}$, $\vec{b}\perp\vec{p}$ から $\vec{a}\cdot\vec{p}=0$, $\vec{b}\cdot\vec{p}=0$) と大きさの条件 ($|\vec{p}|=9$ から $|\vec{p}|^2=9^2$) を x, y, z の式で表す。…… ⚠

3 **2** で作った x, y, z の連立方程式を解き，$\vec{p}$ を求める。

2章 10 ベクトルの内積

解答

$\vec{p}=(x,\ y,\ z)$ とする。

⚠ $\vec{a}\perp\vec{p}$ より，$\vec{a}\cdot\vec{p}=0$ であるから $x-2y-2z=0$ …… ①
$\vec{b}\perp\vec{p}$ より，$\vec{b}\cdot\vec{p}=0$ であるから $-2x-2y+z=0$ …… ②

⚠ $|\vec{p}|=9$ より，$|\vec{p}|^2=9^2$ であるから $x^2+y^2+z^2=81$ …… ③

①，②から^(*)，x, z を y で表すと
$$x=-2y,\ z=-2y\ \text{…… ④}$$
④ を ③ に代入すると $(-2y)^2+y^2+(-2y)^2=81$
整理すると $y^2=9$ すなわち $y=\pm3$
$y=3$ のとき，④ から $x=-6,\ z=-6$
$y=-3$ のとき，④ から $x=6,\ z=6$
したがって $\vec{p}=(-6,\ 3,\ -6),\ (6,\ -3,\ 6)$

(*) ①−②から
$3x-3z=0$
よって $z=x$
② から $x=-2y$
$\vec{p}$ は2つある。

Lecture 2つのベクトルに垂直なベクトル

一般に，2つのベクトル $\vec{a}=(a_1,\ a_2,\ a_3)$, $\vec{b}=(b_1,\ b_2,\ b_3)$ の両方に垂直なベクトル $\vec{p}$ は，k を0でない実数として
$$\vec{p}=k(a_2b_3-a_3b_2,\ a_3b_1-a_1b_3,\ a_1b_2-a_2b_1)$$
と表されることが知られている。このとき
$$\vec{c}=(a_2b_3-a_3b_2,\ a_3b_1-a_1b_3,\ a_1b_2-a_2b_1)$$
を $\vec{a}$ と $\vec{b}$ の **外積** といい，$\vec{a}\times\vec{b}$ と表す。 ←── 内積は実数であるが，外積はベクトルである。
上の例題の $\vec{a}$, $\vec{b}$ を当てはめると，$a_2b_3-a_3b_2=-6$，$a_3b_1-a_1b_3=3$，$a_1b_2-a_2b_1=-6$ となり，$|\vec{c}|=9$ である。ここで，$|\vec{p}|=|k\vec{c}|=|k||\vec{c}|=9|k|$ であるから $k=\pm1$
よって，$\vec{p}=\pm\vec{c}$ である。

$\vec{c}$ の計算法

a_1	a_2	a_3	a_1
b_1	b_2	b_3	b_1

$$a_1b_2-a_2b_1 \quad a_2b_3-a_3b_2 \quad a_3b_1-a_1b_3$$
(z成分) （x成分） （y成分）

TRAINING 48 ③ ★

2つのベクトル $\vec{a}=(-1,\ 2,\ -2)$, $\vec{b}=(2,\ -2,\ 3)$ のいずれにも垂直な単位ベクトルを求めよ。 [中部大]

標準 例題 **49** ベクトルのなす角から成分を求める(空間) ◐◐◐

2つのベクトル $\vec{a}=(2,\ 1,\ 1)$, $\vec{b}=(x,\ 1,\ -2)$ のなす角が $60°$ であるとき, x の値を求めよ。

CHART & GUIDE

ベクトルのなす角から成分を求める
内積を **定義による表現** と **成分による表現**
の 2通り で表し, **等しい** とおく

平面の場合($p.36$)と同じ手順で進める。

1 $\vec{a}\cdot\vec{b}=|\vec{a}||\vec{b}|\cos\theta$ (定義) を用いて, 内積 $\vec{a}\cdot\vec{b}$ を x の式で表す。

2 $\vec{a}\cdot\vec{b}=a_1b_1+a_2b_2+a_3b_3$ (成分) を用いて, 内積 $\vec{a}\cdot\vec{b}$ を x の式で表す。

3 **1**, **2** で作った 2通りの $\vec{a}\cdot\vec{b}$ (xの式)を等しいとおき, 方程式を解いて, x の値を求める。

解答

$$|\vec{a}|=\sqrt{2^2+1^2+1^2}=\sqrt{6}\ ,\ |\vec{b}|=\sqrt{x^2+1^2+(-2)^2}=\sqrt{x^2+5}$$

ゆえに

$$\vec{a}\cdot\vec{b}=|\vec{a}||\vec{b}|\cos60°=\sqrt{6}\times\sqrt{x^2+5}\times\frac{1}{2}=\frac{\sqrt{6(x^2+5)}}{2}$$

← 定義による表現。

また $\quad\vec{a}\cdot\vec{b}=2\times x+1\times1+1\times(-2)=2x-1$

← 成分による表現。

よって $\quad 2x-1=\dfrac{\sqrt{6(x^2+5)}}{2}$

ゆえに $\quad 2(2x-1)=\sqrt{6(x^2+5)}\ \cdots\cdots$ ①

← 2通りの式が一致する。

ここで, $2x-1>0$ であるから $\quad x>\dfrac{1}{2}\ \cdots\cdots$ ②

← ① の右辺は正であるから, ① の左辺も正でなければならない。
また, $A>0$, $B>0$ のとき
$A=B \iff A^2=B^2$

① の両辺を 2乗して

$$4(2x-1)^2=6(x^2+5)$$

整理すると $\quad 5x^2-8x-13=0$

すなわち $\quad (x+1)(5x-13)=0$

したがって $\quad x=-1,\ \dfrac{13}{5}$

このうち, ② を満たすものは $\quad x=\dfrac{13}{5}$

← この確認を忘れずに。

TRAINING 49 ③

2つのベクトル $\vec{a}=(1,\ 2,\ -1)$, $\vec{b}=(-1,\ x,\ 0)$ のなす角が $45°$ であるとき, x の値を求めよ。

Let's Start

11　位置ベクトル，図形への応用

空間においても，平面の場合と同様に位置ベクトルを考え，図形の問題を解決していきましょう。

■ 位置ベクトル

空間においても，1点 O を固定すると，すべての点 P の位置はベクトル $\vec{p}=\overrightarrow{OP}$ で定められる。これを点 O に関する点 P の **位置ベクトル** という。また，位置ベクトルが $\vec{p}$ である点 P を $P(\vec{p})$ で表す。

← 空間においても，位置ベクトルにおける基準となる点 O は空間のどこに定めてもよい。

空間においても，特に断らない限り，点 O に関する位置ベクトルを考える。

空間の場合も，平面の場合とまったく同様に，次のことが成り立つ。

1　2点 $A(\vec{a})$, $B(\vec{b})$ に対して　　$\overrightarrow{AB}=\vec{b}-\vec{a}$

← 後ろから前を引く

2　内分点・外分点

　2点 $A(\vec{a})$, $B(\vec{b})$ に対して，線分 AB を $m:n$ に内分する点，$m:n$ に外分する点の位置ベクトルは

内分 ……　$\dfrac{n\vec{a}+m\vec{b}}{m+n}$　　　外分 ……　$\dfrac{-n\vec{a}+m\vec{b}}{m-n}$

内分

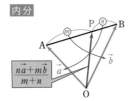

$\dfrac{n\vec{a}+m\vec{b}}{m+n}$

外分
$(m>n)$

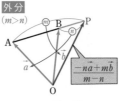

$\dfrac{-n\vec{a}+m\vec{b}}{m-n}$

特に，線分 AB の中点の位置ベクトルは　　$\dfrac{\vec{a}+\vec{b}}{2}$

← 線分 AB の中点は，線分 AB を 1:1 に内分する。

3　三角形の重心

　3点 $A(\vec{a})$, $B(\vec{b})$, $C(\vec{c})$ を頂点とする △ABC の重心 G の位置ベクトル $\vec{g}$ は

$$\vec{g}=\dfrac{\vec{a}+\vec{b}+\vec{c}}{3}$$

■ 図形への応用

・3点が一直線上にあるための条件 ［**共線条件**］

  2点 A($\vec{a}$)，B($\vec{b}$) が異なるとき，

点 C($\vec{c}$) に対して

    3点 A，B，C が一直線上にある

      ⟺ **点 C が直線 AB 上にある**

      ⟺ $\vec{AC} /\!/ \vec{AB}$ または $\vec{AC}=\vec{0}$

      ⟺ $\vec{AC}=k\vec{AB}$ となる実数 k がある …… ①

      ⟺ $\vec{c}=s\vec{a}+t\vec{b}$，$s+t=1$

      となる実数 s，t がある …… ②

（補足）① において，$\vec{AC}=\vec{c}-\vec{a}$，$\vec{AB}=\vec{b}-\vec{a}$ であるから

$$\vec{c}-\vec{a}=k(\vec{b}-\vec{a})$$

  整理すると $\vec{c}=(1-k)\vec{a}+k\vec{b}$ ← $p.50$ 参照。

  $1-k=s$，$k=t$ とおくと，② が得られる。

・点が一致する条件

  点 P，Q が一致する

    ⟺ $\vec{OP}=\vec{OQ}$ （位置ベクトルが一致する）

位置ベクトルを考えて，図形の問題に取り組んでいきましょう。

基本 **例題**
50 分点の位置ベクトル（空間）

4 点 $A(\vec{a})$，$B(\vec{b})$，$C(\vec{c})$，$D(\vec{d})$ を頂点とする四面体 ABCD において，次のベクトルを $\vec{a}$，$\vec{b}$，$\vec{c}$，$\vec{d}$ を用いて表せ。ただし，△ABC の重心を $G(\vec{g})$ とする。

解説動画へGO!!

(1) 辺 AC を $3:2$ に内分する点を P，辺 BD を $3:2$ に外分する点を Q とするとき　$\overrightarrow{PQ}$

(2) 線分 GD を $1:3$ に内分する点を $F(\vec{f})$ とするとき　$\vec{f}$

2章
11
位置ベクトル，図形への応用

CHART
& GUIDE

分点の位置ベクトル
2点 $A(\vec{a})$，$B(\vec{b})$ を結ぶ線分 AB を $m:n$ に

$$内分 \cdots \frac{n\vec{a}+m\vec{b}}{m+n}，\quad 外分 \cdots \frac{-n\vec{a}+m\vec{b}}{m-n}$$

(1) 上の公式を利用して，まず点 P，Q の位置ベクトルをそれぞれ $\vec{a}$，$\vec{b}$，$\vec{c}$，$\vec{d}$ を用いて表す。

(2) $\vec{g}=\dfrac{\vec{a}+\vec{b}+\vec{c}}{3}$ である。

解答

(1) $P(\vec{p})$，$Q(\vec{q})$ とすると

$$\vec{p}=\frac{2\vec{a}+3\vec{c}}{3+2}=\frac{2}{5}\vec{a}+\frac{3}{5}\vec{c}，\quad \vec{q}=\frac{-2\vec{b}+3\vec{d}}{3-2}=-2\vec{b}+3\vec{d}$$

よって　$\overrightarrow{PQ}=\vec{q}-\vec{p}=(-2\vec{b}+3\vec{d})-\left(\frac{2}{5}\vec{a}+\frac{3}{5}\vec{c}\right)$

$$=-\frac{2}{5}\vec{a}-2\vec{b}-\frac{3}{5}\vec{c}+3\vec{d}$$

(2)

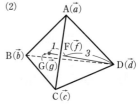

(2) $\vec{g}=\dfrac{\vec{a}+\vec{b}+\vec{c}}{3}$ であるから　$3\vec{g}=\vec{a}+\vec{b}+\vec{c}$

よって　$\vec{f}=\dfrac{3\vec{g}+\vec{d}}{1+3}=\dfrac{\vec{a}+\vec{b}+\vec{c}+\vec{d}}{4}$

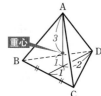

重心

(参考) 上の例題における点 F は，四面体の **重心** とよばれている。
四面体の重心は，各頂点とその向かい合う面の三角形の重心を結ぶ線分上にあり，その線分を $3:1$ に内分している。

TRAINING **50** ②

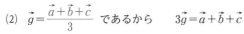

四面体 OABC において，$\overrightarrow{OA}=\vec{a}$，$\overrightarrow{OB}=\vec{b}$，$\overrightarrow{OC}=\vec{c}$ とする。辺 AB の中点を M，辺 BC を $3:1$ に内分する点を N，△OAB の重心を G とするとき，ベクトル $\overrightarrow{MN}$，$\overrightarrow{GN}$ を $\vec{a}$，$\vec{b}$，$\vec{c}$ を用いて表せ。

標 例題
準 **51** 3点が一直線上にあることの証明（空間） 🕐🕐🕐

平行六面体 OADB-CLMN において，△ABC の重心を G とするとき，3点 O，G，M は一直線上にあることを証明せよ。

CHART
& GUIDE

3点 P，Q，R が一直線上にあることの証明
$$\overrightarrow{PR} = k\overrightarrow{PQ} \text{ となる実数 } k \text{ があることを示す} \quad \cdots\cdots \boxed{!}$$

方針は平面の場合（p.49）と同じである。すなわち

1 $\overrightarrow{OA} = \vec{a}$，$\overrightarrow{OB} = \vec{b}$，$\overrightarrow{OC} = \vec{c}$ とする。…… 平行六面体にはこの表し方が有効。

2 $\overrightarrow{OG}$，$\overrightarrow{OM}$ をそれぞれ $\vec{a}$，$\vec{b}$，$\vec{c}$ を用いて表す。

3 $\overrightarrow{OM} = \bullet\overrightarrow{OG}$（または $\overrightarrow{OG} = \blacksquare\overrightarrow{OM}$）となることを示す。

解答

点 O に関する点 A，B，C の位置ベクトルを，それぞれ $\vec{a}$，$\vec{b}$，$\vec{c}$ とする。

G は △ABC の重心であるから

$$\overrightarrow{OG} = \frac{\vec{a} + \vec{b} + \vec{c}}{3}$$

また

$$\begin{aligned}
\overrightarrow{OM} &= \overrightarrow{OA} + \overrightarrow{AD} + \overrightarrow{DM} \\
&= \overrightarrow{OA} + \overrightarrow{OB} + \overrightarrow{OC} \\
&= \vec{a} + \vec{b} + \vec{c}
\end{aligned}$$

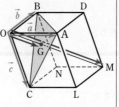

◀ 寄り道 を利用して変形。

$$\blacktriangleleft \overrightarrow{OM} = 3\left(\frac{\vec{a} + \vec{b} + \vec{c}}{3}\right)$$
$$= 3\overrightarrow{OG}$$

$\boxed{!}$ よって $\overrightarrow{OM} = 3\overrightarrow{OG}$

したがって，3点 O，G，M は一直線上にある。

（参考） $\overrightarrow{OM} = 3\overrightarrow{OG}$ であるから OG : GM = 1 : 2

よって，点 G は線分 OM を 1 : 2 に内分する点である。

🖑 **Lecture** 共線条件

3点が一直線上にあるための条件（**共線条件**）は，次のように表すことができる。

2点 A($\vec{a}$)，B($\vec{b}$) が異なるとき

点 C($\vec{c}$) が直線 AB 上にある $\iff$ $\vec{c} = s\vec{a} + t\vec{b}$，$s + t = 1$ となる実数 s，t がある

$0 < s < 1$，$0 < t < 1$ のとき，点 C は線分 AB を $t : s$ に内分する点である。$\longleftarrow \vec{c} = \dfrac{s\vec{a} + t\vec{b}}{t + s}$

例えば，上の例題において，始点を A として考えると，$\overrightarrow{OM} = 3\overrightarrow{OG}$ から

$$\overrightarrow{AM} - \overrightarrow{AO} = 3(\overrightarrow{AG} - \overrightarrow{AO}) \qquad よって \qquad \overrightarrow{AG} = \frac{2}{3}\overrightarrow{AO} + \frac{1}{3}\overrightarrow{AM} = \frac{2\overrightarrow{AO} + \overrightarrow{AM}}{1 + 2}$$

すなわち，点 G は線分 OM を 1 : 2 に内分する点であることがわかる。

TRAINING 51 ③

直方体 OADB-CLMN で，△ABC の重心を G，辺 OC の中点を P とするとき，3点 D，G，P は一直線上にあることを証明せよ。

標準 例題 52 直線と平面の交点の位置ベクトル

平行六面体 OADB-CEGF において，辺 DG の G を越える延長上に GM＝2DG となる点 M をとり，直線 OM と平面 ABC の交点を N とする。
$\overrightarrow{OA}=\vec{a}$, $\overrightarrow{OB}=\vec{b}$, $\overrightarrow{OC}=\vec{c}$ とするとき，$\overrightarrow{ON}$ を $\vec{a}$, $\vec{b}$, $\vec{c}$ を用いて表せ。

CHART & GUIDE

交点の位置ベクトル
2通りに表して係数比較 …… ！

1 点Nが，直線 OM 上にあることに着目し $\overrightarrow{ON}=k\overrightarrow{OM}$（$k$は実数）を利用して $\overrightarrow{ON}$ を $\vec{a}$, $\vec{b}$, $\vec{c}$ を用いて表す。

2 点Nが，平面 ABC 上にあることに着目し，$\overrightarrow{CN}=s\overrightarrow{CA}+t\overrightarrow{CB}$（$s$, t は実数）を利用して，$\overrightarrow{ON}$ を $\vec{a}$, $\vec{b}$, $\vec{c}$ を用いて表す。

3 **1**, **2**で2通りに表した $\overrightarrow{ON}$ の係数を比較する。

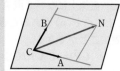

解答

点Nは直線 OM 上にあるから，$\overrightarrow{ON}=k\overrightarrow{OM}$ となる実数 k がある。
ここで
$$\overrightarrow{OM}=\overrightarrow{OA}+\overrightarrow{AD}+\overrightarrow{DM}$$
$$=\overrightarrow{OA}+\overrightarrow{OB}+3\overrightarrow{OC}=\vec{a}+\vec{b}+3\vec{c}$$
よって $\overrightarrow{ON}=k(\vec{a}+\vec{b}+3\vec{c})$
$$=k\vec{a}+k\vec{b}+3k\vec{c} \cdots ①$$
また，点Nは平面 ABC 上にあるから，$\overrightarrow{CN}=s\overrightarrow{CA}+t\overrightarrow{CB}$ となる実数 s, t がある。[*]
これを変形すると $\overrightarrow{ON}-\vec{c}=s(\vec{a}-\vec{c})+t(\vec{b}-\vec{c})$
整理すると $\overrightarrow{ON}=s\vec{a}+t\vec{b}+(1-s-t)\vec{c}$ …… ②
4点 O, A, B, C は同じ平面上にないから，$\overrightarrow{ON}$ の $\vec{a}$, $\vec{b}$, $\vec{c}$ を用いた表し方はただ1通りである。
ゆえに，①，②から
$$k=s, \quad k=t, \quad 3k=1-s-t$$
これを解くと $k=s=t=\dfrac{1}{5}$

① に代入して $\overrightarrow{ON}=\dfrac{1}{5}\vec{a}+\dfrac{1}{5}\vec{b}+\dfrac{3}{5}\vec{c}$

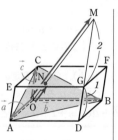

◀ 点Cが直線 AB 上にある
⟺ $\overrightarrow{AC}=k\overrightarrow{AB}$ となる実数 k がある

（＊）平面上のベクトルについて，$\vec{a}\neq\vec{0}$, $\vec{b}\neq\vec{0}$, $\vec{a}\nparallel\vec{b}$ のとき，どんな $\vec{p}$ も，$\vec{p}=s\vec{a}+t\vec{b}$ の形に表され，その表し方は1通りである(p.24)。

◀ この断り書きは重要。

◀ ② に代入してもよい。

TRAINING 52 ③ ★

四面体 OABC において，辺 OA の中点を P，辺 BC の中点を Q，線分 PQ を1：2に内分する点を R とし，直線 OR と平面 ABC の交点を S とする。$\overrightarrow{OA}=\vec{a}$, $\overrightarrow{OB}=\vec{b}$, $\overrightarrow{OC}=\vec{c}$ とするとき，$\overrightarrow{OS}$ を $\vec{a}$, $\vec{b}$, $\vec{c}$ を用いて表せ。

同じ平面上にある条件

一直線上にない3点が定める平面上に点Pが存在する条件について考えてみましょう。

平面上の任意のベクトル $\vec{p}$ は，その平面上の2つのベクトル $\vec{a}$, $\vec{b}$ $(\vec{a} \neq \vec{0},\ \vec{b} \neq \vec{0},\ \vec{a} \times \vec{b})$ を用いて，次のように表すことができる。

$$\vec{p} = s\vec{a} + t\vec{b} \quad (s,\ t \text{ は実数}) \cdots\cdots ①$$

また，一直線上にない3点 A$(\vec{a})$, B$(\vec{b})$, C$(\vec{c})$ の定める平面 ABC 上に点 P$(\vec{p})$ があるとき，① と同様に考えると，次のように表すことができる。

$$\overrightarrow{CP} = s\overrightarrow{CA} + t\overrightarrow{CB} \quad (s,\ t \text{ は実数}) \cdots\cdots ②$$

ここで，② を位置ベクトルを用いて表すと

$$\vec{p} - \vec{c} = s(\vec{a} - \vec{c}) + t(\vec{b} - \vec{c})$$

よって $\vec{p} = s\vec{a} + t\vec{b} + (1-s-t)\vec{c}$

$1-s-t=u$ とおくと

$$\vec{p} = s\vec{a} + t\vec{b} + u\vec{c},\ s+t+u=1$$

以上から，次のことがいえる(このことを **共面条件** ともいう)。

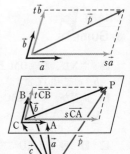

点 P$(\vec{p})$ が3点 A$(\vec{a})$, B$(\vec{b})$, C$(\vec{c})$ の定める平面 ABC 上にある

$\iff \overrightarrow{CP} = s\overrightarrow{CA} + t\overrightarrow{CB}$ となる実数 s, t がある

$\iff \vec{p} = s\vec{a} + t\vec{b} + u\vec{c},\ s+t+u=1$ となる実数 s, t, u がある $\cdots\cdots (*)$

$(*)$を利用すると，例題 52 の解答は次のようになる。

[**別解**] 点Nは直線 OM 上にあるから，

$$\overrightarrow{ON} = k\overrightarrow{OM}$$

となる実数 k がある。

ここで $\overrightarrow{OM} = \overrightarrow{OA} + \overrightarrow{AD} + \overrightarrow{DM} = \vec{a} + \vec{b} + 3\vec{c}$

よって $\overrightarrow{ON} = k(\vec{a} + \vec{b} + 3\vec{c})$

$$= k\vec{a} + k\vec{b} + 3k\vec{c} \cdots\cdots ①$$

点Nは平面 ABC 上にあるから $k+k+3k=1$

ゆえに $k = \dfrac{1}{5}$

① に代入して $\overrightarrow{ON} = \dfrac{1}{5}\vec{a} + \dfrac{1}{5}\vec{b} + \dfrac{3}{5}\vec{c}$

← $s\vec{a} + t\vec{b} + u\vec{c}$,
$s+t+u=1$
$(s,\ t,\ u \text{ は実数})$

標準 例題 **53** 垂直であることの証明，線分の長さ

1辺の長さが1の正四面体 ABCD において，辺 AB，CD の中点を，それぞれ E，F とし，△BCD の重心をGとする。
(1) ベクトルを用いて，AB⊥EF を示せ。 (2) 線分 EG の長さを求めよ。

CHART & GUIDE

内積を用いた図形の性質の証明
「垂直」には （内積）＝0

(1) $\overrightarrow{AB}=\vec{b}$, $\overrightarrow{AC}=\vec{c}$, $\overrightarrow{AD}=\vec{d}$ とする。…… 四面体にはこの表し方が有効。
　　$\overrightarrow{EF}$ を $\vec{b}$, $\vec{c}$, $\vec{d}$ を用いて表し，$\overrightarrow{AB}\cdot\overrightarrow{EF}=0$ を示す。
(2) $|\overrightarrow{EG}|$ の2乗を考える。なお，次の計算に注意。
$$|\vec{a}+\vec{b}+\vec{c}|^2=|\vec{a}|^2+|\vec{b}|^2+|\vec{c}|^2+2\vec{a}\cdot\vec{b}+2\vec{b}\cdot\vec{c}+2\vec{c}\cdot\vec{a}$$

2章 11 位置ベクトル，図形への応用

解答

$\overrightarrow{AB}=\vec{b}$, $\overrightarrow{AC}=\vec{c}$, $\overrightarrow{AD}=\vec{d}$ とする。

△ABC，△ACD，△ADB はすべて1辺の長さが1の正三角

形であるから　　$\vec{b}\cdot\vec{c}=\vec{c}\cdot\vec{d}=\vec{d}\cdot\vec{b}=1\times1\times\cos60°=\dfrac{1}{2}$

◀ $|\vec{b}|=|\vec{c}|=|\vec{d}|=1$
$\vec{b}$ と $\vec{c}$, $\vec{c}$ と $\vec{d}$, $\vec{d}$ と $\vec{b}$
のなす角はいずれも 60°

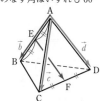

(1) $\overrightarrow{EF}=\overrightarrow{AF}-\overrightarrow{AE}=\dfrac{\vec{c}+\vec{d}}{2}-\dfrac{\vec{b}}{2}=\dfrac{\vec{c}+\vec{d}-\vec{b}}{2}$ であるから

$\overrightarrow{AB}\cdot\overrightarrow{EF}=\vec{b}\cdot\dfrac{\vec{c}+\vec{d}-\vec{b}}{2}=\dfrac{\vec{b}\cdot\vec{c}+\vec{d}\cdot\vec{b}-|\vec{b}|^2}{2}$

$=\dfrac{1}{2}\left(\dfrac{1}{2}+\dfrac{1}{2}-1^2\right)=0$

$\overrightarrow{AB}\neq\vec{0}$, $\overrightarrow{EF}\neq\vec{0}$ より，$\overrightarrow{AB}\perp\overrightarrow{EF}$ であるから　　AB⊥EF

(2) $\overrightarrow{EG}=\overrightarrow{AG}-\overrightarrow{AE}=\dfrac{\vec{b}+\vec{c}+\vec{d}}{3}-\dfrac{\vec{b}}{2}=\dfrac{-\vec{b}+2\vec{c}+2\vec{d}}{6}$

◀ $|\overrightarrow{EG}|=\dfrac{|-\vec{b}+2\vec{c}+2\vec{d}|}{6}$
$|\overrightarrow{EG}|$ は $|\overrightarrow{EG}|^2$ として扱う。そして，まず分子の計算をするとよい。

ここで

$|-\vec{b}+2\vec{c}+2\vec{d}|^2=|\vec{b}|^2+4|\vec{c}|^2+4|\vec{d}|^2-4\vec{b}\cdot\vec{c}+8\vec{c}\cdot\vec{d}-4\vec{d}\cdot\vec{b}$

$=1+4\times1+4\times1-4\times\dfrac{1}{2}+8\times\dfrac{1}{2}-4\times\dfrac{1}{2}=9$

$|-\vec{b}+2\vec{c}+2\vec{d}|\geqq0$ であるから　　$|-\vec{b}+2\vec{c}+2\vec{d}|=3$

よって　　$EG=|\overrightarrow{EG}|=\dfrac{|-\vec{b}+2\vec{c}+2\vec{d}|}{6}=\dfrac{3}{6}=\dfrac{1}{2}$

TRAINING 53 ③

1辺の長さが1の正四面体 OABC の辺 OA，OB の中点をそれぞれ P，Q とし，辺 OC を 3：2 に内分する点を R，△PQR の重心を G とする。
(1) ベクトルを用いて PQ⊥OC を示せ。 (2) 線分 OG の長さを求めよ。

標
準

例 題
54 点が一致することの証明（空間） ◔◔◑

四面体 ABCD において，辺 AB，AD，BC，CD の中点をそれぞれ K，L，M，N とする。このとき，線分 KN，LM の中点は一致することを証明せよ。

CHART
& GUIDE

点が一致することの証明
点の位置ベクトルが一致することを示す

1 $\overrightarrow{AB}=\vec{b}$，$\overrightarrow{AC}=\vec{c}$，$\overrightarrow{AD}=\vec{d}$ とする。

2 線分 KN，LM それぞれの中点を E，F とし，$\overrightarrow{AE}$，$\overrightarrow{AF}$ をそれぞれ $\vec{b}$，$\vec{c}$，$\vec{d}$ を用いて表す。

3 $\overrightarrow{AE}=\overrightarrow{AF}$（すなわち，点 E，F の，点 A に関する位置ベクトルが一致すること）を示す。

解答

$\overrightarrow{AB}=\vec{b}$，$\overrightarrow{AC}=\vec{c}$，$\overrightarrow{AD}=\vec{d}$ とする。

線分 KN，LM それぞれの中点を E，F とすると

$$\overrightarrow{AE}=\frac{\overrightarrow{AK}+\overrightarrow{AN}}{2}=\frac{1}{2}\left(\frac{1}{2}\vec{b}+\frac{\vec{c}+\vec{d}}{2}\right)$$

$$=\frac{\vec{b}+\vec{c}+\vec{d}}{4}$$

$$\overrightarrow{AF}=\frac{\overrightarrow{AL}+\overrightarrow{AM}}{2}=\frac{1}{2}\left(\frac{1}{2}\vec{d}+\frac{\vec{b}+\vec{c}}{2}\right)=\frac{\vec{b}+\vec{c}+\vec{d}}{4}$$

よって $\overrightarrow{AE}=\overrightarrow{AF}$

したがって，線分 KN，LM それぞれの中点は一致する。

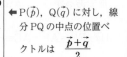

◀ P($\vec{p}$)，Q($\vec{q}$) に対し，線分 PQ の中点の位置ベクトルは $\dfrac{\vec{p}+\vec{q}}{2}$

◀ 点 E と点 F が一致する。

Lecture 点が一致することの証明

上の例題のように，ある 2 つの点が一致することを示すには，2 点の **位置ベクトルが一致することを示す** とよい。すなわち

$\overrightarrow{OP}=\overrightarrow{OQ}$ ⟺ 2 点 P，Q は一致する

また，上の例題で，辺 AC，BD の中点をそれぞれ S，T とし，

線分 ST の中点を H とすると $\overrightarrow{AH}$ も同じように $\dfrac{\vec{b}+\vec{c}+\vec{d}}{4}$ となる。

すなわち，線分 KN，LM，ST の各中点はすべて一致する。

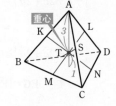

┗この一致する点は四面体 ABCD の重心である（p.91）。

TRAINING 54 ③

平行六面体 ABCD-EFGH において，対角線 AG，BH の中点は一致することを証明せよ。

Let's Start

12 座標空間における図形

座標空間において，2点間の距離，線分の内分点・外分点の座標などを考えてみましょう。

■ 2点間の距離と内分点・外分点の座標

座標空間における2点 $A(a_1, a_2, a_3)$，$B(b_1, b_2, b_3)$ について，A，B間の距離は $AB = |\overrightarrow{AB}|$ から得られる。

← $p.80$ でも触れた。

また，原点を O とし，線分 AB を $m:n$ に内分する点を P，$m:n$ に外分する点を Q とすると

$$\overrightarrow{OP} = \frac{n\overrightarrow{OA} + m\overrightarrow{OB}}{m+n}, \qquad \overrightarrow{OQ} = \frac{-n\overrightarrow{OA} + m\overrightarrow{OB}}{m-n}$$

← 外分では $m \neq n$

である（$p.89$）。よって，次のことがいえる。

2点 $A(a_1, a_2, a_3)$，$B(b_1, b_2, b_3)$ について

1 A，B間の距離は

$$AB = \sqrt{(b_1 - a_1)^2 + (b_2 - a_2)^2 + (b_3 - a_3)^2}$$

← 座標平面における2点間の距離の公式に z 成分が加わる。

2 線分 AB を $m:n$ に内分する点の座標は

$$\left(\frac{na_1 + mb_1}{m+n}, \frac{na_2 + mb_2}{m+n}, \frac{na_3 + mb_3}{m+n} \right)$$

← 座標平面上の内分点・外分点の座標に z 座標が加わったもの。

線分 AB を $m:n$ に外分する点の座標は

$$\left(\frac{-na_1 + mb_1}{m-n}, \frac{-na_2 + mb_2}{m-n}, \frac{-na_3 + mb_3}{m-n} \right)$$

特に，線分 AB の中点の座標は

$$\left(\frac{a_1 + b_1}{2}, \frac{a_2 + b_2}{2}, \frac{a_3 + b_3}{2} \right)$$

← 中点の座標は，内分の場合において $m=n=1$ とすると得られる。

また，3点 $A(a_1, a_2, a_3)$，$B(b_1, b_2, b_3)$，$C(c_1, c_2, c_3)$ について，

3 △ABC の重心の座標は

$$\left(\frac{a_1 + b_1 + c_1}{3}, \frac{a_2 + b_2 + c_2}{3}, \frac{a_3 + b_3 + c_3}{3} \right)$$

■ 座標平面に平行な平面の方程式

点 A$(a, 0, 0)$ を通り，yz 平面に平行な平面を α とする。平面 α 上にあるどんな点 P の x 座標も a である。すなわち，平面 α は方程式 $x=a$ を満たす点 (x, y, z) の全体である。$x=a$ を **平面 α の方程式** という。

一般に，**座標平面に平行な平面の方程式** は，次のように表される。

> 点 A$(a, 0, 0)$ を通り，yz 平面に平行な平面の方程式は　$\boldsymbol{x=a}$
> 点 B$(0, b, 0)$ を通り，zx 平面に平行な平面の方程式は　$\boldsymbol{y=b}$
> 点 C$(0, 0, c)$ を通り，xy 平面に平行な平面の方程式は　$\boldsymbol{z=c}$

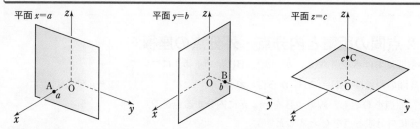

注意 平面 $x=a$ は x 軸に垂直，平面 $y=b$ は y 軸に垂直，平面 $z=c$ は z 軸に垂直である。

■ 球面の方程式

空間において，定点 C からの距離が一定の値 r であるような点の全体を，C を中心とする半径 r の **球面**，または単に **球** という。

中心 C の座標を (a, b, c)，球面上の点 P の座標を (x, y, z) として，条件 $\mathrm{CP}=r$ を座標で表すと

$$\sqrt{(x-a)^2+(y-b)^2+(z-c)^2}=r \quad \cdots\cdots ①$$

$r>0$ であるから，① は両辺を 2 乗した次の式と同値である。

$$(x-a)^2+(y-b)^2+(z-c)^2=r^2$$

これを，この **球面の方程式** という。

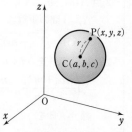

> 点 (a, b, c) を中心とする半径 r の球面の方程式は
> $$\boldsymbol{(x-a)^2+(y-b)^2+(z-c)^2=r^2} \quad \cdots\cdots (*)$$
> 特に，中心が原点，半径が r のときは　　$\boldsymbol{x^2+y^2+z^2=r^2}$

◀ 座標平面における円の方程式は
$(x-a)^2+(y-b)^2=r^2$
球面の方程式は，これに z 成分が加わる。

◀ $(*)$ で $a=b=c=0$

では，空間座標に関する問題を解いてみましょう。

基本 例題 55 2点間の距離, 分点・重心の座標

3点 A$(0,\ 3,\ 7)$, B$(3,\ -3,\ 1)$, C$(-6,\ 2,\ -1)$ について, 次のものを求めよ。

(1) 2点 A, B 間の距離
(2) 線分 AB を $2:1$ に内分する点の座標
(3) 線分 AB を $3:2$ に外分する点の座標
(4) 線分 BC の中点の座標
(5) △ABC の重心の座標

CHART & GUIDE

2点間の距離と分点, 重心の座標

3点 A$(a_1,\ a_2,\ a_3)$, B$(b_1,\ b_2,\ b_3)$, C$(c_1,\ c_2,\ c_3)$ について

$$AB=\sqrt{(b_1-a_1)^2+(b_2-a_2)^2+(b_3-a_3)^2}$$

線分 AB を $m:n$ に

内分する点 $\left(\dfrac{na_1+mb_1}{m+n},\ \dfrac{na_2+mb_2}{m+n},\ \dfrac{na_3+mb_3}{m+n}\right)$

外分する点 $\left(\dfrac{-na_1+mb_1}{m-n},\ \dfrac{-na_2+mb_2}{m-n},\ \dfrac{-na_3+mb_3}{m-n}\right)$

△ABC の重心 $\left(\dfrac{a_1+b_1+c_1}{3},\ \dfrac{a_2+b_2+c_2}{3},\ \dfrac{a_3+b_3+c_3}{3}\right)$

解答

(1) $AB=\sqrt{(3-0)^2+(-3-3)^2+(1-7)^2}=\sqrt{81}=9$

(2) $\left(\dfrac{1\cdot0+2\cdot3}{2+1},\ \dfrac{1\cdot3+2\cdot(-3)}{2+1},\ \dfrac{1\cdot7+2\cdot1}{2+1}\right)$ すなわち $(2,\ -1,\ 3)$

(3) $\left(\dfrac{-2\cdot0+3\cdot3}{3-2},\ \dfrac{-2\cdot3+3\cdot(-3)}{3-2},\ \dfrac{-2\cdot7+3\cdot1}{3-2}\right)$ すなわち $(9,\ -15,\ -11)$

(4) $\left(\dfrac{3+(-6)}{2},\ \dfrac{-3+2}{2},\ \dfrac{1+(-1)}{2}\right)$ すなわち $\left(-\dfrac{3}{2},\ -\dfrac{1}{2},\ 0\right)$

(5) $\left(\dfrac{0+3+(-6)}{3},\ \dfrac{3+(-3)+2}{3},\ \dfrac{7+1+(-1)}{3}\right)$ すなわち $\left(-1,\ \dfrac{2}{3},\ \dfrac{7}{3}\right)$

TRAINING 55 ①

3点 A$(1,\ 2,\ 3)$, B$(-3,\ 2,\ -1)$, C$(-4,\ 2,\ 1)$ について, 次のものを求めよ。

(1) 2点 B, C 間の距離
(2) 線分 BC を $1:3$ に内分する点 P の座標
(3) 線分 AB を $2:3$ に外分する点 Q の座標
(4) 線分 CA の中点 R の座標
(5) △PQR の重心 G の座標

基本 例題
56 球面の方程式

>>> 発展例題 65

次のような球面の方程式を求めよ。
(1) 点 $(3, -2, 1)$ を中心とする半径 2 の球面
(2) 原点を中心とし, 点 $(2, 1, -3)$ を通る球面
(3) 2 点 $A(5, 3, -2)$, $B(-1, 3, 2)$ を直径の両端とする球面

CHART & GUIDE

点 (a, b, c) を中心とする半径 r の球面の方程式
$$(x-a)^2+(y-b)^2+(z-c)^2=r^2$$

(2), (3) 半径は, 中心と球面上の 1 点の距離を考える。
(3) 2 点 A, B が直径の両端 $\longrightarrow$ 線分 AB の中点が球面の中心 …… [!]

解答

(1) $(x-3)^2+\{y-(-2)\}^2+(z-1)^2=2^2$
　　すなわち　　$(x-3)^2+(y+2)^2+(z-1)^2=4$

(2) 半径は　　$\sqrt{2^2+1^2+(-3)^2}=\sqrt{14}$
　　よって, 球面の方程式は　　$x^2+y^2+z^2=14$

◀原点と点 $(2, 1, -3)$ の距離が, 球面の半径となる。

[!] (3) 球面の中心は, 線分 AB の中点 M である。点 M の座標は
　　$\left(\dfrac{5-1}{2}, \dfrac{3+3}{2}, \dfrac{-2+2}{2}\right)$　　すなわち　$(2, 3, 0)$
　　また, 半径は　　$AM=\sqrt{(2-5)^2+(3-3)^2+\{0-(-2)\}^2}=\sqrt{13}$
　　よって, 球面の方程式は　　$(x-2)^2+(y-3)^2+(z-0)^2=(\sqrt{13})^2$
　　すなわち　　$(x-2)^2+(y-3)^2+z^2=13$

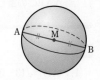

Lecture　球面のベクトル方程式

中心が C, 半径が r である球面において, 点 C の位置ベクトルを $\vec{c}$, 球面
上の点を $P(\vec{p})$ とすると, 条件 $CP=r$ から　　$|\overrightarrow{CP}|=r$
よって　　$|\vec{p}-\vec{c}|=r$　　←── これを球面のベクトル方程式という。
ここで, $\vec{p}=(x, y, z)$, $\vec{c}=(a, b, c)$ として, $|\vec{p}-\vec{c}|^2=r^2$ …… ①
に代入すると　　$(x-a)^2+(y-b)^2+(z-c)^2=r^2$　となる。
また, ① はベクトル方程式 $(\vec{p}-\vec{c})\cdot(\vec{p}-\vec{c})=r^2$ と表すこともある。

TRAINING　56 ②

次のような球面の方程式を求めよ。
(1) 原点を中心とする半径 $2\sqrt{2}$ の球面
(2) 点 $A(6, 5, -3)$ を中心とし, 点 $B(2, 4, -3)$ を通る球面
(3) 2 点 $A(-1, 4, 9)$, $B(7, 0, 1)$ を直径の両端とする球面

標準 例題 **57** 球面と平面の交わり ≪≪ 基本例題 **56** ◔◑◕

球面 $(x+1)^2+(y-4)^2+(z-2)^2=3^2$ と次の平面が交わる部分は円である。その中心の座標と半径を求めよ。

(1) xy 平面　　　(2) yz 平面　　　(3) 平面 $y=4$

CHART & GUIDE

球面と座標平面の交わり

xy **平面なら $z=0$ を代入する**

(1) xy 平面の方程式は $z=0$ （xy 平面上のすべての点について z 座標は 0）であるから，球面の方程式において $z=0$ を代入する。

(2) $x=0$　　　(3) $y=4$　　　を球面の方程式に代入する。

2章 12 座標空間における図形

解答

(1) 球面の方程式において，$z=0$ とすると
$$(x+1)^2+(y-4)^2+(0-2)^2=3^2$$
すなわち　　$(x+1)^2+(y-4)^2=5$
この方程式は，xy 平面上では円を表す。
その　**中心の座標は $(-1,\ 4,\ 0)$，半径は $\sqrt{5}$**

(2) 球面の方程式において，$x=0$ とすると
$$(0+1)^2+(y-4)^2+(z-2)^2=3^2$$
すなわち　　$(y-4)^2+(z-2)^2=8$
この方程式は，yz 平面上では円を表す。
その　**中心の座標は $(0,\ 4,\ 2)$，半径は $\sqrt{8}=2\sqrt{2}$**

(3) 球面の方程式において，$y=4$ とすると
$$(x+1)^2+(4-4)^2+(z-2)^2=3^2$$
すなわち　　$(x+1)^2+(z-2)^2=3^2$
この方程式は，平面 $y=4$ 上では円を表す。
その　**中心の座標は $(-1,\ 4,\ 2)$，半径は 3**

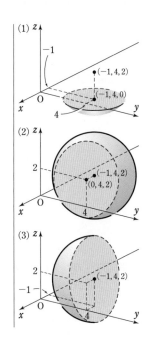

TRAINING 57 ③

球面 $(x-2)^2+(y+3)^2+(z-5)^2=10$ と次の平面が交わる部分は円である。その中心の座標と半径を求めよ。

(1) yz 平面　　　(2) zx 平面　　　(3) 平面 $z=3$

STEP *into* > ここで**整理**

空間のベクトルのいろいろな性質

空間におけるベクトルや空間座標においても，平面上のベクトルや座標で学んだ
性質や公式は，同様に使うことができます。特に，成分・座標が関係するものは，
z 成分・z 座標が追加された形 になっていることに着目しましょう。（下の
の部分）

$\vec{a}=(a_1,\ a_2,\ a_3)$，$\vec{b}=(b_1,\ b_2,\ b_3)$ とし，$\vec{a}$ と $\vec{b}$ のなす角を θ とする。

大きさ $\quad |\vec{a}|=\sqrt{a_1^2+a_2^2+a_3^2}$

相　等 $\quad (a_1,\ a_2,\ a_3)=(b_1,\ b_2,\ b_3) \iff a_1=b_1,\ a_2=b_2,\ a_3=b_3$

和，差，実数倍 $\quad k,\ l$ が実数のとき

$$k(a_1,\ a_2,\ a_3)+l(b_1,\ b_2,\ b_3)=(ka_1+lb_1,\ ka_2+lb_2,\ ka_3+lb_3)$$

内　積 $\quad \vec{a}\cdot\vec{b}=|\vec{a}||\vec{b}|\cos\theta=a_1b_1+a_2b_2+a_3b_3$

なす角 $\quad \cos\theta=\dfrac{\vec{a}\cdot\vec{b}}{|\vec{a}||\vec{b}|}=\dfrac{a_1b_1+a_2b_2+a_3b_3}{\sqrt{a_1^2+a_2^2+a_3^2}\sqrt{b_1^2+b_2^2+b_3^2}} \quad (\vec{a}\neq\vec{0},\ \vec{b}\neq\vec{0})$

2 点 $A(a_1,\ a_2,\ a_3)$，$B(b_1,\ b_2,\ b_3)$ について

2 点間の距離 $\quad AB=\sqrt{(b_1-a_1)^2+(b_2-a_2)^2+(b_3-a_3)^2}$

分点の座標 $\quad$ 線分 AB を $m:n$ に

内分する点 $\left(\dfrac{na_1+mb_1}{m+n},\ \dfrac{na_2+mb_2}{m+n},\ \dfrac{na_3+mb_3}{m+n}\right)$

外分する点 $\left(\dfrac{-na_1+mb_1}{m-n},\ \dfrac{-na_2+mb_2}{m-n},\ \dfrac{-na_3+mb_3}{m-n}\right) \quad (m\neq n)$

特に，中点の座標は $\left(\dfrac{a_1+b_1}{2},\ \dfrac{a_2+b_2}{2},\ \dfrac{a_3+b_3}{2}\right)$

空間図形へのベクトルの利用

1 3 点 A，B，C が一直線上にある ［共線条件］

$\iff \overrightarrow{AC}=k\overrightarrow{AB}$ となる実数 k がある

2 点 P が平面 ABC 上にある ［共面条件］

$\iff \overrightarrow{CP}=s\overrightarrow{CA}+t\overrightarrow{CB}$ となる実数 s，t がある

$\iff \overrightarrow{OP}=\text{●}\overrightarrow{OA}+\text{▲}\overrightarrow{OB}+\text{■}\overrightarrow{OC}$，

$\text{●}+\text{▲}+\text{■}=1$（係数の和が 1）

3 **内積の利用** 直線 AB，CD に対して

線分の長さ $\quad AB^2=|\overrightarrow{AB}|^2=\overrightarrow{AB}\cdot\overrightarrow{AB}$

垂直条件 $\quad AB\perp CD \iff \overrightarrow{AB}\cdot\overrightarrow{CD}=0$

4 2 点 P，Q が一致することを示すには，2 点

P，Q の位置ベクトルが一致することを示す。

$\overrightarrow{OP}=\overrightarrow{OQ} \iff$ 2 点 P，Q が一致する

1

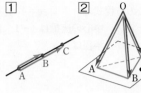

発展学習

発展 例題 **58** 空間のベクトルと平行（成分）　　　　　 $\langle\langle\langle$ 基本例題 **12**，**13**

4点 A(2, 1, 2)，B(−2, 2, 1)，C(−3, −4, 2)，D(a, b, 5) がある。
(1) AB∥CD であるとき，a, b の値を求めよ。
(2) 四角形 ABCE が平行四辺形となるとき，点Eの座標を求めよ。

CHART & GUIDE

ベクトルと平行

(1) $\overrightarrow{AB}\neq\vec{0}$，$\overrightarrow{CD}\neq\vec{0}$ のとき，次のことが成り立つ。
$$AB\parallel CD \iff \overrightarrow{CD}=k\overrightarrow{AB} \text{ となる実数 } k \text{ がある}$$
(2) 平行四辺形の性質「1組の対辺が平行で長さが等しい」から，四角形 ABCE が平行四辺形のとき，
$$\overrightarrow{AB}=\overrightarrow{EC} \quad (\overrightarrow{AE}=\overrightarrow{BC}) \quad \text{［向きが同じで大きさが等しい］}$$
が成り立つ。これを利用する（$p.15$ も参照）。

解答

(1) $\overrightarrow{AB}=(-2-2,\ 2-1,\ 1-2)=(-4,\ 1,\ -1)$ 　　← $\overrightarrow{AB}\neq\vec{0}$
$\overrightarrow{CD}=(a-(-3),\ b-(-4),\ 5-2)=(a+3,\ b+4,\ 3)$ 　　← $\overrightarrow{CD}\neq\vec{0}$
AB∥CD であるとき，$\overrightarrow{CD}=k\overrightarrow{AB}$[*] となる実数 k がある。
ゆえに　　$(a+3,\ b+4,\ 3)=k(-4,\ 1,\ -1)$
よって　　$a+3=-4k$，　$b+4=k$，　　$3=-k$ 　　← 各成分を比較。
これを解いて　　$k=-3$，$\boldsymbol{a=9}$，$\boldsymbol{b=-7}$

(2) 点Eの座標を $(x,\ y,\ z)$ とする。
四角形 ABCE が平行四辺形となるとき　　$\overrightarrow{AB}=\overrightarrow{EC}$
ここで，$\overrightarrow{EC}=(-3-x,\ -4-y,\ 2-z)$ であるから
$$(-4,\ 1,\ -1)=(-3-x,\ -4-y,\ 2-z)$$
よって　　$-4=-3-x$，$1=-4-y$，$-1=2-z$
これを解いて　　$x=1$，$y=-5$，$z=3$
したがって，点Eの座標は　　$(1,\ -5,\ 3)$

← 順番注意。$\overrightarrow{AB}=\overrightarrow{CE}$ ではない。
なお，$\overrightarrow{AE}=\overrightarrow{BC}$ として進めてもよい。

注意 上の例題(1)の(*)は，$\overrightarrow{AB}=k\overrightarrow{CD}$ としてもよいが，$\overrightarrow{CD}$ に文字が含まれているため，右辺に文字が2つ現れることになる。←── 等式が $-4=k(a+3)$，$1=k(b+4)$ などとなる。
それを避けるために，上の解答では，$\overrightarrow{CD}=k\overrightarrow{AB}$ としている。この方が計算がらくになる。

TRAINING 58 ④

(1) 2つのベクトル $\vec{a}=(s,\ 3s-1,\ s-1)$，$\vec{b}=(t-1,\ 4,\ t-3)$ が平行であるとき，s, t の値を求めよ。　　　　　　　　　　　　　　　　　　［大阪工大］
(2) 平行四辺形 ABCD がある。A(2, 1, −3)，B(−1, 5, −2)，C(4, 3, −1) であるとき，頂点 D の座標を求めよ。

発展 例題 59 ベクトルの大きさの最小値（空間）

$\vec{a}=(2,\ -4,\ -3)$, $\vec{b}=(1,\ -1,\ 1)$ とする。$\vec{a}+t\vec{b}$ （t は実数）の大きさの最小値とそのときの t の値を求めよ。 〔千葉工大〕

CHART & GUIDE

$|\vec{a}+t\vec{b}|$ の最小値

[1] $|\vec{a}+t\vec{b}|^2$ を考え，t の 2 次関数の最小値へ

[2] $(\vec{a}+t\vec{b})\perp\vec{b}$ のとき $|\vec{a}+t\vec{b}|$ は最小

ここでは [1] の方法で解いてみよう。平面の場合（$p.63$）と同じ要領で考える。

解答

$$\vec{a}+t\vec{b}=(2,\ -4,\ -3)+t(1,\ -1,\ 1)$$
$$=(2+t,\ -4-t,\ -3+t)$$

ゆえに $|\vec{a}+t\vec{b}|^2=(2+t)^2+(-4-t)^2+(-3+t)^2$ ← $|\vec{p}|$ は $|\vec{p}|^2$ として考える。
$$=3t^2+6t+29$$
$$=3(t+1)^2+26$$ ← $\bullet(t-\blacktriangle)^2+\blacksquare$ の形に変形。

よって，$t=-1$ のとき $|\vec{a}+t\vec{b}|^2$ は最小となり，$|\vec{a}+t\vec{b}|\geqq0$ であるから，このとき $|\vec{a}+t\vec{b}|$ も最小となる。

したがって **$t=-1$ で最小値 $\sqrt{26}$**

👆 Lecture GUIDE の [2] を用いた解法

例題を，平面の場合と同じように，図形的な意味を考えて解いてみよう。
$\vec{a}=\overrightarrow{OA}$, $\vec{a}+t\vec{b}=\vec{p}=\overrightarrow{OP}$ とおくと，$\vec{p}=\vec{a}+t\vec{b}$ …… ① から $\overrightarrow{OP}=\overrightarrow{OA}+t\vec{b}$
よって，t が変化するとき，点 P は，点 A を通り $\vec{b}$ に平行な直線上を動く。
したがって，右の図からわかるように，$|\vec{p}|=|\overrightarrow{OP}|$ が最小になるのは，$\overrightarrow{OP}\perp\vec{b}$ のときである。

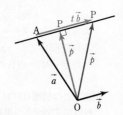

ゆえに $\vec{p}\cdot\vec{b}=0$ すなわち $(\vec{a}+t\vec{b})\cdot\vec{b}=0$
よって，$\vec{p}=\vec{a}+t\vec{b}=(2+t,\ -4-t,\ -3+t)$ から
$$(2+t)\times1+(-4-t)\times(-1)+(-3+t)\times1=0$$
これを解いて $t=-1$ このとき $\vec{p}=\vec{a}-\vec{b}=(1,\ -3,\ -4)$
したがって $|\vec{p}|=\sqrt{1^2+(-3)^2+(-4)^2}=\sqrt{26}$

注意 上の① $(\vec{p}=\vec{a}+t\vec{b})$ は（空間における）直線のベクトル方程式である（$p.111$ 参照）。

TRAINING 59 ④ ★

$\vec{a}=(1,\ 2,\ 3)$, $\vec{b}=(2,\ 0,\ -1)$ があり，実数 t に対し，$\vec{c}=\vec{a}+t\vec{b}$ とする。$|\vec{c}|$ の最小値と，そのときの t の値を求めよ。 〔福岡工大〕

発展 例題 **60** 図形とベクトルの内積（空間）(2) ◔◔◔◔

紙片の上に AB＝AC＝2 のひし形 ABCD があり，
線分 AC の中点がOである。紙片を右の図のように，
AC に沿って 60° だけ折り曲げる。
(1) 内積 $\overrightarrow{OA}\cdot\overrightarrow{OD}$，$\overrightarrow{OB}\cdot\overrightarrow{OD}$ を求めよ。
(2) 線分 OA の中点を P，線分 BD を 2：1 に内分
する点をQとするとき，内積 $\overrightarrow{PQ}\cdot\overrightarrow{BC}$ を求めよ。

2章

発展学習

CHART & GUIDE

(1) ひし形の対角線は垂直に交わることに注意する。また，$\overrightarrow{OB}\cdot\overrightarrow{OD}$ について
は，内積の定義から求める。
(2) まず，$\overrightarrow{PQ}$ を $\overrightarrow{OA}$，$\overrightarrow{OB}$，$\overrightarrow{OD}$ を用いて表し，式変形により内積 $\overrightarrow{PQ}\cdot\overrightarrow{BC}$
を求める。

解答

(1) ∠AOD＝90° であるから　　$\overrightarrow{OA}\cdot\overrightarrow{OD}=0$

AB＝AC＝2 より，△ABC は 1 辺の長さが 2 の正三角形で
あるから　　$|\overrightarrow{OB}|=|\overrightarrow{OD}|=\sqrt{3}$

また　　∠BOD＝180°−60°＝120°

よって　　$\overrightarrow{OB}\cdot\overrightarrow{OD}=|\overrightarrow{OB}||\overrightarrow{OD}|\cos 120°$

$$=\sqrt{3}\times\sqrt{3}\times\left(-\frac{1}{2}\right)=-\frac{3}{2}$$

← $\overrightarrow{OA}\perp\overrightarrow{OD}$

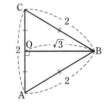

(2) $\overrightarrow{PQ}=\overrightarrow{OQ}-\overrightarrow{OP}=\dfrac{\overrightarrow{OB}+2\overrightarrow{OD}}{2+1}-\dfrac{1}{2}\overrightarrow{OA}$

$$=-\frac{1}{2}\overrightarrow{OA}+\frac{1}{3}\overrightarrow{OB}+\frac{2}{3}\overrightarrow{OD}$$

よって　$\overrightarrow{PQ}\cdot\overrightarrow{BC}=\left(-\dfrac{1}{2}\overrightarrow{OA}+\dfrac{1}{3}\overrightarrow{OB}+\dfrac{2}{3}\overrightarrow{OD}\right)\cdot(\overrightarrow{OC}-\overrightarrow{OB})$

$$=-\frac{1}{2}\overrightarrow{OA}\cdot\overrightarrow{OC}+\frac{1}{2}\overrightarrow{OA}\cdot\overrightarrow{OB}+\frac{1}{3}\overrightarrow{OB}\cdot\overrightarrow{OC}-\frac{1}{3}|\overrightarrow{OB}|^2$$

$$+\frac{2}{3}\overrightarrow{OC}\cdot\overrightarrow{OD}-\frac{2}{3}\overrightarrow{OB}\cdot\overrightarrow{OD}$$

$$=-\frac{1}{2}\times 1\cdot 1\cdot(-1)-\frac{1}{3}(\sqrt{3})^2-\frac{2}{3}\left(-\frac{3}{2}\right)=\frac{1}{2}$$

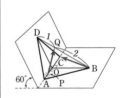

← $\overrightarrow{OA}\perp\overrightarrow{OB}$, $\overrightarrow{OB}\perp\overrightarrow{OC}$,
$\overrightarrow{OC}\perp\overrightarrow{OD}$ から
$\overrightarrow{OA}\cdot\overrightarrow{OB}=\overrightarrow{OB}\cdot\overrightarrow{OC}$
$=\overrightarrow{OC}\cdot\overrightarrow{OD}=0$

← $|\overrightarrow{OA}|=|\overrightarrow{OC}|=1$, $\overrightarrow{OA}$
と $\overrightarrow{OC}$ のなす角は 180°

TRAINING 60 ④

1 辺の長さが 1 である正四面体 OABC の辺 OA，BC の中点をそれぞれ M，N とする。
(1) 内積 $\overrightarrow{OC}\cdot\overrightarrow{MN}$ を求めよ。　　(2) $\overrightarrow{OC}$ と $\overrightarrow{MN}$ のなす角を求めよ。

発展
例題
61　平行四辺形であることの証明　　⏰⏰⏰⏰

四面体 ABCD において, 辺 AB, CB, CD, AD を $t:(1-t)$ $[0<t<1]$ に内分する点を, それぞれ P, Q, R, S とする。
(1)　四角形 PQRS は平行四辺形であることを示せ。
(2)　AC⊥BD のとき, 四角形 PQRS は長方形であることを示せ。

CHART
& GUIDE

四角形 PQRS が平行四辺形であることの証明
$$\overrightarrow{PS}=\overrightarrow{QR} \ を示す \ \cdots\cdots \ [!]$$

(1)　まず, $\overrightarrow{PS}$, $\overrightarrow{QR}$ をそれぞれ $\overrightarrow{AB}$, $\overrightarrow{AC}$, $\overrightarrow{AD}$ を用いて表す。
(2)　(1)で $\overrightarrow{PS}=\overrightarrow{QR}$ が示されているから, $\overrightarrow{PQ}\perp\overrightarrow{PS}$ すなわち $\overrightarrow{PQ}\cdot\overrightarrow{PS}=0$ を示す。
　　条件の AC⊥BD すなわち $\overrightarrow{AC}\cdot\overrightarrow{BD}=0$ を利用。

解答

(1)　$\overrightarrow{PS}=\overrightarrow{AS}-\overrightarrow{AP}=t\overrightarrow{AD}-t\overrightarrow{AB}$
　　　　$=t(\overrightarrow{AD}-\overrightarrow{AB})=t\overrightarrow{BD}$
　　$\overrightarrow{QR}=\overrightarrow{AR}-\overrightarrow{AQ}$
　　　　$=(1-t)\overrightarrow{AC}+t\overrightarrow{AD}$
　　　　　$-\{(1-t)\overrightarrow{AC}+t\overrightarrow{AB}\}$
　　　　$=t(\overrightarrow{AD}-\overrightarrow{AB})=t\overrightarrow{BD}$

[!]　　よって　　　$\overrightarrow{PS}=\overrightarrow{QR}$

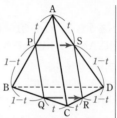

← $\overrightarrow{AP}=\dfrac{t}{t+(1-t)}\overrightarrow{AB}$
　　$=t\overrightarrow{AB}$
　$\overrightarrow{AR}$
　$=\dfrac{(1-t)\overrightarrow{AC}+t\overrightarrow{AD}}{t+(1-t)}$
　$=(1-t)\overrightarrow{AC}+t\overrightarrow{AD}$
　などと計算する。

　　4 点 P, Q, R, S は一直線上にないから, 四角形 PQRS は平行四辺形である。

← 1 組の対辺が平行で長さが等しい。

(2)　$\overrightarrow{PQ}=\overrightarrow{AQ}-\overrightarrow{AP}=\{(1-t)\overrightarrow{AC}+t\overrightarrow{AB}\}-t\overrightarrow{AB}=(1-t)\overrightarrow{AC}$
　　(1)から　　$\overrightarrow{PS}=t\overrightarrow{BD}$
　　AC⊥BD であるから　　$\overrightarrow{AC}\cdot\overrightarrow{BD}=0$
　　よって　　$\overrightarrow{PQ}\cdot\overrightarrow{PS}=(1-t)\overrightarrow{AC}\cdot t\overrightarrow{BD}=t(1-t)\overrightarrow{AC}\cdot\overrightarrow{BD}=0$
　　$\overrightarrow{PQ}\neq\vec{0}$, $\overrightarrow{PS}\neq\vec{0}$ であるから　　$\overrightarrow{PQ}\perp\overrightarrow{PS}$
　　すなわち　　PQ⊥PS
　　(1)より, 四角形 PQRS は平行四辺形であり, かつ PQ⊥PS であるから, 長方形である。

← 平行四辺形の隣り合う 2 辺が垂直ならば, 長方形となる。

TRAINING　**61**　④

四面体 OABC の辺 OA, OC の中点を, それぞれ L, M とし, 線分 ML, 辺 AB を 2:1 に内分する点を, それぞれ P, Q とする。また, 辺 OB を 2:1 に外分する点を N とし, 直線 BC と直線 MN の交点を R とする。
(1)　$\overrightarrow{OA}=\vec{a}$, $\overrightarrow{OB}=\vec{b}$, $\overrightarrow{OC}=\vec{c}$ とするとき, $\overrightarrow{OR}$ を $\vec{a}$, $\vec{b}$, $\vec{c}$ を用いて表せ。
(2)　四角形 PQRM は平行四辺形であることを証明せよ。

発展 例題 **62** 直線上にある点 ◔◔◔◔◔

原点 O と 2 点 A(2, 0, -2)，B(3, -1, 2) に対し，直線 AB 上の点 P が，$\overrightarrow{\text{AP}}=t\overrightarrow{\text{AB}}$ (t は実数) によって定められている。

(1) 点 P の座標を，t を用いて表せ。

(2) 点 P が xy 平面上にあるとき，点 P の座標を求めよ。

CHART & GUIDE

2 定点 A，B を通る直線上にある点 P

$\overrightarrow{\text{AP}}=t\overrightarrow{\text{AB}}$ (t は実数) とし，点 P の各座標を t の式に

(1) P(x, y, z) として，$\overrightarrow{\text{AP}}=t\overrightarrow{\text{AB}}$ を成分で表す。

(2) 点 P が xy 平面上にある ⟶ (点 P の z 座標)＝0

解答

(1) P(x, y, z) とすると

$\overrightarrow{\text{AP}}=(x-2,\ y,\ z+2)$，$\overrightarrow{\text{AB}}=(1,\ -1,\ 4)$

$\overrightarrow{\text{AP}}=t\overrightarrow{\text{AB}}$ であるから $(x-2,\ y,\ z+2)=t(1,\ -1,\ 4)$

よって $(x-2,\ y,\ z+2)=(t,\ -t,\ 4t)$

ゆえに $x-2=t,\ y=-t,\ z+2=4t$

よって $x=t+2,\ y=-t,\ z=4t-2$ …… ①

したがって，点 P の座標は **($t+2$, $-t$, $4t-2$)**

(2) 点 P が xy 平面上にあるとき $4t-2=0$

よって $t=\dfrac{1}{2}$ このとき $x=\dfrac{1}{2}+2=\dfrac{5}{2}$，$y=-\dfrac{1}{2}$

したがって，点 P の座標は $\left(\dfrac{5}{2},\ -\dfrac{1}{2},\ 0\right)$

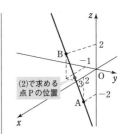

(2)で求める
点 P の位置

←① に $t=\dfrac{1}{2}$ を代入。

注意 (2)の点 P は，直線 AB と xy 平面の交点。

👆 *Lecture* **空間における直線のベクトル方程式** (*p.*111 も参照)

空間における直線のベクトル方程式は，平面の場合(*p.*55, 56)とまったく同じ形になる。

すなわち，直線上の任意の点を P($\vec{p}$)，t を媒介変数とすると

① **点 A($\vec{a}$) を通り，ベクトル $\vec{d}$ ($\neq\vec{0}$) に平行な直線のベクトル方程式は** $\vec{p}=\vec{a}+t\vec{d}$

② **2 点 A($\vec{a}$)，B($\vec{b}$) を通る直線のベクトル方程式は** $\vec{p}=(1-t)\vec{a}+t\vec{b}$ ←

$\overrightarrow{\text{AP}}=t\overrightarrow{\text{AB}}$ から
$\vec{p}-\vec{a}=t(\vec{b}-\vec{a})$
これより導かれる。

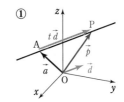

TRAINING 62 ④ ★

座標空間に 2 点 A$\left(\dfrac{1}{2},\ -\dfrac{3}{2},\ 1\right)$，B(2, 1, -3) がある。 〔早稲田大〕

(1) 直線 AB と yz 平面との交点 P の座標を求めよ。

(2) 原点 O から直線 AB に下ろした垂線を OH とするとき，H の座標を求めよ。

発展 例題 **63** 等距離にある点 ◔◔◔◔

3 点 O$(0, 0, 0)$, A$(1, 2, 1)$, B$(1, 4, -3)$ について
(1) 2 点 A, B から等距離にある z 軸上の点 P の座標を求めよ。
(2) 3 点 O, A, B から等距離にある, xy 平面上の点 Q の座標を求めよ。

CHART
& GUIDE

$$2 \text{ 点 A}(a_1, a_2, a_3), \text{ B}(b_1, b_2, b_3) \text{ 間の距離}$$
$$\text{AB}=\sqrt{(b_1-a_1)^2+(b_2-a_2)^2+(b_3-a_3)^2}$$

(1) z 軸上の点 ⟶ x 座標と y 座標が 0
(2) xy 平面上の点 ⟶ z 座標が 0

であることに着目すると (1) P$(0, 0, z)$, (2) Q$(x, y, 0)$ とおける ($p.75$ 参照)。
"等距離" という条件をもとに方程式を作り, z や x, y の値を求める。

解答

(1) 点 P は z 軸上にあるから, P$(0, 0, z)$ とおける。
AP=BP であるから AP^2=BP^2
ゆえに $(0-1)^2+(0-2)^2+(z-1)^2$
$\qquad\qquad = (0-1)^2+(0-4)^2+\{z-(-3)\}^{2(*)}$
よって $-2z+6=6z+26$
これを解いて $z=-\dfrac{5}{2}$
したがって, 点 P の座標は $\left(0, 0, -\dfrac{5}{2}\right)$

◀ $\sqrt{}$ が出てこないように両辺を 2 乗する。
$A \geqq 0$, $B \geqq 0$ のとき
$A=B \iff A^2=B^2$
(*) 展開すると両辺に z^2 が出てくるが, 整理すると z の 1 次方程式になる。

(2) 点 Q は xy 平面上にあるから, Q$(x, y, 0)$ とおける。
OQ=AQ であるから OQ^2=AQ^2
ゆえに $x^2+y^2+0^2=(x-1)^2+(y-2)^2+(0-1)^2$
よって $-2x-4y+6=0$
整理して $x+2y=3$ …… ①
また, OQ=BQ であるから OQ^2=BQ^2
ゆえに $x^2+y^2+0^2=(x-1)^2+(y-4)^2+\{0-(-3)\}^2$
よって $-2x-8y+26=0$
整理して $x+4y=13$ …… ②
①, ② を解いて $x=-7$, $y=5$
したがって, 点 Q の座標は $(-7, 5, 0)$

◀ OQ=AQ=BQ であるから
OQ=AQ, OQ=BQ

TRAINING 63 ④

次の点の座標を求めよ。
(1) 2 点 $(1, 2, 3)$, $(2, 3, 4)$ から等距離にある y 軸上の点
(2) 3 点 $(1, 2, 3)$, $(3, 2, -1)$, $(-1, 1, 2)$ から等距離にある zx 平面上の点

発展 例題 64 点と平面の距離

○○○○○

3点 A$(1, 0, 0)$，B$(0, 3, 0)$，C$(0, 0, 2)$ の定める平面 ABC に原点 O から垂線 OH を下ろす。このとき，点 H の座標と線分 OH の長さを求めよ。

CHART & GUIDE

点 P が平面 ABC 上にある
$$\Longleftrightarrow \overrightarrow{OP}=\bullet\overrightarrow{OA}+\blacktriangle\overrightarrow{OB}+\blacksquare\overrightarrow{OC},$$
$$\bullet+\blacktriangle+\blacksquare=1 \quad (係数の和が1)$$

1 $\overrightarrow{OH}=s\overrightarrow{OA}+t\overrightarrow{OB}+u\overrightarrow{OC}$，$s+t+u=1$ となる実数 s, t, u がある($p.94$ STEP UP！)。これを利用して $\overrightarrow{OH}$ を成分で表す。

2 $\overrightarrow{OH}\perp$(平面 ABC) のとき $\overrightarrow{OH}\perp\overrightarrow{AB}$，$\overrightarrow{OH}\perp\overrightarrow{AC}$ (数学A)
よって，$\overrightarrow{OH}\cdot\overrightarrow{AB}=0$，$\overrightarrow{OH}\cdot\overrightarrow{AC}=0$ から，s, t, u の方程式を(2つ)作る。

3 s, t, u の値を求め，$\overrightarrow{OH}$ の成分を決定する。

解答

点 H は平面 ABC 上にあるから
$$\overrightarrow{OH}=s\overrightarrow{OA}+t\overrightarrow{OB}+u\overrightarrow{OC}, \quad s+t+u=1 \quad \cdots\cdots ①$$
となる実数 s, t, u がある。
ゆえに
$$\overrightarrow{OH}=s(1, 0, 0)+t(0, 3, 0)+u(0, 0, 2)$$
$$=(s, 3t, 2u)$$
また，OH⊥(平面 ABC) であるから
$$\overrightarrow{OH}\perp\overrightarrow{AB}, \quad \overrightarrow{OH}\perp\overrightarrow{AC}$$
ここで，$\overrightarrow{AB}=(-1, 3, 0)$，
$\overrightarrow{AC}=(-1, 0, 2)$ であるから，
$\overrightarrow{OH}\cdot\overrightarrow{AB}=0$ より $-s+9t=0 \quad \cdots\cdots ②$
$\overrightarrow{OH}\cdot\overrightarrow{AC}=0$ より $-s+4u=0 \quad \cdots\cdots ③$
①～③ を解いて
$$s=\frac{36}{49}, \quad t=\frac{4}{49}, \quad u=\frac{9}{49}^{(*)}$$
よって，$\overrightarrow{OH}=\left(\dfrac{36}{49}, \dfrac{12}{49}, \dfrac{18}{49}\right)$ から $\quad$H$\left(\dfrac{36}{49}, \dfrac{12}{49}, \dfrac{18}{49}\right)$

また，$\overrightarrow{OH}=\dfrac{6}{49}(6, 2, 3)$ であるから，線分 OH の長さは

$$OH=|\overrightarrow{OH}|=\frac{6}{49}\sqrt{6^2+2^2+3^2}=\frac{6}{49}\times 7=\frac{6}{7}$$

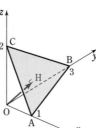

←OH は平面 ABC 上のすべての直線に垂直である。

$(*)$ ② から $t=\dfrac{s}{9}$

③ から $u=\dfrac{s}{4}$

① に代入すると
$s+\dfrac{s}{9}+\dfrac{s}{4}=1$

←$\vec{a}=k(a_1, a_2, a_3)$
(k は実数) のとき
$|\vec{a}|=|k|\sqrt{a_1{}^2+a_2{}^2+a_3{}^2}$

TRAINING 64 ⑤

3点 A$(2, 0, 0)$，B$(0, 1, 0)$，C$(0, 0, -2)$ の定める平面 ABC に原点 O から垂線 OH を下ろす。このとき，点 H の座標と線分 OH の長さを求めよ。

発展 例題 **65** 球面の方程式（一般形）　⟨!⟩⟨!⟩⟨!⟩⟨!⟩

(1) 球面 $x^2+y^2+z^2-4x-4y-2z+5=0$ の中心の座標と半径を求めよ。

(2) 4点 $(2, 0, 0)$, $(0, 2, 0)$, $(0, 0, 2)$, $(2, 2, 2)$ を通る球面の方程式を求めよ。

CHART & GUIDE

球面の方程式の一般形

$$x^2+y^2+z^2+Ax+By+Cz+D=0$$

(1) x, y, z について，それぞれ平方完成する。与えられた方程式を，球面の方程式の一般形，また p.98 の (*) の方程式の形を標準形とよぶことがある。

(2) 求める球面の方程式を $x^2+y^2+z^2+Ax+By+Cz+D=0$ として

点を通る ⟺ 点の座標が方程式を満たす

ことから，A, B, C, D を決定。

解答

(1) 与えられた方程式を変形すると

$(x^2-4x+4)-4+(y^2-4y+4)-4+(z^2-2z+1)-1+5=0$

すなわち $(x-2)^2+(y-2)^2+(z-1)^2=2^2$

したがって，**中心の座標は $(2, 2, 1)$，半径は 2**

◀ 標準形に変形。
$(x-a)^2+(y-b)^2$
$\qquad +(z-c)^2=r^2$
⟶ 中心 (a, b, c)
　　半径 r

(2) 求める球面の方程式を

$$x^2+y^2+z^2+Ax+By+Cz+D=0$$

とする。

通る4点の座標を代入すると，それぞれ

$4+2A+D=0$ ……… ①

$4+2B+D=0$ ……… ②

$4+2C+D=0$ ……… ③

$12+2(A+B+C)+D=0$ ……… ④

①+②+③ から　$12+2(A+B+C)+3D=0$ ……… ⑤

④-⑤ から　$D=0$

これと ①～③ から　$A=-2$, $B=-2$, $C=-2$

よって，求める球面の方程式は

$$x^2+y^2+z^2-2x-2y-2z=0$$

(2) 求めた球面の方程式は
$(x-1)^2+(y-1)^2$
$\qquad +(z-1)^2=3$
と変形できるから，
中心の座標は
$(1, 1, 1)$
半径は $\sqrt{3}$

TRAINING　65 ④

(1) 球面 $x^2+y^2+z^2-10x-4y+8z-4=0$ の中心の座標と半径を求めよ。

(2) 4点 $(0, 0, 4)$, $(2, 0, 0)$, $(0, -6, 0)$, $(2, -6, 4)$ を通る球面の方程式を求めよ。

STEP UP!

平面の方程式，空間におけるベクトル方程式

平面におけるベクトル方程式については，$p.55$，56 で学習しました。ここでは，平面の方程式，空間におけるベクトル方程式について考えてみましょう。

1 平面の方程式

$p.78$ の(参考)で触れたように，一直線上にない 3 点を通る平面は，ただ 1 つに定まる。これは 1 点 A と $\vec{0}$ でないベクトル $\vec{n}$ を用いて定めることもできる。

点 A を通り，$\vec{n}$ に垂直な直線は無数に考えられる。その無数の直線が，平面を作ると考えて，平面の方程式を導いてみよう。

点 $A(x_1,\ y_1,\ z_1)$ を通り，$\vec{0}$ でないベクトル $\vec{n}=(a,\ b,\ c)$ に垂直な平面上の点を $P(x,\ y,\ z)$ とする。

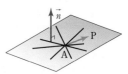

① A と P が一致しないとき，$\vec{n}\perp\overrightarrow{AP}$ から $\quad\vec{n}\cdot\overrightarrow{AP}=0$

$\overrightarrow{AP}=(x-x_1,\ y-y_1,\ z-z_1)$ であるから，$\vec{n}\cdot\overrightarrow{AP}=0$ より

$$a(x-x_1)+b(y-y_1)+c(z-z_1)=0 \quad\cdots\cdots (*)$$

A と P が一致するとき，$\overrightarrow{AP}=\vec{0}$ から $\vec{n}\cdot\overrightarrow{AP}=0$ が成り立ち，$(*)$ が成り立つ。

$(*)$ を，点 A を通り，$\vec{n}$ に垂直な **平面の方程式**，$\vec{n}$ をその平面の **法線ベクトル** という。

② ① の$(*)$を整理すると

$$ax+by+cz-ax_1-by_1-cz_1=0$$

$-ax_1-by_1-cz_1=d$ とおくと

$$ax+by+cz+d=0 \quad\longleftarrow -ax_1-by_1-cz_1\text{ は定数。}$$

これを **平面の方程式の一般形** とよぶことがある。

2 空間におけるベクトル方程式

点 A，B，P の位置ベクトルをそれぞれ $\vec{a}$，$\vec{b}$，$\vec{p}$ とする。また，t を実数とする。

① **直線のベクトル方程式**（平面の場合と同じである）

[1] 点Aを通り，ベクトル $\vec{d}$ に平行な直線

$$\vec{p}=\vec{a}+t\vec{d}$$

[2] 2 点 A，B を通る直線

$$\vec{p}=(1-t)\vec{a}+t\vec{b}$$

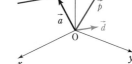

② **平面のベクトル方程式**

点 A を通り，ベクトル $\vec{n}$ に垂直な平面

$$\vec{n}\cdot(\vec{p}-\vec{a})=0 \quad\longleftarrow \vec{n}\cdot\overrightarrow{AP}=0$$

③ **球面のベクトル方程式**

点 C の位置ベクトルを $\vec{c}$ とする。中心が $C(\vec{c})$，半径が r の球面上の点Pは，$|\overrightarrow{CP}|=r$ を満たすことから $\quad|\vec{p}-\vec{c}|=r$

発展 例題 **66** 平面の方程式の決定 🕐🕐🕐🕐🕐

次の平面の方程式を求めよ。

(1) 点 A(2, 1, −5) を通り, $\vec{n}=(1, -2, 3)$ に垂直な平面

(2) 3 点 A(1, −1, 0), B(3, 1, 2), C(3, 3, 0) を通る平面

CHART & GUIDE

平面の方程式

[1] $\vec{n}\cdot\overrightarrow{\mathrm{AP}}=0$ を利用 (P は平面上の点)

[2] 一般形 $ax+by+cz+d=0$ を利用

(1) $\mathrm{P}(x, y, z)$ とする。$\vec{n}\perp\overrightarrow{\mathrm{AP}}$ から $\vec{n}\cdot\overrightarrow{\mathrm{AP}}=0$

(2) 平面 $ax+by+cz+d=0$ が, 3 点 A, B, C を通ると考えて, 3 点の座標をそれぞれ方程式に代入する。なお, $a=b=c=0$ のとき, この方程式は平面を表さないから, a, b, c の少なくとも 1 つは 0 ではないことに注意する。

解答

(1) 求める平面上の点を $\mathrm{P}(x, y, z)$ とすると $\vec{n}\cdot\overrightarrow{\mathrm{AP}}=0$
$\overrightarrow{\mathrm{AP}}=(x-2, y-1, z+5)$ であるから
$$1\times(x-2)+(-2)(y-1)+3(z+5)=0$$
よって, 求める平面の方程式は $\boldsymbol{x-2y+3z+15=0}$

◀直ちに p.111 の (∗) に代入してもよい。

(2) 求める平面の方程式を $ax+by+cz+d=0$ とする。
この平面が 3 点 A, B, C を通ることから
$$a-b+d=0 \quad \cdots\cdots ①$$
$$3a+b+2c+d=0 \quad \cdots\cdots ②$$
$$3a+3b+d=0 \quad \cdots\cdots ③$$
③−① から $2a+4b=0$ ゆえに $a=-2b$
③−② から $2b-2c=0$ ゆえに $c=b$
$a=-2b$ を ① に代入して $-3b+d=0$ ゆえに $d=3b$
よって, 平面の方程式は
$$-2bx+by+bz+3b=0 \quad \cdots\cdots ④$$
ここで, $a=b=c=0$ ではないから $b\neq0$
ゆえに, ④ の両辺を $-b$ で割って, 求める方程式は
$$\boldsymbol{2x-y-z-3=0}$$

◀x, y, z に, 順に
$x=1$, $y=-1$, $z=0$;
$x=3$, $y=1$, $z=2$;
$x=3$, $y=3$, $z=0$
を代入する。

(参考) $\overrightarrow{\mathrm{AB}}=(2, 2, 2)$,
$\overrightarrow{\mathrm{AC}}=(2, 4, 0)$
から, $\vec{n}=(a, b, c)$
$(\vec{n}\neq\vec{0})$ として
$\vec{n}\cdot\overrightarrow{\mathrm{AB}}=0$,
$\vec{n}\cdot\overrightarrow{\mathrm{AC}}=0$
を用いて進めてもよい。

TRAINING 66 ⑤

次の平面の方程式を求めよ。

(1) 点 A(4, 2, 2) を通り, $\vec{n}=(2, -3, 1)$ に垂直な平面

(2) 3 点 A(1, 0, −5), B(−1, 1, 2), C(2, 1, −4) を通る平面

EXERCISES

A **11**③ ベクトル $\vec{a}=(a_1,\ a_2,\ a_3)$, $\vec{b}=(b_1,\ b_2,\ b_3)$ において,$a_1 \neq 0$,$b_1 \neq 0$ であるとする。このとき,次のことが成り立つことを証明せよ。

$$\vec{a}/\!/\vec{b} \iff a_1 b_2 - a_2 b_1 = a_1 b_3 - a_3 b_1 = 0$$

≪ p.30, 76

12③ 空間に原点 O,および 2 点 A$(2,\ 1,\ -2)$,B$(3,\ 4,\ 0)$ が与えられている。ベクトル $\overrightarrow{OA}$ の大きさは ア□,ベクトル $\overrightarrow{OB}$ の大きさは イ□ である。また,2 つのベクトル $\overrightarrow{OA}$, $\overrightarrow{OB}$ の作る角を θ とするとき,$\cos\theta =$ ウ□ となり,三角形 AOB の面積は エ□ である。　〔慶応大〕 ≪ 標準例題 **47**

13③ ☆ 四面体 ABCD において,線分 BD を 3 : 1 に内分する点を E,線分 CE を 2 : 3 に内分する点を F,線分 AF を 1 : 2 に内分する点を G,直線 DG が 3 点 A,B,C を含む平面と交わる点を H とする。
(1) $\overrightarrow{AB}=\vec{b}$, $\overrightarrow{AC}=\vec{c}$, $\overrightarrow{AD}=\vec{d}$ とおくとき,$\overrightarrow{AF}$ を $\vec{b}$, $\vec{c}$, $\vec{d}$ を用いて表せ。
(2) $\overrightarrow{DH}$ を(1)の $\vec{b}$, $\vec{c}$, $\vec{d}$ を用いて表し,比 DG : GH を求めよ。
〔大分大〕 ≪ 標準例題 **52**

14④ 平行六面体 ABCD-EFGH において,辺 AE の中点を M とする。直線 MC と平面 BDE の交点を L とすると,点 L は △BDE の重心であることを証明せよ。 ≪ 標準例題 **52**, **54**

15③ 次のような球面の方程式を求めよ。
(1) 点 $(8,\ -2,\ 7)$ を中心として,平面 $z=1$ と接する球面
(2) 点 $(1,\ 1,\ 2)$ を通り,xy 平面,yz 平面,zx 平面に接する球面
(3) 中心が z 軸上にあり,2 点 $(1,\ -2,\ 3)$,$(2,\ 2,\ 2)$ を通る球面
≪ 基本例題 **56**

HINT
- **11** $a_1 \neq 0$,$b_1 \neq 0$ より $\vec{a} \neq \vec{0}$,$\vec{b} \neq \vec{0}$ であるから $\vec{a}/\!/\vec{b} \iff \vec{b}=k\vec{a}$ となる実数 k がある
- **14** △BDE の重心を N とする。$\overrightarrow{AL}$ を $\overrightarrow{AB}$,$\overrightarrow{AD}$,$\overrightarrow{AE}$ を用いて表し,$\overrightarrow{AL}=\overrightarrow{AN}$ となることを示す。
- **15** (1) 球面の中心と平面 $z=1$ との距離が半径に等しい。
  (2) 球面の半径を r とすると,中心の座標は $(r,\ r,\ r)$ と表される。
  (3) z 軸上の点の座標は $(0,\ 0,\ c)$ と表される。

EXERCISES

B **16**④ $\vec{a}=(3,\ 5,\ -8)$, $\vec{b}=(2,\ 4,\ -6)$ と実数 t に対し, $\vec{p}=(1-t)\vec{a}+t\vec{b}$ とする。 $|\vec{p}|$ が最小となるときの t の値と, そのときの $|\vec{p}|$ を求めよ。 ≪ **発展例題 59**

17④ ★ 座標空間において, 立方体 OABC-DEFG の頂点を

O$(0,\ 0,\ 0)$, A$(3,\ 0,\ 0)$, B$(3,\ 3,\ 0)$, C$(0,\ 3,\ 0)$,
D$(0,\ 0,\ 3)$, E$(3,\ 0,\ 3)$, F$(3,\ 3,\ 3)$, G$(0,\ 3,\ 3)$

とし, OD を $2:1$ に内分する点を K, OA を $1:2$ に内分する点を L とする。 BF 上の点 M, FG 上の点 N および K, L の 4 点は同じ平面上にあり, 四角形 KLMN は平行四辺形であるとする。

(1) 点 M, N の座標を求めよ。また, 四角形 KLMN の面積を求めよ。
(2) 四角形 KLMN を含む平面を α とし, 点 O を通り平面 α と垂直に交わる直線を ℓ, α と ℓ の交点を P とする。$|\overrightarrow{OP}|$ を求めよ。
(3) 三角錐 OLMN の体積を求めよ。 [類 センター試験] ≪ **発展例題 64**

18④ a を実数とする。座標空間内の中心 C, 半径 2 の球面 $x^2+y^2+z^2-2y-4z+a=0$ を S, 原点を O, 点 $(0,\ 0,\ 4)$ を A とする。また, 点 P は球面 S 全体を動くとする。

(1) $a={}^{ア}\boxed{}$ である。
(2) 線分 AP の長さの最大値は ${}^{イ}\boxed{}$ である。このとき, 直線 AP と xy 平面との交点の y 座標は ${}^{ウ}\boxed{}$ である。
(3) 3 点 O, P, C がこの順に一直線上にあるとき, 点 P の y 座標は ${}^{エ}\boxed{}$ である。 [関西学院大] ≪ **発展例題 65**

19④ 空間内に点 A$(3,\ 7,\ 5)$ と $\vec{a}=(1,\ 2,\ 2)$ がある。点 A を通り $\vec{a}$ に垂直な平面 α 上に点 P$(x,\ y,\ z)$ をとるとき, 次の問いに答えよ。

(1) $x,\ y,\ z$ の間に成り立つ関係式を求めよ。
(2) 原点 O から平面 α に垂線 OH を下ろすとき, 点 H の座標を求めよ。
(3) 平面 α と球面 $x^2+y^2+z^2=225$ が交わってできる円の半径を求めよ。

[東北学院大] ≪ **標準例題 57, 発展例題 66**

HINT

17 (1) 四角形 KLMN は平行四辺形であるから $\overrightarrow{LK}=\overrightarrow{MN}$
(2) P$(p,\ q,\ r)$ とすると $\overrightarrow{OP}\perp\overrightarrow{LK}$, $\overrightarrow{OP}\perp\overrightarrow{LM}$, $\overrightarrow{OP}\perp\overrightarrow{PL}$
19 $\overrightarrow{AP}\perp\vec{a}$ または $\overrightarrow{AP}=\vec{0}$ から $\overrightarrow{AP}\cdot\vec{a}=0$

数学C

複素数平面

3 章

レベル ………… 各例題の難易度を表す ⏱ の個数 (1~5 の 5 段階)。

★印 ………… 大学入学共通テストの準備・対策向き。

◉, ◎, ○印 … 各項目で重要度の高い例題につけた (◉, ◎, ○の順に重要度が高い)。
時間の余裕がない場合は, ◉, ◎, ○の例題を中心に勉強すると効果的である。
また, ◉の例題には, 解説動画がある。

13 複素数平面

 座標平面において，1つの点に1つの複素数を対応させることを考えてみましょう。

■ 複素数平面

複素数 $a+bi$ を座標平面上の点 (a, b) に対応させて考えると，すべての複素数がこの平面上の点で表される。

この座標平面を **複素数平面** または **複素平面** という。

複素数平面では，x 軸を **実軸**，y 軸を **虚軸** という。

複素数 z を表す複素数平面上の点Pを **P(z)** と書く。また，点 P(z) のことを **点 z** ということもある。例えば，点0とは原点Oのことである。

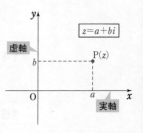

複素数 z と共役な複素数を $\bar{z}$ で表す。すなわち，$z=a+bi$ に対して，$\bar{z}=a-bi$ である。$\bar{z}$ を z の **共役複素数** ともいう。

注意 以後「複素数 $a+bi$, $x+yi$」などと書いた場合，a, b, x, y は実数，i は虚数単位を表すものとする。

点 z が実軸上にあれば，点 z と点 $\bar{z}$ は一致するから　　$\bar{z}=z$

点 z が虚軸上(原点Oは除く)にあれば，点 $\bar{z}$ は虚軸上にあり，かつ点 z と原点Oに関して対称になるから　　$\bar{z}=-z$

したがって，複素数 z について，次のことが成り立つ。

1　z **が実数** $\iff \bar{z}=z$

2　z **が純虚数** $\iff \bar{z}=-z$　　ただし，$z\neq0$

■ 複素数の絶対値

複素数 $z=a+bi$ に対して，点 z と原点 O との距離 $\sqrt{a^2+b^2}$ を，複素数 $z=a+bi$ の **絶対値** といい，$|z|$ で表す。

すなわち **複素数の絶対値は実数である。**

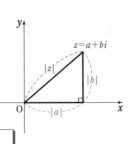

┌─ 複素数の絶対値 ───

$$|a+bi|=\sqrt{a^2+b^2}$$

(補足) $b=0$ のとき，$|a+bi|=\sqrt{a^2+b^2}$ は $|a|=\sqrt{a^2}$ となる。すなわち，z が実数のとき，$|z|$ は実数の絶対値と一致する。

■ 複素数の和，差の図示

2 つの複素数 $\alpha=a+bi$，$\beta=c+di$ の和は

$$\alpha+\beta=(a+c)+(b+d)i$$

複素数平面上に 3 点 $A(\alpha)$，$B(\beta)$，$C(\alpha+\beta)$ をとると，次のことがいえる（図 [1]）。

点 $C(\alpha+\beta)$ は，原点 O を点 $B(\beta)$ に移す平行移動によって点 $A(\alpha)$ が移る点である。

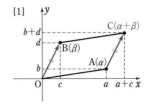

差については，$\alpha-\beta=\alpha+(-\beta)$ と考える。複素数平面上に 4 点 $A(\alpha)$，$B(\beta)$，$B'(-\beta)$，$D(\alpha-\beta)$ をとると，次のことがいえる（図 [2]）。

点 $D(\alpha-\beta)$ は，原点 O を点 $B'(-\beta)$ に移す平行移動，すなわち点 $B(\beta)$ を原点 O に移す平行移動によって点 $A(\alpha)$ が移る点である。

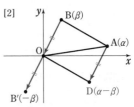

■ 複素数の実数倍

実数 k と複素数 $\alpha=a+bi$ について，$k\alpha=ka+kbi$ である。よって，右の図のように，$\alpha \neq 0$ のとき，点 $k\alpha$ は 2 点 0，α を通る直線 ℓ 上にある。

逆に，この直線 ℓ 上の点は，α の実数倍の複素数を表す。

よって，$\alpha \neq 0$ のとき，次のことが成り立つ。

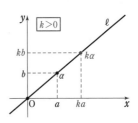

3 点 0，α，β が一直線上にある

$\Longleftrightarrow$ $\beta=k\alpha$ となる実数 k がある

$A(\alpha)$，$B(k\alpha)$ とすると，線分 OB の長さは線分 OA の長さの $|k|$ 倍である。すなわち，$OB=|k|OA$ である。

■ 共役複素数の性質

複素数 α, β について，次のことが成り立つ。

1	$\overline{\alpha+\beta}=\overline{\alpha}+\overline{\beta}$	2	$\overline{\alpha-\beta}=\overline{\alpha}-\overline{\beta}$
3	$\overline{\alpha\beta}=\overline{\alpha}\,\overline{\beta}$	4	$\overline{\left(\dfrac{\alpha}{\beta}\right)}=\dfrac{\overline{\alpha}}{\overline{\beta}}$

証明　$\alpha=a+bi$, $\beta=c+di$ (a, b, c, d は実数) とする。

1 　$\alpha+\beta=(a+bi)+(c+di)=(a+c)+(b+d)i$ であるから
$$\overline{\alpha+\beta}=(a+c)-(b+d)i$$
また，$\overline{\alpha}=a-bi$, $\overline{\beta}=c-di$ であるから
$$\overline{\alpha}+\overline{\beta}=(a-bi)+(c-di)=(a+c)-(b+d)i$$
よって　$\overline{\alpha+\beta}=\overline{\alpha}+\overline{\beta}$

2 　$\overline{(\alpha-\beta)+\beta}=\overline{\alpha-\beta}+\overline{\beta}$ であるから　$\overline{\alpha}=\overline{\alpha-\beta}+\overline{\beta}$　　← 1を利用した。
よって　$\overline{\alpha-\beta}=\overline{\alpha}-\overline{\beta}$

3 　$\alpha\beta=(a+bi)(c+di)=(ac-bd)+(ad+bc)i$ であるから　　← $(a+bi)(c+di)$
$$\overline{\alpha\beta}=(ac-bd)-(ad+bc)i$$
$\qquad\qquad\qquad\qquad\qquad\qquad\qquad\qquad\qquad\qquad\quad=ac+adi$
また，$\overline{\alpha}=a-bi$, $\overline{\beta}=c-di$ であるから　　$\qquad\qquad\qquad+bci+bdi^2$
$$\overline{\alpha}\,\overline{\beta}=(a-bi)(c-di)=(ac-bd)-(ad+bc)i \qquad =(ac-bd)$$
よって　$\overline{\alpha\beta}=\overline{\alpha}\,\overline{\beta}$　　$\qquad\qquad\qquad\qquad\qquad\qquad\qquad\qquad+(ad+bc)i$

4 　$\overline{\left(\dfrac{\alpha}{\beta}\right)\beta}=\overline{\left(\dfrac{\alpha}{\beta}\right)}\,\overline{\beta}$ であるから　　$\overline{\alpha}=\overline{\left(\dfrac{\alpha}{\beta}\right)}\,\overline{\beta}$　　← 3を利用した。

よって　$\overline{\left(\dfrac{\alpha}{\beta}\right)}=\dfrac{\overline{\alpha}}{\overline{\beta}}$

複素数 z とその共役複素数 $\overline{z}$ について，次のことが成り立つ。

1　$z+\overline{z}$ は実数である	2　$z\overline{z}=|z|^2$

証明　$z=a+bi$ (a, b は実数) とする。

1 　$\overline{z}=a-bi$ であるから　$z+\overline{z}=(a+bi)+(a-bi)=2a$
$2a$ は実数であるから $z+\overline{z}$ は実数である。

2 　$\overline{z}=a-bi$ であるから　$z\overline{z}=(a+bi)(a-bi)=a^2+b^2$　　← $(a+bi)(a-bi)$
また，$|z|=\sqrt{a^2+b^2}$ であるから　$|z|^2=a^2+b^2$　$\qquad\qquad =a^2-b^2i^2$
$\qquad\qquad\qquad\qquad\qquad\qquad\qquad\qquad\qquad\qquad\qquad\quad =a^2+b^2$
よって　$z\overline{z}=|z|^2$

実際の問題で，学習したことを使ってみましょう。

基本 例題 67 複素数と座標平面上の点

(1) 次の複素数を表す点を複素数平面上に図示せよ。
　(ア) $4+2i$ 　　　(イ) $-2-3i$ 　　　(ウ) 3
　(エ) -4 　　　(オ) $4i$ 　　　(カ) $-i$

(2) 次の座標平面上の点に対応する複素数を答えよ。
　(ア) $(5,\ -2)$ 　　　(イ) $(-1,\ 0)$ 　　　(ウ) $(0,\ 3)$

CHART & GUIDE

複素数 $a+bi$
$\Longleftrightarrow$ 座標平面上の点 $(a,\ b)$

解答

(1) (ア)～(カ)
　右の図のようになる。

(2) (ア) $\mathbf{5-2i}$
　(イ) $\mathbf{-1}$
　(ウ) $\mathbf{3i}$

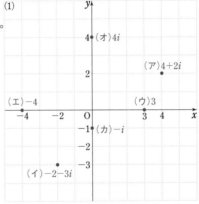

(1) (ウ) $3=3+0i$
　　$\longrightarrow (3,\ 0)$
　(オ) $4i=0+4i$
　　$\longrightarrow (0,\ 4)$

(2) (イ) $-1+0i=-1$
　(ウ) $0+3i=3i$

Lecture 複素数平面

「複素数平面」といっても，座標平面上の点が複素数に対応している，ということだけであって，その本質は普通の座標平面と同じである。特に，「虚軸」上の座標が虚数ではなく実数であるということに注意する。例えば，(1)(オ) $4i$ を図示した場合，座標平面上の点 $(0,\ 4)$ が複素数 $4i$ に対応しているから，虚軸上の座標(目盛り)は実数 4 である。また，点 $(a,\ b)$ を「複素数 $a+bi$ に対応する点」とか「点 $\mathrm{P}(a+bi)$」と表す代わりに，簡潔に「点 $a+bi$」と表すことがある。

なお，複素数平面を組織的に用いた数学者ガウスにちなんで，複素数平面を **ガウス平面** とよぶことがある。

TRAINING 67 ①

(1) 次の複素数を表す点を複素数平面上に図示せよ。
　(ア) $5-2i$ 　　　(イ) $-1+3i$ 　　　(ウ) -2
　(エ) 1 　　　(オ) $-3i$ 　　　(カ) $2i$

(2) 次の座標平面上の点に対応する複素数を答えよ。
　(ア) $(-3,\ 1)$ 　　　(イ) $(4,\ 0)$ 　　　(ウ) $(0,\ -2)$

基本 例題
68 共役複素数と複素数平面上の点

$\alpha=3+2i$ とする。複素数平面上で，点 α と実軸，原点，虚軸に関して対称な点を表す複素数をそれぞれ β，γ，δ とするとき，β，γ，δ を求めよ。
また，α，β，γ，δ で互いに共役であるものを答えよ。

CHART
& GUIDE
複素数 $a+bi \iff$ 座標平面上の点 $(a,\ b)$
座標平面上の点 $(a,\ b)$ と x 軸，原点，y 軸に関して対称な点の座標を，それぞれ考えればよい。

解答

複素数 α を表す点の座標は $(3,\ 2)$ である。
点 $(3,\ 2)$ と

x 軸に関して対称な点の座標は　$(3,\ -2)$
原点に関して対称な点の座標は　$(-3,\ -2)$
y 軸に関して対称な点の座標は　$(-3,\ 2)$

であるから，求める複素数は

$\beta=3-2i,\ \gamma=-3-2i,\ \delta=-3+2i$

また，互いに共役であるものは

α と β，γ と δ

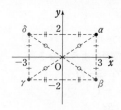

$\overline{3+2i}=3-2i$
$\overline{-3-2i}=-3+2i$

Lecture **共役複素数**

複素数 $z=a+bi$ に対して，

$\bar{z}=a-bi,\ -z=-a-bi,\ -\bar{z}=-a+bi$

である。複素数平面上で，z，$\bar{z}$，$-z$，$-\bar{z}$ を表す点を図示すると，次のことがいえる。

点 z と点 $\bar{z}$ は **実軸** に関して対称である。
点 z と点 $-z$ は **原点** に関して対称である。
点 z と点 $-\bar{z}$ は **虚軸** に関して対称である。

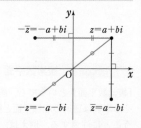

注意 $\bar{z}$ の共役複素数は z である。すなわち $\bar{\bar{z}}=z$ である。

TRAINING 68 ①

$\alpha=3-5i$ とする。点 α と実軸，原点，虚軸に関して対称な点を表す複素数をそれぞれ β，γ，δ とするとき，β，γ，δ を求めよ。また，α，β，γ，δ で互いに共役であるものを答えよ。

基本 例題 69 複素数の絶対値

(1) 次の複素数の絶対値を求めよ。

(ア) $4-3i$ (イ) $\dfrac{1}{2}+\dfrac{\sqrt{3}}{2}i$ (ウ) $4i$

(2) 複素数 z について，$|z|=|\bar{z}|$ であることを示せ。

CHART & GUIDE

複素数の絶対値

$$|a+bi|=\sqrt{a^2+b^2}$$

(2) $z=a+bi$ (a, b は実数)とおいて，両辺を計算する。

解答

(1) (ア) $|4-3i|=|4+(-3)i|=\sqrt{4^2+(-3)^2}=\sqrt{25}=\mathbf{5}$

(イ) $\left|\dfrac{1}{2}+\dfrac{\sqrt{3}}{2}i\right|=\sqrt{\left(\dfrac{1}{2}\right)^2+\left(\dfrac{\sqrt{3}}{2}\right)^2}=\sqrt{1}=\mathbf{1}$

(ウ) $|4i|=\sqrt{0^2+4^2}=\mathbf{4}$ ← $4i=0+4i$

(2) a, b を実数として，$z=a+bi$ とおくと

$$|z|=\sqrt{a^2+b^2}$$

また，$\bar{z}=a-bi$ であるから

$$|\bar{z}|=\sqrt{a^2+(-b)^2}=\sqrt{a^2+b^2}$$ ← $\bar{z}=a+(-b)i$

したがって，$|z|=|\bar{z}|$ である。

Lecture 共役な複素数の絶対値

(2)で示した $|z|=|\bar{z}|$ は，複素数平面上に図示して確認することもできる。

原点Oと点 $P(z)$，$Q(\bar{z})$ の位置関係より

$$\text{OP}=\text{OQ}$$

となるから，$|z|=|\bar{z}|$ である。

同様にして，原点Oと点 $R(-z)$，$S(-\bar{z})$ の位置関係より

$$\text{OP}=\text{OQ}=\text{OR}=\text{OS}$$

となるから，$|z|=|\bar{z}|=|-z|=|-\bar{z}|$ であることもわかる。

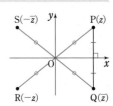

TRAINING 69 ①

(1) 次の複素数の絶対値を求めよ。

(ア) $3+4i$ (イ) $\sqrt{5}+2i$ (ウ) $-6i$

(2) 複素数 z について，$|z|=|-\bar{z}|$ であることを示せ。

基本 例題 **70** 複素数の和，差の図示

$z=4+2i$, $\alpha=1+3i$ とするとき，点 $P(z)$，$A(\alpha)$，$A'(-\alpha)$，$B(z+\alpha)$，$C(z-\alpha)$ を複素数平面上に図示せよ。

CHART & GUIDE

複素数の和，差

実部どうし・虚部どうしの和，差

または，下の Lecture 参照。

解答

$-\alpha=-1-3i$

$z+\alpha=5+5i$

$z-\alpha=3-i$

であるから，点 $P(z)$，$A(\alpha)$，$A'(-\alpha)$，$B(z+\alpha)$，$C(z-\alpha)$ は **右の図** のようになる。

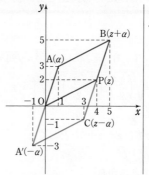

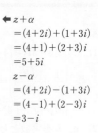

◀ $z+\alpha$
$=(4+2i)+(1+3i)$
$=(4+1)+(2+3)i$
$=5+5i$
$z-\alpha$
$=(4+2i)-(1+3i)$
$=(4-1)+(2-3)i$
$=3-i$

Lecture 複素数の和・差の図形的意味

解答の図を見るとわかるように，4 点 O, P, A, B は，平行四辺形 OPBA の頂点である。

このことは，

α を加える

⟺ 実軸方向に 1，虚軸方向に 3 だけ平行移動させる

と考えると理解できる（図 [1] 参照）。

差についても，

α を引く

⟺ 実軸方向に -1，虚軸方向に -3 だけ平行移動させる

と考えると，図 [2] のような平行四辺形が現れる。

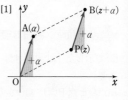

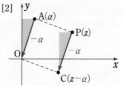

TRAINING 70 ①

$z=3+2i$, $\alpha=1-i$ とするとき，点 $P(z)$，$A(\alpha)$，$P'(-z)$，$B(z+\alpha)$，$C(z-\alpha)$ を複素数平面上に図示せよ。

基本 例題 **71** 2点間の距離，複素数の実数倍 〇〇

(1) 2点 A$(-1-i)$, B$\left(\dfrac{4}{1-i}\right)$ 間の距離を求めよ。

(2) $\alpha=2+3i$, $\beta=-6+xi$ とする。2点 A(α), B(β) と原点Oが一直線上にあるとき，実数 x の値を求めよ。

CHART & GUIDE

複素数平面上の2点間の距離，3点が共線

(1) 2点 A(α), B(β) 間の距離は AB$=|\beta-\alpha|$

(2) $\alpha\neq0$ のとき，次が成り立つことを利用する。

3点 0, α, β が一直線上にある $\Longleftrightarrow$ $\beta=k\alpha$ となる実数 k がある … $\boxed{!}$

解答

(1) 求める距離は

$$\text{AB}=\left|\dfrac{4}{1-i}-(-1-i)\right|=\left|\dfrac{4(1+i)}{(1-i)(1+i)}+(1+i)\right|$$

$$=\left|2(1+i)+(1+i)\right|$$

$$=|3+3i|=\sqrt{3^2+3^2}=3\sqrt{2}$$

← $(1-i)(1+i)=1-i^2$
$=1-(-1)=2$

$\boxed{!}$ (2) 3点 O, A(α), B(β) が一直線上にあることから，$\beta=k\alpha$ となる実数 k がある。

$-6+xi=k(2+3i)$ から $-6+xi=2k+3ki$

x, $2k$, $3k$ は実数であるから $-6=2k$, $x=3k$

よって $k=-3$

ゆえに $x=3\cdot(-3)=-9$

← a, b, c, d が実数のとき
$a+bi=c+di$
$\Longleftrightarrow a=c$, $b=d$

Lecture **2点間の距離**

複素数の差について，右の図のような位置関係を考えることにより，次のことがいえる。

2点 A(α), B(β) 間の距離は AB$=|\beta-\alpha|$

この公式は，α, β がともに実数の場合，数直線上の2点 A(a), B(b) 間の距離が AB$=|b-a|$ であること（数学Ⅱ）に対応する。

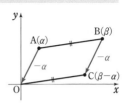

TRAINING 71 ②

(1) 次の2点間の距離を求めよ。

(ア) A$(3+2i)$, B$(6+i)$ (イ) C$\left(\dfrac{10}{1+2i}\right)$, D$(2+i)$

(2) $\alpha=x-2i$, $\beta=3-6i$ とする。2点 A(α), B(β) と原点Oが一直線上にあるとき，実数 x の値を求めよ。

STEP *into* ▶ ここで**解説**

複素数に関する図形的な意味(ベクトルとの関係)

数学Ⅱでは,複素数の相等と加法,減法,乗法,除法や共役な複素数の性質など の計算について学びました。
数学Cでは,複素数平面を導入することで,それらを図形的にとらえることがで きます。実は,複素数はベクトルとも密接な関係があるので,ここで紹介しまし ょう。

〈相等について〉

複素数平面で,複素数 $\alpha = a + bi$ を表す点 を $\mathrm{A}(\alpha)$ とする。いま,この平面上で,原点 Oに関する点Aの位置ベクトルを $\vec{p}$ とする。 このとき,複素数 α と位置ベクトル $\vec{p}$ は対 応している。2つの複素数 α, β について, $\mathrm{A}(\alpha)$, $\mathrm{B}(\beta)$ とし,$\overrightarrow{\mathrm{OA}} = \vec{p}$,$\overrightarrow{\mathrm{OB}} = \vec{q}$ とする と,複素数 α, β の相等はベクトル $\vec{p}$, $\vec{q}$ の 相等ととらえることができるから

$$\alpha = \beta \iff \vec{p} = \vec{q}$$

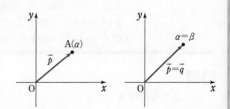

〈加法について〉

複素数 α, β の加法 $\alpha + \beta$ について,対応する位置ベクトルを考える。
$\alpha = a + bi$, $\beta = c + di$ とすると

$$\alpha + \beta = (a+c) + (b+d)i \quad \cdots\cdots ①$$

複素数平面上で,原点Oに関する2点 $\mathrm{A}(\alpha)$, $\mathrm{B}(\beta)$ の位置ベクトル をそれぞれ $\vec{p}$, $\vec{q}$ とすると

$$\vec{p} = (a, \ b), \quad \vec{q} = (c, \ d)$$

よって $\vec{p} + \vec{q} = (a+c, \ b+d) \quad \cdots\cdots ②$

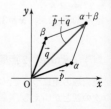

①,②から,複素数平面上で,原点Oに関する点 $\mathrm{C}(\alpha + \beta)$ の位 置ベクトルは $\vec{p} + \vec{q}$
ゆえに,$\alpha + \beta$ を複素数平面上で図示するときは,$\vec{p} + \vec{q}$ と同様に, 平行四辺形を用いればよい。

α, β の減法,実数倍についても,それぞれベクトルの差,実数倍が対応してい ます。図示についてもそれぞれベクトルと同じようにすればよいです。

>> 発展例題 90

基本 例題

72 共役複素数の性質の利用（1）

複素数 z に対して，$|z|=\sqrt{2}$ ならば $z+\dfrac{2}{z}$ は実数であることを示せ。

CHART & GUIDE

複素数 z が実数であることの証明
$$z \text{ が実数} \iff \bar{z}=z$$

[別解] $z+\dfrac{2}{z}=\alpha+\bar{\alpha}$ を示し，$\alpha+\bar{\alpha}$ が実数であることを利用する。

解答

$|z|=\sqrt{2}$ のとき，$|z|^2=2$ であるから

$$z\bar{z}=2 \quad \text{すなわち} \quad \bar{z}=\frac{2}{z}$$

← $|z|^2=z\bar{z}$

ここで $\overline{z+\dfrac{2}{z}}=\bar{z}+\overline{\left(\dfrac{2}{z}\right)}=\bar{z}+\dfrac{2}{\bar{z}}=\dfrac{2}{z}+z$

← $z\bar{z}=2$ から $\dfrac{2}{\bar{z}}=z$

よって，$\overline{z+\dfrac{2}{z}}=z+\dfrac{2}{z}$ であるから，$z+\dfrac{2}{z}$ は実数である。

[**別解**] $|z|=\sqrt{2}$ のとき，$|z|^2=2$ であるから

$$z\bar{z}=2 \quad \text{すなわち} \quad \bar{z}=\frac{2}{z}$$

よって $z+\dfrac{2}{z}=z+\bar{z}$

$z+\bar{z}$ は実数であるから，$z+\dfrac{2}{z}$ は実数である。

← $p.118$ 参照。

TRAINING 72 ②

複素数 z，α について，次が成り立つことを証明せよ。

(1) k が正の数のとき $|z|=k$ ならば $z+\dfrac{k^2}{z}$ は実数である。

(2) $z\bar{z}+\alpha\bar{z}+\bar{\alpha}z$ は実数である。

Let's Start

14 複素数の極形式

複素数平面を利用した複素数のもう1つの表し方を学んでいきましょう。

■ 極形式

0でない複素数 $z=a+bi$ を表す点をPとし，OP$=r$ とすると $\quad r=|z|=\sqrt{a^2+b^2}$

線分OPが実軸の正の部分となす角を θ とすると，
$a=r\cos\theta,\ b=r\sin\theta$（$\theta$ は弧度法）と表されるから

$$z=r(\cos\theta+i\sin\theta) \quad [r>0]$$

これを，複素数 z の **極形式** という。

また，θ を z の **偏角** といい，$\arg z$ で表す。すなわち $\theta=\arg z$ である。

（注意） 以下，複素数を極形式で表すとき，その複素数は0でないものとする。

複素数 z と $\bar{z}$ について，点 z と点 $\bar{z}$ は実軸に関して対称である。

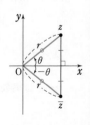

よって，複素数 z の偏角を θ とするとき，$\bar{z}$ の偏角の1つは，

$$\arg\bar{z}=-\theta$$

である。また，$|z|=|\bar{z}|$ であるから，z と $\bar{z}$ の極形式について，次のことがいえる。

$$z=r(\cos\theta+i\sin\theta) \text{ のとき} \quad \bar{z}=r\{\cos(-\theta)+i\sin(-\theta)\}$$

■ 極形式で表された複素数の積と商

極形式で表された複素数の積と商の計算には，三角関数の加法定理を用いる。

↩ Play Back

加法定理（数学Ⅱ）
$$\sin(\theta_1+\theta_2)=\sin\theta_1\cos\theta_2+\cos\theta_1\sin\theta_2$$
$$\cos(\theta_1+\theta_2)=\cos\theta_1\cos\theta_2-\sin\theta_1\sin\theta_2$$

0でない2つの複素数 $\alpha=r_1(\cos\theta_1+i\sin\theta_1)$ $[r_1>0]$, $\beta=r_2(\cos\theta_2+i\sin\theta_2)$ $[r_2>0]$ の積 $\alpha\beta$ を計算すると

$$\alpha\beta=r_1r_2(\cos\theta_1+i\sin\theta_1)(\cos\theta_2+i\sin\theta_2)$$
$$=r_1r_2\{(\cos\theta_1\cos\theta_2-\sin\theta_1\sin\theta_2)+i(\sin\theta_1\cos\theta_2+\cos\theta_1\sin\theta_2)\}$$
$$=r_1r_2\{\underline{\cos(\theta_1+\theta_2)}+i\underline{\sin(\theta_1+\theta_2)}\} \quad \longleftarrow \text{加法定理でまとめる}$$

商 $\dfrac{\alpha}{\beta}$ を計算すると

$$\dfrac{\alpha}{\beta} = \dfrac{r_1(\cos\theta_1 + i\sin\theta_1)}{r_2(\cos\theta_2 + i\sin\theta_2)}$$

$$= \dfrac{r_1}{r_2} \cdot \dfrac{(\cos\theta_1 + i\sin\theta_1)(\cos\theta_2 - i\sin\theta_2)}{(\cos\theta_2 + i\sin\theta_2)(\cos\theta_2 - i\sin\theta_2)}$$

$$= \dfrac{r_1}{r_2} \cdot \dfrac{(\cos\theta_1 + i\sin\theta_1)\{\cos(-\theta_2) + i\sin(-\theta_2)\}}{\cos^2\theta_2 + \sin^2\theta_2}$$ ◀分子の偏角は加える

◀分母は 1

$$= \dfrac{r_1}{r_2}\{\cos(\theta_1 - \theta_2) + i\sin(\theta_1 - \theta_2)\}$$ ◀$\theta_1 + (-\theta_2) = \theta_1 - \theta_2$

よって次のことが成り立つ。

3章
14
複素数の極形式

> $\alpha = r_1(\cos\theta_1 + i\sin\theta_1),\ \beta = r_2(\cos\theta_2 + i\sin\theta_2)$ のとき
> $$\alpha\beta = r_1 r_2\{\cos(\theta_1 + \theta_2) + i\sin(\theta_1 + \theta_2)\}$$
> $$\dfrac{\alpha}{\beta} = \dfrac{r_1}{r_2}\{\cos(\theta_1 - \theta_2) + i\sin(\theta_1 - \theta_2)\}$$

また，複素数の積と商の絶対値と偏角について，次のことが成り立つ。

> 1 $|\alpha\beta| = |\alpha||\beta|$ （絶対値は掛ける）
> $\arg\alpha\beta = \arg\alpha + \arg\beta$ （偏角は加える）
>
> 2 $\left|\dfrac{\alpha}{\beta}\right| = \dfrac{|\alpha|}{|\beta|}$ （絶対値は割る）
>
> $\arg\dfrac{\alpha}{\beta} = \arg\alpha - \arg\beta$ （偏角は引く）

注意 偏角についての等式では，2π の整数倍の違いを無視して考える。

■ 複素数の積と図形

$|\alpha z| = |\alpha||z|$，$\arg\alpha z = \arg\alpha + \arg z$ であるから，絶対値が 1 である複素数 $\alpha = \cos\theta + i\sin\theta$ と複素数 z との積 αz について，次のことがいえる。

> ▶原点を中心とする回転◀
>
> $\alpha = \cos\theta + i\sin\theta$ と z に対して，
> **点 αz は，点 z を原点を中心として θ だけ回転した点である。**

実際の問題で，極形式に慣れていきましょう。

基本 例題
73 複素数の極形式 ◆◆◆

次の複素数を極形式で表せ。ただし，偏角 θ の範囲は $0 \leqq \theta < 2\pi$ とする。
(1) $-1 + \sqrt{3}\,i$ (2) $5i$

CHART & GUIDE

複素数の極形式
複素数 $z = a + bi$ の極形式 $z = r(\cos\theta + i\sin\theta)$ $[r > 0]$
$z = a + bi$ の

絶対値 r は $r = \sqrt{a^2 + b^2}$ 偏角 θ は $\cos\theta = \dfrac{a}{r}$, $\sin\theta = \dfrac{b}{r}$

から求める。点 z [点 $(a,\ b)$] を図示すると偏角 θ を決めやすい。

解答

与えられた複素数の絶対値を r とおく。

(1) $r = \sqrt{(-1)^2 + (\sqrt{3}\,)^2} = 2$, $\cos\theta = -\dfrac{1}{2}$, $\sin\theta = \dfrac{\sqrt{3}}{2}$

$0 \leqq \theta < 2\pi$ では $\theta = \dfrac{2}{3}\pi$

よって $-1 + \sqrt{3}\,i = 2\left(\cos\dfrac{2}{3}\pi + i\sin\dfrac{2}{3}\pi\right)$

(2) $r = \sqrt{0^2 + 5^2} = 5$, $\cos\theta = 0$, $\sin\theta = 1$

$0 \leqq \theta < 2\pi$ では $\theta = \dfrac{\pi}{2}$

よって $5i = 5\left(\cos\dfrac{\pi}{2} + i\sin\dfrac{\pi}{2}\right)$

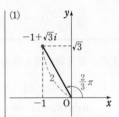
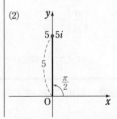

Lecture 偏角について

偏角 θ は，$0 \leqq \theta < 2\pi$ の範囲ではただ 1 通りに定まる。
これを θ_0 とすると，複素数 z の偏角は，一般に
$$\arg z = \theta_0 + 2n\pi \quad (n \text{ は整数})$$
と表される。
例えば，上の(1)では，$\arg(-1 + \sqrt{3}\,i) = \dfrac{2}{3}\pi + 2n\pi$ である。

なお，arg は偏角を意味する argument を略したものである。

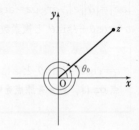

TRAINING 73 ②

次の複素数を極形式で表せ。ただし，偏角 θ の範囲は $0 \leqq \theta < 2\pi$ とする。

(1) $1 - \sqrt{3}\,i$ (2) $-\dfrac{1}{3} + \dfrac{1}{3}i$ (3) $-\sqrt{2} - \sqrt{6}\,i$ (4) $-3i$

基 例題
本 **74** 複素数の積と商 ⊕

$\alpha = 4\left(\cos\dfrac{5}{12}\pi + i\sin\dfrac{5}{12}\pi\right)$, $\beta = 2\left(\cos\dfrac{\pi}{4} + i\sin\dfrac{\pi}{4}\right)$ のとき, $\alpha\beta$, $\dfrac{\alpha}{\beta}$ を求めよ。

CHART & GUIDE

複素数の積と商

α, β が極形式で表されているとき

積 $\alpha\beta$ の絶対値は掛ける   偏角は加える

商 $\dfrac{\alpha}{\beta}$ の絶対値は割る   偏角は引く

3章
14
複素数の極形式

解答

$$\alpha\beta = 4\cdot 2\left\{\cos\left(\dfrac{5}{12}\pi + \dfrac{\pi}{4}\right) + i\sin\left(\dfrac{5}{12}\pi + \dfrac{\pi}{4}\right)\right\}$$
$$= 8\left(\cos\dfrac{2}{3}\pi + i\sin\dfrac{2}{3}\pi\right)$$
$$= -4 + 4\sqrt{3}\,i$$

$\Leftarrow \cos\dfrac{2}{3}\pi + i\sin\dfrac{2}{3}\pi$
$= -\dfrac{1}{2} + \dfrac{\sqrt{3}}{2}i$

$$\dfrac{\alpha}{\beta} = \dfrac{4}{2}\left\{\cos\left(\dfrac{5}{12}\pi - \dfrac{\pi}{4}\right) + i\sin\left(\dfrac{5}{12}\pi - \dfrac{\pi}{4}\right)\right\}$$
$$= 2\left(\cos\dfrac{\pi}{6} + i\sin\dfrac{\pi}{6}\right)$$
$$= \sqrt{3} + i$$

$\Leftarrow \cos\dfrac{\pi}{6} + i\sin\dfrac{\pi}{6}$
$= \dfrac{\sqrt{3}}{2} + \dfrac{1}{2}i$

TRAINING 74 ①

$\alpha = 2\left(\cos\dfrac{11}{12}\pi + i\sin\dfrac{11}{12}\pi\right)$, $\beta = 3\left(\cos\dfrac{\pi}{4} + i\sin\dfrac{\pi}{4}\right)$ のとき, $\alpha\beta$, $\dfrac{\alpha}{\beta}$ を求めよ。

基本 例題
75 複素数の積と図形

>>> 発展例題 92

(1) 点 $(-1+i)z$ は，点 z をどのように移動した点であるか。ただし，回転の角 θ の範囲は $0 \le \theta < 2\pi$ とする。

(2) $z = 4 + 2i$ とする。点 z を原点を中心として $\dfrac{\pi}{3}$ だけ回転した点を表す複素数 w を求めよ。

CHART & GUIDE

複素数平面上の点の回転

(1) $-1+i$ を極形式で表して，その図形的意味を考える。

(2) 原点を中心とする角 θ の回転 $\iff$ $\cos\theta + i\sin\theta$ を掛ける

解答

(1) $-1+i = \sqrt{2}\left(\cos\dfrac{3}{4}\pi + i\sin\dfrac{3}{4}\pi\right)$

よって，点 $(-1+i)z$ は，点 z を **原点を中心として $\dfrac{3}{4}\pi$ だけ回転し，原点からの距離を $\sqrt{2}$ 倍した点** である。

(2) $w = \left(\cos\dfrac{\pi}{3} + i\sin\dfrac{\pi}{3}\right)z = \left(\dfrac{1}{2} + \dfrac{\sqrt{3}}{2}i\right)(4+2i)$

$= (1+\sqrt{3}\,i)(2+i) = (2-\sqrt{3}\,) + (1+2\sqrt{3}\,)i$

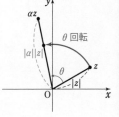

👆 **Lecture** 複素数の積の図形的意味

複素数の積については p.127 から $\alpha = r_1(\cos\theta_1 + i\sin\theta_1)$, $\beta = r_2(\cos\theta_2 + i\sin\theta_2)$ のとき

$\alpha\beta = r_1 r_2\{\cos(\theta_1+\theta_2) + i\sin(\theta_1+\theta_2)\}$

$|\alpha\beta| = |\alpha||\beta|$, $\quad \arg\alpha\beta = \arg\alpha + \arg\beta$

このことを根拠にして，複素数 z に複素数 α を掛けることの図形的意味を考える。α の偏角を θ とすると

$|\alpha z| = |\alpha||z|$, $\quad \arg\alpha z = \arg\alpha + \arg z = \arg z + \theta$

よって

z に α を掛ける

$\iff$

点 z を 原点を中心として角 θ だけ回転し，原点からの距離（絶対値）を $|\alpha|$ 倍する

TRAINING **75** ②

(1) 点 $(-\sqrt{6} - \sqrt{2}\,i)z$ は，点 z をどのように移動した点であるか。ただし，回転の角 θ の範囲は $-\pi < \theta \le \pi$ とする。

(2) $z = 2\sqrt{2} + \sqrt{2}\,i$ とする。点 z を原点を中心として $-\dfrac{\pi}{4}$ だけ回転した点を表す複素数 w を求めよ。

Let's Start

15 ド・モアブルの定理

ここでは，$(\cos\theta+i\sin\theta)^n$ の計算について学んでいきましょう。

■ ド・モアブルの定理

前ページの Lecture で学んだことから，点 1 に
$$\alpha=\cos\theta+i\sin\theta$$
を次々と掛けると，絶対値が 1 のまま偏角が θ ずつ増える。

◀ 絶対値が 1，
偏角が θ

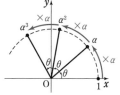

$\times\alpha$ …… 角 θ だけ回転
$\times\alpha^2$ …… 角 2θ だけ回転
$\times\alpha^3$ …… 角 3θ だけ回転

よって
$$(\cos\theta+i\sin\theta)^2=\cos 2\theta+i\sin 2\theta$$
$$(\cos\theta+i\sin\theta)^3=\cos 3\theta+i\sin 3\theta$$

◀ θ 回転 2 回 = 2θ 回転

◀ θ 回転 3 回 = 3θ 回転

となり，一般に，自然数 n に対し
$$(\cos\theta+i\sin\theta)^n=\cos n\theta+i\sin n\theta \quad\cdots\cdots ①$$
が成り立つ。

$z^0=1\ (z\neq 0)$ と定めると，等式 ① は $n=0$ の場合にも成り立つ。

また，m を自然数として，$z^{-m}=\dfrac{1}{z^m}$ と定めると

$$(\cos\theta+i\sin\theta)^{-m}=\frac{1}{(\cos\theta+i\sin\theta)^m}=\frac{\cos 0+i\sin 0}{\cos m\theta+i\sin m\theta}$$

◀ 分母は ① から。

$$=\cos(0-m\theta)+i\sin(0-m\theta)$$
$$=\cos(-m)\theta+i\sin(-m)\theta$$

◀ $p.127$ 参照。

であるから，等式 ① は n が負の整数 $-m$ のときにも成り立つ。
したがって，すべての整数 n に対して，次の **ド・モアブルの定理**
が成り立つ。

--- ド・モ ア ブ ル の 定 理 ---

$$(\cos\theta+i\sin\theta)^n=\cos n\theta+i\sin n\theta$$

基本 例題 **76** 複素数の累乗(1)   >>> 発展例題 89

次の式を計算せよ。

(1) $\left\{2\left(\cos\dfrac{\pi}{36}+i\sin\dfrac{\pi}{36}\right)\right\}^6$ (2) $(1+\sqrt{3}\,i)^8$

CHART & GUIDE

(複素数)^n

複素数の累乗 には ド・モアブル

$$(\cos\theta+i\sin\theta)^n=\cos n\theta+i\sin n\theta \quad (n \text{ は整数})$$

(2)は，まず $1+\sqrt{3}\,i$ を極形式で表す。

解答

(1) $\left\{2\left(\cos\dfrac{\pi}{36}+i\sin\dfrac{\pi}{36}\right)\right\}^6=2^6\left\{\cos\left(6\times\dfrac{\pi}{36}\right)+i\sin\left(6\times\dfrac{\pi}{36}\right)\right\}$

$=2^6\left(\cos\dfrac{\pi}{6}+i\sin\dfrac{\pi}{6}\right)=2^6\left(\dfrac{\sqrt{3}}{2}+\dfrac{1}{2}i\right)=\boldsymbol{32\sqrt{3}+32i}$

n 乗の絶対値は
　絶対値の n 乗
n 乗の偏角は
　偏角の n 倍

(2) $1+\sqrt{3}\,i$ を極形式で表すと

$$1+\sqrt{3}\,i=2\left(\dfrac{1}{2}+\dfrac{\sqrt{3}}{2}i\right)=2\left(\cos\dfrac{\pi}{3}+i\sin\dfrac{\pi}{3}\right)$$

したがって $(1+\sqrt{3}\,i)^8=\left\{2\left(\cos\dfrac{\pi}{3}+i\sin\dfrac{\pi}{3}\right)\right\}^8$

$=2^8\left\{\cos\left(8\times\dfrac{\pi}{3}\right)+i\sin\left(8\times\dfrac{\pi}{3}\right)\right\}$

$=2^8\left(\cos\dfrac{8}{3}\pi+i\sin\dfrac{8}{3}\pi\right)=2^8\left(\cos\dfrac{2}{3}\pi+i\sin\dfrac{2}{3}\pi\right)$

$=2^8\left(-\dfrac{1}{2}+\dfrac{\sqrt{3}}{2}i\right)=\boldsymbol{-128+128\sqrt{3}\,i}$

(2)

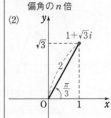

◀ $\dfrac{8}{3}\pi=\dfrac{2}{3}\pi+2\pi$

✋ **Lecture** 複素数の累乗の計算

複素数の積の計算は極形式による方が簡単になる場合がある。特に，累乗の計算には，ド・モアブルの定理が威力を発揮する。

したがって，(2)のように極形式で表されていない場合には，まず，複素数の絶対値と偏角を求めて，極形式で表す。そして，ド・モアブルの定理を適用して，複素数の累乗を計算する。

TRAINING **76** ②

次の式を計算せよ。

(1) $\left(\cos\dfrac{\pi}{60}+i\sin\dfrac{\pi}{60}\right)^{20}$ (2) $(\sqrt{3}+i)^{-12}$ (3) $(1+i)^{17}$

標準 例題 **77** z^n が実数・純虚数になる n の最小値 《《 基本例題 **76** ◑◑◑◑

$z=1+i$ とする。
(1) z^n が実数となる最小の自然数 n の値を求めよ。
(2) z^n が純虚数となる最小の自然数 n の値を求めよ。

CHART & GUIDE

（複素数）^{n}

複素数の累乗　には　ド・モアブル

$$(\cos\theta+i\sin\theta)^n=\cos n\theta+i\sin n\theta \quad (n\text{ は整数})$$

まず，z を極形式で表す。そして，ド・モアブルの定理を用いて z^n を極形式で表す。
$z^n=a+bi$ とすると
(1) z^n が実数 $\iff$ （虚部）$=0$ ⟵ $a=a+0i$
(2) z^n が純虚数 $\iff$ （実部）$=0$ かつ（虚部）$\neq0$ ⟵ $bi=0+bi,\ b\neq0$

3章 **15**
ド・モアブルの定理

解答

$z=1+i$ を極形式で表すと

$$z=\sqrt{2}\left(\cos\frac{\pi}{4}+i\sin\frac{\pi}{4}\right)$$

よって　$z^n=(\sqrt{2})^n\left(\cos\frac{n\pi}{4}+i\sin\frac{n\pi}{4}\right)$

n 乗の絶対値は
　絶対値の n 乗
n 乗の偏角は
　偏角の n 倍

(1) $(\sqrt{2})^n\ (\neq0)$, $\cos\frac{n\pi}{4}$, $\sin\frac{n\pi}{4}$ は実数であるから，z^n

が実数となるのは，$\sin\frac{n\pi}{4}=0$ のときである。

ゆえに　$\frac{n\pi}{4}=k\pi$ （k は整数）

すなわち　$n=4k$ （k は整数）
したがって，最小の自然数 n は $k=1$ のときで　**$n=4$**

⟵ $\sin\theta=0$
$\iff \theta=k\pi$
（k は整数）

(2) z^n が純虚数となるのは，$\cos\frac{n\pi}{4}=0$ のときである。

ゆえに　$\frac{n\pi}{4}=l\pi+\frac{\pi}{2}$ （l は整数）

すなわち　$n=4l+2$ （l は整数）
したがって，最小の自然数 n は $l=0$ のときで　**$n=2$**

⟵ このとき $\sin\frac{n\pi}{4}\neq0$

⟵ $\cos\theta=0$
$\iff \theta=l\pi+\frac{\pi}{2}$
（l は整数）

TRAINING 77 ③

$z=\sqrt{3}+i$ とする。
(1) z^n が実数となる最小の自然数 n の値を求めよ。
(2) z^n が純虚数となる最小の自然数 n の値を求めよ。

基本 例題
78 1の6乗根 ◑◑

方程式 $z^6=1$ を解け。

解説動画へGO!!

CHART & GUIDE

方程式 $z^n=1$ の解法
z，1を極形式で表してド・モアブル活用

$|z|^6=1$ であるから $|z|=1$ よって，$z=\cos\theta+i\sin\theta$ と表される。
$z^6=1$ の両辺を極形式で表し，偏角を比較する。…… $!$

解答

$z^6=1$ のとき $|z^6|=1$ から $|z|^6=1$

$|z|>0$ であるから $|z|=1$

よって，$z=\cos\theta+i\sin\theta$ とおくことができ，ド・モアブルの
定理を用いると，方程式は次のように表される。
$$\cos 6\theta+i\sin 6\theta=\cos 0+i\sin 0$$

$!$ 両辺の偏角を比較すると

$$6\theta=0+2k\pi \ (k \text{ は整数}) \quad \text{すなわち} \quad \theta=\frac{k\pi}{3}$$

$0\le\theta<2\pi$ の範囲では，$k=0,\ 1,\ 2,\ 3,\ 4,\ 5$ であるから，求
める解は $z_k=\cos\dfrac{k\pi}{3}+i\sin\dfrac{k\pi}{3}$ $(k=0,\ 1,\ 2,\ 3,\ 4,\ 5)$
すなわち

$$z=1,\ \frac{1}{2}+\frac{\sqrt{3}}{2}i,\ -\frac{1}{2}+\frac{\sqrt{3}}{2}i,$$
$$-1,\ -\frac{1}{2}-\frac{\sqrt{3}}{2}i,\ \frac{1}{2}-\frac{\sqrt{3}}{2}i$$

← $|z|^6-1$
$=(|z|-1)$
$\times(|z|^5+|z|^4+\cdots+|z|+1)$

← $1=\cos 0+i\sin 0$

← $z_0 \sim z_5$ は単位円の周上
にあり，すべて異なる。
また，正六角形の頂点に
なっている。

👆 **Lecture** **1のn乗根**

複素数 α と正の整数 n に対して，方程式 $z^n=\alpha$ の解を，α の **n乗根** という。
0でない複素数の n 乗根が n 個あることが知られている。
上の例題で求めた6個の解は，1の6乗根である。一般に，1のn乗根は次の式で与えられる。

$$z_k=\cos\frac{2k\pi}{n}+i\sin\frac{2k\pi}{n} \ (k=0,\ 1,\ 2,\ \cdots,\ n-1)$$

└ 点 $z_0,\ z_1,\ \cdots,\ z_{n-1}$ は単位円周上にあり，円周をn等分する点である。

TRAINING 78 ②
方程式 $z^8=1$ を解け。

標準 例題 **79** 方程式 $z^n=\alpha$ ($\alpha \neq 1$) の解 ◔◔◔

方程式 $z^4=-8+8\sqrt{3}\,i$ を解け。

CHART & GUIDE

方程式 $z^n=\alpha$ の解法

z, α を極形式で表してド・モアブル活用

$z=r(\cos\theta+i\sin\theta)$ とおいて，両辺を極形式で表し，両辺の絶対値と偏角をそれぞれ比較する。…… !

解答

z の極形式を　　　$z=r(\cos\theta+i\sin\theta)$　……①

とすると　　　$z^4=r^4(\cos4\theta+i\sin4\theta)$

また　　　$-8+8\sqrt{3}\,i=16\left(\cos\dfrac{2}{3}\pi+i\sin\dfrac{2}{3}\pi\right)$

よって　　$r^4(\cos4\theta+i\sin4\theta)=16\left(\cos\dfrac{2}{3}\pi+i\sin\dfrac{2}{3}\pi\right)$

! 両辺の絶対値と偏角を比較すると

$$r^4=16,\quad 4\theta=\dfrac{2}{3}\pi+2k\pi\quad(k\text{ は整数})$$

$r>0$ であるから　　$r=2$　　　……②

また　　　　　　　$\theta=\dfrac{\pi}{6}+\dfrac{k\pi}{2}$

$0\leqq\theta<2\pi$ の範囲では，$k=0$, 1, 2, 3 であるから

$$\theta=\dfrac{\pi}{6},\ \dfrac{2}{3}\pi,\ \dfrac{7}{6}\pi,\ \dfrac{5}{3}\pi\ \ ……③$$

②，③ を ① に代入して，求める解は

$$z=\sqrt{3}+i,\ -1+\sqrt{3}\,i,\ -\sqrt{3}-i,\ 1-\sqrt{3}\,i$$

ド・モアブルの定理
$\{r(\cos\theta+i\sin\theta)\}^n=$
$r^n(\cos n\theta+i\sin n\theta)$

◆ $-8+8\sqrt{3}\,i$
$=16\left(-\dfrac{1}{2}+\dfrac{\sqrt{3}}{2}i\right)$

$k=0$, 1, 2, 3 としたときの z を，それぞれ z_0, z_1, z_2, z_3 とすると

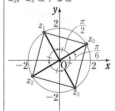

3章
15

ド・モアブルの定理

Lecture 　**複素数 α ($\alpha\neq1$) の n 乗根**

一般に，方程式 $z^n=r(\cos\theta+i\sin\theta)$ $[r>0]$ の解は，上の解答のように考えると

$$z=r^{\frac{1}{n}}\left\{\cos\left(\dfrac{\theta}{n}+\dfrac{2k\pi}{n}\right)+i\sin\left(\dfrac{\theta}{n}+\dfrac{2k\pi}{n}\right)\right\}\quad(k=0,\ 1,\ 2,\ ……,\ n-1)$$

で表される。これらを表す点は

　　　　　原点を中心とする，半径 $r^{\frac{1}{n}}$ の円周の n 等分点

になっている。

TRAINING 79 ③ ★

次の方程式を解け。

(1) $z^2=2+2\sqrt{3}\,i$ 　　　　　　　　　　(2) $z^3=-8i$

STEP *into* ここで**整理**

複素数平面，極形式，ド・モアブルの定理

ここまで，複素数平面，極形式，ド・モアブルの定理を学んできました。
ここで，学習したことを整理しておきましょう。

●複素数平面上での複素数●

複素数 $z=a+bi$ (a, b は実数), α, β に対して

絶対値 $|z|=\sqrt{a^2+b^2}$

性質 $|z|\geqq 0$, $|z|^2=z\bar{z}$

$|z|=|\bar{z}|=|-z|=|-\bar{z}|$

共役複素数 $z=a+bi$ に対して $\bar{z}=a-bi$

性質 $\overline{\alpha+\beta}=\bar{\alpha}+\bar{\beta}$, $\overline{\alpha-\beta}=\bar{\alpha}-\bar{\beta}$,

$\overline{\alpha\beta}=\bar{\alpha}\bar{\beta}$, $\overline{\left(\dfrac{\alpha}{\beta}\right)}=\dfrac{\bar{\alpha}}{\bar{\beta}}$

$z+\bar{z}$ は実数である。

z が実数 $\Longleftrightarrow$ $\bar{z}=z$

z が純虚数 $\Longleftrightarrow$ $\bar{z}=-z$ ただし $z\neq 0$

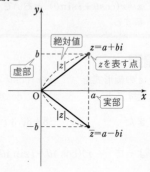

●複素数の極形式●

極形式 $z=r(\cos\theta+i\sin\theta)$

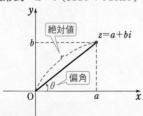

絶対値 $r=|z|$

偏角 $\theta=\arg z$

積の極形式

絶対値は 掛ける

偏角は 加える

商の極形式

絶対値は 割る

偏角は 引く

●ド・モアブルの定理●

n が整数のとき

$(\cos\theta+i\sin\theta)^n=\cos n\theta+i\sin n\theta$

$z=r(\cos\theta+i\sin\theta)$

$\Longrightarrow z^n=r^n(\cos n\theta+i\sin n\theta)$

$|z^n|=|z|^n$

$\arg z^n=n\theta+2k\pi$ (k は整数)

$z^n=1$ の解（1 の n 乗根）

$z_k=\cos\dfrac{2k\pi}{n}+i\sin\dfrac{2k\pi}{n}=z_1{}^k$

($k=0$, 1, 2, $\cdots\cdots$, $n-1$)

z_k を表す点は，$n\geqq 3$ の場合，点 1 を
1 つの頂点として，単位円に内接する
正 n 角形の各頂点である。

Let's Start

16 複素数と図形

座標平面を複素数平面とみなしたとき，平面上の点は複素数に対応しました。そして，複素数の間のいろいろな計算は，平面上で図示することができました。このことから，平面図形に関する問題のうち，あるものは複素数の性質や計算を用いることによって，より簡単に，わかりやすく解くことができます。

平面図形の問題に複素数を利用する際の基本となる事柄をここにまとめておきましょう。

■ 線分の内分点・外分点

$\alpha=x_1+y_1 i$，$\beta=x_2+y_2 i$，$z=x+yi$ とし，A(α)，B(β) を結ぶ線分 AB を $m:n$ に内分する点を P(z) とすると

$$(x-x_1):(x_2-x)=(y-y_1):(y_2-y)=m:n$$

よって $\qquad x=\dfrac{nx_1+mx_2}{m+n}$，$y=\dfrac{ny_1+my_2}{m+n}$

ゆえに $\qquad z=x+yi$

$$=\frac{nx_1+mx_2}{m+n}+\frac{ny_1+my_2}{m+n}i$$

$$=\frac{n(x_1+y_1 i)+m(x_2+y_2 i)}{m+n}$$

$$=\frac{n\alpha+m\beta}{m+n}$$

また，外分の場合も同様に考えることができる。

よって，次のことが成り立つ。

2点 A(α)，B(β) を結ぶ線分 AB を $m:n$ に内分する点を C(γ)，$m:n$ に外分する点を D(δ) とすると

$$内分点 \quad \gamma=\frac{n\alpha+m\beta}{m+n} \qquad 外分点 \quad \delta=\frac{-n\alpha+m\beta}{m-n}$$

特に，線分 AB の中点を表す複素数は $\qquad \dfrac{\alpha+\beta}{2}$

例 題
80 内分点・外分点などを表す複素数

3 点 A$(1+4i)$, B$(-2+i)$, C$(3-2i)$ について, 次の点を表す複素数を求めよ。
(1) 線分 AB を $3:2$ に内分する点D
(2) 線分 BC を $3:2$ に外分する点E
(3) 線分 CA の中点F
(4) △DEF の重心G

CHART & GUIDE

内分点・外分点・中点・重心

A(α), B(β), C(γ) に対し

線分 AB を $m:n$ に内分・外分する点を表す複素数は

内分点 $\longrightarrow \dfrac{n\alpha+m\beta}{m+n}$　　外分点 $\longrightarrow \dfrac{-n\alpha+m\beta}{m-n}$

線分 AB の中点 $\longrightarrow \dfrac{\alpha+\beta}{2}$　　△ABC の重心 $\longrightarrow \dfrac{\alpha+\beta+\gamma}{3}$

解答

(1) $\dfrac{2(1+4i)+3(-2+i)}{3+2}=\dfrac{-4+11i}{5}=-\dfrac{4}{5}+\dfrac{11}{5}i$

(2) $\dfrac{-2(-2+i)+3(3-2i)}{3-2}=13-8i$

(3) $\dfrac{(3-2i)+(1+4i)}{2}=\dfrac{4+2i}{2}=2+i$

(4) $\dfrac{\left(-\dfrac{4}{5}+\dfrac{11}{5}i\right)+(13-8i)+(2+i)}{3}=\dfrac{71-24i}{15}$
$=\dfrac{71}{15}-\dfrac{8}{5}i$

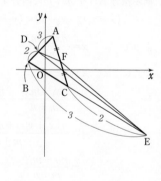

TRAINING 80 ①

3 点 A$(6-3i)$, B$(1+7i)$, C$(-2+i)$ について, 次の点を表す複素数を求めよ。
(1) 線分 AB を $2:3$ に内分する点D
(2) 線分 BC を $2:3$ に外分する点E
(3) 線分 CA の中点F
(4) △DEF の重心G

基本 81 方程式の表す図形(1)

複素数平面上で,次の方程式を満たす点 z 全体はどのような図形を表すか。

(1) $|z-1-i|=\sqrt{2}$　　　　　(2) $|z-2i|=|z-4|$

CHART & GUIDE

方程式の表す図形
等式のもつ図形的意味を読み取る

(1) 定点からの距離が一定　　(2) 2定点からの距離が同じ

解答

(1) $|z-(1+i)|=\sqrt{2}$ より,点 z と定
点 $1+i$ の距離が一定値 $\sqrt{2}$ に等しい
から,方程式を満たす点 z 全体は
点 $1+i$ を中心とする半径 $\sqrt{2}$ の円
を表す。

(1)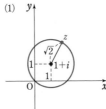

◆ A($1+i$), P(z) とする
と,$|z-1-i|=\sqrt{2}$ か
ら AP$=\sqrt{2}$

(2) $|z-2i|=|z-4|$ から,点 z は 2 定
点 $2i$,4 から等距離にある。
よって,方程式を満たす点 z 全体は
2 点 $2i$,4 を結ぶ線分の垂直二等分線
を表す。

(2)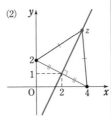

◆ B($2i$), C(4), P(z) と
すると,
$|z-2i|=|z-4|$ から
BP$=$CP

✋ Lecture　方程式の表す図形

複素数平面上で,絶対値 $|z-\alpha|$ は 2 点 α, z 間の距離を表すから

1　方程式 $|z-\alpha|=r\ (>0)$ を満たす点 z 全体は,点 α を中心とする半径 r の円 である。

2　方程式 $|z-\alpha|=|z-\beta|\ (\alpha \neq \beta)$ を満たす点 z 全体は,2 点 α, β を結ぶ線分の垂直二等分
線 である。

注意 以後,特に断りがなくても,図形は複素数平面上で考えるものとする。

TRAINING 81 ①

次の方程式を満たす点 z 全体はどのような図形を表すか。

(1) $|2z-1+2i|=6$　　　　　(2) $|z+3i|=|z+1|$

標準 例題 <<< 基本例題 81

82 方程式の表す図形 (2)

方程式 $|z+2|=2|z-1|$ を満たす点 z 全体はどのような図形を表すか。

CHART & GUIDE

方程式の表す図形

[1] 等式のもつ図形的意味をとらえる

[2] 等式を変形して既習の方程式を導く

ここでは，共役複素数の性質を使って，[2] の方針で解く。

解答

方程式の両辺を 2 乗すると　$|z+2|^2=4|z-1|^2$

ゆえに　$(z+2)\overline{(z+2)}=4(z-1)\overline{(z-1)}$

よって　$(z+2)(\overline{z}+2)=4(z-1)(\overline{z}-1)$

両辺を展開して整理すると　$z\overline{z}-2(z+\overline{z})=0$

$z\overline{z}-2(z+\overline{z})+4=4$ から　$(z-2)(\overline{z}-2)=4$

すなわち　$(z-2)\overline{(z-2)}=4$

ゆえに　$|z-2|^2=2^2$　　よって　$|z-2|=2$

これは，**点 2 を中心とする半径 2 の円** を表す。

[別解]　$z=x+yi$ (x, y は実数) とおくと，

$|x+yi+2|=2|x+yi-1|$ から

$|(x+2)+yi|^2=4|(x-1)+yi|^2$

ゆえに　$(x+2)^2+y^2=4\{(x-1)^2+y^2\}$

整理して　$(x-2)^2+y^2=2^2$

これは，中心 (2, 0)，半径 2 の円を表す。すなわち，点 z 全体は，**点 2 を中心とする半径 2 の円** を表す。

共役複素数の性質
$z\overline{z}=|z|^2$
$\overline{\alpha+\beta}=\overline{\alpha}+\overline{\beta}$
$\overline{\alpha-\beta}=\overline{\alpha}-\overline{\beta}$

⬅ $\overline{z}-2=\overline{z-2}$

⬅ $|a+bi|=\sqrt{a^2+b^2}$

⬅ $x^2+4x+4+y^2$
$=4x^2-8x+4+4y^2$
よって $x^2-4x+y^2=0$

Lecture アポロニウスの円

A(−2)，B(1)，P(z) とすると，与えられた等式は

AP=2BP　　ゆえに　　AP : BP=2 : 1　(一定)

したがって，点 P(z) 全体は 2 定点 A，B からの距離の比が 2 : 1 である点の軌跡である。線分 AB を 2 : 1 に内分する点C は点 0，外分する点D は点 4 であるから，点 P(z) 全体は，**点 0 と点 4 を直径の両端とする円** を表す。

(このような円を **アポロニウスの円** という [数学 II 参照]。)

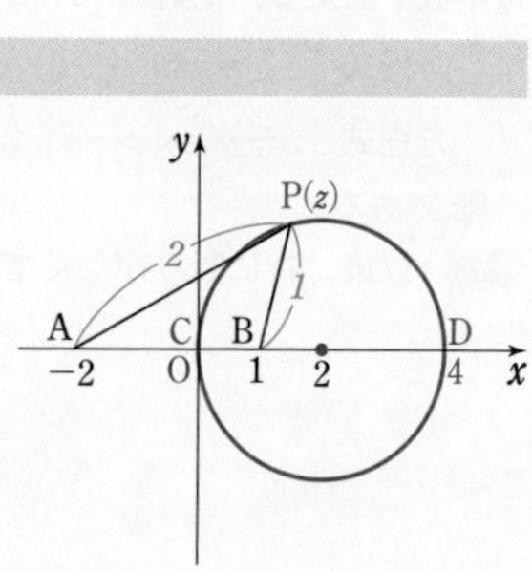

TRAINING 82 ③

次の方程式を満たす点 z 全体はどのような図形を表すか。

(1) $|z|^2=2i(z-\overline{z})$　　(2) $3|z|=|z-4i|$

標準 例題 **83**　$w=f(z)$ の表す図形 (1)

点 z が原点Oを中心とする半径1の円上を動くとき，次の式で表される点 w は，どのような図形を描くか。

(1)　$w=z+2i$ 　　　　　(2)　$w=iz-2$

CHART & GUIDE

$w=f(z)$ **の表す図形**

まず，与えられた式を z について解く [$z=(w$ の式$)$ で表す]。
そして，条件式 $|z|=1$ に代入して w が満たす式を求める。

3章
16
複素数と図形

解答

点 z は原点Oを中心とする半径1の円上の点であるから，z は等式 $|z|=1$ を満たす。

(1)　$w=z+2i$ から　　$z=w-2i$

　　これを $|z|=1$ に代入すると　　$|w-2i|=1$

　　よって，点 w は **点 $2i$ を中心とする半径1の円** を描く。

◀ 点 $z+2i$ は，点 z を虚軸方向に2だけ平行移動した点である（p.122 参照）。

(2)　$w=iz-2$ から　　$z=\dfrac{w+2}{i}$

　　これを $|z|=1$ に代入すると　　$\left|\dfrac{w+2}{i}\right|=1$

　　すなわち　　$\dfrac{|w+2|}{|i|}=1$　　$|i|=1$ から　　$|w+2|=1$

　　よって，点 w は **点 -2 を中心とする半径1の円** を描く。

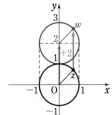

Lecture　等式のもつ図形的意味をとらえる解き方

(1)の副文で触れたように，(2)の等式がもつ図形的な意味を考えてみると，次のようになる。

・点 $iz-2$ は，点 z を原点を中心として $\dfrac{\pi}{2}$ だけ回転し，さらに実軸方向に -2 だけ平行移動 したもので，点 -2 を中心とする半径1の円 を描く。

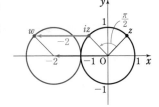

TRAINING　83 ③ ★

点 z が原点Oを中心とする半径2の円上を動くとき，次の式で表される点 w は，どのような図形を描くか。

(1)　$w=2z+1-i$ 　　　　　(2)　$w=1-iz$

基本 例題 **84** 原点以外の点を中心とした回転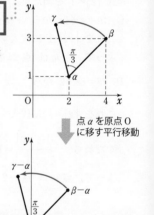

$\alpha=2+i$, $\beta=4+3i$ とする。点 β を，点 α を中心として $\dfrac{\pi}{3}$ だけ回転した点を表す複素数 γ を求めよ。

CHART & GUIDE

原点以外の点 α を中心とした回転

点 α を原点に移す平行移動で，回転の中心は原点に

点 α を原点に移す平行移動によって，点 β は点 $\beta-\alpha$，点 γ は点 $\gamma-\alpha$ に移動する。

よって，点 $\beta-\alpha$ を，原点を中心として $\dfrac{\pi}{3}$ だけ回転すると点 $\gamma-\alpha$ に移る。

解答

点 α を原点 O に移す平行移動によって，点 β，γ はそれぞれ $\beta-\alpha$，$\gamma-\alpha$ に移動する。このとき，

　点 $\gamma-\alpha$ は，点 $\beta-\alpha$ を原点を中心として $\dfrac{\pi}{3}$ だけ回転

　した点

であるから

$$\gamma-\alpha=\left(\cos\frac{\pi}{3}+i\sin\frac{\pi}{3}\right)(\beta-\alpha)$$

よって

$$\gamma=\left(\frac{1}{2}+\frac{\sqrt{3}}{2}i\right)\{(4+3i)-(2+i)\}+(2+i)$$

$$=\left(\frac{1}{2}+\frac{\sqrt{3}}{2}i\right)(2+2i)+(2+i)$$

$$=1+i+\sqrt{3}\,i-\sqrt{3}+2+i$$

$$=(3-\sqrt{3})+(2+\sqrt{3})i$$

点 α を原点 O に移す平行移動

✋ *Lecture* **点 α を中心とする回転**

上の解答で，$\dfrac{\pi}{3}$ を θ におき換えると，次のことがわかる。

点 β を，点 α を中心として θ だけ回転した点を表す複素数を γ とすると
$$\gamma-\alpha=(\cos\theta+i\sin\theta)(\beta-\alpha)$$

TRAINING **84** ②

点 $2+2i$ を，点 i を中心として，次の角だけ回転した点を表す複素数を求めよ。

(1) $\dfrac{\pi}{6}$　　　　(2) $\dfrac{\pi}{4}$　　　　(3) $\dfrac{\pi}{2}$　　　　(4) $-\dfrac{\pi}{2}$

平行移動と回転を振り返ろう！

ズーム
UP
review

複素数の計算がどのような図形の移動を表しているかをまとめてみたいのですが。

複素数の和，差は点の平行移動，積は点の回転と伸縮に対応しました。このことを別々に復習しましょう。

● 例題 70 を振り返ろう！

$z-\alpha$ の表す点は，点 α を原点に移す平行移動によって点 z が移る点のことでした。

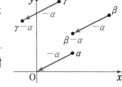

「点 α を原点に移す移動」が「α を引く」計算に対応していると考えてよいのですか？

その通りです。右上の図のように，$\beta-\alpha$，$\gamma-\alpha$ の，$-\alpha$（赤い矢印）が「点 α を原点に移す移動」を表していると考えるとわかりやすいと思います。

● 例題 75 を振り返ろう！

「極形式 $r(\cos\theta+i\sin\theta)$ で表される複素数 α を掛ける」という計算は「原点を中心として角 θ だけ回転し，原点からの距離を r 倍する」という移動を表しました。

和，差，積がどのような図形の移動を表しているか，次のようにまとめることができました。

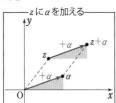

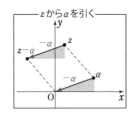

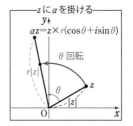

基本 例題
85 三角形の内角

3点 A$(2+i)$，B$(5+2i)$，C$(3+3i)$ を頂点とする △ABC に
ついて，∠BAC の大きさを求めよ。

解説動画へGO!!

CHART
& GUIDE

三角形の角
原点を中心とする回転角ととらえる

A(α)，B(β)，C(γ) とすると B$'(\beta-\alpha)$，C$'(\gamma-\alpha)$ について ∠BAC＝∠B′OC′ を利用。

解答

$\alpha=2+i$，$\beta=5+2i$，$\gamma=3+3i$ とすると

$$\frac{\gamma-\alpha}{\beta-\alpha}=\frac{1+2i}{3+i}=\frac{(1+2i)(3-i)}{(3+i)(3-i)}$$

$$=\frac{5+5i}{10}=\frac{1}{2}+\frac{1}{2}i$$

$$=\frac{\sqrt{2}}{2}\left(\cos\frac{\pi}{4}+i\sin\frac{\pi}{4}\right)$$

よって　$\arg\dfrac{\gamma-\alpha}{\beta-\alpha}=\dfrac{\pi}{4}$

したがって　∠BAC$=\dfrac{\pi}{4}$

$\blacktriangleleft \gamma-\alpha=(3+3i)-(2+i)$
$=1+2i$
$\beta-\alpha=(5+2i)-(2+i)$
$=3+i$

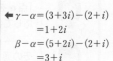
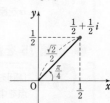

Lecture 3点の作る角

異なる3点 A(α)，B(β)，C(γ) に対して，半直線 AB から半直線 AC までの回転角を θ とする。
点Aが原点Oに移るような平行移動により，点B，C はそれぞれ B$'(\beta-\alpha)$，C$'(\gamma-\alpha)$ に移る。
θ は半直線 OB′ から半直線 OC′ までの回転角に等しいから

$$\theta=\arg(\gamma-\alpha)-\arg(\beta-\alpha)=\arg\frac{\gamma-\alpha}{\beta-\alpha}$$

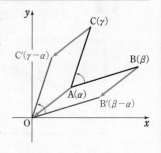

注意 ここで考えている角は，半直線の回転の向きを考えている角であり，負の角もとり得る。

TRAINING 85 ②

3点 A$(-1+i)$，B$(2\sqrt{3}-1)$，C$(6+(\sqrt{3}+1)i)$ を頂点とする △ABC について，∠BAC の大きさを求めよ。

標準 例題 **86** 三角形の形状決定 (1)

複素数 α, β が等式 $\dfrac{\beta}{\alpha} = \dfrac{1+\sqrt{3}\,i}{2}$ を満たすとき，複素数平面上で 3 点 O(0)，A(α)，B(β) を頂点とする △OAB の 3 つの角の大きさを求めよ。

CHART & GUIDE

三角形の形状決定
2 辺の比とその間の角の大きさを求める

$\dfrac{\beta}{\alpha}$ の値から，$\left|\dfrac{\beta}{\alpha}\right|$ と $\arg\dfrac{\beta}{\alpha}$ を求める。

$\left|\dfrac{\beta}{\alpha}\right| = \dfrac{|\beta|}{|\alpha|} = \dfrac{\mathrm{OB}}{\mathrm{OA}}$ から 2 辺 OA，OB の比，$\arg\dfrac{\beta}{\alpha}$ から ∠AOB がわかる。

3章 **16** 複素数と図形

解答

$\dfrac{\beta}{\alpha} = \cos\dfrac{\pi}{3} + i\sin\dfrac{\pi}{3}$

$\left|\dfrac{\beta}{\alpha}\right| = 1$ から　$\dfrac{|\beta|}{|\alpha|} = 1$

ゆえに　$|\alpha| = |\beta|$　すなわち　OA=OB

また，$\arg\dfrac{\beta}{\alpha} = \dfrac{\pi}{3}$ から　∠AOB$=\dfrac{\pi}{3}$

よって，△OAB は正三角形である。

したがって　∠AOB=∠OAB=∠OBA$=\dfrac{\pi}{3}$

← $\dfrac{\beta}{\alpha}$ を極形式で表す。

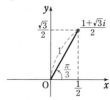

絶対値 1，偏角 $\dfrac{\pi}{3}$

Lecture　点の回転から図形の形状を読み取る

$\beta = \dfrac{1+\sqrt{3}\,i}{2}\alpha = \left(\cos\dfrac{\pi}{3} + i\sin\dfrac{\pi}{3}\right)\alpha$ であるから，点 B(β) は

点 A(α) を原点 O を中心として $\dfrac{\pi}{3}$ だけ回転した点である。

このことから，OB=OA，∠AOB$=\dfrac{\pi}{3}$ すなわち，△OAB は

正三角形であることが読み取れる。

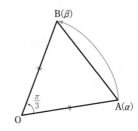

TRAINING　86 ③

異なる 3 点 A(α)，B(β)，C(γ) の間に次の関係があるとき，この 3 点を頂点とする △ABC の 3 つの角の大きさを求めよ。

(1)　$\dfrac{\gamma-\alpha}{\beta-\alpha} = \sqrt{3}\,i$

(2)　$\alpha + i\beta = (1+i)\gamma$

標準 例題 **87** 共線条件，垂直条件

c を実数の定数とする。3 点 A$(2+i)$，B$(3+2i)$，C$(c+3i)$ に対して

(1) A，B，C が一直線上にあるように，c の値を定めよ。

(2) AB⊥AC となるように，c の値を定めよ。

CHART & GUIDE

3 点が一直線上にある条件（共線条件）・垂直条件

異なる 3 点 A(α)，B(β)，C(γ) に対して，$\dfrac{\gamma-\alpha}{\beta-\alpha}$ を計算して次のことを利用する。

$$3\text{ 点 A，B，C が一直線上} \iff \frac{\gamma-\alpha}{\beta-\alpha} \text{ が実数}$$

$$\text{AB⊥AC} \iff \frac{\gamma-\alpha}{\beta-\alpha} \text{ が純虚数}$$

解答

$\alpha=2+i$，$\beta=3+2i$，$\gamma=c+3i$ とすると

$$\frac{\gamma-\alpha}{\beta-\alpha}=\frac{(c+3i)-(2+i)}{(3+2i)-(2+i)}=\frac{(c-2)+2i}{1+i}$$

$$=\frac{\{(c-2)+2i\}(1-i)}{(1+i)(1-i)}$$

◀ 分母の実数化

$$=\frac{c}{2}+\frac{4-c}{2}i \quad \cdots\cdots ①$$

◀ $z=x+yi$ において
$y=0 \longrightarrow z$ は実数
$x=0$ かつ $y\neq0$
$\qquad\longrightarrow z$ は純虚数

(1) 3 点 A，B，C が一直線上にあるのは，① が実数のときである。

よって，$\dfrac{4-c}{2}=0$ から　**$c=4$**

(2) AB⊥AC となるのは，① が純虚数のときである。

よって，$\dfrac{c}{2}=0$，$\dfrac{4-c}{2}\neq0$ から　**$c=0$**

👆 *Lecture* 共線条件・垂直条件

上の CHART&GUIDE で述べたことについて，詳しく調べてみよう。

$z=r(\cos\theta+i\sin\theta)$ $[-\pi<\theta\leqq\pi]$ において

$\theta=0$ または π $\iff z$ は実数 $\cdots\cdots ①$

$\theta=\dfrac{\pi}{2}$ または $-\dfrac{\pi}{2} \iff z$ は純虚数 $\cdots\cdots ②$

したがって，次の 1，2 がいえる。

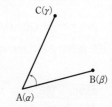

1 3点 A，B，C が一直線上にある

$\iff \arg \dfrac{\gamma-\alpha}{\beta-\alpha}=0$ または π

$\iff \dfrac{\gamma-\alpha}{\beta-\alpha}$ が実数
（① から）

2 2直線 AB，AC が垂直に交わる

$\iff \arg \dfrac{\gamma-\alpha}{\beta-\alpha}=\dfrac{\pi}{2}$ または $-\dfrac{\pi}{2}$

$\iff \dfrac{\gamma-\alpha}{\beta-\alpha}$ が純虚数
（② から）

ここで，共線条件・垂直条件をまとめて
おこう。

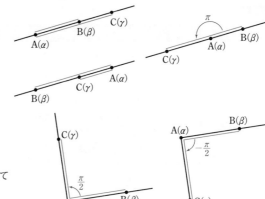

━ 共線条件・垂直条件 ━

異なる3点 A(α)，B(β)，C(γ) に対して

1　**3点 A，B，C が一直線上にある** $\iff \dfrac{\gamma-\alpha}{\beta-\alpha}$ **が実数**

2　**2直線 AB，AC が垂直に交わる** $\iff \dfrac{\gamma-\alpha}{\beta-\alpha}$ **が純虚数**

なお，1 で $\dfrac{\gamma-\alpha}{\beta-\alpha}=k$（実数）とおくと $\gamma-\alpha=k(\beta-\alpha)$ より $\gamma=(1-k)\alpha+k\beta$

であるから

　　　3点 α，β，γ が一直線上にある $\iff \gamma=(1-k)\alpha+k\beta$ （k は実数）

が成り立つことがわかる。

(参考) 例題 **87** を数学Ⅱの座標平面上の問題として考えると，次のようになる。

　　　3点の座標は　A$(2, 1)$，B$(3, 2)$，C$(c, 3)$ である。

(1)　3点 A，B，C が一直線上にあ
るのは，2直線 AC，AB の傾きが
等しいときであるから

$$\dfrac{3-1}{c-2}=\dfrac{2-1}{3-2}$$ より $c=4$

(2)　AB⊥AC となるのは
（AC の傾き）×（AB の傾き）$=-1$
のときであるから

$$\dfrac{3-1}{c-2}\cdot\dfrac{2-1}{3-2}=-1$$ より $c=0$

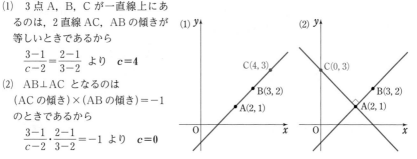

TRAINING 87 ③

3点 A$(-1+ai)$，B$(3-i)$，C$(2-3i)$ に対して，次のことが成り立つように，実数 a
の値を定めよ。

(1) A，B，C が一直線上にある 　　　(2) AC⊥BC 　　　(3) AB⊥BC

標準 例題 **88** 直角二等辺三角形をなす 3 点

複素数平面上に 3 点 O(0)，A($-1+3i$)，B がある。△OAB が直角二等辺三角形であるとき，点Bを表す複素数 z を求めよ。

CHART & GUIDE

直角二等辺三角形をなす 3 点

どの角が直角になるか指定されていないから，

[1] ∠O が直角　　　[2] ∠A が直角　　　[3] ∠B が直角

の場合に分けて考える。

[1]〜[3]のそれぞれで，直角の頂点を中心とする点の $\dfrac{\pi}{2}$ または $-\dfrac{\pi}{2}$ の回転

移動と考える。なお，$\pm\dfrac{\pi}{2}$ の回転なら　$\pm i$ 倍　と考える。

解答

[1]　∠O が直角のとき，点Bは，点O

を中心として点Aを $\dfrac{\pi}{2}$ または $-\dfrac{\pi}{2}$

だけ回転した点であるから
$$z=\pm i(-1+3i)$$
よって　　$z=-3-i,\ 3+i$

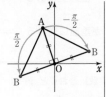

← ∠AOB$=\dfrac{\pi}{2}$，
OA=OB

[2]　∠A が直角のとき，点Bは，点A

を中心として点Oを $\dfrac{\pi}{2}$ または $-\dfrac{\pi}{2}$

だけ回転した点であるから
$$z-(-1+3i)=\pm i\{0-(-1+3i)\}$$
よって　　$z=2+4i,\ -4+2i$

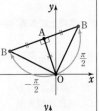

← 点Bを，点Oを中心として点Aを $\dfrac{\pi}{4}$ または $-\dfrac{\pi}{4}$ だけ回転し，Oからの距離を $\sqrt{2}$ 倍した点と考えてもよい。

[3]　∠B が直角のとき，点Aは，点B

を中心として点Oを $\dfrac{\pi}{2}$ または $-\dfrac{\pi}{2}$

だけ回転した点であるから
$$(-1+3i)-z=\pm i(0-z)$$
z について整理すると
$$(1\pm i)z=-1+3i$$
これらを解いて　　$z=1+2i,\ -2+i$

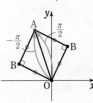

← 点Bを，点Oを中心として点Aを $\dfrac{\pi}{4}$ または $-\dfrac{\pi}{4}$ だけ回転し，Oからの距離を $\dfrac{1}{\sqrt{2}}$ 倍した点と考えてもよい。

以上から
$$z=-3-i,\ 3+i,\ 2+4i,\ -4+2i,\ 1+2i,\ -2+i$$

TRAINING　88 ③

複素数平面上に 3 点 O(0)，A($3-2i$)，B がある。△OAB が直角二等辺三角形であるとき，点Bを表す複素数 z を求めよ。

発展学習

≪≪ 基本例題 76

発展 例題 89 複素数の累乗 (2)

n が負でない整数のとき，$\left(\dfrac{-1+\sqrt{3}\,i}{2}\right)^n+\left(\dfrac{-1-\sqrt{3}\,i}{2}\right)^n$ を簡単にせよ。

CHART & GUIDE

$(複素数)^n$

複素数の累乗 には ド・モアブル

$(\cos\theta+i\sin\theta)^n=\cos n\theta+i\sin n\theta \quad (n \text{ は整数})$

$\dfrac{-1+\sqrt{3}\,i}{2}$, $\dfrac{-1-\sqrt{3}\,i}{2}$ をそれぞれ極形式で表し，与式を変形する。

3章

発展学習

解答

$$\frac{-1+\sqrt{3}\,i}{2}=\cos\frac{2}{3}\pi+i\sin\frac{2}{3}\pi,$$

$$\frac{-1-\sqrt{3}\,i}{2}=\cos\left(-\frac{2}{3}\pi\right)+i\sin\left(-\frac{2}{3}\pi\right)$$

であるから，ド・モアブルの定理により

$$\left(\frac{-1+\sqrt{3}\,i}{2}\right)^n=\cos\frac{2n\pi}{3}+i\sin\frac{2n\pi}{3},$$

$$\left(\frac{-1-\sqrt{3}\,i}{2}\right)^n=\cos\left(-\frac{2n\pi}{3}\right)+i\sin\left(-\frac{2n\pi}{3}\right)$$

$$=\cos\frac{2n\pi}{3}-i\sin\frac{2n\pi}{3}$$

ゆえに $\left(\dfrac{-1+\sqrt{3}\,i}{2}\right)^n+\left(\dfrac{-1-\sqrt{3}\,i}{2}\right)^n=2\cos\dfrac{2n\pi}{3}$

よって，m を負でない整数とすると

$n=3m$ のとき $\dfrac{2n\pi}{3}=2m\pi$ ゆえに $2\cos\dfrac{2n\pi}{3}=2$

$n=3m+1$ のとき $\dfrac{2n\pi}{3}=2m\pi+\dfrac{2}{3}\pi$ ゆえに $2\cos\dfrac{2n\pi}{3}=-1$

$n=3m+2$ のとき $\dfrac{2n\pi}{3}=2m\pi+\dfrac{4}{3}\pi$ ゆえに $2\cos\dfrac{2n\pi}{3}=-1$

以上から，**n が 3 の倍数のとき 2，n が 3 の倍数でないとき -1**

← $\dfrac{-1+\sqrt{3}\,i}{2}$ と $\dfrac{-1-\sqrt{3}\,i}{2}$

は，実軸に関して対称であるから，偏角 θ は $-\pi<\theta\leqq\pi$ で考える。

$\cos\dfrac{2}{3}\theta$, $\sin\dfrac{2}{3}\theta$ の周期はともに 3π であるから $n=3m$, $3m+1$, $3m+2$ の場合に分ける。

TRAINING 89 ④

n が負でない整数のとき，$\left(\dfrac{1+\sqrt{3}\,i}{2}\right)^n+\left(\dfrac{1-\sqrt{3}\,i}{2}\right)^n$ を簡単にせよ。

発展 例題 **90** 共役複素数の性質の利用 (2) ⟨⟩⟨⟩⟨⟩⟨⟩

(1) α, β は複素数であるとする。$|\alpha|=|\beta|=|\alpha-\beta|=2$ を満たすとき，$|\alpha+\beta|$ の値を求めよ。

(2) z は 0 でない複素数とする。$z+\dfrac{1}{z}$ が実数ならば，z は実数であるか $|z|=1$ であることを示せ。

CHART & GUIDE

複素数の問題
共役複素数を使う

(1) 絶対値の計算には，$|z|^2=z\bar{z}$ の利用が簡単。

(2) z が実数 $\Longleftrightarrow$ $\bar{z}=z$ を利用。

解答

(1) $|\alpha-\beta|^2=(\alpha-\beta)\overline{(\alpha-\beta)}=(\alpha-\beta)(\bar{\alpha}-\bar{\beta})$
$\qquad\qquad =|\alpha|^2-\alpha\bar{\beta}-\bar{\alpha}\beta+|\beta|^2$

ゆえに，$|\alpha|=|\beta|=|\alpha-\beta|=2$ から

$\qquad 4=4-\alpha\bar{\beta}-\bar{\alpha}\beta+4$ すなわち $\alpha\bar{\beta}+\bar{\alpha}\beta=4$

よって $|\alpha+\beta|^2=(\alpha+\beta)\overline{(\alpha+\beta)}=(\alpha+\beta)(\bar{\alpha}+\bar{\beta})$
$\qquad\qquad\qquad =|\alpha|^2+\alpha\bar{\beta}+\bar{\alpha}\beta+|\beta|^2=4+4+4=12$

したがって $|\alpha+\beta|=2\sqrt{3}$

(2) $z+\dfrac{1}{z}$ が実数のとき $\overline{z+\dfrac{1}{z}}=z+\dfrac{1}{z}$

すなわち $\bar{z}+\dfrac{1}{\bar{z}}=z+\dfrac{1}{z}$ が成り立つ。

ゆえに $(\bar{z}-z)\left(1-\dfrac{1}{|z|^2}\right)=0$

よって $\bar{z}=z$ または $1-\dfrac{1}{|z|^2}=0$

したがって，z は実数であるか $|z|=1$ である。

(1) [別解]
$|\alpha+\beta|^2=|\alpha|^2+\alpha\bar{\beta}+\bar{\alpha}\beta$
$+|\beta|^2$ …… ①
$|\alpha-\beta|^2=|\alpha|^2-\alpha\bar{\beta}-\bar{\alpha}\beta$
$+|\beta|^2$ …… ②
①+② から
$|\alpha+\beta|^2+|\alpha-\beta|^2$
$=2(|\alpha|^2+|\beta|^2)$
条件から
$|\alpha+\beta|^2=2(2^2+2^2)-2^2$
$\qquad\qquad =12$
すなわち $|\alpha+\beta|=2\sqrt{3}$

$\blacktriangleleft\ \bar{z}-z-\dfrac{1}{z\bar{z}}(\bar{z}-z)=0$

TRAINING 90 ④

(1) z を複素数として，$u=\dfrac{1-z^{16}}{iz^8}$ とおく。$|z|=1$ ならば，u は実数であることを証明せよ。

(2) 複素数 α, β, γ, δ が $\alpha+\beta+\gamma+\delta=0$ かつ $|\alpha|=|\beta|=|\gamma|=|\delta|=1$ を満たすとき，$|\alpha-\beta|^2+|\alpha-\gamma|^2+|\alpha-\delta|^2$ の値を求めよ。

発展 例題
91 $w=f(z)$ の表す図形 (2) ◇◇◇◇

複素数平面上で点 z が原点Oを中心とする半径1の円上を動くとき，次の式で表される点 w はどのような図形を描くか。

(1) $w=\dfrac{z+2}{z-1}$ （ただし，$z \neq 1$）　　　(2) $w=\dfrac{z+1}{2z-1}$

CHART & GUIDE

複素数の等式の扱い

まず，与えられた式を z について解く［$z=(w$ の式) で表す］。
そして，条件式 $|z|=1$ に代入して w が満たす式を求める。

解答

点 z は原点Oを中心とする半径1の円上の点であるから　　$|z|=1$ …… ①

(1) $w=\dfrac{z+2}{z-1}$ から　　$(w-1)z=w+2$

← $w-1=0$ の場合も考えられるから，直ちに $w-1$ で割ってはダメ。

ここで，$w=1$ とすると $0=3$ となり，不合理である。

よって　　$w \neq 1$　　ゆえに　　$z=\dfrac{w+2}{w-1}$

① から　　$\left|\dfrac{w+2}{w-1}\right|=1$　　ゆえに　　$|w+2|=|w-1|$

すなわち，w は2点 -2，1 から等距離にある点である。
したがって，点 w の描く図形は　　**2点 -2，1 を結ぶ線分の垂直二等分線**

(2) $w=\dfrac{z+1}{2z-1}$ から　　$(2w-1)z=w+1$

← $2w-1=0$ の場合も考えられるから，直ちに $2w-1$ で割ってはダメ。

ここで，$w=\dfrac{1}{2}$ とすると $0=\dfrac{3}{2}$ となり，不合理である。

よって　　$w \neq \dfrac{1}{2}$　　ゆえに　　$z=\dfrac{w+1}{2w-1}$

① から　　$|w+1|=|2w-1|$　　よって　　$|w+1|^2=|2w-1|^2$
ゆえに　　$(w+1)(\overline{w}+1)=(2w-1)(2\overline{w}-1)$
両辺を展開して整理すると　　$w\overline{w}-w-\overline{w}=0$

← $(w+1)\overline{(w+1)}$ $=(2w-1)\overline{(2w-1)}$

$(w-1)(\overline{w}-1)=1$ から　　$|w-1|^2=1$　　よって　　$|w-1|=1$
したがって，点 w の描く図形は　　**点1を中心とする半径1の円**

TRAINING　91 ④ ★

(1) 点 z が点 i を中心とする半径2の円上を動くとき，$w=\dfrac{z-i}{z+i}$ で表される点 w はどのような図形を描くか。ただし，$z \neq -i$ とする。

(2) 点 z が原点Oを中心とする半径2の円上を動くとき，点 $w=\dfrac{2z-i}{z+i}$ はどのような図形を描くか。

発展 例題 **92** 三角形の形状決定 (2)

≪≪ 基本例題 **75**, 標準例題 **86** |★

複素数平面上に異なる 3 点 O(0), A(α), B(β) がある。α, β が等式 $2\alpha^2 - 2\alpha\beta + \beta^2 = 0$ を満たすとき, 次の問いに答えよ。

(1) $\dfrac{\beta}{\alpha}$ を極形式で表せ。ただし, 偏角 θ の範囲は $-\pi < \theta \leqq \pi$ とする。

(2) △OAB はどのような三角形か。

CHART & GUIDE

(1) 条件は, (α, β の 2 次の同次式)＝0 の形 ⟶ 両辺を α^2 で割る。
$2\alpha^2 - 2\alpha\beta + \beta^2$ のような式を, 2 元 (α, β) 2 次の同次式 (α^2, $\alpha\beta$, β^2 の次数は 2 次で同じ) という。

(2) (1) で得られた結果の図形的意味を考える。

解答

(1) 与えられた等式の両辺を $\alpha^2 (\neq 0)$ で割ると

$$2 - 2 \cdot \frac{\beta}{\alpha} + \frac{\beta^2}{\alpha^2} = 0 \quad \text{すなわち} \quad \left(\frac{\beta}{\alpha}\right)^2 - 2\left(\frac{\beta}{\alpha}\right) + 2 = 0$$

これを解いて $\dfrac{\beta}{\alpha} = 1 \pm i$ ⟵ $x^2 - 2x + 2 = 0$ を解く要領で。

よって $\dfrac{\beta}{\alpha} = \sqrt{2}\left(\cos\dfrac{\pi}{4} + i\sin\dfrac{\pi}{4}\right)$,

または $\dfrac{\beta}{\alpha} = \sqrt{2}\left\{\cos\left(-\dfrac{\pi}{4}\right) + i\sin\left(-\dfrac{\pi}{4}\right)\right\}$

(2) (1) の結果から

$$\beta = \sqrt{2}\left(\cos\frac{\pi}{4} + i\sin\frac{\pi}{4}\right)\alpha, \quad \text{または}$$

$$\beta = \sqrt{2}\left\{\cos\left(-\frac{\pi}{4}\right) + i\sin\left(-\frac{\pi}{4}\right)\right\}\alpha$$

ゆえに, 点 B(β) は, 点 A(α) を原点 O を中心として $\dfrac{\pi}{4}$ または $-\dfrac{\pi}{4}$ だけ回転し, さらに原点からの距離を $\sqrt{2}$ 倍した点である。

よって, △OAB は ∠**OAB**$=\dfrac{\pi}{2}$ **の直角二等辺三角形** である。

←$\alpha \neq 0$ から $\alpha^2 \neq 0$

(1)

(2)
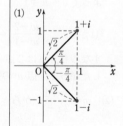

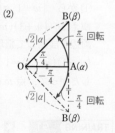

TRAINING 92 ④ ★

複素数平面上の異なる 3 点 O(0), A(α), B(β) について, α, β が次の等式を満たしている。△OAB は, それぞれどのような三角形か。

(1) $\alpha^2 + \beta^2 = 0$　　　　　　(2) $3\alpha^2 + \beta^2 = 0$

発展 例題
93 垂直条件の利用

単位円上の異なる 3 点 A(α)，B(β)，C(γ) と，この円上にない点 H(z) について，等式 $z=\alpha+\beta+\gamma$ が成り立つとき，H は △ABC の垂心であることを証明せよ。

CHART & GUIDE

垂直条件の利用

異なる 3 点 A(α)，B(β)，C(γ) に対して

$$\text{AB} \perp \text{AC} \iff \frac{\gamma-\alpha}{\beta-\alpha} \text{ が純虚数} \iff \frac{\gamma-\alpha}{\beta-\alpha}+\overline{\left(\frac{\gamma-\alpha}{\beta-\alpha}\right)}=0$$

△ABC の垂心が H $\iff$ AH⊥BC，BH⊥CA であることを利用する。

また　$\text{AH} \perp \text{BC} \iff \dfrac{\gamma-\beta}{z-\alpha}$ が純虚数 $\iff \dfrac{\gamma-\beta}{z-\alpha}+\overline{\left(\dfrac{\gamma-\beta}{z-\alpha}\right)}=0$ …… $\boxed{!}$

さらに，3 点 A，B，C は単位円上にあるから　$|\alpha|=|\beta|=|\gamma|=1 \iff \alpha\bar{\alpha}=\beta\bar{\beta}=\gamma\bar{\gamma}=1$

これと $z=\alpha+\beta+\gamma$ から得られる $z-\alpha=\beta+\gamma$ を用いて，$\boxed{!}$ を β，γ だけの式に直して証明する。

解答

3 点 A(α)，B(β)，C(γ) は単位円上にあるから

$$|\alpha|=|\beta|=|\gamma|=1 \quad\text{すなわち}\quad \alpha\bar{\alpha}=\beta\bar{\beta}=\gamma\bar{\gamma}=1$$

ゆえに　$\bar{\alpha}=\dfrac{1}{\alpha}$，$\bar{\beta}=\dfrac{1}{\beta}$，$\bar{\gamma}=\dfrac{1}{\gamma}$

A，B，C，H はすべて異なる点であるから　$\dfrac{\gamma-\beta}{z-\alpha} \neq 0$

また，$z=\alpha+\beta+\gamma$ より $z-\alpha=\beta+\gamma$ であるから

$\boxed{!}$

$$\frac{\gamma-\beta}{z-\alpha}+\overline{\left(\frac{\gamma-\beta}{z-\alpha}\right)}=\frac{\gamma-\beta}{\beta+\gamma}+\frac{\overline{\gamma-\beta}}{\overline{\beta+\gamma}}=\frac{\gamma-\beta}{\beta+\gamma}+\frac{\bar{\gamma}-\bar{\beta}}{\bar{\beta}+\bar{\gamma}}$$

$$=\frac{\gamma-\beta}{\beta+\gamma}+\frac{\dfrac{1}{\gamma}-\dfrac{1}{\beta}}{\dfrac{1}{\beta}+\dfrac{1}{\gamma}}=\frac{\gamma-\beta}{\beta+\gamma}+\frac{\beta-\gamma}{\beta+\gamma}=0$$

よって，$\dfrac{\gamma-\beta}{z-\alpha}$ は純虚数である。ゆえに　　AH⊥BC

同様にして　　BH⊥CA

したがって，H は △ABC の垂心である。

← A(α)，B(β)，C(γ) が単位円上 $\iff |\alpha|=|\beta|=|\gamma|=1$

← $w=\dfrac{\gamma-\beta}{z-\alpha}$ とおくと，AH⊥BC $\iff w \neq 0$ かつ $w+\bar{w}=0$

← $\bar{\beta}=\dfrac{1}{\beta}$，$\bar{\gamma}=\dfrac{1}{\gamma}$

← $\boxed{!}$ の式で，α が β，β が γ，γ が α に入れ替わる。

TRAINING　93 ④

原点 O と異なる点 A(α) を通り，直線 OA に垂直な直線上の点を P(z) とするとき，$\dfrac{z}{\alpha}+\overline{\left(\dfrac{z}{\alpha}\right)}=2$ であることを示せ。

EXERCISES

A **20**② $z=r(\cos\theta+i\sin\theta)$ とするとき，次の複素数の絶対値と偏角を r, θ を用いて，それぞれ1つずつ表せ。ただし，$r>0$ とする。

(1) $2z$　　(2) $-z$　　(3) $\bar{z}$　　(4) $\dfrac{1}{z}$　　(5) z^2　　(6) $-2\bar{z}$

≪≪ 基本例題 **68**, **73**

21② 点 α を原点を中心として $\dfrac{\pi}{3}$ だけ回転した点を β とする。$\beta=2+2i$ であるとき，点 α を表す複素数を求めよ。 ≪≪ 基本例題 **75**

22③ 次の式を計算せよ。

(1) $\left(\cos\dfrac{\pi}{12}+i\sin\dfrac{\pi}{12}\right)^6$　　(2) $\left(\dfrac{1+i}{2}\right)^{15}$　　(3) $(\sqrt{6}-\sqrt{2}\,i)^{-6}$

(4) $\left(\dfrac{1+\sqrt{3}\,i}{1+i}\right)^{12}$　　　　　(5) $(\sqrt{3}+i)^{10}+(\sqrt{3}-i)^{10}$

≪≪ 基本例題 **76**

23③ ド・モアブルの定理を用いて，余弦・正弦に関する次の3倍角の公式を導け。

3倍角の公式　　$\cos 3\theta=4\cos^3\theta-3\cos\theta$
$\sin 3\theta=3\sin\theta-4\sin^3\theta$

≪≪ 基本例題 **76**

24③ 複素数 z が $z+\dfrac{1}{z}=\sqrt{2}$ を満たすとき，$z^{15}+\dfrac{1}{z^{15}}$ の値を求めよ。

≪≪ 基本例題 **76**

HINT
- -

24 $z+\dfrac{1}{z}=\sqrt{2}$ の両辺に z を掛けると z の2次方程式が得られるから，まずその方程式を解く。

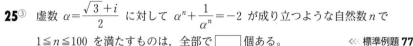

A **25**③ 虚数 $\alpha = \dfrac{\sqrt{3}+i}{2}$ に対して $\alpha^n + \dfrac{1}{\alpha^n} = -2$ が成り立つような自然数 n で

$1 \le n \le 100$ を満たすものは，全部で $\boxed{}$ 個ある。 　　　≪ 標準例題 **77**

26③ $z = \cos\dfrac{2\pi}{5} + i\sin\dfrac{2\pi}{5}$ とする。

(1) z^5 および $z^4 + z^3 + z^2 + z + 1$ の値を求めよ。

(2) $t = z + \dfrac{1}{z}$ とおく。$t^2 + t$ の値を求めよ。 　　　≪ 標準例題 **77**

> 3章
>
> 発展学習

27③ ★ 複素数平面上の点 P(z) が，点 $2i$ を中心とする半径 1 の円上を動くとき，$w = (1+i)(z-1)$ を満たす点 Q(w) が描く図形を求めよ。 　　　≪ 標準例題 **83**

28③ 異なる 3 つの複素数 α, β, γ の間に等式 $\sqrt{3}\,\gamma - i\beta = (\sqrt{3} - i)\alpha$ が成り立つとき，次の問いに答えよ。

(1) $\dfrac{\gamma - \alpha}{\beta - \alpha}$ を計算せよ。

(2) 3 点 A(α), B(β), C(γ) を頂点とする △ABC の ∠A，∠B，∠C の大きさをそれぞれ求めよ。 　　　≪ 標準例題 **86**

29③ 複素数平面上の正方形において，1 組の隣り合う 2 つの頂点が 0 と $2+3i$ であるとき，他の 2 つの頂点を表す複素数を求めよ。 　　　≪ 標準例題 **88**

HINT

26 (1) $z^4 + z^3 + z^2 + z + 1$ は初項 1，公比 z の等比数列の和と考える。

（別解） n を 2 以上の自然数とすると $z^n - 1 = (z-1)(z^{n-1} + z^{n-2} + \cdots\cdots + z^2 + z + 1)$ が成り立つことを利用する。

EXERCISES

B **30**④ 複素数 α, β が $|\alpha|=1$, $|\beta|=\sqrt{2}$, $|\alpha-\beta|=1$ を満たし, $\dfrac{\beta}{\alpha}$ の虚部は正であるとする。

(1) $\dfrac{\beta}{\alpha}$ および $\left(\dfrac{\beta}{\alpha}\right)^8$ を求めよ。　　(2) $|\alpha+\beta|$ を求めよ。　　〔佐賀大〕

≪ **基本例題 76**

31④ 等式 $(i-\sqrt{3})^m=(1+i)^n$ を満たす自然数 m, n のうち, m が最小となるときの m, n の値を求めよ。　　〔九州大〕　≪ **標準例題 77**

32④ ★ z を 2 と異なる複素数とする。複素数平面上で点 $\dfrac{z}{z-2}$ が虚軸上にあるように点 z が動くとき, 点 z はどのような図形を描くか答えよ。　　〔京都工繊大〕

≪ **発展例題 91**

33④ ★ 複素数平面上の原点 O と異なる 2 点 A(α), B(β) に対して $3\alpha^2-6\alpha\beta+4\beta^2=0$ が成り立つ。3 点 O, A, B を通る円を C とする。

(1) $\dfrac{\alpha}{\beta}$ を極形式で表せ。ただし, 偏角 θ の範囲は $-\pi<\theta\leqq\pi$ とする。

(2) 円 C の中心と半径を α を用いて表せ。

(3) $|3\alpha-2\beta|$ を β を用いて表せ。　　〔名古屋工大〕　≪ **発展例題 92**

34④ α, β を複素数として α の実部と虚部がともに正であるとする。また, $|\alpha|=|\beta|=1$ とする。複素数 $i\alpha$, $\dfrac{i}{\alpha}$, β で表される複素数平面上の 3 点が, ある正三角形の 3 頂点であるとき, α, β をそれぞれ求めよ。　　〔静岡大〕

≪ **標準例題 88**

35④ 複素数 z の虚部が正の数であり, 3 点 A(z), B(z^2), C(z^3) は直角二等辺三角形の頂点である。このとき, z を求めよ。　　≪ **標準例題 88**

HINT

32 点 $\dfrac{z}{z-2}$ が虚軸上にあるから, $\dfrac{z}{z-2}$ の実部が 0 である。

式 と 曲 線

17 放 物 線

 2次関数のグラフが放物線とよばれることは，数学Ⅰで学びました。ここでは，放物線を図形的な性質から定義して，その方程式を求めてみましょう。

■ 放物線の方程式

> **放物線** 平面上で，定点 F からの距離と，F を通らない定直線 ℓ からの距離が等しい点の軌跡。

◆定点，定直線…移動することがない，定まった点，直線。

点Fを放物線の **焦点**，直線 ℓ を放物線の **準線** という。

定点 $F(p, 0)$ を焦点とし，定直線 $\ell: x = -p$ を準線とする放物線 C の方程式を，軌跡の考え方(数学Ⅱ)で求めてみよう。

ここで，ℓ が点Fを通らないように $p \neq 0$ とする。

放物線上の点を $P(x, y)$ とし，P から ℓ に下ろした垂線を PH とすると，PF＝PH であるから

$$\sqrt{(x-p)^2+(y-0)^2} = |x-(-p)|$$

PF＝PH $\iff$ PF²＝PH² であるから $(x-p)^2+y^2=(x+p)^2$

両辺を展開して整理すると $y^2=4px$ …… ①

逆に，① を満たす点 $P(x, y)$ は PF＝PH を満たすから，① は放物線 C の方程式である。

◆PとHのy座標は等しいから
PH＝|PとHのx座標の差|

◆$A \geq 0$, $B \geq 0$ のとき
$A=B \iff A^2=B^2$

◆逆の確認は省略することも多い。

① を放物線の方程式の **標準形** という。また，放物線の焦点を通り，準線に垂直な直線を，放物線の **軸** といい，軸と放物線の交点を，放物線の **頂点** という。また，放物線はその軸に関して対称である。

> **放物線 $y^2=4px$ $(p \neq 0)$**
>
> 1 焦点は **点 $(p, 0)$**，
>   準線は **直線 $x=-p$**
>
> 2 軸は x 軸，頂点は 原点O
>
> 3 曲線は x 軸に関して対称

基本 例題 94 放物線の焦点，準線

(1) 次の放物線の焦点と準線を求めよ。また，その概形をかけ。
  (ア) $y^2=2x$ (イ) $y^2=-8x$

(2) 点 $(0,\ -1)$ を焦点，直線 $y=1$ を準線とする放物線の方程式を求め，その概形をかけ。

CHART & GUIDE

放物線 $y^2=4px$ $(p\neq0)$

焦点は 点 $(p,\ 0)$，準線は 直線 $x=-p$

■1 $y^2=4\bullet x$ の形に直すと，焦点は 点 $(\bullet,\ 0)$，準線は 直線 $x=-\bullet$
■2 概形は，$\bullet>0 \longrightarrow$ 右に開いた形，$\bullet<0 \longrightarrow$ 左に開いた形。
放物線 $x^2=4py$ $(p\neq0)$ についても，基本方針は同じ $\longrightarrow$ 下の Lecture 参照。

解答

(1) 焦点，準線の順に

  (ア) $y^2=4\bullet\dfrac{1}{2}x$ から   点 $\left(\dfrac{1}{2},\ 0\right)$，直線 $x=-\dfrac{1}{2}$ ← $p=\dfrac{1}{2}$

  (イ) $y^2=4\bullet(-2)x$ から   点 $(-2,\ 0)$，直線 $x=2$ ← $p=-2$

(2) $x^2=4\bullet(-1)y$ から $x^2=-4y$ ← 焦点が y 軸上
                                              $\longrightarrow x^2=4py$ の形。

各問題について，概形は 〔図〕

(1)(ア) 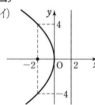   (イ) 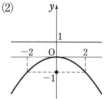   (2)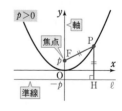

Lecture y 軸が軸となる放物線

$p\neq0$ とする。定点 $F(0,\ p)$ を焦点，定直線 $\ell:y=-p$ を準線とする放物線の方程式 は $x^2=4py$ ←— $y^2=4px$ の x と y が入れ替わる。
この放物線は，放物線 $y^2=4px$ を直線 $y=x$ に関して対称移動したものである。
放物線 $y=ax^2$ の焦点，準線は $x^2=4\bullet\dfrac{1}{4a}y$ から，点 $\left(0,\ \dfrac{1}{4a}\right)$，
直線 $y=-\dfrac{1}{4a}$ である。

TRAINING 94 ①

(1) 放物線 $y^2=3x$ の焦点と準線を求めよ。また，その概形をかけ。
(2) 次のような焦点，準線をもつ放物線の方程式を求め，その概形をかけ。
  (ア) 点 $(-1,\ 0)$，直線 $x=1$ (イ) 点 $(0,\ 2)$，直線 $y=-2$

18 楕 円

 この節では，2定点からの距離の和が一定である点の軌跡について学んでいきましょう。

■ 楕円の方程式

楕 円 平面上で，2 定点 F，F′ からの**距離の和が一定**である点の軌跡。

2 定点 F，F′ を楕円の **焦点** という。2 定点 F$(c, 0)$，F′$(-c, 0)$ $[c>0]$ を焦点とし，この 2 点からの距離の和が $2a$ である楕円 C の方程式を，軌跡の考え方で求めよう。

楕円上の点を P(x, y) とすると PF+PF′>FF′ から $2a>2c$

すなわち，$a>c>0$ である。PF+PF′$=2a$ であるから

$$\sqrt{(x-c)^2+y^2}+\sqrt{(x+c)^2+y^2}=2a$$

よって $\sqrt{(x-c)^2+y^2}=2a-\sqrt{(x+c)^2+y^2}$

両辺を 2 乗して整理すると $a\sqrt{(x+c)^2+y^2}=a^2+cx$

再び両辺を 2 乗して整理すると $(a^2-c^2)x^2+a^2y^2=a^2(a^2-c^2)$

$a>c$ から，$\sqrt{a^2-c^2}=b$ とおくと，$a>b>0$ であり $b^2x^2+a^2y^2=a^2b^2$

両辺を a^2b^2 で割ると $\dfrac{x^2}{a^2}+\dfrac{y^2}{b^2}=1$ …… ①

逆に，① を満たす点 P(x, y) は，PF+PF′$=2a$ を満たす。
① を楕円の方程式の **標準形** という。

ここで，$\sqrt{a^2-c^2}=b$ であるから，$c=\sqrt{a^2-b^2}$ である。よって，焦点 F，F′ の座標は F$(\sqrt{a^2-b^2}, 0)$，F′$(-\sqrt{a^2-b^2}, 0)$ となる。

また，楕円 ① と x 軸および y 軸の交点 A$(a, 0)$，A′$(-a, 0)$，B$(0, b)$，B′$(0, -b)$ を楕円 ① の **頂点** という。そして，頂点を結ぶ線分 AA′，BB′ のうち，長い方の AA′ を **長軸**，短い方の BB′ を **短軸** といい，焦点は長軸上にある。長軸と短軸の交点 O を，楕円の **中心** という。

← $-a \leqq x \leqq a$ のとき
$a^2+cx \geqq a^2-ca$
$=a(a-c)>0$
よって，① を導く議論の逆をたどることができる。

楕円 $\dfrac{x^2}{a^2}+\dfrac{y^2}{b^2}=1$ $(a>b>0)$

1 焦点は **2 点** $(\sqrt{a^2-b^2}, 0)$，$(-\sqrt{a^2-b^2}, 0)$

2 楕円上の点から 2 つの焦点までの距離の和は **$2a$**

3 長軸の長さは **$2a$**，短軸の長さは **$2b$**

4 曲線は x 軸，y 軸，原点 O に関して対称

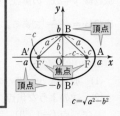

基本 例題 **95** 楕円の焦点，長軸・短軸の長さ ◐

次の楕円の焦点，長軸・短軸の長さを求め，その概形をかけ。

(1) $\dfrac{x^2}{25}+\dfrac{y^2}{9}=1$ (2) $16x^2+9y^2=144$

CHART & GUIDE

楕円 $\dfrac{x^2}{a^2}+\dfrac{y^2}{b^2}=1$ $(a>0,\ b>0)$

概形は $a,\ b$ の大小で判断

$a>b$ のとき 焦点が x 軸上にある楕円（概形は横長）
$a<b$ のとき 焦点が y 軸上にある楕円（概形は縦長）—→ 下の Lecture 参照。

解答

(1) $\dfrac{x^2}{5^2}+\dfrac{y^2}{3^2}=1$

焦点は $\sqrt{5^2-3^2}=4$ から
　　2点 $(4,\ 0),\ (-4,\ 0)$
長軸の長さは $2\cdot5=10$
短軸の長さは $2\cdot3=6$　概形は〔図〕

(2) $16x^2+9y^2=144$ から $\dfrac{x^2}{3^2}+\dfrac{y^2}{4^2}=1$

焦点は $\sqrt{4^2-3^2}=\sqrt{7}$ から
　　2点 $(0,\ \sqrt{7}),\ (0,\ -\sqrt{7})$
長軸の長さは $2\cdot4=8$
短軸の長さは $2\cdot3=6$　概形は〔図〕

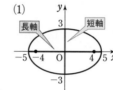

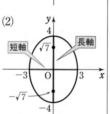

◀ 5>3 であるから，焦点が x 軸上にある楕円。
—→ 長軸は x 軸上，短軸は y 軸上にある。

◀ 概形をかく際，座標軸との交点の座標を示しておく。

◀ 両辺を 144 で割って ＝1 の形に。
3<4 であるから，焦点が y 軸上にある楕円。
—→ 長軸は y 軸上，短軸は x 軸上にある。

Lecture 焦点が y 軸上にある楕円

$b>c>0$ のとき，2点 $F(0,\ c),\ F'(0,\ -c)$ を焦点とし，この2点からの距離の和が $2b$ である楕円の方程式は，前ページと同様に考えて，

$\sqrt{b^2-c^2}=a$ とおくと，$b>a>0$ であり　$\dfrac{x^2}{a^2}+\dfrac{y^2}{b^2}=1$

このとき，焦点 $F,\ F'$ の座標は，$c=\sqrt{b^2-a^2}$ から，
$F(0,\ \sqrt{b^2-a^2}),\ F'(0,\ -\sqrt{b^2-a^2})$ となる。この楕円の長軸は y 軸上，短軸は x 軸上にあり，その長さはそれぞれ $2b,\ 2a$ である。

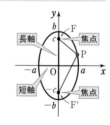

TRAINING 95 ①

次の楕円の焦点，長軸・短軸の長さを求め，その概形をかけ。

(1) $\dfrac{x^2}{16}+\dfrac{y^2}{9}=1$ (2) $9x^2+4y^2=36$

基 例題
本 **96** 楕円の方程式の決定　　　　　　　　　　◎◎／◢

次の条件を満たす楕円の方程式を求めよ。

(1)　2点 $(\sqrt{7},\ 0)$, $(-\sqrt{7},\ 0)$ を焦点とし，焦点からの距離の和が 8 である

(2)　2点 $(0,\ 3)$, $(0,\ -3)$ を焦点とし，焦点からの距離の和が 12 である

CHART
& GUIDE

楕円の方程式
焦点が x 軸上か，y 軸上かを見極める

焦点が x 軸上 …… $\dfrac{x^2}{a^2}+\dfrac{y^2}{b^2}=1$ $(a>b>0)$, 焦点からの距離の和は　$2a$

焦点が y 軸上 …… $\dfrac{x^2}{a^2}+\dfrac{y^2}{b^2}=1$ $(b>a>0)$, 焦点からの距離の和は　$2b$

解答

(1)　求める方程式は $\dfrac{x^2}{a^2}+\dfrac{y^2}{b^2}=1$ $(a>b>0)$ とおける。　　　◆焦点が x 軸上にある。

　　焦点からの距離の和について，$2a=8$ であるから　　$a=4$

　　焦点の座標について，$\sqrt{a^2-b^2}=\sqrt{7}$ であるから　　　◆両辺を2乗すると
$$b^2=a^2-(\sqrt{7})^2=16-7=9$$
　　　　　　　　　　　　　　　　　　　　　　　　　　　　　　　$a^2-b^2=(\sqrt{7})^2$
　　　　　　　　　　　　　　　　　　　　　　　　　　　　　　　よって
　　したがって，求める方程式は　　$\dfrac{x^2}{16}+\dfrac{y^2}{9}=1$　　　　　$b^2=a^2-(\sqrt{7})^2$

(2)　求める方程式は $\dfrac{x^2}{a^2}+\dfrac{y^2}{b^2}=1$ $(b>a>0)$ とおける。　　　◆焦点が y 軸上にある。

　　焦点からの距離の和について，$2b=12$ であるから　　$b=6$

　　焦点の座標について，$\sqrt{b^2-a^2}=3$ であるから　　　　　◆両辺を2乗すると
$$a^2=b^2-3^2=36-9=27$$
　　　　　　　　　　　　　　　　　　　　　　　　　　　　　　　$b^2-a^2=3^2$
　　　　　　　　　　　　　　　　　　　　　　　　　　　　　　　よって
　　したがって，求める方程式は　　$\dfrac{x^2}{27}+\dfrac{y^2}{36}=1$　　　　　$a^2=b^2-3^2$

TRAINING 96 ②

次の条件を満たす楕円の方程式を求めよ。

(1)　2点 $(2,\ 0)$, $(-2,\ 0)$ を焦点とし，焦点からの距離の和が $2\sqrt{5}$ である

(2)　2点 $(0,\ \sqrt{5})$, $(0,\ -\sqrt{5})$ を焦点とし，焦点からの距離の和が 6 である

例題
97 円と楕円 ◑

円 $x^2+y^2=16$ を，x 軸をもとにして y 軸方向に $\dfrac{1}{2}$ 倍してできる楕円の方程式を求めよ。 〔北海道工大〕

CHART & GUIDE

円と楕円
楕円は円を座標軸方向に拡大・縮小したもの

1 円上の点を $\mathrm{Q}(s,\ t)$ とし，Q と x 軸の距離を $\dfrac{1}{2}$ 倍にした点を $\mathrm{P}(x,\ y)$ とする。

2 P，Q の関係から，s，t をそれぞれ x，y で表す。

3 点 Q は円上にあるから $\quad s^2+t^2=16$
　　これに **2** で求めた式を代入して，つなぎの文字 s，t を消去する。

4章
18
楕円

解答

円上の点 $\mathrm{Q}(s,\ t)$ が移る点を $\mathrm{P}(x,\ y)$ 　　　　　　　　　　　　　　　　　　　　　　← 手順 **1**

とすると $\quad x=s,\ y=\dfrac{1}{2}t$ 　　　　　　　　　　　　　　　　　　　　← y 座標を $\dfrac{1}{2}$ 倍。

すなわち $\quad s=x,\ t=2y$ ……… ① 　　　　　　　　　　　　　　　　　　← 手順 **2**

点 Q は円上にあるから $\quad s^2+t^2=16$ 　　　　　　　　　　　　　　← 手順 **3**

① を代入して $\quad x^2+(2y)^2=16$

したがって $\quad \dfrac{x^2}{16}+\dfrac{y^2}{4}=1$

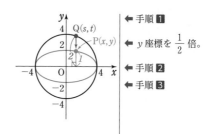

Lecture 円と楕円

上の例題と同様に考えて，円 $x^2+y^2=a^2$ を，x 軸をもとにして y 軸方向に $\dfrac{b}{a}$ 倍に拡大または縮小すると，曲線 $x^2+\left(\dfrac{a}{b}y\right)^2=a^2$ すなわち，楕円 $\dfrac{x^2}{a^2}+\dfrac{y^2}{b^2}=1$ が得られ，円 $x^2+y^2=b^2$ を，y 軸をもとにして **x 軸方向に** $\dfrac{a}{b}$ 倍に拡大または縮小しても，楕円 $\dfrac{x^2}{a^2}+\dfrac{y^2}{b^2}=1$ が得られる。

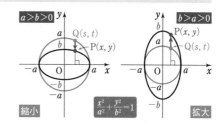

TRAINING 97 ①

(1) 円 $x^2+y^2=4$ を，x 軸をもとにして y 軸方向に 2 倍すると，どのような曲線になるか。

(2) 円 $x^2+y^2=25$ を，y 軸をもとにして x 軸方向に $\dfrac{3}{5}$ 倍すると，どのような曲線になるか。

164

標準
例題
98 軸跡と楕円

座標平面上で，長さが 9 の線分 AB の両端 A，B が，それぞれ x 軸上，y 軸上を動くとき，線分 AB を 1：2 に内分する点Pの軌跡を求めよ。

CHART & GUIDE

点Pの軌跡
P$(x,\ y)$ として，$x,\ y$ の関係式を導く

1. 動点 A，B をそれぞれ A$(s,\ 0)$，B$(0,\ t)$ とし，それに対応して動く点Pの座標を $(x,\ y)$ とする。
2. 線分 AB の長さの条件を，$s,\ t$ で表す。
3. 線分 AB と点Pの関係から，$s,\ t$ をそれぞれ $x,\ y$ で表す。
4. 3 の式を 2 の式に代入して，つなぎの文字 $s,\ t$ を消去する。

解答

A$(s,\ 0)$，B$(0,\ t)$ とし，P$(x,\ y)$ とする。　　←手順 1
AB=9 であるから　　AB^2=9^2
ゆえに　　$s^2+t^2=9^2$ …… ①　　←手順 2
AP：PB=1：2 であるから

$$x=\frac{2s}{1+2},\ y=\frac{1t}{1+2}$$

よって　　$s=\dfrac{3}{2}x,\ t=3y$　　←手順 3

これらを ① に代入すると

$$\left(\frac{3}{2}x\right)^2+(3y)^2=9^2 \quad \text{すなわち} \quad \frac{x^2}{6^2}+\frac{y^2}{3^2}=1$$

←手順 4
両辺を 9^2 で割って，=1 の形に。

ゆえに，点Pは楕円 $\dfrac{x^2}{36}+\dfrac{y^2}{9}=1$ 上にある。

逆に，この楕円上のすべての点 P$(x,\ y)$ は，条件を満たす。

したがって，点Pの軌跡は　　**楕円 $\dfrac{x^2}{36}+\dfrac{y^2}{9}=1$**

←曲線名を書くことを忘れずに。

参考 一般に，座標平面上において，長さが a の線分 AB の両端 A，B がそれぞれ x 軸上，y 軸上を動くとき，線分 AB を $m:n$（ただし，$m>0,\ n>0,\ m\neq n$）に内分する点Pの軌跡は　楕円 $\dfrac{x^2}{\left(\dfrac{n}{m+n}a\right)^2}+\dfrac{y^2}{\left(\dfrac{m}{m+n}a\right)^2}=1$ である。このことは，上の解答と同様にして導かれる。

TRAINING 98 ③

座標平面上で，長さが 6 の線分 AB の両端 A，B が，それぞれ y 軸上，x 軸上を動くとき，線分 AB を 3：1 に外分する点Pの軌跡を求めよ。

Let's Start

19 双 曲 線

この節では，２定点からの距離の差が一定である点の軌跡について学んでいきましょう。

■ 双曲線の方程式

> **双曲線** 平面上で，２定点 F，F′ からの**距離の差**が 0 でなく一定である点の軌跡。

２定点 F，F′ を双曲線の **焦点** という。なお，焦点 F，F′ からの距離の差は線分 FF′ の長さより小さいものとする。

２定点 F$(c, 0)$，F′$(-c, 0)$ $[c>0]$ を焦点とし，この２点からの距離の差が $2a$ である双曲線 C の方程式を求めてみよう。

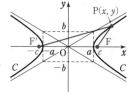

双曲線 C 上の点を P(x, y) とすると，$|PF-PF'|<FF'$ から

$$2a<2c \qquad すなわち \qquad c>a>0$$

$|PF-PF'|=2a$ から $\quad \sqrt{(x-c)^2+y^2}-\sqrt{(x+c)^2+y^2}=\pm 2a$

よって $\quad \sqrt{(x-c)^2+y^2}=\pm 2a+\sqrt{(x+c)^2+y^2}$

両辺を 2 乗して整理すると $\quad \pm a\sqrt{(x+c)^2+y^2}=a^2+cx$

再び両辺を 2 乗して整理すると $\quad (c^2-a^2)x^2-a^2y^2=a^2(c^2-a^2)$

$c>a$ から，$\sqrt{c^2-a^2}=b$ とおくと，$b>0$ であり $\quad b^2x^2-a^2y^2=a^2b^2$

両辺を a^2b^2 で割ると $\quad \dfrac{x^2}{a^2}-\dfrac{y^2}{b^2}=1$ …… ①

逆に，① を満たす点 P(x, y) は $|PF-PF'|=2a$ を満たす。

① を双曲線の方程式の **標準形** という。

ここで，$\sqrt{c^2-a^2}=b$ であるから，$c=\sqrt{a^2+b^2}$ である。

よって，焦点 F，F′ の座標は

$$F(\sqrt{a^2+b^2}, 0), \quad F'(-\sqrt{a^2+b^2}, 0)$$

となる。

焦点 F，F′ を通る直線 FF′ と双曲線の 2 つの交点を **頂点**，線分 FF′ の中点を双曲線の **中心** という。

さらに，右の図からわかるように，双曲線 ① は原点から限りな

く遠ざかると，2 直線 $y=\dfrac{b}{a}x$ …… ②，$y=-\dfrac{b}{a}x$ …… ③ に

限りなく近づく。

一般に，このような直線を曲線の **漸近線** という。2 直線 ②，③
は双曲線 ① の漸近線である。

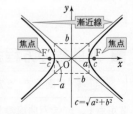

原点から遠ざかるほど
この幅は小さくなる

双曲線 $\dfrac{x^2}{a^2}-\dfrac{y^2}{b^2}=1$ $(a>0,\ b>0)$

1　焦点は　2 点 $(\sqrt{a^2+b^2},\ 0),\ (-\sqrt{a^2+b^2},\ 0)$

2　双曲線上の点から 2 つの焦点までの<u>距離の差</u>は　$2a$

3　漸近線は　2 直線 $y=\dfrac{b}{a}x,\ y=-\dfrac{b}{a}x$

4　曲線は x 軸，y 軸，原点 O に関して対称

一般に，双曲線 $\dfrac{x^2}{a^2}-\dfrac{y^2}{a^2}=1$ の漸近線は 2 直線 $y=x$，$y=-x$ であり，これらは直角に

交わる。このように直角に交わる漸近線をもつ双曲線を **直角双曲線** という。

ここまでで学んだ放物線，楕円，双曲線および円は，x，y の 2 次方程式で表される。こ
れらの曲線をまとめて **2 次曲線** という。

双曲線の性質は理解できたでしょうか。実際の問題に取り組んでみましょう。

基本 例題
99 双曲線の焦点と漸近線

次の双曲線の焦点と漸近線を求め，その概形をかけ。

(1) $\dfrac{x^2}{25} - \dfrac{y^2}{16} = 1$ 　　　　(2) $\dfrac{x^2}{16} - \dfrac{y^2}{25} = -1$

CHART & GUIDE

双曲線の方程式 $(a > 0,\ b > 0)$

焦点が x 軸上：$\dfrac{x^2}{a^2} - \dfrac{y^2}{b^2} = 1$，焦点が y 軸上：$\dfrac{x^2}{a^2} - \dfrac{y^2}{b^2} = -1$

① 4点 $(a,\ b),\ (a,\ -b),\ (-a,\ b),\ (-a,\ -b)$ を通る長方形を（点線で）かく。
② ① の長方形の対角線をもとに漸近線をかく。
③ ② の漸近線に近づくように双曲線をかく。

解答

(1) $\dfrac{x^2}{5^2} - \dfrac{y^2}{4^2} = 1$，$\sqrt{5^2 + 4^2} = \sqrt{41}$ から

　焦点は 2点 $(\sqrt{41},\ 0),\ (-\sqrt{41},\ 0)$
　漸近線は 2直線

$$y = \dfrac{4}{5}x,\quad y = -\dfrac{4}{5}x \quad 〔図〕$$

(2) $\dfrac{x^2}{4^2} - \dfrac{y^2}{5^2} = -1$，$\sqrt{4^2 + 5^2} = \sqrt{41}$ から

　焦点は 2点 $(0,\ \sqrt{41}),\ (0,\ -\sqrt{41})$
　漸近線は 2直線

$$y = \dfrac{5}{4}x,\quad y = -\dfrac{5}{4}x \quad 〔図〕$$

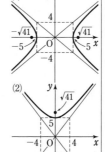

(1)は $= 1$ の形で焦点は x 軸上。
(2)は $= -1$ の形で焦点は y 軸上。

注意 双曲線

$\dfrac{x^2}{a^2} - \dfrac{y^2}{b^2} = \pm 1$ の漸近線は，

$= \pm 1$ を $= 0$ におき換えた

$\dfrac{x^2}{a^2} - \dfrac{y^2}{b^2} = 0^{(*)}$ と同値。

$\left[\begin{array}{l} (*) \iff \left(\dfrac{x}{a} - \dfrac{y}{b}\right)\left(\dfrac{x}{a} + \dfrac{y}{b}\right) = 0 \\ \iff y = \dfrac{b}{a}x,\quad y = -\dfrac{b}{a}x \end{array} \right]$

Lecture y 軸上に焦点がある双曲線

$c > b > 0$ のとき，2点 $F(0,\ c),\ F'(0,\ -c)$ を焦点とし，この2点からの距離の差が $2b$ である双曲線の方程式は，$\sqrt{c^2 - b^2} = a$ とすると

$$\dfrac{x^2}{a^2} - \dfrac{y^2}{b^2} = -1$$

このとき，焦点の座標は $c = \sqrt{a^2 + b^2}$ から，$F(0,\ \sqrt{a^2 + b^2})$，
$F'(0,\ -\sqrt{a^2 + b^2})$ であり，頂点は2点 $(0,\ b),\ (0,\ -b)$，
漸近線は2直線 $y = \dfrac{b}{a}x,\quad y = -\dfrac{b}{a}x$ である。

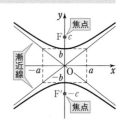

TRAINING 99 ①

次の双曲線の焦点と漸近線を求め，その概形をかけ。

(1) $\dfrac{x^2}{25} - \dfrac{y^2}{4} = 1$ 　　(2) $x^2 - y^2 = 4$ 　　(3) $25x^2 - 9y^2 = -225$

基本 例題
100 双曲線の方程式の決定

次の条件を満たす双曲線の方程式を求めよ。
(1) 2点 $(3\sqrt{5}, 0)$, $(-3\sqrt{5}, 0)$ を焦点とし, 焦点からの距離の差が 6 である
(2) 2点 $(0, 6)$, $(0, -6)$ を焦点とし, 焦点からの距離の差が 2 である

CHART & GUIDE

双曲線の方程式
焦点が x 軸上か, y 軸上かを見極める

焦点が x 軸上 …… $\dfrac{x^2}{a^2} - \dfrac{y^2}{b^2} = 1$, 焦点からの距離の差は $2a$

焦点が y 軸上 …… $\dfrac{x^2}{a^2} - \dfrac{y^2}{b^2} = -1$, 焦点からの距離の差は $2b$

解答

(1) 求める方程式は $\dfrac{x^2}{a^2} - \dfrac{y^2}{b^2} = 1$ $(a>0,\ b>0)$ とおける。　　◀ 焦点が x 軸上にある。

　焦点からの距離の差について, $2a=6$ であるから　　　$a=3$

　焦点の座標について, $\sqrt{a^2+b^2} = 3\sqrt{5}$ であるから　　◀ 両辺を2乗すると
$$b^2 = (3\sqrt{5})^2 - a^2 = 45 - 9 = 36$$
　　　　　　　　　　　　　　　　　　　　　　　　　　　　$a^2+b^2 = (3\sqrt{5})^2$
　　　　　　　　　　　　　　　　　　　　　　　　　　　　よって
　よって, 求める双曲線の方程式は　　　$\dfrac{x^2}{9} - \dfrac{y^2}{36} = 1$　　　$b^2 = (3\sqrt{5})^2 - a^2$

(2) 求める方程式は $\dfrac{x^2}{a^2} - \dfrac{y^2}{b^2} = -1$ $(a>0,\ b>0)$ とおける。　　◀ 焦点が y 軸上にある。

　焦点からの距離の差について, $2b=2$ であるから　　　$b=1$

　焦点の座標について, $\sqrt{a^2+b^2} = 6$ であるから　　◀ 両辺を2乗すると
$$a^2 = 6^2 - b^2 = 36 - 1 = 35$$
　　　　　　　　　　　　　　　　　　　　　　　　　　　　$a^2+b^2 = 6^2$
　　　　　　　　　　　　　　　　　　　　　　　　　　　　よって
　よって, 求める双曲線の方程式は　　　$\dfrac{x^2}{35} - y^2 = -1$　　　$a^2 = 6^2 - b^2$

TRAINING 100 ②

次の条件を満たす双曲線の方程式を求めよ。
(1) 2点 $(3\sqrt{2}, 0)$, $(-3\sqrt{2}, 0)$ を焦点とし, 焦点からの距離の差が 6 である
(2) 2点 $(0, \sqrt{26})$, $(0, -\sqrt{26})$ を焦点とし, 焦点からの距離の差が $6\sqrt{2}$ である

STEP *into* ここで整理

放物線・楕円・双曲線の性質

第17節～第19節で学んだ2次曲線の性質を，今一度ここでまとめておきましょう。

	方程式	焦点 F，F′ など	対称性	性質	グラフ
放物線	$y^2=4px$ $(p \neq 0)$ [標準形]	F$(p, 0)$ 準線：$x=-p$ 軸：x軸 頂点：原点	x軸に関して対称。	放物線上の点Pから焦点と準線までの距離が等しい。	
	$x^2=4py$ $(p \neq 0)$	F$(0, p)$ 準線：$y=-p$ 軸：y軸 頂点：原点	y軸に関して対称。		
楕円	$\dfrac{x^2}{a^2}+\dfrac{y^2}{b^2}=1$ $(a>b>0)$ [標準形]	F$(\sqrt{a^2-b^2}, 0)$ F′$(-\sqrt{a^2-b^2}, 0)$ 長軸の長さ：$2a$ 短軸の長さ：$2b$	x軸，y軸，原点に関して対称。	楕円上の点Pと2つの焦点までの距離の和が一定で$2a$に等しい。	
	$\dfrac{x^2}{a^2}+\dfrac{y^2}{b^2}=1$ $(b>a>0)$	F$(0, \sqrt{b^2-a^2})$ F′$(0, -\sqrt{b^2-a^2})$ 長軸の長さ：$2b$ 短軸の長さ：$2a$		楕円上の点Pと2つの焦点までの距離の和が一定で$2b$に等しい。	
双曲線	$\dfrac{x^2}{a^2}-\dfrac{y^2}{b^2}=1$ $(a>0, b>0)$ [標準形]	F$(\sqrt{a^2+b^2}, 0)$ F′$(-\sqrt{a^2+b^2}, 0)$ 漸近線： $y=\dfrac{b}{a}x, y=-\dfrac{b}{a}x$	x軸，y軸，原点に関して対称。	双曲線上の点Pと2つの焦点までの距離の差が一定で$2a$に等しい。	
	$\dfrac{x^2}{a^2}-\dfrac{y^2}{b^2}=-1$ $(a>0, b>0)$	F$(0, \sqrt{a^2+b^2})$ F′$(0, -\sqrt{a^2+b^2})$ 漸近線： $y=\dfrac{b}{a}x, y=-\dfrac{b}{a}x$		双曲線上の点Pと2つの焦点までの距離の差が一定で$2b$に等しい。	

20 2次曲線の平行移動

> 放物線，楕円，双曲線などは，いずれも x, y の方程式 $F(x, y)=0$ で表される。
> 一般に，x, y の方程式 $F(x, y)=0$ が与えられたとき，この方程式が曲線を表すならば，この曲線を**方程式 $F(x, y)=0$ の表す曲線**，または
> **曲線 $F(x, y)=0$** という。
> また，方程式 $F(x, y)=0$ を，この **曲線の方程式** という。曲線 $F(x, y)=0$ は，方程式 $F(x, y)=0$ の解 (x, y) を座標平面上の図形として表したものである。

 この節では，2次曲線を平行移動した曲線の方程式について学びましょう。

■ 2次曲線の平行移動

↩ **Play Back**

> ■ 放物線の平行移動（数学Ⅰ）
> 　　放物線 $y=ax^2$ を x 軸方向に p，y 軸方向に q だけ
> 　　平行移動すると，放物線 $y=a(x-p)^2+q$ に移る。

このことは，一般の曲線 $F(x, y)=0$ についても成り立つ。

──── **曲線 $F(x, y)=0$ の平行移動** ────

曲線 $F(x, y)=0$ を x 軸方向に p，y 軸方向に q だけ平行移動すると，移動後の曲線の方程式は　　$F(x-p, y-q)=0$

証明 この平行移動によって，曲線 $F(x, y)=0$ 上の点 $Q(s, t)$ が点 $P(x, y)$ に移されるとすると

$$x=s+p, \quad y=t+q$$

すなわち　$s=x-p, \quad t=y-q$

これを $F(s, t)=0$ に代入して　　$F(x-p, y-q)=0$

これが平行移動後の曲線の方程式である。

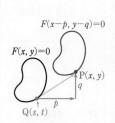

例 楕円 $\dfrac{x^2}{3^2}+\dfrac{y^2}{2^2}=1$ …… ① を x 軸方向に 3，y 軸方向に 2 だけ平行移動した図形は

　　　$\overset{\frown}{}$ x を $x-3$，y を $y-2$ でおき換える。

　　楕円 $\dfrac{(x-3)^2}{3^2}+\dfrac{(y-2)^2}{2^2}=1$ …… ②

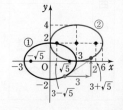

基本 101 2次曲線の平行移動

双曲線 $\dfrac{x^2}{4}-\dfrac{y^2}{9}=1$ を x 軸方向に 2，y 軸方向に -3 だけ平行移動するとき，移動後の曲線の方程式，焦点の座標，漸近線の方程式をそれぞれ求めよ。

CHART & GUIDE

x 軸方向に p，y 軸方向に q だけ平行移動するとき

$$\text{曲線 } F(x,\ y)=0 \xrightarrow{\text{移動}} \text{曲線 } F(x-p,\ y-q)=0 \qquad \leftarrow x \text{ を } x-p,$$
$$\text{点 } (x_1,\ y_1) \xrightarrow{\text{移動}} \text{点 } (x_1+p,\ y_1+q) \qquad y \text{ を } y-q \text{ に}$$
$$\leftarrow x \text{ 軸方向に } +p,$$
$$y \text{ 軸方向に } +q$$

移動後の焦点や漸近線は，もとの双曲線の焦点や漸近線を，x 軸方向に p，y 軸方向に q だけ平行移動したもの。

解答

移動後の双曲線の方程式は

$$\frac{(x-2)^2}{4}-\frac{(y+3)^2}{9}=1$$

双曲線 $\dfrac{x^2}{4}-\dfrac{y^2}{9}=1$ の焦点は，$\sqrt{4+9}=\sqrt{13}$ より，

2 点 $(\sqrt{13},\ 0)$，$(-\sqrt{13},\ 0)$ であるから，

移動後の焦点の座標は

$$(\sqrt{13}+2,\ 0-3),\ (-\sqrt{13}+2,\ 0-3)$$

すなわち $(2+\sqrt{13},\ -3),\ (2-\sqrt{13},\ -3)$

双曲線 $\dfrac{x^2}{4}-\dfrac{y^2}{9}=1$ の漸近線は 2 直線 $y=\dfrac{3}{2}x$，$y=-\dfrac{3}{2}x$

であるから，**移動後の漸近線の方程式は**

$$y+3=\frac{3}{2}(x-2),\ y+3=-\frac{3}{2}(x-2)$$

すなわち $3x-2y-12=0$，$3x+2y=0$

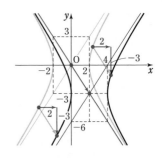

◀ 直線 $lx+my+n=0$ を x 軸方向に p，y 軸方向に q だけ平行移動した直線の方程式は
$$l(x-p)+m(y-q)+n=0$$

TRAINING 101 ①

次の 2 次曲線を x 軸方向に -3，y 軸方向に 2 だけ平行移動するとき，移動後の曲線の方程式と，焦点の座標を，さらに (3) は漸近線の方程式も求めよ。

(1) 放物線 $y^2=-4x$ 　　　　　　　(2) 楕円 $\dfrac{x^2}{25}+\dfrac{y^2}{16}=1$

(3) 双曲線 $\dfrac{x^2}{7}-\dfrac{y^2}{9}=1$

基本 例題 **102** $ax^2+by^2+cx+dy+e=0$ の表す図形

次の x, y の方程式はどのような図形を表すか。

(1) $4x^2+9y^2-8x+36y+4=0$

(2) $9x^2-4y^2+54x+16y-79=0$

解説動画へGO!!

CHART & GUIDE

$ax^2+by^2+cx+dy+e=0$ の表す図形

x, y について平方完成する

(1) $ax^2+cx=a\left(x+\dfrac{c}{2a}\right)^2-\dfrac{c^2}{4a}$ などから $\dfrac{(x-p)^2}{A^2}+\dfrac{(y-q)^2}{B^2}=1$ に変形。

この方程式の表す図形は，楕円 $\dfrac{x^2}{A^2}+\dfrac{y^2}{B^2}=1$ を x 軸方向に p, y 軸方向に q だけ平行移動したものである。(2) も同様。

解答

(1) 方程式から

$$4(x^2-2x+1^2)-4\cdot1^2+9(y^2+4y+2^2)-9\cdot2^2+4=0$$

よって，$4(x-1)^2+9(y+2)^2=36$ から

$$\dfrac{(x-1)^2}{9}+\dfrac{(y+2)^2}{4}=1 \cdots\cdots ①$$

① は 楕円 $\dfrac{x^2}{9}+\dfrac{y^2}{4}=1 \cdots\cdots ②$ を x 軸方向に 1, y 軸方向に -2 だけ平行移動した楕円 を表す。

← 両辺を 36 で割って，$=1$ の形に。

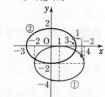

(2) 方程式から

$$9(x^2+6x+3^2)-9\cdot3^2-4(y^2-4y+2^2)+4\cdot2^2-79=0$$

よって，$9(x+3)^2-4(y-2)^2=144$ から

$$\dfrac{(x+3)^2}{16}-\dfrac{(y-2)^2}{36}=1 \cdots\cdots ③$$

③ は 双曲線 $\dfrac{x^2}{16}-\dfrac{y^2}{36}=1 \cdots\cdots ④$ を x 軸方向に -3, y 軸方向に 2 だけ平行移動した双曲線 を表す。

← 両辺を 144 で割って，$=1$ の形に。

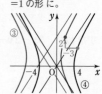

TRAINING 102 ②★

次の方程式はどのような曲線を表すか。楕円なら中心と焦点，双曲線なら頂点，焦点と漸近線，放物線なら頂点，焦点と準線を求めよ。

(1) $4x^2+9y^2-16x+54y+61=0$

(2) $25x^2-4y^2+100x-24y-36=0$

(3) $y^2-4x-2y-7=0$

ズーム
UP

$ax^2+by^2+cx+dy+e=0$ の表す図形について

方程式 $ax^2+by^2+cx+dy+e=0$ がどのような図形を表すかをさらに調べてみましょう。

● $ax^2+by^2+cx+dy+e=0$ の表す図形の具体例

例 1. 方程式 $9x^2+4y^2+54x-16y+61=0$ の表す図形

変形すると $\dfrac{(x+3)^2}{4}+\dfrac{(y-2)^2}{9}=1$

これは，楕円 $\dfrac{x^2}{4}+\dfrac{y^2}{9}=1$ を x 軸方向に -3，y 軸方向に 2 だけ平行移動した楕円を表す。また，焦点は，2 点 $(-3,\ 2+\sqrt{5}\,)$，$(-3,\ 2-\sqrt{5}\,)$ である。

例 2. 方程式 $16x^2-9y^2+64x+18y+199=0$ の表す図形

変形すると $\dfrac{(x+2)^2}{9}-\dfrac{(y-1)^2}{16}=-1$

これは，双曲線 $\dfrac{x^2}{9}-\dfrac{y^2}{16}=-1$ を x 軸方向に -2，y 軸方向に 1 だけ平行移動した双曲線を表す。また，焦点は，2 点 $(-2,\ 6)$，$(-2,\ -4)$ であり，漸近線は，2 直線 $y=\dfrac{4}{3}x+\dfrac{11}{3}$，$y=-\dfrac{4}{3}x-\dfrac{5}{3}$ である。

例 3. 方程式 $y^2+8x+4y+12=0$ の表す図形

変形すると $(y+2)^2=-8(x+1)$

これは，放物線 $y^2=-8x$ を x 軸方向に -1，y 軸方向に -2 だけ平行移動した放物線を表す。また，焦点は，点 $(-3,\ -2)$ であり，準線は，直線 $x=1$ である。

一般に，方程式 $ax^2+by^2+cx+dy+e=0$ …… Ⓐ が与えられたとき，上のように $\dfrac{(x-p)^2}{A^2}+\dfrac{(y-q)^2}{B^2}=1$，$\dfrac{(x-p)^2}{A^2}-\dfrac{(y-q)^2}{B^2}=1$，$(y-q)^2=4A(x-p)$ などの形に変形できれば，Ⓐ は p.169 で取り上げた 2 次曲線を平行移動した図形を表すことがわかる。

なお，Ⓐ が次の 2 次曲線を表すとき，a，b は次のようになっている。

円：$a=b(\neq0)$　　楕円：$ab>0$（$a=b$ のときは円）
双曲線：$ab<0$　　放物線：$ab=0$（ただし，$a=b=0$ ではない。） $\Big\}$ …… (∗)

注意 (∗)の逆は成り立たない。例えば，方程式 $4x^2+9y^2-8x-36y+40=0$ について，上のように変形すると

$$\dfrac{(x-1)^2}{9}+\dfrac{(y-2)^2}{4}=0 \ (\longleftarrow \text{右辺が } 0)$$

これを満たす実数 x，y は $x=1$，$y=2$
すなわち，この方程式が表す図形は，点 $(1,\ 2)$ となる。
このように，$ab>0$ であっても楕円にならない場合がある。

Let's Start

21 2次曲線と直線

 この節では，2次曲線と直線の関係について学んでいきましょう。

■ 2次曲線と直線の，共有点の座標と位置関係

円と直線の 共有点の座標 は，円と直線の方程式を 連立方程式とみてそれを解く ことによって求められた。これは，2次曲線と直線の共有点についても同様である。

例　双曲線 $4x^2-y^2=4$ …… ① と直線 $4x+\sqrt{3}\,y=-2$ …… ② の共有点

　①，②から x を消去 すると　　$y^2-4\sqrt{3}\,y+12=0$ …… ③　← ③の判別式 D について

　よって，$(y-2\sqrt{3}\,)^2=0$ から　　$y=2\sqrt{3}$

$$D=(-4\sqrt{3}\,)^2-4\cdot1\cdot12$$
$$=0 \longrightarrow 共有点は1個。$$

　したがって，1つの共有点 $(-2,\ 2\sqrt{3}\,)$ をもつ。

例 のように，2次曲線と直線の方程式から1変数を消去して得られた2次方程式[*] について，（＊）の判別式 D が $D=0$ となるとき，この2次曲線と直線は 接する といい，その直線を 接線，共有点を 接点 という。

円と直線の位置関係には，**異なる2点で交わる，接する，共有点をもたない** の3パターンがあるが，2次曲線と直線の位置関係では，これ以外に（**接点でない）1点で交わる** という場合がある（右の図）。なお，円と直線の場合と同様に，2次曲線と直線の共有点の個数と，2次方程式（＊）の判別式 D の符号には密接な関係があり，次のようにまとめられる。

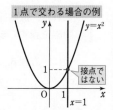

2次曲線 $F(x,\ y)=0$ …… ① と直線 $lx+my+n=0$ …… ② の位置関係

	異なる2点で交わる	1点で交わる	1点で接する	共有点をもたない
連立方程式①，②の解	異なる2組の実数解をもつ	1組の実数解をもつ	1組の実数解をもつ	実数解をもたない
1変数を消去した方程式の解	異なる2つの実数解をもつ	1つの実数解をもつ	実数の重解をもつ	実数解をもたない
（＊）の判別式 D の符号	$D>0$		$D=0$	$D<0$

基本 例題 103 2次曲線と直線の共有点の座標

次の2次曲線と直線は共有点をもつか。共有点をもつ場合は，交点か接点かを述べ，その点の座標を求めよ。

(1) $x^2-y^2=1$, $x-2y=0$

(2) $x^2+4y^2=20$, $x-y+5=0$

(3) $y^2=4x$, $x+y+2=0$

CHART & GUIDE

2次曲線 Ⓐ と直線 Ⓑ の共有点の座標 ⟺ 連立方程式 Ⓐ，Ⓑ の実数解

1 直線の式(1次式)を2次曲線の式に代入し，1変数を消去する。

2 1 の方程式を解き，x(またはy)の値を求める。

3 直線の式を用いて，xに対応するyの値(またはyに対応するxの値)を求める。

解答

2次曲線の方程式を①，直線の方程式を②とする。

(1) ②から $x=2y$ …… ③(*)

①に代入して $(2y)^2-y^2=1$

ゆえに，$y^2=\dfrac{1}{3}$ から $y=\pm\dfrac{1}{\sqrt{3}}$

③から

$y=\dfrac{1}{\sqrt{3}}$ のとき $x=\dfrac{2}{\sqrt{3}}$，$y=-\dfrac{1}{\sqrt{3}}$ のとき $x=-\dfrac{2}{\sqrt{3}}$

よって，2つの **交点** $\left(\dfrac{2}{\sqrt{3}},\ \dfrac{1}{\sqrt{3}}\right)$, $\left(-\dfrac{2}{\sqrt{3}},\ -\dfrac{1}{\sqrt{3}}\right)$ をもつ。

(2) ②から $y=x+5$ …… ④

①に代入して $x^2+4(x+5)^2=20$ ゆえに $x^2+8x+16=0$

すなわち，$(x+4)^2=0$ から $x=-4$

このとき，④から $y=1$ よって，**接点 $(-4,\ 1)$ をもつ。**

(3) ②から $x=-y-2$ ①に代入して $y^2=4(-y-2)$

ゆえに $y^2+4y+8=0$ …… ⑤

2次方程式⑤の判別式をDとすると $\dfrac{D}{4}=2^2-1\cdot 8=-4<0$

よって，⑤は実数解をもたないから **共有点をもたない。**

（＊）計算がらくになるように，xを消去する。

(1)
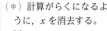

(2)
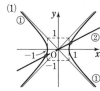

(3)
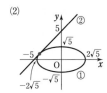

TRAINING 103 ①

次の2次曲線と直線は共有点をもつか。共有点をもつ場合は，交点か接点かを述べ，その点の座標を求めよ。

(1) $4x^2+9y^2=36$, $2x-3y=0$

(2) $y^2=6x$, $2y-x=6$

(3) $4x^2-y^2=4$, $y=2x+1$

基本 例題 104 楕円と直線の共有点の個数

k は定数とする。楕円 $4x^2+y^2=4$ …… ① と直線 $y=-x+k$ …… ② の共有点の個数を求めよ。

CHART & GUIDE

2次曲線と直線の位置関係　判別式の利用

2次曲線と直線が
- 異なる2点で交わる $\iff D>0$
- 接する(共有点1個) $\iff D=0$
- 共有点をもたない $\iff D<0$

■ 2次曲線と直線の方程式から y を消去し，$ax^2+bx+c=0$ の形に整理する。

② ■ でできた2次方程式の判別式 $D=b^2-4ac$ を k の式で表す。

③ 上の同値関係を利用し，k の値の範囲で場合分けして答える。

解答

② を ① に代入すると
$$4x^2+(-x+k)^2=4$$
整理すると　$5x^2-2kx+k^2-4=0^{(*)}$
この x の2次方程式の判別式を D とすると
$$\frac{D}{4}=(-k)^2-5(k^2-4)$$
$$=-4(k+\sqrt{5})(k-\sqrt{5})$$

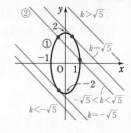

よって，楕円 ① と直線 ② の共有点の個数は次のようになる。

$D>0$ すなわち，$(k+\sqrt{5})(k-\sqrt{5})<0$ から
　　$-\sqrt{5}<k<\sqrt{5}$ のとき　　2個；

$D=0$ すなわち，$(k+\sqrt{5})(k-\sqrt{5})=0$ から
　　$k=\pm\sqrt{5}$ のとき　　1個；

$D<0$ すなわち，$(k+\sqrt{5})(k-\sqrt{5})>0$ から
　　$k<-\sqrt{5}$，$\sqrt{5}<k$ のとき　　0個

← このとき，直線 ② は楕円 ① に接する。

注意　1変数を消去して得られる方程式 $ax^2+bx+c=0$ の処理
p.174 で学んだように，2次曲線と直線の位置関係には，(接点でない)1点で交わる という場合があり，そのとき，2次曲線と直線の方程式から1変数を消去した方程式 [上の解答の($*$)に相当]は1次方程式となる。

方程式 $ax^2+bx+c=0$ の解について
$$ax^2+bx+c=0 \begin{cases} a\neq0 \text{ なら判別式 } D=b^2-4ac \text{ の符号で個数を判断} \\ a=0 \text{ なら1次方程式 } bx+c=0 \text{ の解} \end{cases}$$

TRAINING 104 ②

k は定数とする。楕円 $x^2+4y^2=20$ と直線 $y=\dfrac{1}{2}x+k$ の共有点の個数を求めよ。

例題
標準 105 2次曲線上の点における接線の方程式 ◆◆◆

(1) 放物線 $y^2=8x$ 上の点 $(2,\ 4)$ における接線の方程式を求めよ。

(2) 双曲線 $\dfrac{x^2}{3}-\dfrac{y^2}{2}=1$ 上の点 $(-3,\ 2)$ における接線の方程式を求めよ。

CHART & GUIDE

2次曲線の接線
公式の利用
下の Lecture 参照。

解答

(1) $4y=2\cdot2(x+2)$

すなわち $y=x+2$

(2) $\dfrac{-3x}{3}-\dfrac{2y}{2}=1$

すなわち $y=-x-1$

← $y^2=4\cdot2x$ であるから $p=2$

4章 21

2次曲線と直線

Lecture 2次曲線の接線の方程式

2次曲線 $F(x,\ y)=0$ 上の点 $(x_1,\ y_1)$ における接線の方程式は，次のようになる。

曲線上の点 $(x_1,\ y_1)$ における接線の方程式

放物線 $y^2=4px \longrightarrow y_1y=2p(x+x_1)$

楕円 $\dfrac{x^2}{a^2}+\dfrac{y^2}{b^2}=1 \longrightarrow \dfrac{x_1x}{a^2}+\dfrac{y_1y}{b^2}=1$

双曲線 $\dfrac{x^2}{a^2}-\dfrac{y^2}{b^2}=1 \longrightarrow \dfrac{x_1x}{a^2}-\dfrac{y_1y}{b^2}=1$

TRAINING 105 ③

楕円 $\dfrac{x^2}{4}+\dfrac{y^2}{2}=1$ 上の点 $(\sqrt{2},\ 1)$ における接線の方程式を求めよ。

標
準 例 題
106 2次曲線上にない点から引いた接線の方程式

点 $(1,\ 3)$ から楕円 $\dfrac{x^2}{12}+\dfrac{y^2}{4}=1$ に引いた接線の方程式を求めよ。

CHART
& GUIDE

2次曲線の接線
[1] 接する条件 ⟺ 重解条件 の利用
[2] 公式の利用

[1] の方針
1 接線の方程式を $y-3=m(x-1)$ とおく。
2 1と楕円の方程式から y を消去し,2次方程式 $ax^2+bx+c=0$ を導く。
3 2の2次方程式で,判別式 $D=0$ となることから m の値を定める。

[2] の方針
1 接点の座標を $(a,\ b)$ とおき,楕円の方程式に代入する。
2 点 $(a,\ b)$ における接線の方程式を作る(前ページ Lecture の公式利用)。
3 接線(通る点)の条件から,a, b の関係式を作る。
4 1, 3 でできた式を連立して解き,a, b の値を求める。

解答

[1] の方針　判別式を利用した解法　[接する ⟺ 重解]

点 $(1,\ 3)$ を通る接線は,x 軸に垂直でないから,求める接　◀＿＿の断りは重要。
線の方程式は
$$y-3=m(x-1)\quad すなわち\quad y=mx-(m-3)\ \cdots\cdots ①$$
とおくことができる。

① を楕円の方程式 $x^2+3y^2=12\ \cdots\cdots ②$ に代入すると
$$x^2+3\{mx-(m-3)\}^2=12$$
整理すると
$$(3m^2+1)x^2-6m(m-3)x+3(m-3)^2-12=0\ \cdots\cdots ③$$
◀ x^2 の係数は $3m^2+1\neq0$

x の2次方程式 ③ の判別式を D とすると
$$\frac{D}{4}=\{-3m(m-3)\}^2-(3m^2+1)\{3(m-3)^2-12\}$$
$$=\{9m^2-3(3m^2+1)\}(m-3)^2+12(3m^2+1)$$
$$=33m^2+18m-15=3(m+1)(11m-5)$$

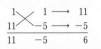

楕円 ② と直線 ① が接するための条件は　　$D=0$　◀楕円 ② と直線 ① が接す
る
ゆえに　　$(m+1)(11m-5)=0$　　よって　　$m=-1,\ \dfrac{5}{11}$　⟶ 2次方程式 ③ が重
解をもつ
求めた m の値を ① に代入すると　⟶ $D=0$
$$m=-1\ のとき\quad y=-x+4$$
$$m=\frac{5}{11}\ のとき\quad y=\frac{5}{11}x+\frac{28}{11}$$

[2] の方針　公式を利用した解法

接点を P(a, b) とすると，P は楕円上にあるから

$$\frac{a^2}{12}+\frac{b^2}{4}=1$$

すなわち　$a^2+3b^2=12$ ……①

また，点 P における接線の方程式は

$$\frac{ax}{12}+\frac{by}{4}=1$$

すなわち　$ax+3by=12$ ……②

この直線 ② が点 $(1, 3)$ を通るから　$a+9b=12$

すなわち　$a=12-9b$ ……③

① と ③ から a を消去して　$(12-9b)^2+3b^2=12$

整理すると　$7b^2-18b+11=0$

ゆえに　$(b-1)(7b-11)=0$

よって　$b=1,\ \dfrac{11}{7}$

③ から　$b=1$ のとき　$a=3$,

$b=\dfrac{11}{7}$ のとき　$a=-\dfrac{15}{7}$

よって，接線の方程式は ② から

$3x+3y=12$　すなわち　$\boldsymbol{x+y=4}$

$-\dfrac{15}{7}x+\dfrac{33}{7}y=12$　すなわち　$\boldsymbol{5x-11y=-28}$

← 楕円の方程式に代入すると成り立つ。

← 楕円 $\dfrac{x^2}{p^2}+\dfrac{y^2}{q^2}=1$ 上の点 (a, b) における接線の方程式は
$$\frac{ax}{p^2}+\frac{by}{q^2}=1$$

$$\begin{array}{ccc} 1 & -1 \longrightarrow & -7 \\ 7 & -11 \longrightarrow & -11 \\ \hline 7 & 11 & -18 \end{array}$$

← 両辺を 3 で割る。

← 両辺に $-\dfrac{7}{3}$ を掛ける。

4章

21

2 次曲線と直線

TRAINING　106 ③ ★

次の 2 次曲線に，与えられた点から引いた接線の方程式を求めよ。

(1)　$x^2-4y^2=4,\ (-2, 3)$　　　　(2)　$y^2=8x,\ (3, 5)$

標
準 例題
107 点と直線からの距離の比が一定な点の軌跡 〇〇〇

点 $F(1, 0)$ からの距離と直線 $\ell : x = -2$ からの距離の比が $1 : 2$ であるような
点Pの軌跡を求めよ。

CHART
& GUIDE

点Pの軌跡
$P(x, y)$ として，x，y の関係式を導く

1 動点Pの座標を (x, y) とする。

2 点Pから直線 ℓ に垂線 PH を下ろすと　　$PF : PH = 1 : 2$
この条件から，x，y の関係式を導く。

3 **2** の関係式を整理して得られる方程式の表す図形を求める。

解答

$P(x, y)$ とし，点Pから直線 ℓ に
垂線 PH を下ろす。

$PF : PH = 1 : 2$ から　　$2PF = PH$ ◀ この条件を2乗して扱う。

ゆえに　　$4PF^2 = PH^2$

よって　　$4\{(x-1)^2 + y^2\} = (x+2)^2$ ◀ 点Pと点Hの y 座標は等
しい。

整理して　$3x^2 - 12x + 4y^2 = 0$

$3(x-2)^2 + 4y^2 = 12$ ‥‥‥ ①

したがって，点Pは楕円 ① 上にある。逆に，楕円 ① 上のすべ （＊）楕円 $\dfrac{x^2}{4} + \dfrac{y^2}{3} = 1$ を，
ての点は条件を満たすから，点Pの軌跡は x 軸方向に 2 だけ平行移動
した図形である。

$$\text{楕円}\ \frac{(x-2)^2}{4} + \frac{y^2}{3} = 1^{(*)}$$

Lecture　**2次曲線と離心率**

楕円・双曲線も放物線と同じように，定点Fと定直線 ℓ からの距離の比が一定である点の軌跡と
して定義できる。すなわち，点Pから直線 ℓ に引いた垂線を PH とするとき，
$PF : PH = e : 1$（e は正の定数）を満たす点Pの軌跡は，F を 1
つの焦点とする 2 次曲線で，ℓ を **準線**，e を 2 次曲線の **離心率** と
いう。

このとき，2 次曲線は，e の値によって次のように分類される。

[1] **$0 < e < 1$ のとき** F を焦点の1つとする **楕円**

[2] **$e = 1$** のとき F を焦点，ℓ を準線とする **放物線**

[3] **$1 < e$** のとき F を焦点の1つとする **双曲線**

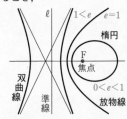

TRAINING 107 ③

点 $F(0, 1)$ からの距離と直線 $\ell : y = -1$ からの距離の比が次のような点Pの軌跡を求
めよ。

(1) $1 : 1$ 　　　　　　(2) $1 : 2$ 　　　　　　(3) $2 : 1$

22　曲線の媒介変数表示

ここまでは，x，y の方程式で表される曲線について考えてきました。
この節では，曲線の別の表し方について学んでいきましょう。

■ 媒介変数表示

曲線 C 上の点の座標 (x, y) が，変数 t を用いて

$$\begin{cases} x=t \\ y=t^2 \end{cases} \cdots\cdots Ⓐ$$

と表されるとき，t の値に対応する x，y の

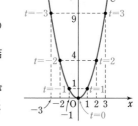

値を調べ，それをもとに座標平面上に点をとり滑らかな線で結ぶと，右の図のような曲線が得られる。

つまり，t に 1 つの値を与えると，それに応じて x，y の値が定まり，点 (x, y) も定まる。そして，t を動かすとⒶで表される点 (x, y) の全体は曲線 C を描く。

また，Ⓐから　$t=x$　これを $y=t^2$ に代入すると　$y=x^2$

よって，t を消去するとⒶは **放物線 $y=x^2$** を表すことがわかる。

一般に，平面上の曲線が 1 つの変数，例えば，t によって

$$x=f(t), \quad y=g(t)$$

の形に表されるとき，これをその曲線の **媒介変数表示**，t を **媒介変数** または **パラメータ** という。

> **注意**　媒介変数による曲線の表し方は 1 通りであるとは限らない。
>
> 　例えば，$x=t+1$，$y=(t+1)^2$ と表された曲線もまた放物線 $y=x^2$ である。

■ 一般角 θ を用いた媒介変数表示

媒介変数表示には，一般角 θ を用いたものもある。

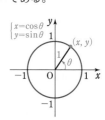

例えば，$x=\cos\theta$，$y=\sin\theta$ …… Ⓑ については，三角関数の公式 $\sin^2\theta+\cos^2\theta=1$ を利用して θ を消去すると

$$x^2+y^2=1$$

つまり，Ⓑは **原点Oを中心とする半径 1 の円（単位円）** を表す。

一般に，原点Oを中心とする半径 a の円 $x^2+y^2=a^2$ …… ① について，この円上に点Pをとり，動径 OP の表す角を θ とすると

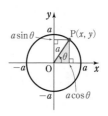

$$x=a\cos\theta, \quad y=a\sin\theta$$

が成り立つ。これは円①の媒介変数表示である。

なお，一般角 θ を用いた媒介変数表示について，θ は弧度法で表した角とする（弧度法については数学Ⅱ参照）。

■ 楕円，双曲線の媒介変数表示

・楕円の媒介変数表示 （$a>0$，$b>0$ とする。）

楕円 $\dfrac{x^2}{a^2}+\dfrac{y^2}{b^2}=1$ …… ① は 円 $x^2+y^2=a^2$ …… ② を，x 軸をもとにして y 軸方向に $\dfrac{b}{a}$ 倍に拡大または縮小したものである（$p.163$ 参照）。よって，円 ② 上の点 $\mathrm{Q}(a\cos\theta,\ a\sin\theta)$ に対し，これを y 軸方向に $\dfrac{b}{a}$ 倍した点を $\mathrm{P}(x,\ y)$ とすると

$$x=a\cos\theta,\quad y=a\sin\theta\times\dfrac{b}{a}=b\sin\theta$$

一般に，これは楕円 ① の媒介変数表示である。

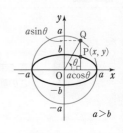

・双曲線の媒介変数表示 （$a>0$，$b>0$ とする。）

三角関数の公式から　　$1+\tan^2\theta=\dfrac{1}{\cos^2\theta}$

よって，$\dfrac{1}{\cos^2\theta}-\tan^2\theta=1$ に注目して $\dfrac{x}{a}=\dfrac{1}{\cos\theta}$，$\dfrac{y}{b}=\tan\theta$

とおくと，点 $\mathrm{P}\left(\dfrac{a}{\cos\theta},\ b\tan\theta\right)$ は双曲線 $\dfrac{x^2}{a^2}-\dfrac{y^2}{b^2}=1$ …… ③ 上を動くことがわかる。

一般に，$x=\dfrac{a}{\cos\theta}$，$y=b\tan\theta$ は双曲線 ③ の媒介変数表示である。

θ は x 軸の正の向き と OT のなす角

■ サイクロイド

半径 a の円 C が，定直線上をすべることなく回転していくとき，円上の定点 P が描く曲線を **サイクロイド** という。

右の図のように，定直線を x 軸とし，P の最初の位置を原点 O として，円が角 θ だけ回転したときの P の座標を $(x,\ y)$ とすると，$\mathrm{OA}=\overparen{\mathrm{AP}}=a\theta$ であるから

$$x=\mathrm{OB}=\mathrm{OA}-\mathrm{BA}=\mathrm{OA}-\mathrm{PD}=a\theta-a\sin\theta$$
$$y=\mathrm{BP}=\mathrm{AD}=\mathrm{AC}-\mathrm{DC}=a-a\cos\theta$$

よって，サイクロイドの媒介変数表示は　　$\boldsymbol{x=a(\theta-\sin\theta),\ y=a(1-\cos\theta)}$

注意 $0\leqq\theta\leqq2\pi$ におけるサイクロイドの概形は，右の図のようになる。

なお，サイクロイドを $x,\ y$ だけの方程式で表すことはできないが，微分法（数学Ⅲ）やコンピュータを利用した曲線の作図（$p.208$）により，曲線の概形をつかむことはできる。

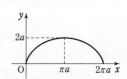

媒介変数表示については理解できましたか。実際の問題に取り組んでみましょう。

>>> 発展例題 123

基本 例題
108 媒介変数表示の曲線 🟡🟡

次の媒介変数表示された曲線は，どのような図形を描くか。

(1) $x=t+1$, $y=3t-2$　　　　(2) $x=\sqrt{t}-1$, $y=t-3\sqrt{t}$

(3) $x=2\cos\theta$, $y=2\sin\theta$

CHART & GUIDE

媒介変数表示された曲線

媒介変数を消去して，x，y だけの式へ

(1) $x=t+1$ から　$t=x-1$　　これを $y=3t-2$ に代入して t を消去。

(2) $y=(\sqrt{t})^2-3\sqrt{t}$ とみて，$\sqrt{t}=x+1$ を代入。$\sqrt{t}\geqq0$ に注意。

(3) かくれた条件 $\sin^2\theta+\cos^2\theta=1$ を利用して，θ を消去する。

解答

(1) $x=t+1$ から　　$t=x-1$

これを $y=3t-2$ に代入すると　　$y=3(x-1)-2$

ゆえに　　$y=3x-5$　　よって　　**直線 $y=3x-5$**

(2) $x=\sqrt{t}-1$ から　　$\sqrt{t}=x+1$

これを $y=(\sqrt{t})^2-3\sqrt{t}$ に代入すると

$$y=(x+1)^2-3(x+1)$$

すなわち　$y=x^2-x-2$

ここで，$\sqrt{t}=x+1\geqq0$ であるから　　$x\geqq-1$

よって　　**放物線 $y=x^2-x-2$ の $x\geqq-1$ の部分**

(3) $\cos\theta=\dfrac{x}{2}$, $\sin\theta=\dfrac{y}{2}$ を $\underline{\sin^2\theta+\cos^2\theta=1}$ に代入すると

$$\left(\frac{y}{2}\right)^2+\left(\frac{x}{2}\right)^2=1$$

よって　　**円 $x^2+y^2=4$**

描く図形を問われているため，解答のように図形の形で表す。

(2) $\sqrt{t}\geqq0$ から，x のとりうる値の範囲が制限される。

(3) （参考）一般角 θ で媒介変数表示された曲線において θ を消去する場合，$\sin^2\theta+\cos^2\theta=1$ の他に，

$1+\tan^2\theta=\dfrac{1}{\cos^2\theta}$ や

2倍角の公式（数学Ⅱ）を利用することもある。

$-1\leqq\sin\theta\leqq1$,

$-1\leqq\cos\theta\leqq1$ などにも注意する。

4章
22
曲線の媒介変数表示

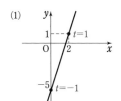

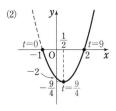

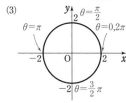

TRAINING 108 ②

次の媒介変数表示された曲線は，どのような図形を描くか。

(1) $x=3t-2$, $y=-6t+5$　　　　(2) $x=t+1$, $y=\sqrt{t}$

(3) $x=\dfrac{\sin\theta}{3}$, $y=\dfrac{\cos\theta}{3}$

基本 例題
109 放物線の頂点の軌跡

(1) 放物線 $y=x^2-2tx+2$ …… Ⓐ の頂点の座標を t で表せ。

(2) t の値が変化するとき，放物線Ⓐの頂点Pはどのような
曲線を描くか。

解説動画へGO!!

CHART
& GUIDE
放物線の頂点の軌跡
頂点の座標を (x, y) とし，x, y だけの式を導く

(1) 放物線の方程式を基本形 $y=a(x-p)^2+q$ に変形。
　　⟶ 頂点の座標は (p, q)

(2) $P(x, y)$ とすると $x=(t\ \text{の式})$，$y=(t\ \text{の式})$　これから t を消去する。

解答

(1) $y=x^2-2tx+2=(x^2-2tx+t^2)-t^2+2$
　　　$=(x-t)^2-t^2+2^{(*)}$

　　よって，放物線Ⓐの頂点の座標は　$(t, -t^2+2)$

(2) $P(x, y)$ とすると，(1)の結果から
　　　　　$x=t$ …… ①，　$y=-t^2+2$ …… ②
　　①を②に代入して，t を消去すると　$y=-x^2+2$
　　よって，頂点Pが描く曲線は　**放物線 $y=-x^2+2$**

(2) t がすべての実数値を
とると，x もすべての実
数値をとり，頂点は放物
線 $y=-x^2+2$ 全体を描
く。

Lecture 動く図形

上の解答の $(*)$ から，放物線 $y=x^2-2tx+2$ は，放物線 $y=x^2$ を
　x 軸方向に t，y 軸方向に $-t^2+2$ だけ平行移動したもの
であることがわかる。
したがって，例えば，頂点の座標は次のようになる。

$t=-2$ のとき $(-2, -2)$ 　　　$t=-1$ のとき $(-1, 1)$
$t=0$ 　のとき $(0, 2)$ 　　　　$t=1$ 　のとき $(1, 1)$
$t=2$ 　のとき $(2, -2)$

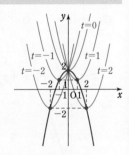

これらのことから，t の値が変化するとき，放物線の頂点は曲線を
描くことが推測される。実際に，$t=-2, -1, 0, 1, 2$ のときの
放物線 $y=x^2-2tx+2$ をかいてみると上の図(青の曲線)のようになり，これらの頂点は，
いずれも放物線 $y=-x^2+2$(上の図の赤の曲線)上にあることを確かめることができる。

TRAINING 109 ②

t の値が変化するとき，放物線 $y=x^2-2(t+1)x+2t^2-t$ の頂点Pはどのような曲線
を描くか。

>>> 発展例題 123

標準 例題
110 2次曲線の媒介変数表示 (1) ◉/◉/◉

次の媒介変数表示は，どのような図形を表すか。

(1) $x = \dfrac{3}{\cos\theta}$, $y = 2\tan\theta$

(2) $x = 2\cos\theta + 2$, $y = 2\sin\theta + 1$

CHART & GUIDE

媒介変数表示された曲線
媒介変数を消去して，x，y だけの式へ

(1) $1 + \tan^2\theta = \dfrac{1}{\cos^2\theta}$ (2) $\sin^2\theta + \cos^2\theta = 1$ を利用して，θ を消去する。

解答

(1) $\dfrac{1}{\cos\theta} = \dfrac{x}{3}$, $\tan\theta = \dfrac{y}{2}$ を $1 + \tan^2\theta = \dfrac{1}{\cos^2\theta}$ に代入する

と $1 + \left(\dfrac{y}{2}\right)^2 = \left(\dfrac{x}{3}\right)^2$ ゆえに $\dfrac{x^2}{9} - \dfrac{y^2}{4} = 1$

よって   **双曲線 $\dfrac{x^2}{9} - \dfrac{y^2}{4} = 1$**

(2) $\cos\theta = \dfrac{x-2}{2}$, $\sin\theta = \dfrac{y-1}{2}$ を $\sin^2\theta + \cos^2\theta = 1$ に代入

すると $\left(\dfrac{y-1}{2}\right)^2 + \left(\dfrac{x-2}{2}\right)^2 = 1$

ゆえに $(x-2)^2 + (y-1)^2 = 4$

よって   **円 $(x-2)^2 + (y-1)^2 = 4$**

◀(1) $-1 \leqq \cos\theta \leqq 1$ から

$\dfrac{x}{3} \leqq -1$, $1 \leqq \dfrac{x}{3}$

よって $x \leqq -3$, $3 \leqq x$
このようにして，x の変
域を知ることもできる。

(2)
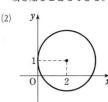

4章
22
曲線の媒介変数表示

Lecture   媒介変数表示された曲線の平行移動

上の例題 (2) の円は，原点を中心とする半径 2 の円 $x = 2\cos\theta$, $y = 2\sin\theta$ を x 軸方向に 2，y 軸
方向に 1 だけ平行移動したものである。一般に，次のことが成り立つ。

━ 媒介変数表示された曲線の平行移動 ━

曲線 $x = f(t)$, $y = g(t)$ を，x 軸方向に p，y 軸方向に q だけ平行移動した曲線は
$$x = f(t) + p, \quad y = g(t) + q$$

TRAINING 110 ③

次の媒介変数表示は，どのような図形を表すか。

(1) $x = 2\cos\theta$, $y = 3\sin\theta$

(2) $x = 1 + \cos\theta$, $y = \sin\theta - 2$

(3) $x = \dfrac{4}{\cos\theta} + 2$, $y = 3\tan\theta - 1$

標準 例題
111 分数式による楕円の媒介変数表示 🕐🕐🕐

楕円 $x^2+4y^2=4$ と直線 $y=t(x+2)$ との交点 P$(x,\ y)$ について考え，点 $(-2,\ 0)$ を除くこの楕円を，t を媒介変数として表せ。

CHART & GUIDE

t を定数とみて，連立方程式 $x^2+4y^2=4$，$y=t(x+2)$ を解く。その際，楕円 $x^2+4y^2=4$ …… ①，直線 $y=t(x+2)$ …… ② はともに点 $(-2,\ 0)$ を通る。—→ ①，② から y を消去した x の方程式が，$x+2$ を因数としてもつことに注目。…… ⚠

解答

$x^2+4y^2=4$ …… ①，$y=t(x+2)$ …… ② とする。
② を ① に代入して整理すると
$$(4t^2+1)x^2+16t^2x+4(4t^2-1)=0^{(*)}$$
ゆえに
⚠ $\quad (x+2)\{(4t^2+1)x+2(4t^2-1)\}=0$
$x \neq -2$ であるから
$$(4t^2+1)x+2(4t^2-1)=0$$
よって $\quad x=-\dfrac{2(4t^2-1)}{4t^2+1}$ …… Ⓐ

② から $\quad y=t\left\{2-\dfrac{2(4t^2-1)}{4t^2+1}\right\}=\dfrac{4t}{4t^2+1}$ …… Ⓑ

これは，楕円 ① から点 $(-2,\ 0)$ を除いた部分の媒介変数表示を与える。

$(*)$ 左辺を t について整理すると
$\quad 4(x^2+4x+4)t^2+x^2-4$
$=4(x+2)^2t^2+(x+2)(x-2)$
$=\underline{(x+2)}\{4\underline{(x+2)}t^2 +(x-2)\}$

←Ⓐ，Ⓑ において，t がいろいろな値をとると
$\quad -2<x\leqq 2,\ -1\leqq y\leqq 1$
すなわち，点 $(-2,\ 0)$ は Ⓐ，Ⓑ の媒介変数表示では表されない。

Lecture いろいろな媒介変数表示

曲線 $F(x,\ y)=0$ は，ある直線群との交点を考えると，媒介変数表示されることがある。上の例題は，楕円 $x^2+4y^2=4$ を，直線群 $y=t(x+2)$ との交点の集合として媒介変数表示したものである。逆に，解答の Ⓐ，Ⓑ のように表された曲線が何を表すか調べるには，Ⓐ，Ⓑ から媒介変数 t を消去することになる。
Ⓐ，Ⓑ を分母を払って変形すると $\quad 4(2+x)t^2=2-x$，$4yt^2-4t=-y$
これを t^2，t について解くと，$x \neq -2$ で ←—$x=-2$ は第1式を満たさない。
第1式から $\quad t^2=\dfrac{2-x}{4(2+x)}$ ゆえに，第2式から $\quad t=\dfrac{y}{2+x}$
よって $\quad \dfrac{2-x}{4(2+x)}=\left(\dfrac{y}{2+x}\right)^2$ ゆえに $\quad (2-x)(2+x)=4y^2$
よって，楕円 $x^2+4y^2=4$ の $x \neq -2$ の部分を表す。

TRAINING 111 ③
p は 0 でない定数とする。放物線 $y^2=4px$ と直線 $y=2pt$ との交点を考えることにより，この放物線を t を媒介変数として表せ。

STEP *into* ここで **整理**

2次曲線の媒介変数表示

この節で学んだ，2次曲線の媒介変数表示を，ここでまとめておきましょう。

媒介変数表示	図形的な意味	媒介変数を消去する方法
円 $x^2+y^2=a^2$ $\begin{cases}x=a\cos\theta\\y=a\sin\theta\end{cases}$ $(a>0)$		$\cos\theta=\dfrac{x}{a}$, $\sin\theta=\dfrac{y}{a}$ を $\sin^2\theta+\cos^2\theta=1$ に代入。
楕円 $\dfrac{x^2}{a^2}+\dfrac{y^2}{b^2}=1$ $\begin{cases}x=a\cos\theta\\y=b\sin\theta\end{cases}$ $(a>0,\ b>0)$		$\cos\theta=\dfrac{x}{a}$, $\sin\theta=\dfrac{y}{b}$ を $\sin^2\theta+\cos^2\theta=1$ に代入。
双曲線 $\dfrac{x^2}{a^2}-\dfrac{y^2}{b^2}=1$ $\begin{cases}x=\dfrac{a}{\cos\theta}\\y=b\tan\theta\end{cases}$ $(a>0,\ b>0)$		$\dfrac{1}{\cos\theta}=\dfrac{x}{a}$, $\tan\theta=\dfrac{y}{b}$ を $1+\tan^2\theta=\dfrac{1}{\cos^2\theta}$ に代入。
放物線 $y^2=4px$ $\begin{cases}x=pt^2\\y=2pt\end{cases}$ $(p\neq0)$		$t=\dfrac{y}{2p}$ を $x=pt^2$ に代入。

(参考) 前ページと同じ考え方により，円，楕円，双曲線については，次のような媒介変数表示も
できる。ただし，$a>0$，$b>0$ で，曲線上の点 $(-a,\ 0)$ は除く。

円　　　$x^2+y^2=a^2 \longrightarrow x=\dfrac{a(1-t^2)}{1+t^2},\ y=\dfrac{2at}{1+t^2}$

楕円　$\dfrac{x^2}{a^2}+\dfrac{y^2}{b^2}=1 \longrightarrow x=\dfrac{a(1-t^2)}{1+t^2},\ y=\dfrac{2bt}{1+t^2}$

双曲線 $\dfrac{x^2}{a^2}-\dfrac{y^2}{b^2}=1 \longrightarrow x=\dfrac{a(1+t^2)}{1-t^2},\ y=\dfrac{2bt}{1-t^2}$ $(t^2\neq1)$

これらは，それぞれの2次曲線と直線群 $y=\dfrac{b}{a}t(x+a)$ [円のときは $a=b$]の交点を調べ
ることにより導かれる。

Let's Start

23 極座標と極方程式

ここまでは，座標平面上の点の座標は x 座標，y 座標の組 (x, y) で表してきました。この節では，平面上の点の別の表し方について学んでいきましょう。

■ 新しい座標の導入

点Oと半直線 OX を定めると，点Oと異なる点Pの位置は
線分 OP の長さ $r (>0)$ と OX から OP へ測った角 θ の大きさ
で決まる。このとき，$0 \leqq \theta < 2\pi$ とすると，Pに対し，座標
(r, θ) はただ1通りに定まる。

このような座標 (r, θ) を **極座標** といい，点Oを **極**，半直線
OX を **始線**，θ を **偏角** という。

なお，極Oの極座標は $(0, \theta)$［θは任意の値］と定める。

偏角が一般角の場合には，点 (r, θ) と点 $(r, \theta+2n\pi)$（**n は整数**）は**同じ点** を表す。

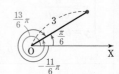

例 $\left(3, \dfrac{\pi}{6}\right), \left(3, \dfrac{13}{6}\pi\right), \left(3, -\dfrac{11}{6}\pi\right)$ は同じ点を表す。

極座標に対して，x 座標と y 座標の組 (x, y) で表した座標を **直交座標** という。

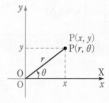

■ 極座標と直交座標の関係

点Pの極座標を (r, θ)，直交座標を (x, y) とする。
直交座標の **原点O** と **x軸の正の部分** をそれぞれ
極座標の **極O** と **始線 OX** に一致させると，
右の図から，次のことが成り立つ。

1　$x = r\cos\theta, \quad y = r\sin\theta$

2　$r = \sqrt{x^2+y^2}$

　　$r \neq 0$ のとき　　$\cos\theta = \dfrac{x}{r}, \quad \sin\theta = \dfrac{y}{r}$

4章
23

極座標と極方程式

基本 例題 **112** 極座標 ⟷ 直交座標 ⏱

極座標が $\left(4, \dfrac{\pi}{3}\right)$ である点Aの直交座標 (x, y) を求めよ。また，直交座標が $(-1, \sqrt{3})$ である点Bの極座標 (r, θ) $(0 \leqq \theta < 2\pi)$ を求めよ。

CHART & GUIDE

極座標 ⟷ 直交座標

極座標 (r, θ) を直交座標 (x, y) に直すには
$x = r\cos\theta, \ y = r\sin\theta$ で x, y を決定する。

直交座標 (x, y) を極座標 (r, θ) に直すには

1 $r = \sqrt{x^2 + y^2}$ を計算して，r を決定する。

2 $\cos\theta = \dfrac{x}{r}, \ \sin\theta = \dfrac{y}{r} \ (r \neq 0)$ によって，θ を決定する。

解答

A：$x = r\cos\theta = 4\cos\dfrac{\pi}{3} = 4 \cdot \dfrac{1}{2} = 2$

$y = r\sin\theta = 4\sin\dfrac{\pi}{3} = 4 \cdot \dfrac{\sqrt{3}}{2} = 2\sqrt{3}$

よって，点Aの直交座標は

$(2, \ 2\sqrt{3})$

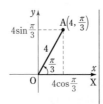 ← $r = 4, \ \theta = \dfrac{\pi}{3}$

B：$r = \sqrt{x^2 + y^2} = \sqrt{(-1)^2 + (\sqrt{3})^2} = 2$

ゆえに

$\cos\theta = \dfrac{x}{r} = -\dfrac{1}{2}, \ \sin\theta = \dfrac{y}{r} = \dfrac{\sqrt{3}}{2}$

$0 \leqq \theta < 2\pi$ のとき $\theta = \dfrac{2}{3}\pi$

よって，点Bの極座標は

$\left(2, \ \dfrac{2}{3}\pi\right)$

 ← $x = -1, \ y = \sqrt{3}$

← $0 \leqq \theta < 2\pi$ に注意。

TRAINING 112 ①

(1) 極座標が次のような点の直交座標を求めよ。

$A\left(2, \ \dfrac{11}{4}\pi\right), \ B\left(1, \ -\dfrac{5}{2}\pi\right), \ C(3, 3\pi), \ D(3, 0)$

(2) 直交座標が次のような点の極座標を求めよ。ただし，偏角 θ の範囲は $0 \leqq \theta < 2\pi$ とする。

$P(2, 2), \ Q(1, -\sqrt{3}), \ R(-\sqrt{3}, 3), \ S(-2, 0)$

基本 例題
113 直線の極方程式(1)

Oを極とする極座標において，次の直線の極方程式を求めよ。
(1) 始線 OX 上の点 A(2, 0) を通り，始線に垂直な直線
(2) 極Oを通り，始線とのなす角が $\dfrac{\pi}{3}$ の直線

CHART & GUIDE

平面上の曲線が，極座標 (r, θ) の方程式 $r=f(\theta)$ や $F(r, \theta)=0$ で表されるとき，その方程式をこの曲線の極方程式という。
1 図形上の点Pの極座標を (r, θ) とする。
2 点Pが満たす図形に関する条件を，式に表す。
(1) は直角三角形 OAP に注目。

解答

(1) 直線上の点Pの極座標を (r, θ) とすると，$\text{OP}\cos\theta=2$ から
$$r\cos\theta=2$$
よって，極方程式は
$$r=\frac{2}{\cos\theta}$$

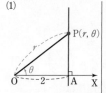

(2) 直線上の点Pの極座標を (r, θ) とすると
$$r\text{ は任意の値，}\ \theta=\frac{\pi}{3}$$
よって，極方程式は
$$\theta=\frac{\pi}{3}$$

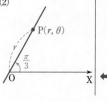

◀まず，図をかいて辺と角の関係をつかむ。

$$\cos\angle\text{AOP}=\frac{\text{OA}}{\text{OP}}$$

◀「rは任意の値」は省略してよい。

Lecture 極方程式では $r<0$ も考える

p.188 で学んだ極座標の定め方では $r\geqq0$ となるが，極方程式においては，$r>0$ のとき，極座標が $(-r, \theta)$ である点は，極座標が $(r, \theta+\pi)$ である点と同じもの とみることにより，$r<0$ の場合も考える。特に，点 (r, θ) と点 $(-r, \theta)$ は極Oに関して対称である。

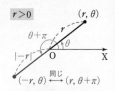

TRAINING 113 ①

Oを極とする極座標において，次の直線の極方程式を求めよ。
(1) 始線 OX 上の点 $\text{A}\left(\dfrac{3}{2}, 0\right)$ を通り，始線に垂直な直線
(2) 極Oを通り，始線とのなす角が $-\dfrac{\pi}{4}$ の直線

標準 例題 **114** 直線の極方程式(2)

極をOとする。極座標が $\left(2, \dfrac{\pi}{3}\right)$ である点Aを通り，直線 OA に垂直な直線の極方程式を求めよ。

CHART & GUIDE

極座標 $(r,\ \theta)$ $r,\ \theta$ の特徴を活かす

1 図形上の点Pの極座標を $(r,\ \theta)$ とする。
2 点Pが満たす図形に関する条件を，式に表す。
…… 直角三角形 OAP に着目。

解答

直線上の点Pの極座標を $(r,\ \theta)$ とすると

$$OA = OP\cos\left(\theta - \frac{\pi}{3}\right)$$

よって，求める極方程式は

$$r\cos\left(\theta - \frac{\pi}{3}\right) = 2$$

◆ まず，図をかいて辺と角の関係をつかむ。

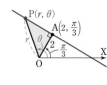

$$\cos\angle AOP = \frac{OA}{OP}$$

注意 次のように，直交座標に直して直線の方程式を求め，それをまた極座標に戻す という考え方もできるが，計算は面倒になる。

点Aの直交座標は，$x = 2\cos\dfrac{\pi}{3} = 1,\ y = 2\sin\dfrac{\pi}{3} = \sqrt{3}$ から $(1,\ \sqrt{3}\,)$

点 $A(1,\ \sqrt{3}\,)$ を通り，直線 OA に垂直な直線の方程式は $y - \sqrt{3} = -\dfrac{1}{\sqrt{3}}(x - 1)$

これに $x = r\cos\theta,\ y = r\sin\theta$ を代入して整理する。

🖑 Lecture 直線の極方程式

代表的な直線の極方程式には右のようなものがある。
このことは，例題 **113**(2)や，上の解答と同様にして導かれる。

> 1 極Oを通り，始線と α の角をなす
> 直線 $\theta = \alpha$
> 2 点 $A(a,\ \alpha)$ を通り，OA に垂直な
> 直線 $r\cos(\theta - \alpha) = a$ $(a > 0)$

TRAINING 114 ③

極をOとする。極座標が $\left(\sqrt{3},\ \dfrac{\pi}{6}\right)$ である点Aを通り，直線 OA に垂直な直線の極方程式を求めよ。

4章
23
極座標と極方程式

≪≪ 基本例題 **113**, 標準問題 **114** ≫≫ 発展例題 **125**

基本 例題
115 円の極方程式 (1)

Oを極とする極座標において，次の円の極方程式を求めよ。
(1) 極Oを中心とする半径 3 の円
(2) 極座標が (4, 0) である点Aを中心とする半径 4 の円

CHART & GUIDE

極座標 (r, θ) r, θ の特徴を活かす

1 図形上の点Pの極座標を (r, θ) とする。
2 点Pが満たす図形に関する条件を，式に表す。
(1)は **OP=3**，(2)は **直角三角形に注目。**

解答

(1) 円上の点Pの極座標を (r, θ) とすると，OP=3 から
$r=3$，θ は任意の値
よって，極方程式は **$r=3$**

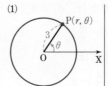

(参考) (1) の円は，直交座標の場合の円 $x^2+y^2=3^2$ にあたる。

◀「θ は任意の値」は省略してよい。

(2) 円上の点Pの極座標を (r, θ) とすると
$$OP=2 \cdot 4\cos\theta$$
したがって，求める極方程式は
$r=8\cos\theta$

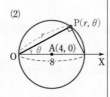

◀ まず，図をかいて辺と角の関係をつかむ。
B(8, 0) とすると下の図のようになる。

$$\cos \angle BOP = \frac{OP}{OB}$$

TRAINING 115 ①

Oを極とする極座標において，次の円の極方程式を求めよ。
(1) 極Oを中心とする半径 5 の円
(2) 極座標が (5, 0) である点Aを中心とする半径 5 の円

基本 例題 116　x, y の方程式と極方程式

(1)　放物線 $y=x^2$ を極方程式で表せ。

(2)　極方程式 $r=2(\cos\theta+2\sin\theta)$ の表す曲線を，直交座標の x, y の方程式で表せ。

CHART & GUIDE

x, y の方程式 $\rightleftarrows$ 極方程式

$p.189$ で学んだことを思い出そう。極座標 (r, θ) $\rightleftarrows$ 直交座標 (x, y) の要領は，曲線の場合も点の場合と同様である。

(1)　$x=r\cos\theta$, $y=r\sin\theta$ を代入して，r, θ だけの方程式に直す。

(2)　x, y だけの方程式を導くために，$r^2(=x^2+y^2)$, $r\cos\theta(=x)$, $r\sin\theta(=y)$ を作り出す工夫をする。…… 両辺に r を掛ける。

解答

(1)　曲線上の点 $P(x, y)$ の極座標を (r, θ) とする。

$y=x^2$ から　　$r\sin\theta=(r\cos\theta)^2$

ゆえに　　$r(r\cos^2\theta-\sin\theta)=0$

よって　　$r=0$ または $r\cos^2\theta=\sin\theta$

$r=0$ は極を表す。

$r\cos^2\theta=\sin\theta$ は $r(1-\sin^2\theta)=\sin\theta$ から $\sin\theta=0$ のとき

$r=0$ を表すから，$r\cos^2\theta=\sin\theta$ が表す図形は極を通る。

したがって　　$\boldsymbol{r\cos^2\theta=\sin\theta}$

←$x=r\cos\theta$, $y=r\sin\theta$ を代入。

←$r(1-0^2)=0$ から $r=0$

(2)　この曲線上の点 $P(r, \theta)$ の直交座標を (x, y) とする。

極方程式の両辺に r を掛けると

$$r^2=2r(\cos\theta+2\sin\theta)$$

すなわち　　$r^2=2\cdot r\cos\theta+4\cdot r\sin\theta$

$r^2=x^2+y^2$, $r\cos\theta=x$, $r\sin\theta=y$ であるから

$$x^2+y^2=2x+4y$$

よって　　$\boldsymbol{x^2+y^2-2x-4y=0}$

(2)
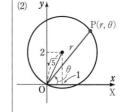

(参考)　上の例題 (2) で求めた x, y の方程式を変形すると

$$(x-1)^2+(y-2)^2=5$$

これは，(直交座標において)点 $(1, 2)$ を中心とする半径 $\sqrt{5}$ の 円 を表す。

TRAINING 116 ②

(1)　次の方程式の表す曲線を，極方程式で表せ。

　(ア)　$2x^2+y^2=3$　　　　(イ)　$y=x$　　　　(ウ)　$x^2+(y-1)^2=1$

(2)　次の極方程式の表す曲線を，直交座標の x, y の方程式で表せ。

　(ア)　$r=\sqrt{3}\cos\theta+\sin\theta$　　　　　　(イ)　$r^2(1+3\cos^2\theta)=4$

基本 例題
117 2次曲線の極方程式 (1)

次の極方程式の表す曲線を，直交座標の x, y の方程式に直して答えよ。

(1) $r = \dfrac{4}{1 - \cos\theta}$

(2) $r = \dfrac{\sqrt{3}}{2 + \sqrt{3}\cos\theta}$

[(2) 類 近畿大]

CHART
& GUIDE

x, y の方程式 $\Longleftrightarrow$ 極方程式

例題 116 と同様である。x, y だけの方程式を導くために，$r^2 (= x^2 + y^2)$，$r\cos\theta (=x)$，$r\sin\theta (=y)$ を作り出す工夫をする。…… 両辺を2乗する。

解答

(1) $r = \dfrac{4}{1 - \cos\theta}$ から $r - r\cos\theta = 4$

$r\cos\theta = x$ であるから $r - x = 4$

ゆえに $r = x + 4$ よって $r^2 = (x + 4)^2$

$r^2 = x^2 + y^2$ であるから $x^2 + y^2 = (x + 4)^2$

整理すると $y^2 = 8(x + 2)$

したがって，**放物線 $y^2 = 8(x + 2)$** を表す。

◀ 分母を払った形に直して扱う。

◀ $r = (x, y$ の式)
$\longrightarrow r^2 = x^2 + y^2$ を利用して x, y だけの関係式を導く。

(2) $r = \dfrac{\sqrt{3}}{2 + \sqrt{3}\cos\theta}$ から $2r + \sqrt{3}\,r\cos\theta = \sqrt{3}$

$r\cos\theta = x$ であるから $2r + \sqrt{3}\,x = \sqrt{3}$

ゆえに $2r = \sqrt{3}(1 - x)$ よって $(2r)^2 = \{\sqrt{3}(1 - x)\}^2$

$r^2 = x^2 + y^2$ であるから $4(x^2 + y^2) = \{\sqrt{3}(1 - x)\}^2$

整理すると $x^2 + 4y^2 + 6x - 3 = 0$

すなわち $(x + 3)^2 + 4y^2 = 12$

したがって，**楕円 $\dfrac{(x + 3)^2}{12} + \dfrac{y^2}{3} = 1$** を表す。

◀ 分母を払った形に直して扱う。

◀ 楕円 $\dfrac{x^2}{12} + \dfrac{y^2}{3} = 1$ を x 軸方向に -3 だけ平行移動した楕円である。

TRAINING 117 ②

極方程式 $r = \dfrac{3}{1 + 2\cos\theta}$ の表す曲線を，直交座標の x, y の方程式に直して答えよ。

≪ 基本例題 **113**，**115**，標準例題 **114**   ≫ 発展例題 **126**

標準 例題 **118** 2次曲線の極方程式 (2)

点Aの極座標を $(3, 0)$ とする。極Oとの距離と，A を通り始線に垂直な直線 ℓ との距離が等しい点Pの軌跡の極方程式を求めよ。

CHART
& GUIDE

2次曲線の極方程式

1 点Pの極座標を (r, θ) とする。

2 点Pについての条件を式に表し，r と θ の関係式を導く。
 …… 点Pから直線 ℓ に垂線 PH を下ろすと   OP＝PH
 これを利用する。

なお，定点Oと，Oを通らない定直線からの距離が等しい点Pの軌跡は放物線である（$p.158$）。

解答

点Pの極座標を (r, θ) とし，点Pから直線 ℓ に垂線 PH を下ろす。

OP＝PH を満たす点Pは直線 ℓ の左側にあり

OP＝r，PH＝$3-r\cos\theta$

ゆえに $r=3-r\cos\theta$

よって $r=\dfrac{3}{1+\cos\theta}$ (*)

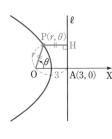

（*）を直交座標の方程式で表すと，$r=3-x$ を $r^2=x^2+y^2$ に代入して

$$(3-x)^2=x^2+y^2$$

よって $x=-\dfrac{1}{6}y^2+\dfrac{3}{2}$

（放物線）

◆ $\theta \neq (2n+1)\pi$
  [n は整数]

 Lecture   **2次曲線の極方程式**

点Aの極座標を $(a, 0)$，A を通り始線 OX に垂直な直線を ℓ とし，点Pから直線 ℓ に下ろした垂線を PH とするとき

  OP：PH＝e：1   （e は正の定数）

となる点Pの軌跡は，2次曲線になる（例題 **107**）。

点Pの極方程式は，条件 OP＝ePH に PH＝$a-r\cos\theta$ を代入して

  $r=e(a-r\cos\theta)$ すなわち $r=\dfrac{ea}{1+e\cos\theta}$

と表される。

これは，$0<e<1$ のとき   **楕 円** [⟶ TRAINING **118**]

    $e=1$ のとき   **放物線** [⟶ 上の例題]

    $1<e$ のとき   **双曲線**

である。また，この定数 e は，$p.180$ で学習した **離心率** である。

TRAINING 118 ③

上の例題において，極Oとの距離と，直線 ℓ との距離の比が $1:2$ であるような点Pが描く曲線の極方程式を求めよ。

196

発 展 学 習

≪ 標準例題 98

発展 例題 119　円の中心の軌跡

$\langle\!\langle\,\rangle\!\rangle\langle\!\langle\,\rangle\!\rangle$

直線 $x=-4$ に接し，点 A$(4,\ 0)$ を通る円の中心を P$(x,\ y)$ とする。点Pの軌跡を求めよ。

CHART & GUIDE

点Pの軌跡の求め方

1　点Pの座標を $(x,\ y)$ とする。
2　条件から $x,\ y$ の関係式を導く。
　……条件は，点Pから直線 $x=-4$ に下ろした垂線を PH とすると
　　　PA＝PH　すなわち　PA^2＝PH^2
3　2 の関係式を整理して得られる方程式の表す図形を求める。
4　逆を確認する。

解答

点Pから直線 $x=-4$ に下ろした垂
線を PH とする。
PA，PH は円の半径であるから
　　　　PA＝PH
すなわち　　PA^2＝PH^2
よって　　$(x-4)^2+y^2=(x+4)^2$
整理すると　　$y^2=16x$
したがって，点Pは放物線 $y^2=16x$ 上にある。
逆に，この放物線上のすべての点 P$(x,\ y)$ は，条件を満たす。
よって，求める軌跡は　　**放物線 $y^2=16x$**

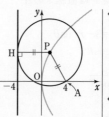

←手順 1 は問題に与えられている。

←手順 2

←手順 3
←手順 4
←曲線名を書くことを忘れずに。

𝓛ecture　放物線と軌跡

上の例題において，円の中心Pから直線 $x=-4$ までの距離 PH と点
Pから点 A$(4,\ 0)$ までの距離は常に等しい。よって，求める軌跡は，
直線 $x=-4$ を準線，点 A$(4,\ 0)$ を焦点とする放物線であることがわ
かる。

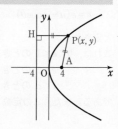

注意　問題が，「軌跡の方程式を求めよ」なら，$y^2=16x$ を答えとして
よい。本問は，「軌跡を求めよ」なので，上の答えのように図形
の形で表す。

TRAINING　119 ④

直線 $x=3$ に接し，点 A$(-3,\ 0)$ を通る円の中心を P$(x,\ y)$ とする。点Pの軌跡を求めよ。

発展 例題 120 2次曲線の性質の証明 ✓✓✓✓

双曲線上の任意の点Pから2つの漸近線に垂線 PQ，PR を下ろす。このとき，線分の長さの積 PQ・PR は一定であることを証明せよ。

CHART & GUIDE

2次曲線の性質の証明

標準形を利用し，計算をらくに

この問題では，双曲線の標準形 $\dfrac{x^2}{a^2}-\dfrac{y^2}{b^2}=1$ $(a>0,\ b>0)$ を利用する。

1 $P(x_1,\ y_1)$ とし，$x_1,\ y_1$ の満たす条件を式に表す。

2 PQ・PR を $a,\ b,\ x_1,\ y_1$ で表す。

3 **1** の結果を代入し，PQ・PR が $a,\ b$ だけの式で表されることを示す。

解答

双曲線の方程式を

$$\dfrac{x^2}{a^2}-\dfrac{y^2}{b^2}=1 \quad (a>0,\ b>0)$$

◆直交座標の $x,\ y$ で表す。

とすると，漸近線は，2直線

$$bx+ay=0, \quad bx-ay=0$$

また，$P(x_1,\ y_1)$ とすると，点Pは

◆このとき，一般性を失わない。

双曲線上にあるから $\dfrac{x_1{}^2}{a^2}-\dfrac{y_1{}^2}{b^2}=1$

よって $b^2x_1{}^2-a^2y_1{}^2=a^2b^2$ …… ①

また $PQ\cdot PR=\dfrac{|bx_1+ay_1|}{\sqrt{b^2+a^2}}\cdot\dfrac{|bx_1-ay_1|}{\sqrt{b^2+a^2}}{}^{(*)}=\dfrac{|b^2x_1{}^2-a^2y_1{}^2|}{b^2+a^2}$

① を代入して $PQ\cdot PR=\dfrac{a^2b^2}{a^2+b^2}$ （一定）

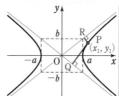

$bx-ay=0$　$bx+ay=0$

(*)では，**点と直線の距離の公式** を利用した。
点 $(x_1,\ y_1)$ と直線
$px+qy+r=0$ の距離は
$$\dfrac{|px_1+qy_1+r|}{\sqrt{p^2+q^2}}$$

◆ $|A||B|=|AB|$

◆ $a,\ b$ は $x_1,\ y_1$ に無関係。

✋ Lecture 直交座標を利用した証明

2次曲線に関する図形的な性質の証明には，**直交座標を利用** して，計算で示すとよい。座標の決め方は，① **0を多く取る** ② **対称性が利用できる** という点がポイントとなるが，それには，**2次曲線の標準形が利用できる** ように座標をとると，計算量が少なくてすむ。

［上の例題で，$\dfrac{x^2}{a^2}-\dfrac{y^2}{b^2}=-1$ $(a>0,\ b>0)$ の場合について示す必要はない。］

TRAINING 120 ④

楕円の焦点を通り，短軸に平行な弦を AB とする。短軸の長さの2乗は，長軸の長さと弦 AB の長さの積に一致することを証明せよ。

発展 例題
121 線分の中点の軌跡

直線 $y=2x+k$ が双曲線 $x^2-y^2=1$ と異なる2点P，Qで交わるとする。
(1) 定数 k のとりうる値の範囲を求めよ。
(2) (1)の範囲で k を動かしたとき，線分PQの中点Mの軌跡を求めよ。

CHART
& GUIDE

線分の中点の軌跡
解と係数の関係が有効

(1) 直線と双曲線の方程式から y を消去して得られる x の2次方程式が異なる2つの実数解をもつための条件から，k の値の範囲を求める。

(2) **1** 点P，Qの x 座標をそれぞれ x_1，x_2 として，解と係数の関係により x_1+x_2 を k で表す。
2 $M(x, y)$ として，x，y をそれぞれ k の式で表す。…… **1** の x_1+x_2 を利用。
3 k を消去して，x，y の関係式を導く。……x の変域に注意！

解答

$y=2x+k$ …… ①，$x^2-y^2=1$ …… ②
とする。
①を②に代入すると　$x^2-(2x+k)^2=1$
整理すると
$$3x^2+4kx+k^2+1=0 \quad \cdots\cdots ③$$

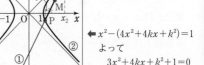

◀ $x^2-(4x^2+4kx+k^2)=1$
よって
$3x^2+4kx+k^2+1=0$

(1) x の2次方程式③の判別式を D と
すると　$\dfrac{D}{4}=(2k)^2-3(k^2+1)$
$$=k^2-3$$
$$=(k+\sqrt{3})(k-\sqrt{3})$$

直線①と双曲線②が異なる2点で交わるための条件は
$$D>0$$
ゆえに　$(k+\sqrt{3})(k-\sqrt{3})>0$
よって　$\boldsymbol{k<-\sqrt{3}, \ \sqrt{3}<k}$

◀ 直線①と双曲線②が異なる2点で交わる
── 2次方程式③が異なる2つの実数解をもつ
── $D>0$

(2) 点P，Qの x 座標をそれぞれ x_1，x_2 とする。
x_1，x_2 は2次方程式③の解であるから，解と係数の関係により　$x_1+x_2=-\dfrac{4k}{3}$

◀ 次ページの **Play Back** 参照。

$M(x, y)$ とすると
$$x=\frac{x_1+x_2}{2}=-\frac{2k}{3} \qquad \cdots\cdots ④$$
このとき　$y=2x+k$

◀ 点Mは直線①上。

$$=2\cdot\left(-\frac{2k}{3}\right)+k=-\frac{k}{3} \qquad \cdots\cdots ⑤$$

④ から $k = -\dfrac{3}{2}x$

これを ⑤ に代入すると $y = \dfrac{1}{2}x$ ← k を消去。

また，(1) から $x < -\dfrac{2\sqrt{3}}{3},\ \dfrac{2\sqrt{3}}{3} < x$ ← $-\dfrac{3}{2}x < -\sqrt{3}$,

よって，求める軌跡は $\sqrt{3} < -\dfrac{3}{2}x$

直線 $y = \dfrac{1}{2}x$ の $x < -\dfrac{2\sqrt{3}}{3},\ \dfrac{2\sqrt{3}}{3} < x$ の部分

↶ **Play Back**

■ 解と係数の関係（数学Ⅱ）

2次方程式 $ax^2 + bx + c = 0$ の解を α, β とすると

$$\alpha + \beta = -\frac{b}{a},\ \ \alpha\beta = \frac{c}{a}$$

4章

発展学習

TRAINING 121 ④ ★

直線 $y = 2x + k$ が楕円 $x^2 + 4y^2 = 4$ と異なる2点 P，Q で交わるとする。

(1) 定数 k のとりうる値の範囲を求めよ。

(2) (1)の範囲で k を動かしたとき，線分 PQ の中点 M の軌跡を求めよ。

発展 例題 **122** 楕円と面積の最大

楕円 $\dfrac{x^2}{a^2}+\dfrac{y^2}{b^2}=1$ $(a>0,\ b>0)$ とその頂点 A$(a,\ 0)$, B$(0,\ b)$ について, この楕円の第 1 象限の部分に点 P をとるとき, 四角形 OAPB の面積 S を最大にする点 P の座標を求めよ。また, そのときの S を求めよ。ただし, O は原点とする。

CHART & GUIDE

曲線上の点　媒介変数表示も有効

1　楕円上の点 P の座標を, 媒介変数 θ を用いて表す。
2　四角形 OAPB の面積 S を a, b, $\sin\theta$, $\cos\theta$ を用いて表す。
　…… 四角形 OAPB を, △OAP と △OBP に分割する。
3　三角関数の合成を利用して, S を最大にする θ の値を求める。

解答

P$(a\cos\theta,\ b\sin\theta)$, $0<\theta<\dfrac{\pi}{2}$ とおける。

$\cos\theta>0,\ \sin\theta>0$ であるから

$\begin{aligned}
S&=\triangle\text{OAP}+\triangle\text{OBP}\\
&=\frac{1}{2}a\cdot b\sin\theta+\frac{1}{2}b\cdot a\cos\theta\\
&=\frac{1}{2}ab(\sin\theta+\cos\theta)=\frac{\sqrt{2}}{2}ab\sin\!\left(\theta+\frac{\pi}{4}\right)
\end{aligned}$

$0<\theta<\dfrac{\pi}{2}$ から　$\dfrac{\pi}{4}<\theta+\dfrac{\pi}{4}<\dfrac{3}{4}\pi$

よって, S は $\theta+\dfrac{\pi}{4}=\dfrac{\pi}{2}$ すなわち $\theta=\dfrac{\pi}{4}$ のとき最大となり,

このとき　$\text{P}\!\left(\dfrac{a}{\sqrt{2}},\ \dfrac{b}{\sqrt{2}}\right)$, $S=\dfrac{\sqrt{2}}{2}ab\sin\dfrac{\pi}{2}=\dfrac{\sqrt{2}}{2}ab$

← この θ の範囲に注意。

← 辺 OA, OB をそれぞれ △OAP の底辺, △OBP の底辺とみる。

Play Back

三角関数の合成(数学Ⅱ)
$$p\sin\theta+q\cos\theta$$
$$=\sqrt{p^2+q^2}\sin(\theta+\alpha)$$
ただし
$$\sin\alpha=\frac{q}{\sqrt{p^2+q^2}},$$
$$\cos\alpha=\frac{p}{\sqrt{p^2+q^2}}$$

(参考) 点 P と定直線 AB との距離を d とすると

$$S=\triangle\text{OAB}+\triangle\text{PAB}=\frac{1}{2}ab+\frac{1}{2}\cdot\sqrt{a^2+b^2}\cdot d\quad\leftarrow\text{AB}=\sqrt{a^2+b^2}$$

よって, S が最大となるのは, d が最大となるときで, それは
AB に平行な直線が楕円と第 1 象限で接するときの接点を P としたときである。

TRAINING 122 ④ ★

楕円 $\dfrac{x^2}{9}+\dfrac{y^2}{4}=1$ の $x>0$, $y>0$ の部分にある点 R における接線と x 軸, y 軸との交点をそれぞれ P, Q とする。このとき, △OPQ(O は原点)の面積の最小値を求めよ。また, そのときの点 R の座標を求めよ。

発展 例題
123 2次曲線の媒介変数表示(2)   ◢◢◢◢◢

曲線 C の媒介変数表示 $x=\dfrac{1-t^2}{1+t^2}$，$y=\dfrac{6t}{1+t^2}$ について

(1) $t=\tan\dfrac{\theta}{2}$ としたとき，x と y を θ を用いて表せ。

(2) 曲線 C はどのような曲線か。

CHART
& GUIDE

媒介変数で表された曲線
媒介変数を消去して，x，y だけの式へ

(1) $t=\tan\dfrac{\theta}{2}$ を代入して整理。2倍角の公式を利用。

(2) $\sin^2\theta+\cos^2\theta=1$ を利用して，θ を消去。

4章

発展学習

解答

(1) $t=\tan\dfrac{\theta}{2}$ を $x=\dfrac{1-t^2}{1+t^2}$，$y=\dfrac{6t}{1+t^2}$ に代入すると

$$x=\dfrac{1-\tan^2\dfrac{\theta}{2}}{1+\tan^2\dfrac{\theta}{2}}=\dfrac{\cos^2\dfrac{\theta}{2}-\sin^2\dfrac{\theta}{2}}{\cos^2\dfrac{\theta}{2}+\sin^2\dfrac{\theta}{2}}=\cos^2\dfrac{\theta}{2}-\sin^2\dfrac{\theta}{2}=\cos\theta$$

$$y=\dfrac{6\tan\dfrac{\theta}{2}}{1+\tan^2\dfrac{\theta}{2}}=\dfrac{6\sin\dfrac{\theta}{2}\cos\dfrac{\theta}{2}}{\cos^2\dfrac{\theta}{2}+\sin^2\dfrac{\theta}{2}}=6\sin\dfrac{\theta}{2}\cos\dfrac{\theta}{2}=3\sin\theta$$

← $\tan^2\dfrac{\theta}{2}=\dfrac{\sin^2\dfrac{\theta}{2}}{\cos^2\dfrac{\theta}{2}}$ である
から，分母・分子に
$\cos^2\dfrac{\theta}{2}$ を掛ける。また
$\cos^2\dfrac{\theta}{2}+\sin^2\dfrac{\theta}{2}=1$

(2) (1)から $\cos\theta=x$，$\sin\theta=\dfrac{y}{3}$

これらを $\sin^2\theta+\cos^2\theta=1$ に代入して

$$\left(\dfrac{y}{3}\right)^2+x^2=1 \quad\text{すなわち}\quad x^2+\dfrac{y^2}{9}=1$$

ただし，$\theta=(2n+1)\pi$ [n は整数] のとき，$t=\tan\dfrac{\theta}{2}$ は定義されないから，点 $(-1,\ 0)$ を除く。
よって，求める曲線は

楕円 $x^2+\dfrac{y^2}{9}=1$ から点 $(-1,\ 0)$ を除いた部分。

← 例えば $\theta=\pm\pi$ のとき
$x=\cos\theta=-1$，
$y=3\sin\theta=0$
であるから点 $(-1,\ 0)$
を含まない。

TRAINING 123 ④ ★

上の例題と同じようにして，$x=\dfrac{1-t^2}{1+t^2}$，$y=\dfrac{4t}{1+t^2}$ （t は媒介変数）で表される点 $(x,\ y)$ が満たす曲線はどのような曲線か。

発展 例題 **124** 2点間の距離，三角形の面積

極をOとし，2点 A，B の極座標をそれぞれ $\left(4, \dfrac{5}{12}\pi\right)$，$\left(1, \dfrac{5}{4}\pi\right)$ とする。

(1) 2点 A，B 間の距離を求めよ。　　　(2) △OAB の面積を求めよ。

CHART & GUIDE

極座標 (r, θ)
$r,\ \theta$ の特徴を活かす

まず，図をかく。点Pの極座標が (r, θ) ⟶ $OP=r$（Oは極）により，線分 OA，OB の長さを求める。また，偏角に注目して ∠AOB を求める。

(1) 余弦定理を利用。

(2) 面積 S は，公式 $S=\dfrac{1}{2}OA\cdot OB\sin\angle AOB$ により求める。

解答

△OAB において　　$OA=4$，$OB=1$

$$\angle AOB=\frac{5}{4}\pi-\frac{5}{12}\pi=\frac{5}{6}\pi$$

(1) 余弦定理から

$$\begin{aligned}
AB^2&=OA^2+OB^2\\
&\quad-2OA\cdot OB\cos\angle AOB\\
&=4^2+1^2-2\cdot4\cdot1\cdot\cos\frac{5}{6}\pi\\
&=17-8\cdot\left(-\frac{\sqrt{3}}{2}\right)=17+4\sqrt{3}
\end{aligned}$$

よって　　$AB=\sqrt{17+4\sqrt{3}}$

(2) △OAB の面積 S は

$$S=\frac{1}{2}OA\cdot OB\sin\angle AOB=\frac{1}{2}\cdot4\cdot1\cdot\sin\frac{5}{6}\pi=2\cdot\frac{1}{2}=1$$

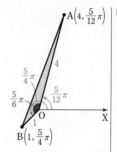

Play Back

余弦定理，面積 S（数学 I）

●$^2=$○$^2+$□$^2-2$○□$\cos\theta$

$S=\dfrac{1}{2}$○□$\sin\theta$

← この2重根号ははずすことができない。

Lecture **極座標で表された点の扱い**

上の例題では，極座標で表された点 A，B を直交座標 $A(x_1, y_1)$，$B(x_2, y_2)$ で表して，2点間の距離を $AB=\sqrt{(x_2-x_1)^2+(y_2-y_1)^2}$ として求めることもできる。しかし，**点Pの極座標 (r, θ) の特徴 $OP=r$，$\angle POX=\theta$ に注目** して，極座標のままで求める方が早い。

TRAINING 124 ④

極をOとし，2点 A，B の極座標をそれぞれ $\left(2, \dfrac{\pi}{6}\right)$，$\left(4, -\dfrac{\pi}{6}\right)$ とする。

(1) 線分 AB の長さを求めよ。　　　(2) △OAB の面積を求めよ。

発展 例題 125 円の極方程式 (2) 🕐🕐🕐🕐🕐

中心Aの極座標が $\left(3, \ \dfrac{\pi}{6}\right)$ で，半径が 2 である円の極方程式を求めよ。

CHART & GUIDE

極座標 $(r, \ \theta)$　$r, \ \theta$ の特徴を活かす

1 図形上の点Pの極座標を $(r, \ \theta)$ とする。
2 点Pが満たす図形に関する条件を，式に表す。
　△OPA に着目して余弦定理を利用する。

解答

極をOとし，円上の点Pの極座標を $(r, \ \theta)$ とする。
△OPA において，余弦定理から
$$AP^2 = OP^2 + OA^2 - 2OP \cdot OA \cos\angle POA$$

ここで　$AP = 2$, $OP = r$, $OA = 3$, $\angle POA = \theta - \dfrac{\pi}{6}$

よって　$2^2 = r^2 + 3^2 - 2r \cdot 3 \cos\left(\theta - \dfrac{\pi}{6}\right)$

すなわち　$r^2 - 6r\cos\left(\theta - \dfrac{\pi}{6}\right) + 5 = 0$

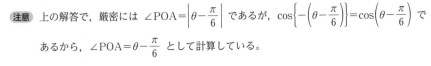

注意 上の解答で，厳密には $\angle POA = \left|\theta - \dfrac{\pi}{6}\right|$ であるが，$\cos\left\{-\left(\theta - \dfrac{\pi}{6}\right)\right\} = \cos\left(\theta - \dfrac{\pi}{6}\right)$ であるから，$\angle POA = \theta - \dfrac{\pi}{6}$ として計算している。

 Lecture 円の極方程式

代表的な円の極方程式には右のようなものがある。
このことは，例題 **115** や，上の解答と同様にして導かれる。

> 1 中心が極，半径が a の円
> 　$r = a$
> 2 中心が $(a, \ 0)$，半径が a の円
> 　$r = 2a\cos\theta$
> 3 中心が $(r_0, \ \theta_0)$，半径が a の円
> 　$r^2 - 2rr_0\cos(\theta - \theta_0) + r_0{}^2 = a^2$

TRAINING 125 ④

中心Aの極座標が $\left(2, \ \dfrac{\pi}{2}\right)$ で，半径が 3 である円の極方程式を求めよ。

（右側余白）**4章　発展学習**

発展 例題
126 軌跡の極方程式 〇〇〇〇〇

点Aの極座標を $(2, \ 0)$ とし，極Oと点Aを結ぶ線分を直径とする円 C の周上の任意の点をQとする。点Qにおける円 C の接線に極Oから垂線 OP を下ろすとき，点Pの軌跡の極方程式を求めよ。

ただし，点Pの偏角 θ の範囲は $0 \leqq \theta < \pi$ とする。

CHART & GUIDE

極座標 $(r, \ \theta)$ $r, \ \theta$ の特徴を活かす

1 点Pの極座標を $(r, \ \theta)$ とする。

2 点Pについての条件を式に表し，r と θ の関係式を導く。
…… 円 C の中心 C から直線 OP に垂線 CH を下ろし，OP と HP，OH に注目。

まず，$0 < \theta < \dfrac{\pi}{2}$，$\dfrac{\pi}{2} < \theta < \pi$ で場合分けをして求める。

次に，$\theta = 0$，$\dfrac{\pi}{2}$ の各場合について調べる。

解答

点Pの極座標を $(r, \ \theta)$ とし，円 C の中心Cから直線 OP に垂線 CH を下ろすと，HP∥CQ であり

$$OP = r, \quad HP = CQ = 1$$

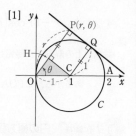

[1] $0 < \theta < \dfrac{\pi}{2}$ のとき $\quad OP = HP + OH$

ここで $\quad OH = OC\cos\angle COH$
$$= 1 \cdot \cos\theta = \cos\theta$$

よって $\quad r = 1 + \cos\theta$

[2] $\dfrac{\pi}{2} < \theta < \pi$ のとき $\quad OP = HP - OH$

ここで $\quad OH = OC\cos\angle COH$
$$= 1 \cdot \cos(\pi - \theta) = -\cos\theta$$

よって，$r = 1 - (-\cos\theta)$ から $\quad r = 1 + \cos\theta$

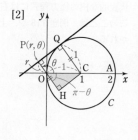

[3] $\theta = 0$ のとき，PはAに一致し，$OP = 1 + \cos 0$ を満たす。

[4] $\theta = \dfrac{\pi}{2}$ のとき，$OP = 1$ で，$OP = 1 + \cos\dfrac{\pi}{2}$ を満たす。

以上から，求める軌跡の極方程式は $\quad r = 1 + \cos\theta$

(参考) $r = 1 + \cos\theta$ で表される曲線を **カージオイド** という（p.208 も参照）。

 **TRAINING 126** ⑤

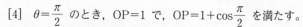 点 $A(a, \ 0)$ を中心とする半径が a の円がある。この円上の任意の点Pと極Oを結ぶ線分 OP を 1 辺とする正方形 OPQR を作る。このとき，点Qの軌跡の極方程式を求めよ。

EXERCISES

A **36**② 次の条件を満たす放物線の方程式を求めよ。
   (1) 頂点が原点で，焦点が y 軸上にあり，準線が点 $(3,\ 2)$ を通る
   (2) 頂点が原点で，焦点が x 軸上にあり，点 $(-2,\ \sqrt{6}\,)$ を通る
                                                     <<< **基本例題 94**

37② 次の条件を満たす楕円の方程式を求めよ。
   (1) 焦点が 2 点 $(3,\ 0)$，$(-3,\ 0)$ で，長軸と短軸の長さの差が 2
   (2) 中心が原点で，長軸が y 軸上にあり，短軸の長さが 8 で，点 $\left(\dfrac{12}{5},\ 4\right)$ を
   通る   <<< **基本例題 95，96**

38③ 次の条件を満たす双曲線の方程式を求めよ。
   (1) 頂点が 2 点 $(1,\ 0)$，$(-1,\ 0)$ で，2 直線 $y=3x$，$y=-3x$ が漸近線
   (2) 焦点が $F(6,\ 0)$，$F'(-6,\ 0)$ で，頂点の 1 つが点 $(2\sqrt{5}\,,\ 0)$
   (3) 双曲線上の点と 2 つの焦点 $F(0,\ 5)$，$F'(0,\ -5)$ までの距離の差が 8
                                   <<< **基本例題 99，100**

39② xy 平面上において，楕円 $\dfrac{x^2}{4}+y^2=1$ を x 軸方向に 1，y 軸方向に a だけ平行移動して得られる楕円が原点を通るとき，$a=\boxed{}$ である。
                      〔京都産大〕 <<< **基本例題 101**

40③ 直線 $x+2y=11$ が，楕円 $(x-2)^2+4(y-4)^2=4$ によって切り取られる線分（これを **弦** という）の中点の座標と線分の長さを求めよ。 <<< **基本例題 103**

41③ ★(1) 直線 $y=mx+n$ が楕円 $x^2+\dfrac{y^2}{4}=1$ に接するための条件を m，n を用いて表せ。
   (2) 点 $(2,\ 1)$ から楕円 $x^2+\dfrac{y^2}{4}=1$ に引いた 2 つの接線が直交することを示せ。
                     〔島根大〕 <<< **標準例題 105，106**

4章

発展学習

HINT
  37，38 楕円，双曲線の方程式のおき方は，2 次曲線の性質
    （$p.169$ STEP into-**ここで整理**- も参照）をもとに決める。
  41 (1) 直線と楕円の方程式から y を消去して得られた x の 2 次方程式の判別式を D とすると $D=0$
    (2) 接線の方程式を $y=m(x-2)+1$ とおく。(1)を利用して導かれる m の 2 次方程式について，2 直線が直交 $\Longleftrightarrow$ 傾きの積が -1

EXERCISES

A **42**③ 次の媒介変数表示は，どのような曲線を表すか。

(1) $x=\sqrt{t}-1,\ y=2t+2$　　　　　(2) $x=t+\dfrac{1}{t},\ y=t-\dfrac{1}{t}$

(3) $x=4\tan\theta,\ y=\dfrac{3}{\cos\theta}$　　　　(4) $x=1+2\cos\theta,\ y=3\sin\theta-2$

(5) $x=\cos\theta,\ y=\cos2\theta$　　　　(6) $x=\sin\theta+\cos\theta,\ y=\sin\theta-\cos\theta$

<<< 基本例題 **108**，標準例題 **110**

43③ 次の極方程式はどのような曲線を表すか。

(1) $r=4\cos\theta$　　　　　　　(2) $\theta=-\dfrac{\pi}{6}$

(3) $r\cos\theta=2$　　　　　　　(4) $r(\cos\theta+\sqrt{3}\sin\theta)=4$

<<< 基本例題 **113**，**115**，標準例題 **114**

44③ 次の極方程式で表された円の中心の極座標と半径を求めよ。

(1) $r^2-4r\cos\theta+3=0$　　　　(2) $r^2-r(\cos\theta-\sqrt{3}\sin\theta)-8=0$

<<< 基本例題 **117**

B **45**④ 楕円 $\dfrac{(x+4)^2}{25}+\dfrac{(y+3)^2}{16}=1$ 上の点 $\left(-1,\ \dfrac{1}{5}\right)$ における接線の方程式を求めよ。

<<< 標準例題 **105**

46④ ★ 楕円 $x^2+4y^2=4$ 上の点Pと直線 $x+2y=3$ 上の点Qについて，2点P，Q間の距離の最小値を求めよ。

<<< 標準例題 **106**

47④ 放物線 $y^2=4px\ (p\neq0)$ の焦点Fを通る直線が，この放物線と2点A，Bで交わるとき，2点A，Bの y 座標の積は一定であることを示せ。

<<< 発展例題 **120**

48④ 次の媒介変数表示は，どのような曲線を表すか。

(1) $x=\dfrac{2}{1+t^2},\ y=\dfrac{2t}{1+t^2}$　　　　(2) $x=t+\dfrac{1}{t},\ y=t^2+\dfrac{1}{t^2},\ t>0$

<<< 標準例題 **111**

HINT

45 楕円と接点を平行移動して，標準形の場合に直して考える。

46 楕円と直線は共有点をもたないから，直線 $x+2y=3$ に平行な直線のうち，楕円の接線となるものに注目。

47 直線 AB が x 軸に 垂直であるとき と 垂直でないとき に分けて示す。

48 (1) $y=t\cdot\dfrac{2}{1+t^2}=tx$ とみる。ここで，$x>0$ である。

(2) $x=t+\dfrac{1}{t}$ の両辺を2乗してみる。x の変域に注意。

EXERCISES

B **49**④ $x=2\cos\theta$, $y=\sin\theta$ $(0\leqq\theta\leqq2\pi)$ で表される曲線 C について
(1) 曲線 C はどのような図形か。
(2) 点 A$(-1,\ 0)$ から曲線 C 上の点までの距離の最小値を求めよ。

〔類 成蹊大〕

50④ ★ 点 P$(x,\ y)$ が楕円 $\dfrac{x^2}{4}+y^2=1$ の上を動くとき，$3x^2-16xy-12y^2$ の最大値，最小値を求めよ。 〔類 福島県立医大〕 《《 発展例題 **122**

51④ 座標平面において，極方程式 $r=2\cos\theta$ で表される曲線を C とし，C 上において極座標が $\left(\sqrt{2},\ \dfrac{\pi}{4}\right)$, $(2,\ 0)$ である点をそれぞれ A，B とする。また，A，B を通る直線を ℓ とし，A を中心とし，線分 AB を半径にもつ円を D とする。
(1) 直線 ℓ の極方程式を求めよ。
(2) 円 D の極方程式を求めよ。 〔類 金沢工大〕 《《 標準例題 **114**，発展例題 **125**

52⑤ 放物線 $C:y^2=4px$ $(p>0)$ の焦点 F を通り，互いに直交する 2 つの弦を AB，CD とする。
(1) F を極，x 軸の正の部分を始線として，放物線 C の極方程式を求めよ。
(2) $\dfrac{1}{\mathrm{AB}}+\dfrac{1}{\mathrm{CD}}$ は一定であることを示せ。 《《 発展例題 **126**

HINT
- -

49 (2) 曲線 C 上の点を P$(2\cos\theta,\ \sin\theta)$, $0\leqq\theta\leqq2\pi$ とおき，AP^2 の最小値を求める。

50 点 P$(x,\ y)$ が楕円 $\dfrac{x^2}{4}+y^2=1$ 上の点 $\longrightarrow$ $x,\ y$ を媒介変数 θ で表し，三角関数の最大値，最小値を求める問題に帰着させる。

52 (2) F を極，A の偏角を θ とすると，B，C，D の偏角はそれぞれ $\theta+\pi$, $\theta+\dfrac{\pi}{2}$, $\theta+\dfrac{3}{2}\pi$ とおくことができる。

数学の扉 コンピュータといろいろな曲線

コンピュータのソフトには，グラフを作成する機能を兼ね備えたものもあります。媒介変数表示された曲線や，極方程式で表された曲線は，その式の形から概形をつかむのは難しいことが多いですが，コンピュータを利用すると概形を知ることができます。

例1 媒介変数表示の曲線 $x=a(\theta-\sin\theta),\ y=a(1-\cos\theta)$ ［サイクロイド，$p.182$］
$a=1$ のとき，コンピュータを利用してグラフをかくと，右の図のようになる。また，コンピュータを使うと，a の値を適当に変えることにより，概形の変化をみることもできる。

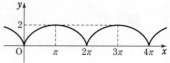

例2 極方程式で表された曲線 $r=1+\cos\theta$ ［$p.204$］
コンピュータを利用してグラフをかくと右の〔図1〕のようになり，ハートマークを横にしたような形をしていることがわかる。
（これが発展例題 **126** における点Pの軌跡である。）
なお，極座標による入力ができない場合には，媒介変数表示に直してから入力するとよい。極方程式 $r=f(\theta)$ は，
　　$x=f(\theta)\cos\theta,\ y=f(\theta)\sin\theta$ と媒介変数表示される。

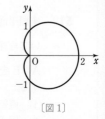

〔図1〕

いろいろな曲線 媒介変数や極方程式で表された曲線には，次のようなものがある。
① **リサージュ曲線** $x=\sin at,\ y=\sin bt$（$a,\ b$ は有理数）
　　　　　　　　　　　　　　　　　　　　　　　$\longrightarrow$ $a=3,\ b=4$ のとき〔図2〕
② **アルキメデスの渦巻線** $r=a\theta$（$a>0,\ \theta\geqq0$）　　$\longrightarrow$ $a=2$ のとき〔図3〕
③ **正葉曲線** $r=\sin a\theta$（a は有理数）　　　　　　$\longrightarrow$ $a=6$ のとき〔図4〕
④ **リマソン** $r=a+b\cos\theta$（$a>0$）　　　　　　　$\longrightarrow$ $a=2,\ b=4$ のとき〔図5〕
⑤ **カージオイド（心臓形）** $r=a(1+\cos\theta)$（$a>0$）　$\longrightarrow$ $a=1$ のとき〔図1〕
　　　　　　└④で $a=b$ の場合

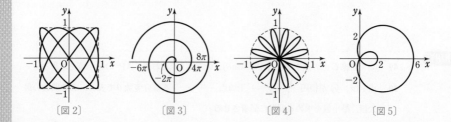

〔図2〕　　　　　　　〔図3〕　　　　　　　〔図4〕　　　　　　　〔図5〕

実　践　編

ここでは，大学入学共通テストを見据えた実践形式の問題を扱っています。
長文問題や思考力・判断力・表現力を問う問題など，見慣れない形式に初
めは戸惑うかもしれませんが，

　　これまで学んだ内容を駆使して，試行錯誤しながら問題に取り組むこと
が何より大切なことです。
繰り返し演習して，応用力を身につけましょう。

● 解答上の注意

1. 問題の文中の ア ， イウ などには，特に指示がない限り，符号
（−，±）または数字(0〜9)が入ります。ア，イ，ウ，……の1つ1つは，
これらのいずれか1つに対応します。

　　なお，同一の問題文中に ア ， イウ などが2度以上現れる場合，
原則として，2度目以降は， ア ， イウ のように細字で表記します。

2. 分数形で解答する場合，分数の符号は分子につけ，分母につけてはい
けません。

　　例えば， $\dfrac{エオ}{カ}$ に $-\dfrac{4}{5}$ と答えたいときは， $\dfrac{-4}{5}$ として答えなさい。

　　また，それ以上約分できない形で答えなさい。

3. 「解答群」があるものは，その中の選択肢から1つを選んで答えなさい。

三角形 OAB において，辺 OA 上またはその延長上に点P，辺 OB 上またはその延長上に点Qをとり，$\overrightarrow{\mathrm{OP}}=p\overrightarrow{\mathrm{OA}}$，$\overrightarrow{\mathrm{OQ}}=q\overrightarrow{\mathrm{OB}}$ とする。ただし，$p>0$，$q>0$ とする。

(1) $p=\dfrac{2}{3}$，$q=\dfrac{2}{5}$ のとき，次の等式(a), (b)を満たす点Rをそれぞれ考える。

$$\text{(a)}\quad \overrightarrow{\mathrm{OR}}=\frac{3}{7}\overrightarrow{\mathrm{OA}}+\frac{1}{7}\overrightarrow{\mathrm{OB}} \qquad \text{(b)}\quad \overrightarrow{\mathrm{OR}}=\frac{6}{11}\overrightarrow{\mathrm{OA}}+\frac{2}{11}\overrightarrow{\mathrm{OB}}$$

等式(a)を満たす点Rは $\boxed{\text{ア}}$。
等式(b)を満たす点Rは $\boxed{\text{イ}}$。

$\boxed{\text{ア}}$，$\boxed{\text{イ}}$ の解答群 （同じものを繰り返し選んでもよい。）

⓪ 線分 AQ 上にあるが，線分 BP 上にはない
① 線分 BP 上にあるが，線分 AQ 上にはない
② 線分 BP 上にあり，かつ線分 AQ 上にもある
③ 線分 PQ 上にある
④ 線分 AQ，線分 BP，線分 PQ のいずれの上にもない

(2) x を $0<x<1$ を満たす実数とする。三角形 OAB の重心をGとし，点Gが線分 PQ 上にあるとする。また，$\overrightarrow{\mathrm{PG}}=x\overrightarrow{\mathrm{PQ}}$ とおく。

点Gは三角形 OAB の重心であるから $\overrightarrow{\mathrm{OG}}=\dfrac{1}{\boxed{\text{ウ}}}\overrightarrow{\mathrm{OA}}+\dfrac{1}{\boxed{\text{エ}}}\overrightarrow{\mathrm{OB}}$ である。

また，$\overrightarrow{\mathrm{PG}}=x\overrightarrow{\mathrm{PQ}}$ であるから $\overrightarrow{\mathrm{OG}}=\boxed{\text{オ}}\overrightarrow{\mathrm{OA}}+\boxed{\text{カ}}\overrightarrow{\mathrm{OB}}$ である。

よって，$p=\dfrac{1}{\boxed{\text{キ}}}$，$q=\dfrac{1}{\boxed{\text{ク}}}$ である。

$\boxed{\text{オ}}$〜$\boxed{\text{ク}}$ の解答群 （同じものを繰り返し選んでもよい。）

⓪ $x-1$ ① $1-x$ ② px ③ qx
④ $p(1-x)$ ⑤ $q(1-x)$ ⑥ $3x$ ⑦ $3(1-x)$

したがって，三角形 OAB，三角形 OPQ の面積をそれぞれ S，T とすると，$\dfrac{S}{T}$ は，$x=\dfrac{\boxed{\text{ケ}}}{\boxed{\text{コ}}}$ のとき最大となり，その最大値は $\dfrac{\boxed{\text{サ}}}{\boxed{\text{シ}}}$ である。

CHART & GUIDE

$\overrightarrow{\mathrm{OP}}=s\overrightarrow{\mathrm{OA}}+t\overrightarrow{\mathrm{OB}}$ を満たす点 P の存在範囲
[1] $s+t=1 \iff$ 直線 AB
[2] $s+t=1$，$s\geqq 0$，$t\geqq 0 \iff$ 線分 AB

解答

(1) $\overrightarrow{OA}=\dfrac{3}{2}\overrightarrow{OP}$, $\overrightarrow{OB}=\dfrac{5}{2}\overrightarrow{OQ}$ から, $\overrightarrow{OR}=s\overrightarrow{OA}+t\overrightarrow{OB}$ (s, t は実数)のとき

$$\overrightarrow{OR}=s\overrightarrow{OA}+\dfrac{5}{2}t\overrightarrow{OQ} \cdots\cdots ①, \quad \overrightarrow{OR}=\dfrac{3}{2}s\overrightarrow{OP}+t\overrightarrow{OB} \cdots\cdots ②,$$

$$\overrightarrow{OR}=\dfrac{3}{2}s\overrightarrow{OP}+\dfrac{5}{2}t\overrightarrow{OQ} \cdots\cdots ③$$

①から　　点Rが線分 AQ 上にある $\Longleftrightarrow s+\dfrac{5}{2}t=1$, $s\geqq0$, $t\geqq0$ $\cdots\cdots$ ①′

②から　　点Rが線分 BP 上にある $\Longleftrightarrow \dfrac{3}{2}s+t=1$, $s\geqq0$, $t\geqq0$ $\cdots\cdots$ ②′

③から　　点Rが線分 PQ 上にある $\Longleftrightarrow \dfrac{3}{2}s+\dfrac{5}{2}t=1$, $s\geqq0$, $t\geqq0$ $\cdots\cdots$ ③′

(a) $s=\dfrac{3}{7}$, $t=\dfrac{1}{7}$ であるから, ③′ を満たし, ①′, ②′ は満たさない。よって, 点 R は線分 PQ 上にある。(ア ③)

(b) $s=\dfrac{6}{11}$, $t=\dfrac{2}{11}$ であるから, ①′, ②′ を満たし, ③′ は満たさない。よって, 点 R は線分 BP 上にあり, かつ線分 AQ 上にもある。(イ ②)

(2) 点Gは三角形 OAB の重心であるから　　$\overrightarrow{OG}=\dfrac{1}{^{ウ}3}\overrightarrow{OA}+\dfrac{1}{^{エ}3}\overrightarrow{OB}$ $\cdots\cdots$ ④

$\overrightarrow{PG}=x\overrightarrow{PQ}$ であるから　　$\overrightarrow{OG}-\overrightarrow{OP}=x(\overrightarrow{OQ}-\overrightarrow{OP})$

よって　　$\overrightarrow{OG}=(1-x)\overrightarrow{OP}+x\overrightarrow{OQ}=p(1-x)\overrightarrow{OA}+qx\overrightarrow{OB}$ $\cdots\cdots$ ⑤　(オ ④, カ ③)

$\overrightarrow{OA}\neq\vec{0}$, $\overrightarrow{OB}\neq\vec{0}$, $\overrightarrow{OA}\nparallel\overrightarrow{OB}$ であるから, ④, ⑤ より　　$\dfrac{1}{3}=p(1-x)$, $\dfrac{1}{3}=qx$

よって　　$p=\dfrac{1}{3(1-x)}$, $q=\dfrac{1}{3x}$　(キ ⑦, ク ⑥)

また　　$S=\dfrac{1}{2}|\overrightarrow{OA}||\overrightarrow{OB}|\sin\angle AOB$

$$T=\dfrac{1}{2}|\overrightarrow{OP}||\overrightarrow{OQ}|\sin\angle POQ=\dfrac{1}{2}pq|\overrightarrow{OA}||\overrightarrow{OB}|\sin\angle AOB$$

ゆえに　　$\dfrac{S}{T}=\dfrac{1}{pq}=3(1-x)\cdot3x=-9x^2+9x=-9\left(x-\dfrac{1}{2}\right)^2+\dfrac{9}{4}$

$0<x<1$ であるから, $\dfrac{S}{T}$ は, $x=\dfrac{^{ケ}1}{^{コ}2}$ のとき最大となり, その最大値は $\dfrac{^{サ}9}{^{シ}4}$ である。

TRAINING 実践 1 ④

k を実数の定数とする。ある平面上に点Pと三角形 ABC があり, 次の等式を満たしている。

$$3\overrightarrow{PA}+4\overrightarrow{PB}+5\overrightarrow{PC}=k\overrightarrow{BC}$$

(1) 点Pが直線 AB 上にあるとき, $k=\boxed{\text{ア}}$ である。

(2) 点Pが三角形 ABC の内部にあるとき, $\boxed{\text{イウ}}<k<\boxed{\text{エ}}$ である。ただし, 点Pは三角形 ABC の周上にはないものとする。

実践編

右の図のような，1辺の長さが2の正十二面体を考える。正十二面体とは，どの面もすべて合同な正五角形であり，どの頂点にも3つの面が集まっているへこみのない多面体のことである。

x を $x>0$ を満たす定数とし，$|\overrightarrow{AB}|=x$ とする。また，$\overrightarrow{OA}=\vec{a}$, $\overrightarrow{OB}=\vec{b}$, $\overrightarrow{OC}=\vec{c}$ とする。

(1) $\overrightarrow{CA}=\vec{a}-\vec{c}$ であるから

$$\vec{a}\cdot\vec{c}=\frac{\boxed{ア}-x^2}{2}\ \ \cdots\cdots\ ①$$

である。

$\overrightarrow{AD}=\dfrac{x}{\boxed{イ}}\vec{c}$ であるから，$\overrightarrow{OD}=\vec{a}+\dfrac{x}{\boxed{イ}}\vec{c}$ である。このことから

$$\vec{a}\cdot\vec{c}=-\frac{\boxed{ウ}}{x}\ \ \cdots\cdots\ ②$$

である。

①，②から，x は3次方程式 $x^3-\boxed{エ}x-\boxed{オ}=0$ を満たす。

よって，$x=\boxed{カ}+\sqrt{\boxed{キ}}$ であるから，$\vec{a}\cdot\vec{c}=\boxed{ク}-\sqrt{\boxed{ケ}}$ である。

(2) 線分 AB の中点を E とする。

点 O から平面 ABD に下ろした垂線を OH とすると，$\overrightarrow{OH}$ は実数 t を用いて

$$\overrightarrow{OH}=\overrightarrow{OE}+t\overrightarrow{OC}$$

と表すことができる。

$\overrightarrow{AD}\perp\overrightarrow{OH}$ であるから

$$\overrightarrow{OH}\cdot\overrightarrow{OC}=\boxed{コ}\ \ \cdots\cdots\ ③$$

である。

$\vec{b}\cdot\vec{c}=\vec{a}\cdot\vec{c}$ であるから，③より $t=\dfrac{\boxed{サシ}+\sqrt{\boxed{ス}}}{\boxed{セ}}$ である。

CHART & GUIDE

ベクトルの垂直条件

$\vec{a}\perp\vec{b}\iff\vec{a}\cdot\vec{b}=0$ を利用 $(\vec{a}\neq\vec{0},\ \vec{b}\neq\vec{0})$

解答

(1) $\overrightarrow{CA}=\vec{a}-\vec{c}$ であるから　$|\overrightarrow{CA}|^2=|\vec{a}-\vec{c}|^2$

すなわち　$|\overrightarrow{CA}|^2=|\vec{a}|^2-2\vec{a}\cdot\vec{c}+|\vec{c}|^2$

ゆえに　$x^2=2^2-2\vec{a}\cdot\vec{c}+2^2$

← $|\overrightarrow{CA}|$ は $|\overrightarrow{CA}|^2$ として扱う。

← $|\overrightarrow{CA}|=|\overrightarrow{AB}|=x$

よって　　$\vec{a}\cdot\vec{c}=\dfrac{^{\text{ア}}8-x^2}{2}$　……①

$\vec{c}/\!/\overrightarrow{\text{AD}}$ であり，$|\vec{c}|=2$, $|\overrightarrow{\text{AD}}|=x$ であるから　$\overrightarrow{\text{AD}}=\dfrac{x}{^{\text{イ}}2}\vec{c}$

よって　　$\overrightarrow{\text{OD}}=\overrightarrow{\text{OA}}+\overrightarrow{\text{AD}}=\vec{a}+\dfrac{x}{2}\vec{c}$

ゆえに　　$|\overrightarrow{\text{OD}}|^2=\left|\vec{a}+\dfrac{x}{2}\vec{c}\right|^2$

← $|\overrightarrow{\text{OD}}|$ は $|\overrightarrow{\text{OD}}|^2$ として扱う。

すなわち　$|\overrightarrow{\text{OD}}|^2=|\vec{a}|^2+x\vec{a}\cdot\vec{c}+\dfrac{x^2}{4}|\vec{c}|^2$

ゆえに　　$x^2=2^2+x\vec{a}\cdot\vec{c}+\dfrac{x^2}{4}\cdot2^2$

← $|\overrightarrow{\text{OD}}|=|\overrightarrow{\text{AB}}|=x$

よって　　$\vec{a}\cdot\vec{c}=-\dfrac{^{\text{ウ}}4}{x}$　……②

← $x\neq0$

①，②から　　$\dfrac{8-x^2}{2}=-\dfrac{4}{x}$

整理すると　　$x^3-^{\text{エ}}8x-^{\text{オ}}8=0$

因数分解すると　　$(x+2)(x^2-2x-4)=0$

← $P(x)=x^3-8x-8$ とすると　$P(-2)=0$
因数定理から，$P(x)$ は $x+2$ を因数にもつ。

$x>0$ であるから　　$x+2>0$　　よって　　$x^2-2x-4=0$

ゆえに　　$x=-(-1)\pm\sqrt{(-1)^2-1\cdot(-4)}=1\pm\sqrt{5}$

$x>0$ であるから　　$x=^{\text{カ}}1+\sqrt{^{\text{キ}}5}$

したがって　　$\vec{a}\cdot\vec{c}=^{\text{ク}}1-\sqrt{^{\text{ケ}}5}$

← ① または ② に x の値を代入する。

(2)　$\vec{c}/\!/\overrightarrow{\text{AD}}$ かつ $\overrightarrow{\text{AD}}\perp\overrightarrow{\text{OH}}$ であるから　　$\overrightarrow{\text{OH}}\perp\vec{c}$

よって　　$\overrightarrow{\text{OH}}\cdot\overrightarrow{\text{OC}}=^{\text{コ}}0$　……③

← 垂直 ⟶ 内積＝0

ここで，$\overrightarrow{\text{OE}}=\dfrac{1}{2}\vec{a}+\dfrac{1}{2}\vec{b}$ であるから　$\overrightarrow{\text{OH}}=\dfrac{1}{2}\vec{a}+\dfrac{1}{2}\vec{b}+t\vec{c}$

③から　　$\left(\dfrac{1}{2}\vec{a}+\dfrac{1}{2}\vec{b}+t\vec{c}\right)\cdot\vec{c}=0$

よって　　$\dfrac{1}{2}\vec{a}\cdot\vec{c}+\dfrac{1}{2}\vec{b}\cdot\vec{c}+t|\vec{c}|^2=0$

ここで，$\vec{b}\cdot\vec{c}=\vec{a}\cdot\vec{c}=1-\sqrt{5}$ であるから

$\qquad\qquad(1-\sqrt{5})+2^2t=0$

したがって　　$t=\dfrac{^{\text{サシ}}-1+\sqrt{^{\text{ス}}5}}{^{\text{セ}}4}$

← $|\vec{b}|=|\vec{a}|$,
∠BOC＝∠AOC であるから　$\vec{b}\cdot\vec{c}=\vec{a}\cdot\vec{c}$

TRAINING 実践　2　④

a を実数とする。xyz 空間内の 4 点を A$(0,\ a,\ 4)$, B$(-2,\ 0,\ 3)$, C$(1,\ 0,\ 2)$, D$(0,\ 2,\ 3)$ とし，点 P$(1,\ 0,\ 6)$ に光源をおく。

(1)　光源が xy 平面上につくる点 A の影の座標は（$\boxed{\text{アイ}}$, $\boxed{\text{ウ}}\,a$, 0）である。

(2)　光源が xy 平面上につくる三角形 BCD の影は三角形となる。この三角形の頂点の座標は（$\boxed{\text{エ}}$, $\boxed{\text{オ}}$, 0）, （$-\boxed{\text{カ}}$, $\boxed{\text{キ}}$, 0）, （$-\boxed{\text{ク}}$, $\boxed{\text{ケ}}$, 0）である。ただし，$\boxed{\text{カ}}>\boxed{\text{ク}}$ とする。

実践 例題 **3** 原点を中心とした回転，平行移動 数学C 🕐🕐🕐🕐🕐

複素数平面上に，原点 O を頂点の 1 つとする正六角形 OABCDE が与えられている。ただし，その頂点は反時計回りに O，A，B，C，D，E とする。

また，互いに異なる 0 でない複素数 α，β が

$$0 \le \arg\left(\frac{\beta}{\alpha}\right) \le \pi, \qquad 4\alpha^2 - 2\alpha\beta + \beta^2 = 0$$

を満たし，点 α，β が正六角形 OABCDE の O 以外の頂点のいずれかであるとする。

(1) $\beta = \boxed{\text{ア}}\left(\cos\dfrac{\pi}{\boxed{\text{イ}}} + i\sin\dfrac{\pi}{\boxed{\text{イ}}}\right)\alpha$ である。

ここで，OA$=a$ とすると OB$=$OD$=\sqrt{\boxed{\text{ウ}}}\,a$，OC$=\boxed{\text{エ}}\,a$ であるから，複素数 α，β が表す頂点の組合せとして正しいものは $\boxed{\text{オ}}$ である。

$\boxed{\text{オ}}$ の解答群

⓪ α が頂点 E，β が頂点 B　　　① α が頂点 C，β が頂点 A

② α が頂点 B，β が頂点 E　　　③ α が頂点 A，β が頂点 C

(2) 0 でない複素数 γ が $\gamma = \alpha + 1$ を満たし，点 γ が正六角形 OABCDE の O 以外の頂点のいずれかであるとする。

点 γ が頂点 B のとき，$\gamma = \dfrac{\boxed{\text{カ}}}{\boxed{\text{キ}}} - \dfrac{\sqrt{\boxed{\text{ク}}}}{\boxed{\text{ケ}}}i$ である。

また，点 γ が頂点 C のとき，$\gamma = \boxed{\text{コ}} - \dfrac{\sqrt{\boxed{\text{サ}}}}{\boxed{\text{シ}}}i$ である。

CHART & GUIDE

原点を中心とした回転

$\beta = r(\cos\theta + i\sin\theta)\alpha \quad (r > 0)$

$\Longleftrightarrow$ 点 β は，点 α を原点を中心として θ だけ回転し，原点からの距離を r 倍した点

解答

(1) $4\alpha^2 - 2\alpha\beta + \beta^2 = 0$ の両辺を α^2 で割ると

$$4 - 2\cdot\frac{\beta}{\alpha} + \left(\frac{\beta}{\alpha}\right)^2 = 0 \qquad \text{よって} \qquad \frac{\beta}{\alpha} = 1 \pm \sqrt{3}\,i$$

$0 \le \arg\left(\dfrac{\beta}{\alpha}\right) \le \pi$ より，$\dfrac{\beta}{\alpha}$ の虚部は 0 以上であるから

$$\frac{\beta}{\alpha} = 1 + \sqrt{3}\,i = 2\left(\cos\frac{\pi}{3} + i\sin\frac{\pi}{3}\right)$$

よって $\beta = {}^{\text{ア}}2\left(\cos\dfrac{\pi}{{}^{\text{イ}}3} + i\sin\dfrac{\pi}{3}\right)\alpha$ ……①

$\leftarrow \alpha^2 \ne 0$

$\leftarrow \dfrac{\beta}{\alpha}$
$= -(-1) \pm \sqrt{(-1)^2 - 1\cdot 4}$
$= 1 \pm \sqrt{3}\,i$

ゆえに，点 β は，点 α を点Oを中心として $\dfrac{\pi}{3}$ だけ回転し，

点Oからの距離を2倍した点である。

ここで，$BC=OA=a$ であり，

$\triangle OBC$ は $\angle OCB=\dfrac{\pi}{3}$ の直角三角形

であるから

$\qquad OB=OD=\sqrt{\boxed{^{ウ}3}}a$, $OC={}^{エ}2a$

したがって，右の図より，α が頂点 A，

β が頂点Cである。(^{オ} ③)

←正六角形の1つの内角の
大きさは

$$\dfrac{\pi(6-2)}{6}=\dfrac{2}{3}\pi$$

よって

$$\angle OCB=\dfrac{1}{2}\angle BCD$$

$$=\dfrac{\pi}{3}$$

また，OC は
正六角形 OABCDE の
外接円の直径であるから

$$\angle OBC=\dfrac{\pi}{2}$$

(2) $\gamma=\alpha+1$ から，点 γ は，点 α を実軸方向に1だけ平行移
動した点である。

[1] 点 γ が頂点Bのとき

辺 AB の長さは1であり，

辺 AB は実軸に平行である。

このとき，右の図から

$$\gamma=\dfrac{^{カ}3}{^{キ}2}-\dfrac{\sqrt{^{ク}3}}{^{ケ}2}i$$

[2] 点 γ が頂点Cのとき

線分 AC の長さは1であり，

線分 AC は実軸に平行である。

このとき，右の図から

$$\gamma={}^{コ}1-\dfrac{\sqrt{^{サ}3}}{^{シ}3}i$$

←$\triangle OAC$ において
$\qquad OA:AC=1:\sqrt{3}$
よって

$$OA=\dfrac{1}{\sqrt{3}}AC=\dfrac{\sqrt{3}}{3}$$

TRAINING 実践 3 ⑤

複素数平面上に6点 $A(z_1)$，$B(z_2)$，$C(z_3)$，$D(z_4)$，$E(z_5)$，
$F(z_6)$ がある。

六角形 ABCDEF が右の図のような正六角形のとき

$$z_3=\boxed{\quad ア \quad}z_1+\boxed{\quad イ \quad}z_5,$$

$$z_2=\boxed{\quad ウ \quad}z_1-\boxed{\quad エ \quad}z_5,$$

$$z_6=\boxed{\quad オ \quad}z_1+\boxed{\quad カ \quad}z_5$$

である。

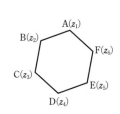

$\boxed{\ ア\ }$ ～ $\boxed{\ カ\ }$ の解答群 （同じものを繰り返し選んでもよい。）

⓪ $\dfrac{3+\sqrt{3}\,i}{3}$ ① $\dfrac{1+\sqrt{3}\,i}{2}$ ② $\dfrac{\sqrt{3}}{3}i$

③ $\dfrac{1-\sqrt{3}\,i}{2}$ ④ $\dfrac{3-\sqrt{3}\,i}{6}$ ⑤ $\dfrac{3+\sqrt{3}\,i}{6}$

実
践
編

実践 例題 **4** 2次曲線と軌跡 数学C ①①①①

(1) 座標平面上で原点を中心とする半径7の円を C_1, 点F(4, 0)を中心とする半径1の円を C_2 とする。

円 C_1 に内接し，円 C_2 に外接する円の中心をPとすると， アとなる。

ア の解答群

⓪ OP・FP が一定　　　　　① |OP−FP| が一定

② OP+FP が一定　　　　　③ OP²+FP² が一定

よって，点Pは2点O，Fを焦点とし，長軸の長さが イ の楕円上にあり，

その楕円の方程式は $\dfrac{(x-\boxed{ウ})^2}{\boxed{エオ}}+\dfrac{y^2}{\boxed{カキ}}=\boxed{ク}$ である。

(2) 座標平面上に3点F(−5, 0)，F′(5, 0)，Q(x, y)がある。ただし，x>0とする。三角形FF′Qの内接円が点(3, 0)でx軸に接するとき， ケ となる。

ケ の解答群

⓪ QF・QF′ が一定　　　　　① |QF−QF′| が一定

② QF+QF′ が一定　　　　　③ QF²+QF′² が一定

よって，点Qは2点F，F′を焦点とし，2点(± コ , 0)を頂点とする双曲線のうち x>0 を満たす部分にあり，その双曲線の方程式は

$\dfrac{x^2}{\boxed{サ}}-\dfrac{y^2}{\boxed{シス}}=\boxed{セ}$ である。

CHART & GUIDE

(1) 楕円 $\dfrac{x^2}{a^2}+\dfrac{y^2}{b^2}=1$ $(a>b>0)$　　焦点の座標 $(\pm\sqrt{a^2-b^2},\ 0)$

楕円上の点から2つの焦点までの距離の和 $2a$

(2) 双曲線 $\dfrac{x^2}{a^2}-\dfrac{y^2}{b^2}=1$　　焦点の座標 $(\pm\sqrt{a^2+b^2},\ 0)$

双曲線上の点から2つの焦点までの距離の差 $2a$

解答

(1) 円 C_1 に内接し，円 C_2 に外接する円を C_3 とし，円 C_3 と円 C_1，C_2 の接点をそれぞれ A，B とすると

OP+FP=(OA−PA)+(FB+PB)

=(7−PA)+(1+PB)

ここで，PA=PB であるから

OP+FP=8　(ア②)

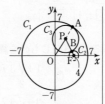

←PA, PB は，円 C_3 の半径である。

したがって，点Pは2点O，Fを焦点とし，長軸の長さが
^{イ}8 である楕円上にある。

ここで，線分 OF の中点の座標は　　(2, 0)

求める楕円を x 軸方向に -2 だけ平行移動すると，焦点O，
F はそれぞれ点 $(-2, 0)$，$(2, 0)$ に移る。

← 楕円の中心が原点となる
ように平行移動する。

この2点を焦点とし，長軸の長さが8の楕円の方程式を

$\dfrac{x^2}{a^2}+\dfrac{y^2}{b^2}=1$ $(a>b>0)$ とおくと　　$2a=8,\ \sqrt{a^2-b^2}=2$

← 長軸の長さ　$2a$
焦点の座標
　$(\pm\sqrt{a^2-b^2},\ 0)$

よって　　$a=4,\ b=2\sqrt{3}$

ゆえに，求める楕円は，楕円 $\dfrac{x^2}{16}+\dfrac{y^2}{12}=1$ を x 軸方向に2
だけ平行移動したものであるから，その方程式は

$$\dfrac{(x-^{ウ}2)^2}{^{エオ}16}+\dfrac{y^2}{^{カキ}12}=^{ク}1$$

(2)　A(3, 0) とする。辺 QF′ と内接円
の接点を B，辺 QF と内接円の接点
をCとすると

$|QF-QF'|=|(QC+CF)-(QB+BF')|$

ここで，接線の長さは等しいから
QC=QB，CF=FA=8，
BF′=AF′=2

よって　　$|QF-QF'|=6$　$(^{ケ}⓪)$

したがって，点Qは2点F，F′を焦点とし，2点 $(\pm^{コ}3,\ 0)$
を頂点とする双曲線のうち $x>0$ を満たす部分にある。

2点F，F′が焦点であるから，求める双曲線の方程式は

$\dfrac{x^2}{3^2}-\dfrac{y^2}{b^2}=1$ $(b>0)$ とおける。ゆえに

$\sqrt{3^2+b^2}=5$　　　よって　　$b=4$

← 双曲線 $\dfrac{x^2}{a^2}-\dfrac{y^2}{b^2}=1$ に
おいて　頂点 $(\pm a, 0)$
2つの焦点までの距離の
差　$2a$
　$2a=6$ から　$a=3$

← 焦点の座標
　$(\pm\sqrt{a^2+b^2},\ 0)$

したがって，この双曲線の方程式は　　$\dfrac{x^2}{^{サ}9}-\dfrac{y^2}{^{シス}16}=^{セ}1$

TRAINING 実践 4 ④

座標平面上で原点を中心とする半径5の円を C_1，点 F(12, 0) を中心とする半径1の円
を C_2 とする。

円 C_1 と円 C_2 に外接する円の中心をPとすると，点Pはある双曲線上に存在し，その

双曲線の方程式は $\dfrac{(x-\boxed{ア})^2}{\boxed{イ}}-\dfrac{y^2}{\boxed{ウエ}}=\boxed{オ}$ である。

答 の 部

答 の 部

・TRAINING, EXERCISES について，答えの数値のみをあげている。なお，図・証明は省略した。

＜第1章＞ 平面上のベクトル

● TRAINING の解答

1 (1) ①と⑤と⑧，②と③と⑥，④と⑦と⑨
(2) ①と⑨，⑤と⑦と⑧
(3) ⑤と⑧ (4) ④と⑨

2 略

3 (1) 略 (2) $\vec{0}$（零ベクトル）

4, 5 略

6 (1) $5\vec{a}$ (2) $17\vec{b}$ (3) $-2\vec{a}$ (4) $2\vec{a}-2\vec{b}$
(5) $\dfrac{5}{6}\vec{a}+\dfrac{1}{2}\vec{b}$

7 (1) $\overrightarrow{DE}=\dfrac{1}{3}\vec{b}-\dfrac{1}{3}\vec{c}$ (2) $\vec{d}=-\dfrac{\sqrt{2}}{4}\vec{c}$

8 (1) $\overrightarrow{DE}=\vec{a}-\vec{b}$ (2) $\overrightarrow{FC}=-2\vec{a}+2\vec{b}$
(3) $\overrightarrow{AC}=-2\vec{a}+\vec{b}$ (4) $\overrightarrow{BF}=\vec{a}-2\vec{b}$

9 (1) $\vec{a}=(2, -4)$, $\vec{b}=(-2, 2)$, $\vec{c}=(0, -4)$
(2) $|\vec{a}|=2\sqrt{5}$, $|\vec{b}|=2\sqrt{2}$, $|\vec{c}|=4$

10 (1) $(6, -8)$ (2) $(2, -1)$ (3) $(-1, -2)$
(4) $(12, -11)$

11 $x=2$, $y=-\dfrac{1}{2}$

12 (1) $x=12$ (2) $x=\pm 6$

13 (1) $\overrightarrow{AB}=(4, -5)$, $|\overrightarrow{AB}|=\sqrt{41}$
(2) $x=2$, $y=4$

14 $\vec{a}\cdot\vec{b}=0$, $\vec{b}\cdot\vec{c}=12$, $\vec{c}\cdot\vec{a}=-4$

15 (1) $\vec{a}\cdot\vec{b}=25$, $\theta=45°$
(2) $\vec{a}\cdot\vec{b}=-2\sqrt{3}$, $\theta=150°$
(3) $\vec{a}\cdot\vec{b}=-3\sqrt{2}$, $\theta=180°$
(4) $\vec{a}\cdot\vec{b}=0$, $\theta=90°$

16 $\vec{b}=(-1+\sqrt{3}, 1+\sqrt{3})$, $(-1-\sqrt{3}, 1-\sqrt{3})$

17 (1) $x=4$ (2) $\vec{d}=(2, -4)$, $(-2, 4)$

18 略

19 (1) $\sqrt{7}$ (2) $\vec{a}\cdot\vec{b}=-2$, $|2\vec{a}-3\vec{b}|=8$

20 (1) $\theta=120°$ (2) $\theta=150°$

21 (1) $\dfrac{\sqrt{2}}{2}$ (2) 4

22 (1) $\vec{a}+\dfrac{2}{3}\vec{b}-\dfrac{2}{3}\vec{c}$ (2) $\dfrac{1}{2}\vec{a}+\dfrac{1}{6}\vec{b}-\dfrac{2}{3}\vec{c}$

23 (1) 辺 BC を 2:1 に内分する位置
(2) 線分 AP を 3:4 に内分する位置

24, 25 略

26 $\overrightarrow{AP}=\dfrac{9}{14}\vec{b}+\dfrac{1}{7}\vec{c}$

27 $\overrightarrow{AI}=\dfrac{1}{5}\overrightarrow{AB}+\dfrac{7}{15}\overrightarrow{AC}$

28, 29 略

30 (1) $\sqrt{3}\,x+y+3\sqrt{3}-5=0$
(2) $3x-4y+5=0$

31 (1) $2\overrightarrow{OA}=\overrightarrow{OC}$, $2\overrightarrow{OB}=\overrightarrow{OD}$ となる点C，D に対して，直線 CD
(2) $3\overrightarrow{OA}=\overrightarrow{OC}$, $3\overrightarrow{OB}=\overrightarrow{OD}$ となる点C，D に対して，線分 CD

32 $4x+3y-18=0$

33 (1) $\overrightarrow{OQ}=\dfrac{3}{4}\overrightarrow{OA}+\dfrac{1}{4}\overrightarrow{OB}$ (2) $2:3$

34 (1) 線分 OA を 1:5 に外分する点をCとすると，点Cを中心とする半径 $\dfrac{1}{2}$ の円
(2) 線分 AB の中点をCとすると，点Cを中心とする半径 3 の円
(3) 線分 OA を直径とする円

35 (1) $t=2$ で最小値 $2\sqrt{5}$ (2) 略

36 (1) 辺 BC を 5:3 に内分する点をDとすると，線分 AD を 4:1 に内分する位置
(2) $2:3:5$

37 (1) $\overrightarrow{PQ}=\dfrac{1}{2}\overrightarrow{AD}+\dfrac{1}{2}\overrightarrow{BC}$,
$\overrightarrow{MN}=\dfrac{1}{2}\overrightarrow{AD}-\dfrac{1}{2}\overrightarrow{BC}$
(2) 略

38 $\overrightarrow{OH}=\dfrac{5}{9}\vec{a}+\dfrac{1}{6}\vec{b}$

39 (1) $\overrightarrow{OC}=\dfrac{1}{2}\overrightarrow{OA}$, $\overrightarrow{OD}=\dfrac{1}{2}\overrightarrow{OB}$ となるような点C，D に対して，△OCD の周および内部
(2) $\overrightarrow{OC}=3\overrightarrow{OA}$, $\overrightarrow{OD}=\overrightarrow{OC}+\overrightarrow{OB}$ となるような点C，D に対して，平行四辺形 OCDB の周および内部

40 $60°$

41 (1) $\left(\dfrac{19}{13}, \dfrac{30}{13}\right)$ (2) $\dfrac{3\sqrt{13}}{13}$

● EXERCISES の解答

1 (1) $\vec{x}=\vec{a}+2\vec{b}$　(2) $\vec{x}=\dfrac{6}{5}(\vec{a}+\vec{b})$

2 略

3 $t=-2$ のとき $\vec{p}=(-5,\ 0)$, $t=1$ のとき
$\vec{p}=(4,\ 3)$

4 (1) $\overrightarrow{AG_1}=\dfrac{1}{3}\overrightarrow{AB}+\dfrac{1}{3}\overrightarrow{AC}$,

$\overrightarrow{AG_2}=\dfrac{4-3t}{9}\overrightarrow{AB}+\dfrac{2+3t}{9}\overrightarrow{AC}$

(2) $t=\dfrac{1}{3}$　(3) $3:1$

5 (1) $\dfrac{1}{\sqrt{5}}$　(2) 5　(3) $t=-1$ で最小値 $2\sqrt{5}$

6 (ア) $-\dfrac{31}{32}$　(イ) $\dfrac{1}{9}$

7 $\overrightarrow{OC}=\dfrac{4}{9}\overrightarrow{OA}+\dfrac{1}{6}\overrightarrow{OB}$

8 略

9 $x+2y-3=0$, $\alpha=45°$

10 (1) $B(1,\ \sqrt{3})$, $D(-2,\ 0)$

(2) $\overrightarrow{ON}=\left(-\dfrac{4}{3},\ \dfrac{2\sqrt{3}}{3}\right)$

(3) $\overrightarrow{EP}=(2,\ a+\sqrt{3})$, $H\left(\dfrac{1-a^2}{2},\ a\right)$

(4) $a=\pm\dfrac{5}{12}$

＜第2章＞ 空間のベクトル

● TRAINING の解答

42 (1) $A(-3,\ 5,\ 0)$, $B(0,\ 5,\ 1)$,
$C(-3,\ 0,\ 1)$

(2) $D(-3,\ 5,\ -1)$, $E(3,\ 5,\ 1)$,
$F(-3,\ -5,\ 1)$

(3) $\sqrt{35}$

43 (1) $\overrightarrow{AG}=\vec{a}+\vec{b}+\vec{c}$　(2) $\overrightarrow{AH}=\vec{b}+\vec{c}$

(3) $\overrightarrow{DF}=\vec{a}-\vec{b}+\vec{c}$　(4) $\overrightarrow{EC}=\vec{a}+\vec{b}-\vec{c}$

(5) $\overrightarrow{EM}=\dfrac{1}{2}\vec{a}+\dfrac{1}{2}\vec{b}-\dfrac{1}{2}\vec{c}$

44 (1) 順に

(ア) $(1,\ 3,\ 2)$, $\sqrt{14}$　(イ) $(-3,\ 1,\ 4)$, $\sqrt{26}$

(ウ) $(-3,\ 6,\ 9)$, $3\sqrt{14}$

(エ) $(-5,\ 3,\ 7)$, $\sqrt{83}$

(2) $\overrightarrow{AB}=(4,\ 4,\ -4)$, $|\overrightarrow{AB}|=4\sqrt{3}$

45 $\vec{d}=2\vec{a}-2\vec{b}+3\vec{c}$

46 (1) 0　(2) 1　(3) -1

47 (1) $\vec{a}\cdot\vec{b}=-3$, $\theta=135°$

(2) $\overrightarrow{BA}\cdot\overrightarrow{BC}=-7$, $\theta=120°$

48 $\left(\dfrac{2}{3},\ -\dfrac{1}{3},\ -\dfrac{2}{3}\right)$, $\left(-\dfrac{2}{3},\ \dfrac{1}{3},\ \dfrac{2}{3}\right)$

49 $x=2+\sqrt{6}$

50 $\overrightarrow{MN}=\dfrac{-2\vec{a}-\vec{b}+3\vec{c}}{4}$, $\overrightarrow{GN}=\dfrac{-4\vec{a}-\vec{b}+9\vec{c}}{12}$

51 略

52 $\overrightarrow{OS}=\dfrac{1}{2}\vec{a}+\dfrac{1}{4}\vec{b}+\dfrac{1}{4}\vec{c}$

53 (1) 略　(2) $\dfrac{\sqrt{19}}{10}$

54 略

55 (1) $\sqrt{5}$　(2) $\left(-\dfrac{13}{4},\ 2,\ -\dfrac{1}{2}\right)$

(3) $(9,\ 2,\ 11)$　(4) $\left(-\dfrac{3}{2},\ 2,\ 2\right)$

(5) $\left(\dfrac{17}{12},\ 2,\ \dfrac{25}{6}\right)$

56 (1) $x^2+y^2+z^2=8$

(2) $(x-6)^2+(y-5)^2+(z+3)^2=17$

(3) $(x-3)^2+(y-2)^2+(z-5)^2=36$

57 中心の座標と半径の順に

(1) $(0,\ -3,\ 5)$, $\sqrt{6}$　(2) $(2,\ 0,\ 5)$, 1

(3) $(2,\ -3,\ 3)$, $\sqrt{6}$

58 (1) $s=1$, $t=3$　(2) $(7,\ -1,\ -2)$

59 $t=\dfrac{1}{5}$ で最小値 $\dfrac{\sqrt{345}}{5}$

60 (1) $\dfrac{1}{2}$　(2) $45°$

61 (1) $\overrightarrow{\text{OR}}=\dfrac{2\vec{b}+\vec{c}}{3}$　(2) 略

62 (1) $\left(0,\ -\dfrac{7}{3},\ \dfrac{7}{3}\right)$　(2) $\left(\dfrac{13}{14},\ -\dfrac{11}{14},\ -\dfrac{1}{7}\right)$

63 (1) $\left(0,\ \dfrac{15}{2},\ 0\right)$　(2) $\left(\dfrac{8}{5},\ 0,\ \dfrac{4}{5}\right)$

64 $\text{H}\left(\dfrac{1}{3},\ \dfrac{2}{3},\ -\dfrac{1}{3}\right)$, $\text{OH}=\dfrac{\sqrt{6}}{3}$

65 (1) 順に $(5,\ 2,\ -4)$, 7

(2) $x^2+y^2+z^2-2x+6y-4z=0$

66 (1) $2x-3y+z-4=0$

(2) $2x-3y+z+3=0$

● **EXERCISES の解答**

11 略

12 (ア) 3　(イ) 5　(ウ) $\dfrac{2}{3}$　(エ) $\dfrac{5\sqrt{5}}{2}$

13 (1) $\overrightarrow{\text{AF}}=\dfrac{1}{10}\vec{b}+\dfrac{3}{5}\vec{c}+\dfrac{3}{10}\vec{d}$

(2) $\overrightarrow{\text{DH}}=\dfrac{1}{27}\vec{b}+\dfrac{2}{9}\vec{c}-\vec{d}$, $\text{DG}:\text{GH}=9:1$

14 略

15 (1) $(x-8)^2+(y+2)^2+(z-7)^2=36$

(2) $(x-1)^2+(y-1)^2+(z-1)^2=1$,
$(x-3)^2+(y-3)^2+(z-3)^2=9$

(3) $x^2+y^2+(z-1)^2=9$

16 $t=4$ で最小値 $\sqrt{2}$

17 (1) $\text{M}(3,\ 3,\ 1)$, $\text{N}(2,\ 3,\ 3)$, 面積 $\sqrt{70}$

(2) $\dfrac{3\sqrt{70}}{35}$　(3) 1

18 (1) (ア) 1　(2) (イ) $\sqrt{5}+2$　(ウ) 2

(3) (エ) $\dfrac{5-2\sqrt{5}}{5}$

19 (1) $x+2y+2z-27=0$　(2) $(3,\ 6,\ 6)$

(3) 12

<第3章> 複素数平面

● **TRAINING の解答**

67 (1) 略 (2) (ア) $-3+i$ (イ) 4 (ウ) $-2i$

68 $\beta=3+5i$, $\gamma=-3+5i$, $\delta=-3-5i$
互いに共役であるものは α と β, γ と δ

69 (1) (ア) 5 (イ) 3 (ウ) 6 (2) 略

70 略

71 (1) (ア) $\sqrt{10}$ (イ) 5 (2) $x=1$

72 略

73 (1) $2\left(\cos\dfrac{5}{3}\pi+i\sin\dfrac{5}{3}\pi\right)$

(2) $\dfrac{\sqrt{2}}{3}\left(\cos\dfrac{3}{4}\pi+i\sin\dfrac{3}{4}\pi\right)$

(3) $2\sqrt{2}\left(\cos\dfrac{4}{3}\pi+i\sin\dfrac{4}{3}\pi\right)$

(4) $3\left(\cos\dfrac{3}{2}\pi+i\sin\dfrac{3}{2}\pi\right)$

74 $\alpha\beta=-3\sqrt{3}-3i$, $\dfrac{\alpha}{\beta}=-\dfrac{1}{3}+\dfrac{\sqrt{3}}{3}i$

75 (1) 原点を中心として $-\dfrac{5}{6}\pi$ だけ回転し, 原点からの距離を $2\sqrt{2}$ 倍した点

(2) $3-i$

76 (1) $\dfrac{1}{2}+\dfrac{\sqrt{3}}{2}i$ (2) $\dfrac{1}{4096}$ (3) $256+256i$

77 (1) $n=6$ (2) $n=3$

78 1, $\dfrac{1}{\sqrt{2}}+\dfrac{1}{\sqrt{2}}i$, i, $-\dfrac{1}{\sqrt{2}}+\dfrac{1}{\sqrt{2}}i$, -1,

$-\dfrac{1}{\sqrt{2}}-\dfrac{1}{\sqrt{2}}i$, $-i$, $\dfrac{1}{\sqrt{2}}-\dfrac{1}{\sqrt{2}}i$

79 (1) $z=\sqrt{3}+i$, $-\sqrt{3}-i$

(2) $z=2i$, $-\sqrt{3}-i$, $\sqrt{3}-i$

80 (1) $4+i$ (2) $7+19i$ (3) $2-i$

(4) $\dfrac{13}{3}+\dfrac{19}{3}i$

81 (1) 点 $\dfrac{1}{2}-i$ を中心とする半径 3 の円

(2) 2点 $-3i$, -1 を結ぶ線分の垂直二等分線

82 (1) 点 $-2i$ を中心とする半径 2 の円

(2) 点 $-\dfrac{1}{2}i$ を中心とする半径 $\dfrac{3}{2}$ の円

83 (1) 点 $1-i$ を中心とする半径 4 の円

(2) 点 1 を中心とする半径 2 の円

84 (1) $\left(\sqrt{3}-\dfrac{1}{2}\right)+\left(\dfrac{\sqrt{3}}{2}+2\right)i$

(2) $\dfrac{\sqrt{2}}{2}+\left(\dfrac{3\sqrt{2}}{2}+1\right)i$ (3) $-1+3i$

(4) $1-i$

85 $\dfrac{\pi}{6}$

86 (1) $\angle A=\dfrac{\pi}{2}$, $\angle B=\dfrac{\pi}{3}$, $\angle C=\dfrac{\pi}{6}$

(2) $\angle A=\angle B=\dfrac{\pi}{4}$, $\angle C=\dfrac{\pi}{2}$

87 (1) $a=-9$ (2) $a=-\dfrac{3}{2}$ (3) $a=1$

88 $z=2+3i$, $-2-3i$, $1-5i$, $5+i$, $\dfrac{1}{2}-\dfrac{5}{2}i$,

$\dfrac{5}{2}+\dfrac{1}{2}i$

89 m を負でない整数とすると $n=6m$ のとき 2,
$n=6m+1$ のとき 1, $n=6m+2$ のとき -1,
$n=6m+3$ のとき -2, $n=6m+4$ のとき -1,
$n=6m+5$ のとき 1

90 (1) 略 (2) 8

91 (1) 2点 0, 1 を結ぶ線分の垂直二等分線

(2) 点 3 を中心とする半径 2 の円

92 (1) $\angle O=\dfrac{\pi}{2}$ の直角二等辺三角形

(2) $\angle O=\dfrac{\pi}{2}$, $\angle A=\dfrac{\pi}{3}$, $\angle B=\dfrac{\pi}{6}$ の直角三角形

93 略

● EXERCISES の解答

20 絶対値, 偏角の順に

(1) $2r$, θ (2) r, $\theta+\pi$ (3) r, $-\theta$

(4) $\dfrac{1}{r}$, $-\theta$ (5) r^2, 2θ (6) $2r$, $\pi-\theta$

21 $(1+\sqrt{3})+(1-\sqrt{3})i$

22 (1) i (2) $\dfrac{1}{256}-\dfrac{1}{256}i$ (3) $-\dfrac{1}{512}$

(4) -64 (5) 1024

23 略

24 $\sqrt{2}$

25 8

26 (1) $z^5=1$, $z^4+z^3+z^2+z+1=0$ (2) 1

27 点 $-3+i$ を中心とする半径 $\sqrt{2}$ の円

28 (1) $\dfrac{1}{\sqrt{3}}i$ (2) 順に $\dfrac{\pi}{2}$, $\dfrac{\pi}{6}$, $\dfrac{\pi}{3}$

29 $-3+2i$, $-1+5i$ または $3-2i$, $5+i$

30 (1) 順に $1+i$, 16 (2) $\sqrt{5}$

31 $m=6$, $n=12$

32 点 1 を中心とする半径 1 の円から, 点 2 を除いた部分

33 (1) $\dfrac{\alpha}{\beta}=\dfrac{2\sqrt{3}}{3}\left\{\cos\left(\pm\dfrac{\pi}{6}\right)+i\sin\left(\pm\dfrac{\pi}{6}\right)\right\}$

(複号同順)

(2) 順に 点 $\dfrac{\alpha}{2}$, $\dfrac{|\alpha|}{2}$

(3) $|3\alpha-2\beta|=2|\beta|$

34 $\alpha=\dfrac{1}{2}+\dfrac{\sqrt{3}}{2}i$, $\beta=-i$

35 $z=-1+i$, i, $-\dfrac{1}{2}+\dfrac{1}{2}i$

＜第4章＞ 式と曲線

● TRAINING の解答

94 (1) 点 $\left(\dfrac{3}{4}, 0\right)$, 直線 $x=-\dfrac{3}{4}$; 図は略

(2) (ア) $y^2=-4x$ (イ) $x^2=8y$; 図は略

95 焦点, 長軸の長さ, 短軸の長さの順に

(1) 2点 $(\sqrt{7}, 0)$, $(-\sqrt{7}, 0)$; 8 ; 6 ; 図は略

(2) 2点 $(0, \sqrt{5})$, $(0, -\sqrt{5})$; 6 ; 4 ; 図は略

96 (1) $\dfrac{x^2}{5}+y^2=1$ (2) $\dfrac{x^2}{4}+\dfrac{y^2}{9}=1$

97 (1) 楕円 $\dfrac{x^2}{4}+\dfrac{y^2}{16}=1$ (2) 楕円 $\dfrac{x^2}{9}+\dfrac{y^2}{25}=1$

98 楕円 $\dfrac{x^2}{81}+\dfrac{y^2}{9}=1$

99 (1) 2点 $(\sqrt{29}, 0)$, $(-\sqrt{29}, 0)$; 2直線

$y=\dfrac{2}{5}x$, $y=-\dfrac{2}{5}x$; 図は略

(2) 2点 $(2\sqrt{2}, 0)$, $(-2\sqrt{2}, 0)$; 2直線

$y=x$, $y=-x$; 図は略

(3) 2点 $(0, \sqrt{34})$, $(0, -\sqrt{34})$; 2直線

$y=\dfrac{5}{3}x$, $y=-\dfrac{5}{3}x$; 図は略

100 (1) $\dfrac{x^2}{9}-\dfrac{y^2}{9}=1$ (2) $\dfrac{x^2}{8}-\dfrac{y^2}{18}=-1$

101 (1) $(y-2)^2=-4(x+3)$; $(-4, 2)$

(2) $\dfrac{(x+3)^2}{25}+\dfrac{(y-2)^2}{16}=1$; $(0, 2)$, $(-6, 2)$

(3) $\dfrac{(x+3)^2}{7}-\dfrac{(y-2)^2}{9}=1$; $(1, 2)$, $(-7, 2)$;

$3x-\sqrt{7}y+9+2\sqrt{7}=0$,
$3x+\sqrt{7}y+9-2\sqrt{7}=0$

102 (1) 楕円 $\dfrac{x^2}{9}+\dfrac{y^2}{4}=1$ を x 軸方向に 2, y 軸

方向に -3 だけ平行移動した楕円 ;
中心は 点 $(2, -3)$;
焦点は 2点 $(2+\sqrt{5}, -3)$, $(2-\sqrt{5}, -3)$

(2) 双曲線 $\dfrac{x^2}{4}-\dfrac{y^2}{25}=1$ を x 軸方向に -2, y 軸

方向に -3 だけ平行移動した双曲線 ;
頂点は 2点 $(0, -3)$, $(-4, -3)$;
焦点は 2点 $(\sqrt{29}-2, -3)$,
$(-\sqrt{29}-2, -3)$;
漸近線は 2直線 $5x+2y+16=0$,
$5x-2y+4=0$

(3) 放物線 $y^2=4x$ を x 軸方向に -2, y 軸方向

に 1 だけ平行移動した放物線 ;
頂点は 点 $(-2, 1)$, 焦点は 点 $(-1, 1)$;
準線は 直線 $x=-3$

103 (1) 交点 $\left(\dfrac{3}{\sqrt{2}},\ \sqrt{2}\right),\ \left(-\dfrac{3}{\sqrt{2}},\ -\sqrt{2}\right)$

(2) 接点 $(6,\ 6)$ (3) 交点 $\left(-\dfrac{5}{4},\ -\dfrac{3}{2}\right)$

104 $-\sqrt{10}<k<\sqrt{10}$ のとき 2 個；$k=\pm\sqrt{10}$ のとき 1 個；$k<-\sqrt{10},\ \sqrt{10}<k$ のとき 0 個

105 $y=-\dfrac{\sqrt{2}}{2}x+2$

106 (1) $x=-2,\ y=-\dfrac{5}{6}x+\dfrac{4}{3}$

(2) $y=x+2,\ y=\dfrac{2}{3}x+3$

107 (1) 放物線 $x^2=4y$

(2) 楕円 $\dfrac{3}{4}x^2+\dfrac{9}{16}\left(y-\dfrac{5}{3}\right)^2=1$

(3) 双曲線 $\dfrac{3}{16}x^2-\dfrac{9}{16}\left(y+\dfrac{5}{3}\right)^2=-1$

108 (1) 直線 $y=-2x+1$

(2) 放物線 $y^2=x-1$ の $y\geqq0$ の部分

(3) 円 $x^2+y^2=\dfrac{1}{9}$

109 放物線 $y=x^2-5x+3$

110 (1) 楕円 $\dfrac{x^2}{4}+\dfrac{y^2}{9}=1$

(2) 円 $(x-1)^2+(y+2)^2=1$

(3) 双曲線 $\dfrac{(x-2)^2}{16}-\dfrac{(y+1)^2}{9}=1$

111 $x=pt^2,\ y=2pt\quad(p\neq0)$

112 (1) A, B, C, D (2) P, Q, R, S の順に

(1) $(-\sqrt{2},\ \sqrt{2}),\ (0,\ -1),\ (-3,\ 0),\ (3,\ 0)$

(2) $\left(2\sqrt{2},\ \dfrac{\pi}{4}\right),\ \left(2,\ \dfrac{5}{3}\pi\right),\ \left(2\sqrt{3},\ \dfrac{2}{3}\pi\right),$
$(2,\ \pi)$

113 (1) $r=\dfrac{3}{2\cos\theta}$ (2) $\theta=-\dfrac{\pi}{4}$

114 $r\cos\left(\theta-\dfrac{\pi}{6}\right)=\sqrt{3}$

115 (1) $r=5$ (2) $r=10\cos\theta$

116 (1) (ア) $r^2(1+\cos^2\theta)=3$ (イ) $\theta=\dfrac{\pi}{4}$

(ウ) $r=2\sin\theta$

(2) (ア) $x^2+y^2-\sqrt{3}\,x-y=0$ (イ) $4x^2+y^2=4$

117 双曲線 $(x-2)^2-\dfrac{y^2}{3}=1$

118 $r=\dfrac{3}{2+\cos\theta}$

119 放物線 $y^2=-12x$

120 略

121 (1) $-\sqrt{17}<k<\sqrt{17}$

(2) 直線 $y=-\dfrac{1}{8}x$ の $-\dfrac{8\sqrt{17}}{17}<x<\dfrac{8\sqrt{17}}{17}$ の部分

122 最小値 6, 点Rの座標 $\left(\dfrac{3}{\sqrt{2}},\ \sqrt{2}\right)$

123 楕円 $x^2+\dfrac{y^2}{4}=1$ ただし点 $(-1,\ 0)$ を除く

124 (1) $2\sqrt{3}$ (2) $2\sqrt{3}$

125 $r^2-4r\sin\theta-5=0$

126 $r=2\sqrt{2}\,a\cos\left(\theta+\dfrac{\pi}{4}\right)$ または

$r=2\sqrt{2}\,a\cos\left(\theta-\dfrac{\pi}{4}\right)$

● **EXERCISES の解答**

36 (1) $x^2 = -8y$ (2) $y^2 = -3x$

37 (1) $\dfrac{x^2}{25} + \dfrac{y^2}{16} = 1$ (2) $\dfrac{x^2}{16} + \dfrac{y^2}{25} = 1$

38 (1) $x^2 - \dfrac{y^2}{9} = 1$ (2) $\dfrac{x^2}{20} - \dfrac{y^2}{16} = 1$

(3) $\dfrac{x^2}{9} - \dfrac{y^2}{16} = -1$

39 $\pm\dfrac{\sqrt{3}}{2}$

40 順に $\left(\dfrac{5}{2}, \dfrac{17}{4}\right)$, $\dfrac{\sqrt{35}}{2}$

41 (1) $m^2 - n^2 + 4 = 0$ (2) 略

42 (1) 放物線 $y = 2x^2 + 4x + 4$ の $x \geqq -1$ の部分

(2) 双曲線 $x^2 - y^2 = 4$

(3) 双曲線 $\dfrac{x^2}{16} - \dfrac{y^2}{9} = -1$

(4) 楕円 $\dfrac{(x-1)^2}{4} + \dfrac{(y+2)^2}{9} = 1$

(5) 放物線 $y = 2x^2 - 1$ の $-1 \leqq x \leqq 1$ の部分

(6) 円 $x^2 + y^2 = 2$

43 (1) 中心 $(2, 0)$, 半径 2 の円

(2) 極を通り, 始線とのなす角が $-\dfrac{\pi}{6}$ の直線

(3) 点 $(2, 0)$ を通り, 始線に垂直な直線

(4) 極座標が $\left(2, \dfrac{\pi}{3}\right)$ の点 A を通り, OA (O は極) に垂直な直線

44 順に (1) $(2, 0)$, 1 (2) $\left(1, \dfrac{5}{3}\pi\right)$, 3

45 $3x + 5y + 2 = 0$

46 $\dfrac{3\sqrt{5} - 2\sqrt{10}}{5}$

47 略

48 (1) 円 $(x-1)^2 + y^2 = 1$ の $x > 0$ の部分

(2) 放物線 $y = x^2 - 2$ の $x \geqq 2$ の部分

49 (1) 楕円 $\dfrac{x^2}{4} + y^2 = 1$ (2) $\dfrac{\sqrt{6}}{3}$

50 最大値 20, 最小値 -20

51 (1) $r\cos\left(\theta - \dfrac{\pi}{4}\right) = \sqrt{2}$

(2) $r = 2\sqrt{2}\cos\left(\theta - \dfrac{\pi}{4}\right)$

52 (1) $r = \dfrac{2p}{1 - \cos\theta}$ (2) 略

答の部（実践編）

● __TRAINING 実践__

1 （ア) 5 （イウ) −4 （エ) 5

2 （アイ) −2 （ウ) 3 （エ) 1 （オ) 0
（カ) 5 （キ) 0 （ク) 1 （ケ) 4

3 （ア) ① （イ) ③ （ウ) ⓪ （エ) ②
（オ) ④ （カ) ⑤

4 （ア) 6 （イ) 4 （ウエ) 32 （オ) 1

索　引

索 引

主に，用語・記号の初出のページを示した。なお，初出でなくても重点的に扱われるページを示したものもある。

索
引

230

<記号>

平方・立方・平方根の表

n	n^2	n^3	$\sqrt{n}$	$\sqrt{10n}$	n	n^2	n^3	$\sqrt{n}$	$\sqrt{10n}$
1	1	1	1.0000	3.1623	51	2601	132651	7.1414	22.5832
2	4	8	1.4142	4.4721	52	2704	140608	7.2111	22.8035
3	9	27	1.7321	5.4772	53	2809	148877	7.2801	23.0217
4	16	64	2.0000	6.3246	54	2916	157464	7.3485	23.2379
5	25	125	2.2361	7.0711	55	3025	166375	7.4162	23.4521
6	36	216	2.4495	7.7460	56	3136	175616	7.4833	23.6643
7	49	343	2.6458	8.3666	57	3249	185193	7.5498	23.8747
8	64	512	2.8284	8.9443	58	3364	195112	7.6158	24.0832
9	81	729	3.0000	9.4868	59	3481	205379	7.6811	24.2899
10	100	1000	3.1623	10.0000	60	3600	216000	7.7460	24.4949
11	121	1331	3.3166	10.4881	61	3721	226981	7.8102	24.6982
12	144	1728	3.4641	10.9545	62	3844	238328	7.8740	24.8998
13	169	2197	3.6056	11.4018	63	3969	250047	7.9373	25.0998
14	196	2744	3.7417	11.8322	64	4096	262144	8.0000	25.2982
15	225	3375	3.8730	12.2474	65	4225	274625	8.0623	25.4951
16	256	4096	4.0000	12.6491	66	4356	287496	8.1240	25.6905
17	289	4913	4.1231	13.0384	67	4489	300763	8.1854	25.8844
18	324	5832	4.2426	13.4164	68	4624	314432	8.2462	26.0768
19	361	6859	4.3589	13.7840	69	4761	328509	8.3066	26.2679
20	400	8000	4.4721	14.1421	70	4900	343000	8.3666	26.4575
21	441	9261	4.5826	14.4914	71	5041	357911	8.4261	26.6458
22	484	10648	4.6904	14.8324	72	5184	373248	8.4853	26.8328
23	529	12167	4.7958	15.1658	73	5329	389017	8.5440	27.0185
24	576	13824	4.8990	15.4919	74	5476	405224	8.6023	27.2029
25	625	15625	5.0000	15.8114	75	5625	421875	8.6603	27.3861
26	676	17576	5.0990	16.1245	76	5776	438976	8.7178	27.5681
27	729	19683	5.1962	16.4317	77	5929	456533	8.7750	27.7489
28	784	21952	5.2915	16.7332	78	6084	474552	8.8318	27.9285
29	841	24389	5.3852	17.0294	79	6241	493039	8.8882	28.1069
30	900	27000	5.4772	17.3205	80	6400	512000	8.9443	28.2843
31	961	29791	5.5678	17.6068	81	6561	531441	9.0000	28.4605
32	1024	32768	5.6569	17.8885	82	6724	551368	9.0554	28.6356
33	1089	35937	5.7446	18.1659	83	6889	571787	9.1104	28.8097
34	1156	39304	5.8310	18.4391	84	7056	592704	9.1652	28.9828
35	1225	42875	5.9161	18.7083	85	7225	614125	9.2195	29.1548
36	1296	46656	6.0000	18.9737	86	7396	636056	9.2736	29.3258
37	1369	50653	6.0828	19.2354	87	7569	658503	9.3274	29.4958
38	1444	54872	6.1644	19.4936	88	7744	681472	9.3808	29.6648
39	1521	59319	6.2450	19.7484	89	7921	704969	9.4340	29.8329
40	1600	64000	6.3246	20.0000	90	8100	729000	9.4868	30.0000
41	1681	68921	6.4031	20.2485	91	8281	753571	9.5394	30.1662
42	1764	74088	6.4807	20.4939	92	8464	778688	9.5917	30.3315
43	1849	79507	6.5574	20.7364	93	8649	804357	9.6437	30.4959
44	1936	85184	6.6332	20.9762	94	8836	830584	9.6954	30.6594
45	2025	91125	6.7082	21.2132	95	9025	857375	9.7468	30.8221
46	2116	97336	6.7823	21.4476	96	9216	884736	9.7980	30.9839
47	2209	103823	6.8557	21.6795	97	9409	912673	9.8489	31.1448
48	2304	110592	6.9282	21.9089	98	9604	941192	9.8995	31.3050
49	2401	117649	7.0000	22.1359	99	9801	970299	9.9499	31.4643
50	2500	125000	7.0711	22.3607	100	10000	1000000	10.0000	31.6228

●編著者

チャート研究所

●表紙・カバー・本文デザイン

有限会社アーク・ビジュアル・ワークス

●イラスト（先生，生徒）

有限会社アラカグラフィス

●手書き文字（はなぞめフォント）作成

さつやこ

編集・制作　　チャート研究所
発行者　　　　星野　泰也

新課程
第1刷　2023年10月1日　発行
第2刷　2023年10月10日　発行
第3刷　2024年2月1日　発行
第4刷　2024年2月10日　発行
第5刷　2024年8月1日　発行
第6刷　2024年8月10日　発行

ISBN978-4-410-10263-9

チャート式® 基礎と演習　数学C

発行所　**数研出版株式会社**

〒101-0052 東京都千代田区神田小川町2丁目3番地3
　　　　　　〔振替〕　00140-4-118431
〒604-0861 京都市中京区烏丸通竹屋町上る大倉町205番地
〔電話〕代表　(075)231-0161
ホームページ　https://www.chart.co.jp
印刷　岩岡印刷株式会社
乱丁本・落丁本はお取り替えいたします。　　　240606

「チャート式」は，登録商標です。

複素数平面

a, b は実数，α, β, γ, z は複素数とする。

□ 複素数平面

⇨ 共役な複素数の性質

① $\overline{\alpha+\beta}=\overline{\alpha}+\overline{\beta}$　　$\overline{\alpha-\beta}=\overline{\alpha}-\overline{\beta}$

$\overline{\alpha\beta}=\overline{\alpha}\,\overline{\beta}$　　$\overline{\left(\dfrac{\alpha}{\beta}\right)}=\dfrac{\overline{\alpha}}{\overline{\beta}}$　$(\beta\neq0)$

② α が実数 $\iff \overline{\alpha}=\alpha$

α が純虚数 $\iff \overline{\alpha}=-\alpha$ かつ $\alpha\neq0$

⇨ 複素数の絶対値

$|a+bi|=\sqrt{a^2+b^2}$

$|\alpha|\geqq0$，$|\overline{\alpha}|=|\alpha|$，$|\alpha|^2=\alpha\overline{\alpha}$

⇨ 複素数の加法・減法

① 点 $\alpha+\beta$ は，原点Oを点 β に移す平行移動によって点 α が移る点である。

② 点 $\alpha-\beta$ は，点 β を原点Oに移す平行移動によって点 α が移る点である。

①　$\alpha+\beta$　　　　②　$\alpha-\beta$

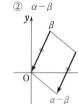

□ 複素数の極形式

⇨ 極形式

複素数平面上で，$P(z)$，$z=a+bi$ $(\neq0)$，$OP=r$，OP が実軸の正の部分とのなす角が θ のとき

$z=r(\cos\theta+i\sin\theta)$ $[r>0]$

⇨ 複素数の乗法・除法

$r_1>0$，$r_2>0$ として

$\alpha=r_1(\cos\theta_1+i\sin\theta_1)$，$\beta=r_2(\cos\theta_2+i\sin\theta_2)$

① 複素数 α，β の乗法

$\alpha\beta=r_1r_2\{\cos(\theta_1+\theta_2)+i\sin(\theta_1+\theta_2)\}$

$|\alpha\beta|=|\alpha||\beta|$，$\arg(\alpha\beta)=\arg\alpha+\arg\beta$

② 複素数 α，β の除法（$\beta\neq0$ とする）

$\dfrac{\alpha}{\beta}=\dfrac{r_1}{r_2}\{\cos(\theta_1-\theta_2)+i\sin(\theta_1-\theta_2)\}$

$\left|\dfrac{\alpha}{\beta}\right|=\dfrac{|\alpha|}{|\beta|}$，$\arg\left(\dfrac{\alpha}{\beta}\right)=\arg\alpha-\arg\beta$

⇨ 積 αz の図形的意味

α の偏角を θ とする。

z に α を掛ける $\iff$
点 z を原点を中心として
角 θ だけ回転させ，原点
からの距離（絶対値）を
$|\alpha|$ 倍する。

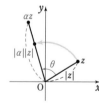

□ ド・モアブルの定理

⇨ ド・モアブルの定理

n は整数とする。

$(\cos\theta+i\sin\theta)^n=\cos n\theta+i\sin n\theta$

⇨ 複素数の n 乗

$z=r(\cos\theta+i\sin\theta)$ $[r>0]$ のとき

$z^n=r^n(\cos n\theta+i\sin n\theta)$

$|z^n|=|z|^n$ ［n 乗の絶対値は絶対値の n 乗］

$\arg(z^n)=n(\arg z)+2\pi\times n$

［n 乗の偏角は偏角の n 倍］

⇨ 1 の n 乗根（$z^n=1$ の解）

$z_k=\cos\left(\dfrac{2\pi}{n}\times k\right)+i\sin\left(\dfrac{2\pi}{n}\times k\right)$

$z_k=z_1{}^k$　$(k=0,\ 1,\ 2,\ \cdots\cdots,\ n-1)$

z_k を表す点は，点 1
を 1 つの頂点として，
単位円に内接する正 n
角形の頂点である。
$z^6=1$ の解 z_0，z_1，z_2，
z_3，z_4，z_5 を図示する
と，右図のようになる。

□ 図形と複素数

$A(\alpha)$，$B(\beta)$，$C(\gamma)$ とする。

⇨ 2 点間の距離　$AB=|\beta-\alpha|$

⇨ 分点　線分 AB を $m:n$ の比に分ける点を表す

複素数は $\dfrac{n\alpha+m\beta}{m+n}$　$\begin{bmatrix} mn>0 \text{ なら内分} \\ mn<0 \text{ なら外分} \end{bmatrix}$

特に，線分 AB の中点は $\dfrac{\alpha+\beta}{2}$

$\triangle ABC$ の重心は $\dfrac{\alpha+\beta+\gamma}{3}$

⇨ 回転移動

点 α を，点 β を中心に θ だけ回転した点 γ は

$\gamma=\beta+(\alpha-\beta)(\cos\theta+i\sin\theta)$

特に，$\theta=\dfrac{\pi}{2}$　なら　$\gamma=\beta+(\alpha-\beta)i$

$\theta=-\dfrac{\pi}{2}$　なら　$\gamma=\beta-(\alpha-\beta)i$

⇨ 共線

3 点 A，B，C が一直線上にある

$\iff \dfrac{\gamma-\alpha}{\beta-\alpha}$ が実数

⇨ 垂直　$AB\perp AC \iff \dfrac{\gamma-\alpha}{\beta-\alpha}$ が純虚数

⇨ 等式を満たす点 z の描く図形

$|z-\alpha|=|z-\beta|$ …… 線分 AB の垂直二等分線

$|z-\alpha|=r$ …… 点Aを中心とする半径 r の円

TRAINING, EXERCISES の解答

注意 ・章ごとに，TRAINING，EXERCISES の問題と解答をまとめて扱った。
・主に本冊の CHART & GUIDE に対応した箇所を赤字で示した。
・問題番号の左上の数字は，難易度を表したものである。

TR ①1

右の図に示されたベクトルについて，次のようなベクトルの番号の組をすべてあげよ。
(1) 大きさが等しいベクトル
(2) 向きが同じベクトル
(3) 等しいベクトル
(4) 互いに逆ベクトル

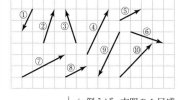

(1) 線分の長さが等しいものであるから
　　①と⑤と⑧，②と③と⑥，④と⑦と⑨
(2) 矢印の向きが同じものであるから
　　①と⑨，⑤と⑦と⑧
(3) 線分の長さが等しく，かつ矢印の向きが同じものであるから
　　⑤と⑧
(4) 線分の長さが等しく，かつ矢印の向きが反対のものであるから
　　　④と⑨

⬅ 例えば，方眼の 1 目盛りを 1 とすると ① の線分の長さは
$\sqrt{1^2+2^2}=\sqrt{5}$

⬅ (1) と (2) に共通する組。(1) と (2) の結果を利用して考えるとよい。

TR ②2

右の図のベクトル $\vec{a}$, $\vec{b}$, $\vec{c}$, $\vec{d}$ について，次のベクトルを図示せよ。
(1) $\vec{a}+\vec{b}$　　　　(2) $\vec{b}+\vec{d}$
(3) $\vec{a}+\vec{b}+\vec{c}$　　(4) $\vec{a}+\vec{c}+\vec{d}$

(1) 図の $\overrightarrow{\mathrm{AC}}$ が求める $\vec{a}+\vec{b}$

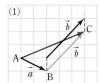

(2) 図の $\overrightarrow{\mathrm{BD}}$ が求める $\vec{b}+\vec{d}$

(3) (1) から，図の $\overrightarrow{\mathrm{AE}}$ が求める　$\vec{a}+\vec{b}+\vec{c}$

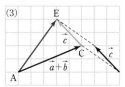

(4) 図の $\overrightarrow{\mathrm{AG}}$ が求める $\vec{a}+\vec{c}+\vec{d}$

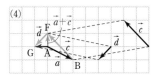

CHART
ベクトルの和
$\vec{a}+\vec{b}$ の作図
継ぎ足す か 始点をそろえる

(1) 下の図のようにして平行四辺形 ABCD を作り，$\overrightarrow{\mathrm{AC}}$ として求めてもよい。

TR ①3 右の図の四角形 ABCD はひし形であり，点Oは対角線 AC と BDの交点である。$\overrightarrow{OA}=\vec{a}$，$\overrightarrow{AB}=\vec{b}$，$\overrightarrow{CD}=\vec{c}$ とするとき
(1) $\vec{a}-\vec{b}$，$\vec{a}-\vec{c}$ を図示せよ。
(2) $\vec{b}+\vec{c}$ はどのようなベクトルか。

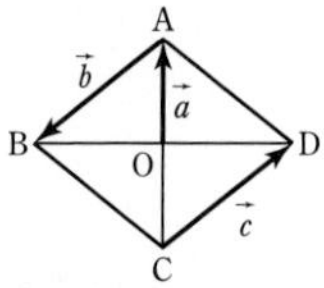

(1)

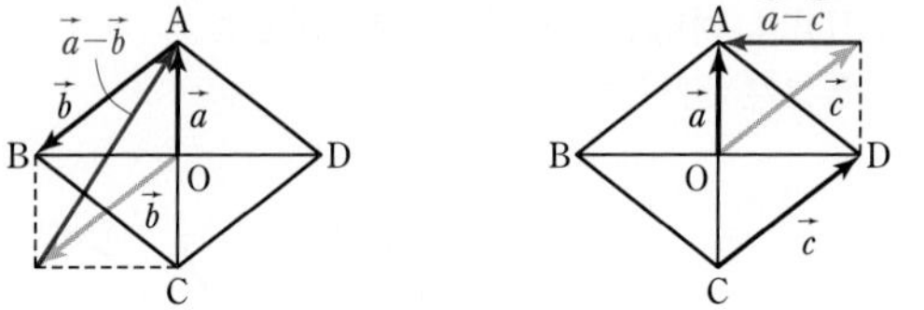

CHART ベクトルの差 $\vec{a}-\vec{b}$ の作図
始点どうしが重なるように平行移動

(2) AB∥DC，AB=DC であるから

$\vec{c}=-\vec{b}$

よって $\vec{b}+\vec{c}=\vec{b}+(-\vec{b})=\vec{0}$ **(零ベクトル)**

⇐ $\vec{b}$ と $\vec{c}$ の向きは反対。

TR ①4 次の等式が成り立つことを証明せよ。
(1) $\overrightarrow{PQ}+\overrightarrow{RS}+\overrightarrow{QR}+\overrightarrow{SP}=\vec{0}$　　(2) $\overrightarrow{PB}+\overrightarrow{DS}-\overrightarrow{PS}-\overrightarrow{XB}=\overrightarrow{DX}$

(1) $\overrightarrow{PQ}+\overrightarrow{RS}+\overrightarrow{QR}+\overrightarrow{SP}=(\overrightarrow{PQ}+\overrightarrow{QR})+(\overrightarrow{RS}+\overrightarrow{SP})$
$=\overrightarrow{PR}+\overrightarrow{RP}$
$=\overrightarrow{PP}$
$=\vec{0}$

⇐ $\overrightarrow{PQ}+\overrightarrow{QR}=\overrightarrow{PR}$，$\overrightarrow{RS}+\overrightarrow{SP}=\overrightarrow{RP}$

(2) $\overrightarrow{PB}+\overrightarrow{DS}-\overrightarrow{PS}-\overrightarrow{XB}=(\overrightarrow{DS}+\overrightarrow{SP})+(\overrightarrow{PB}+\overrightarrow{BX})$
$=\overrightarrow{DP}+\overrightarrow{PX}$
$=\overrightarrow{DX}$

⇐ $\overrightarrow{DS}+\overrightarrow{SP}=\overrightarrow{DP}$，$\overrightarrow{PB}+\overrightarrow{BX}=\overrightarrow{PX}$

別解 $\overrightarrow{PB}+\overrightarrow{DS}-\overrightarrow{PS}-\overrightarrow{XB}=\overrightarrow{DS}+\overrightarrow{SP}+\overrightarrow{PB}+\overrightarrow{BX}$
$=\overrightarrow{DX}$

⇐ 寄り道が 3 つの場合と考える。

TR ①5 右のベクトル $\vec{a}$，$\vec{b}$ について，次のベクトルを図示せよ。
(1) $3\vec{a}$　　(2) $-\frac{3}{2}\vec{b}$
(3) $\vec{a}+2\vec{b}$　　(4) $2\vec{a}-3\vec{b}$

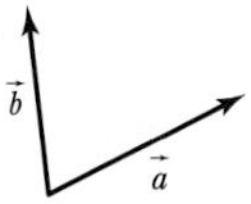

(1),(2)

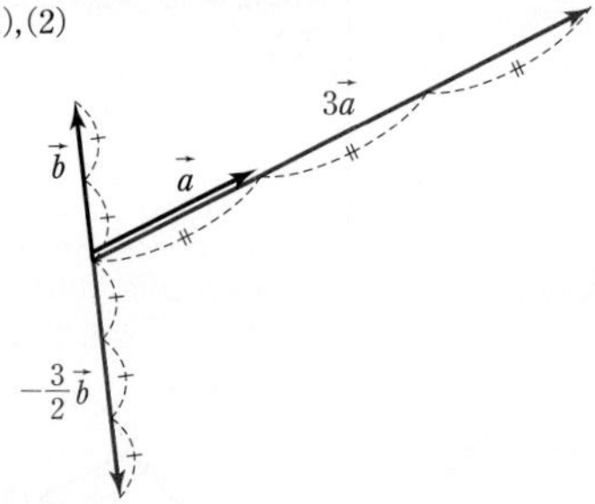

(3),(4)

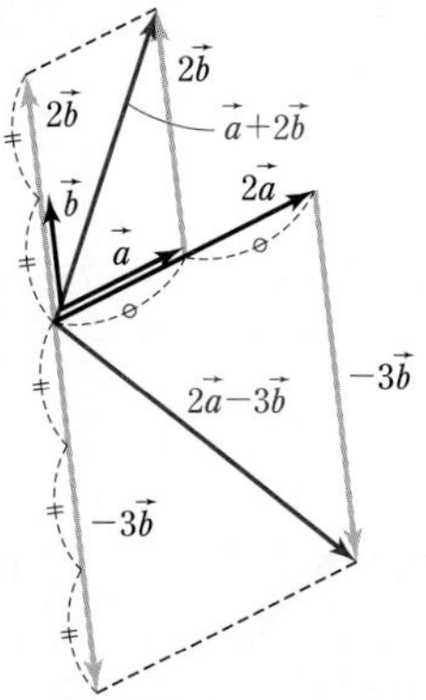

TR ①6 次の計算をせよ。

(1) $3\vec{a}+2\vec{a}$　　　　(2) $5\vec{b}-2(-6\vec{b})$　　　　(3) $-2(3\vec{a}-2\vec{b})+4(\vec{a}-\vec{b})$

(4) $\dfrac{1}{2}(\vec{a}+2\vec{b})+\dfrac{3}{2}(\vec{a}-2\vec{b})$　　(5) $\dfrac{2}{3}(2\vec{a}-3\vec{b})+\dfrac{1}{2}(-\vec{a}+5\vec{b})$

(1) $3\vec{a}+2\vec{a}=(3+2)\vec{a}=\boldsymbol{5\vec{a}}$

(2) $5\vec{b}-2(-6\vec{b})=5\vec{b}+12\vec{b}=(5+12)\vec{b}=\boldsymbol{17\vec{b}}$

(3) $-2(3\vec{a}-2\vec{b})+4(\vec{a}-\vec{b})=-6\vec{a}+4\vec{b}+4\vec{a}-4\vec{b}$
$$=(-6+4)\vec{a}+(4-4)\vec{b}$$
$$=-2\vec{a}+\vec{0}=\boldsymbol{-2\vec{a}}$$

(4) $\dfrac{1}{2}(\vec{a}+2\vec{b})+\dfrac{3}{2}(\vec{a}-2\vec{b})=\dfrac{1}{2}\vec{a}+\vec{b}+\dfrac{3}{2}\vec{a}-3\vec{b}$
$$=\left(\dfrac{1}{2}+\dfrac{3}{2}\right)\vec{a}+(1-3)\vec{b}=\boldsymbol{2\vec{a}-2\vec{b}}$$

(5) $\dfrac{2}{3}(2\vec{a}-3\vec{b})+\dfrac{1}{2}(-\vec{a}+5\vec{b})=\dfrac{4}{3}\vec{a}-2\vec{b}-\dfrac{1}{2}\vec{a}+\dfrac{5}{2}\vec{b}$
$$=\left(\dfrac{4}{3}-\dfrac{1}{2}\right)\vec{a}+\left(-2+\dfrac{5}{2}\right)\vec{b}$$
$$=\boldsymbol{\dfrac{5}{6}\vec{a}+\dfrac{1}{2}\vec{b}}$$

CHART

ベクトルの計算
文字式の計算と同じ要領で

$\Leftarrow 0\vec{b}=\vec{0}$

TR ②7 1辺の長さが2の正方形 ABCD において，$\overrightarrow{AB}=\vec{b}$，$\overrightarrow{AC}=\vec{c}$ とする。
(1) 辺 AD を $2:1$ に内分する点 E に対して，$\overrightarrow{DE}$ を $\vec{b}$，$\vec{c}$ を用いて表せ。
(2) $\vec{c}$ と反対向きの単位ベクトル $\vec{d}$ を $\vec{c}$ を用いて表せ。

(1) $\overrightarrow{DA}=\overrightarrow{CB}=\vec{b}-\vec{c}$

よって　$\overrightarrow{DE}=\dfrac{1}{3}\overrightarrow{DA}=\dfrac{1}{3}\vec{b}-\dfrac{1}{3}\vec{c}$

(2) 条件から　$|\vec{c}|=AC=2\sqrt{2}$

よって　$\vec{d}=-\dfrac{1}{|\vec{c}|}\vec{c}=-\dfrac{1}{2\sqrt{2}}\vec{c}$
$$=-\dfrac{\sqrt{2}}{4}\vec{c}$$

$\Leftarrow \overrightarrow{CB}=\overrightarrow{AB}-\overrightarrow{AC}$

$\Leftarrow DE=\dfrac{1}{3}DA$

$\Leftarrow \triangle ABC$ は $\angle B=90°$ の直角二等辺三角形。

$\Leftarrow$ 大きさ $2\sqrt{2}$ を1にし，向きを反対にするために $\left(-\dfrac{1}{2\sqrt{2}}\right)$ 倍する。

TR ③8 右の図の正六角形 ABCDEF において，対角線 AD と BE の交点を O とし，$\overrightarrow{OA}=\vec{a}$，$\overrightarrow{OB}=\vec{b}$ とする。
このとき，次のベクトルを $\vec{a}$，$\vec{b}$ を用いて表せ。
(1) $\overrightarrow{DE}$　　　(2) $\overrightarrow{FC}$
(3) $\overrightarrow{AC}$　　　(4) $\overrightarrow{BF}$

(1) $\overrightarrow{DE}=\overrightarrow{DO}+\overrightarrow{OE}=\overrightarrow{OA}+\overrightarrow{BO}=\vec{a}+(-\vec{b})$
$$=\boldsymbol{\vec{a}-\vec{b}}$$

別解　$\overrightarrow{DE}=\overrightarrow{BA}=\overrightarrow{OA}-\overrightarrow{OB}$
$$=\boldsymbol{\vec{a}-\vec{b}}$$

(2) $\overrightarrow{FC}=2\overrightarrow{FO}=2(\overrightarrow{FA}+\overrightarrow{AO})$
$$=2(\overrightarrow{OB}-\overrightarrow{OA})=2(-\vec{a}+\vec{b})$$
$$=\boldsymbol{-2\vec{a}+2\vec{b}}$$

$\Leftarrow \overrightarrow{BO}=-\overrightarrow{OB}=-\vec{b}$

$\Leftarrow FC=2FO$

$\Leftarrow 2\overrightarrow{FO}=-2\overrightarrow{DE}$ とし，(1)を利用してもよい。

別解 $\overrightarrow{FC}=\overrightarrow{FE}+\overrightarrow{EB}+\overrightarrow{BC}$
$\quad\quad\quad =-\overrightarrow{OA}+2\overrightarrow{OB}-\overrightarrow{OA}$
$\quad\quad\quad =-2\vec{a}+2\vec{b}$

(3) $\overrightarrow{AC}=\overrightarrow{AD}+\overrightarrow{DC}=-2\overrightarrow{OA}+\overrightarrow{OB}$
$\quad\quad =-2\vec{a}+\vec{b}$

(4) $\overrightarrow{BF}=\overrightarrow{BE}+\overrightarrow{EF}=-2\overrightarrow{OB}+\overrightarrow{OA}$
$\quad\quad =\vec{a}-2\vec{b}$

TR
①9 右の図のベクトル $\vec{a}$, $\vec{b}$, $\vec{c}$ について
(1) $\vec{a}$, $\vec{b}$, $\vec{c}$ をそれぞれ成分表示せよ。
(2) $|\vec{a}|$, $|\vec{b}|$, $|\vec{c}|$ をそれぞれ求めよ。

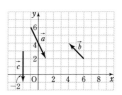

(1) $\vec{a}$, $\vec{b}$, $\vec{c}$ を表す有向線分を，それぞれの始点が原点Oにくるように平行移動し，$\vec{a}=\overrightarrow{OA}$, $\vec{b}=\overrightarrow{OB}$, $\vec{c}=\overrightarrow{OC}$ とすると
点Aの座標は $(2, -4)$, 点Bの座標は $(-2, 2)$,
点Cの座標は $(0, -4)$

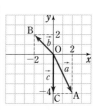

よって $\vec{a}=\overrightarrow{OA}=(2, -4)$
$\quad\quad \vec{b}=\overrightarrow{OB}=(-2, 2)$
$\quad\quad \vec{c}=\overrightarrow{OC}=(0, -4)$

(2) (1)から $|\vec{a}|=\sqrt{2^2+(-4)^2}=\sqrt{20}=2\sqrt{5}$
$\quad\quad\quad |\vec{b}|=\sqrt{(-2)^2+2^2}=\sqrt{8}=2\sqrt{2}$
$\quad\quad\quad |\vec{c}|=\sqrt{0^2+(-4)^2}=\sqrt{16}=4$

CHART
ベクトルの成分と大きさ
$\vec{a}=(a_1, a_2)$ のとき
$|\vec{a}|=\sqrt{a_1{}^2+a_2{}^2}$

TR
①10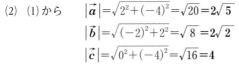
$\vec{a}=(3, -4)$, $\vec{b}=(-2, 1)$ のとき，次のベクトルを成分表示せよ。
(1) $2\vec{a}$　　　　(2) $-\vec{b}$　　　　(3) $\vec{a}+2\vec{b}$　　　　(4) $2\vec{a}-3\vec{b}$

(1) $2\vec{a}=2(3, -4)=(2\times3, 2\times(-4))$
$\quad\quad =(6, -8)$

(2) $-\vec{b}=-(-2, 1)=(-1\times(-2), -1\times1)$
$\quad\quad =(2, -1)$

(3) $\vec{a}+2\vec{b}=(3, -4)+2(-2, 1)$
$\quad\quad\quad =(3, -4)+(2\times(-2), 2\times1)$
$\quad\quad\quad =(3, -4)+(-4, 2)$
$\quad\quad\quad =(3-4, -4+2)$
$\quad\quad\quad =(-1, -2)$

(4) $2\vec{a}-3\vec{b}=2(3, -4)-3(-2, 1)$
$\quad\quad\quad =(2\times3, 2\times(-4))-(3\times(-2), 3\times1)$
$\quad\quad\quad =(6, -8)-(-6, 3)$
$\quad\quad\quad =(6-(-6), -8-3)$
$\quad\quad\quad =(12, -11)$

$(a_1, a_2)+(b_1, b_2)$
$\quad =(a_1+b_1, a_2+b_2)$
$(a_1, a_2)-(b_1, b_2)$
$\quad =(a_1-b_1, a_2-b_2)$
$k(a_1, a_2)=(ka_1, ka_2)$
ただし，k は実数

TR
②**11** $\vec{a}=(2, 3)$, $\vec{b}=(-2, 2)$, $\vec{c}=(5, 5)$ であるとき, $\vec{c}=x\vec{a}+y\vec{b}$ を満たす実数 x, y の値を求めよ。

$$xa\vec{a}+y\vec{b}=x(2, 3)+y(-2, 2)$$
$$=(2x-2y, 3x+2y)$$
$\vec{c}=x\vec{a}+y\vec{b}$ であるから　　$(5, 5)=(2x-2y, 3x+2y)$
よって　　$2x-2y=5$,　　$3x+2y=5$

これを解いて　　$\boldsymbol{x=2}$, $\boldsymbol{y=-\dfrac{1}{2}}$

CHART
$\vec{p}=s\vec{a}+t\vec{b}$ の
　形に表す問題
$s\vec{a}+t\vec{b}$ を成分表示し,
$\vec{p}$ の成分と比較
← ベクトルの相等
$(a_1, a_2)=(b_1, b_2)$
$\Longleftrightarrow a_1=b_1$, $a_2=b_2$

TR
②**12** 次の2つのベクトル $\vec{a}$, $\vec{b}$ が平行になるように, x の値を定めよ。
(1) $\vec{a}=(3, x)$, $\vec{b}=(1, 4)$　　　　　　(2) $\vec{a}=(2x, 9)$, $\vec{b}=(8, x)$

$\vec{a}\neq\vec{0}$, $\vec{b}\neq\vec{0}$ であるから, $\vec{a}/\!/\vec{b}$ になるための条件は, $\vec{a}=k\vec{b}$
となる実数 k が存在することである。
(1)　$(3, x)=k(1, 4)$ から　　$(3, x)=(k, 4k)$
　　よって　　　　$3=k$,　　$x=4k$
　　したがって　　$\boldsymbol{x=4\times3=12}$
(2)　$(2x, 9)=k(8, x)$ から
　　　　　　$(2x, 9)=(8k, kx)$
　　ゆえに　　$2x=8k$ …… ①　　$9=kx$ …… ②

　　① から　　$k=\dfrac{x}{4}$　　これを ② に代入して　　$9=\dfrac{x^2}{4}$

　　よって　　$x^2=36$　　　したがって　　$\boldsymbol{x=\pm6}$

CHART
ベクトルの平行条件
$\vec{a}/\!/\vec{b} \Longleftrightarrow \vec{a}=k\vec{b}$ と
なる実数 k がある
← ベクトルの相等

(参考) $\vec{a}=k\vec{b}$ と表す代
わりに $\vec{b}=k\vec{a}$ と表して
解いてもよい。

|別解| $\vec{a}=(a_1, a_2)\neq\vec{0}$, $\vec{b}=(b_1, b_2)\neq\vec{0}$ のとき
　　　$\boldsymbol{\vec{a}/\!/\vec{b} \Longleftrightarrow a_1b_2-a_2b_1=0}$
を用いると
(1)　$3\times4-x\times1=0$ であるから　　$\boldsymbol{x=12}$
(2)　$2x\times x-9\times8=0$ であるから　　$2x^2-72=0$
　　よって　　$x^2=36$　　したがって　　$\boldsymbol{x=\pm6}$

TR
②**13** 4点 A$(-2, 3)$, B$(2, -2)$, C$(8, x)$, D$(y, 7)$ がある。
(1) $\overrightarrow{AB}$ を成分表示し, $|\overrightarrow{AB}|$ を求めよ。
(2) 四角形 ABCD が平行四辺形になるように, x, y の値を定めよ。

(1)　$\overrightarrow{AB}=(2-(-2), -2-3)$
　　　　$=(4, -5)$
　　よって　$|\overrightarrow{AB}|=\sqrt{4^2+(-5)^2}=\sqrt{41}$
(2)　四角形 ABCD が平行四辺形になる
　　のは, $\overrightarrow{AB}=\overrightarrow{DC}$ のときである。
　　$\overrightarrow{DC}=(8-y, x-7)$ であるから
　　　　　　$(4, -5)=(8-y, x-7)$
　　よって　　$4=8-y$, $-5=x-7$
　　したがって　　$\boldsymbol{x=2}$, $\boldsymbol{y=4}$

← A(a_1, a_2), B(b_1, b_2)
　のとき
　$\overrightarrow{AB}=(b_1-a_1, b_2-a_2)$

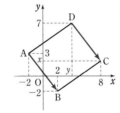

← $\overrightarrow{AB}=\overrightarrow{CD}$ と間違えな
　いように。

TR ①14 右の図の直角三角形 ABC において，$\overrightarrow{AB}=\vec{a}$，$\overrightarrow{AC}=\vec{b}$，$\overrightarrow{BC}=\vec{c}$ とするとき，内積 $\vec{a}\cdot\vec{b}$，$\vec{b}\cdot\vec{c}$，$\vec{c}\cdot\vec{a}$ をそれぞれ求めよ。

$|\vec{a}|=|\overrightarrow{AB}|=2$，$|\vec{b}|=|\overrightarrow{AC}|=2\sqrt{3}$，$|\vec{c}|=|\overrightarrow{BC}|=4$ であり，
$\vec{a}$ と $\vec{b}$ のなす角は $90°$ であるから

$$\vec{a}\cdot\vec{b}=|\vec{a}||\vec{b}|\cos 90°=2\times 2\sqrt{3}\times 0=\mathbf{0}$$

$\vec{b}$ と $\vec{c}$ のなす角は $30°$ であるから

$$\vec{b}\cdot\vec{c}=|\vec{b}||\vec{c}|\cos 30°$$

$$=2\sqrt{3}\times 4\times\frac{\sqrt{3}}{2}=\mathbf{12}$$

$\vec{c}$ と $\vec{a}$ のなす角は $120°$ であるから

$$\vec{c}\cdot\vec{a}=|\vec{c}||\vec{a}|\cos 120°$$

$$=4\times 2\times\left(-\frac{1}{2}\right)=\mathbf{-4}$$

CHART
図形をもとに内積 $\vec{a}\cdot\vec{b}$ を計算する問題
$$\vec{a}\cdot\vec{b}=|\vec{a}||\vec{b}|\cos\theta$$
を適用（θ は $\vec{a}$ と $\vec{b}$ のなす角）

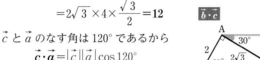

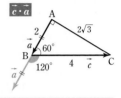

TR ②15 次のベクトル $\vec{a}$，$\vec{b}$ の内積となす角 θ を求めよ。
(1) $\vec{a}=(3,\ 4)$，$\vec{b}=(7,\ 1)$ (2) $\vec{a}=(1,\ \sqrt{3})$，$\vec{b}=(-\sqrt{3},\ -1)$
(3) $\vec{a}=(\sqrt{2},\ -2)$，$\vec{b}=(-1,\ \sqrt{2})$ (4) $\vec{a}=(-1,\ 2)$，$\vec{b}=(6,\ 3)$

(1) $\vec{a}\cdot\vec{b}=3\times 7+4\times 1=\mathbf{25}$

また $|\vec{a}|=\sqrt{3^2+4^2}=\sqrt{25}=5$，$|\vec{b}|=\sqrt{7^2+1^2}=\sqrt{50}=5\sqrt{2}$

よって $\cos\theta=\dfrac{\vec{a}\cdot\vec{b}}{|\vec{a}||\vec{b}|}=\dfrac{25}{5\times 5\sqrt{2}}=\dfrac{1}{\sqrt{2}}$

$0°\leqq\theta\leqq 180°$ であるから $\boldsymbol{\theta=45°}$

(2) $\vec{a}\cdot\vec{b}=1\times(-\sqrt{3})+\sqrt{3}\times(-1)=\mathbf{-2\sqrt{3}}$

また $|\vec{a}|=\sqrt{1^2+(\sqrt{3})^2}=\sqrt{4}=2$，

$\qquad|\vec{b}|=\sqrt{(-\sqrt{3})^2+(-1)^2}=\sqrt{4}=2$

よって $\cos\theta=\dfrac{\vec{a}\cdot\vec{b}}{|\vec{a}||\vec{b}|}=\dfrac{-2\sqrt{3}}{2\times 2}=-\dfrac{\sqrt{3}}{2}$

$0°\leqq\theta\leqq 180°$ であるから $\boldsymbol{\theta=150°}$

(3) $\vec{a}\cdot\vec{b}=\sqrt{2}\times(-1)+(-2)\times\sqrt{2}=\mathbf{-3\sqrt{2}}$

また $|\vec{a}|=\sqrt{(\sqrt{2})^2+(-2)^2}=\sqrt{6}$，

$\qquad|\vec{b}|=\sqrt{(-1)^2+(\sqrt{2})^2}=\sqrt{3}$

よって $\cos\theta=\dfrac{\vec{a}\cdot\vec{b}}{|\vec{a}||\vec{b}|}=\dfrac{-3\sqrt{2}}{\sqrt{6}\times\sqrt{3}}=-1$

$0°\leqq\theta\leqq 180°$ であるから $\boldsymbol{\theta=180°}$

(4) $\vec{a}\cdot\vec{b}=(-1)\times 6+2\times 3=\mathbf{0}$

$\vec{a}\neq\vec{0}$，$\vec{b}\neq\vec{0}$ であるから $\cos\theta=0$

$0°\leqq\theta\leqq 180°$ であるから $\boldsymbol{\theta=90°}$

CHART
成分表示されたベクトルの内積 $\vec{a}\cdot\vec{b}$
$\vec{a}=(a_1,\ a_2)$，
$\vec{b}=(b_1,\ b_2)$ のとき
$$\vec{a}\cdot\vec{b}=a_1b_1+a_2b_2$$

$\Leftarrow\cos\theta=\dfrac{\vec{a}\cdot\vec{b}}{|\vec{a}||\vec{b}|}$ に
$\vec{a}\cdot\vec{b}$，$|\vec{a}|$，$|\vec{b}|$ の値を代入。

$\Leftarrow\vec{a}\cdot\vec{b}=0$ であるから，$\vec{a}\neq\vec{0}$，$\vec{b}\neq\vec{0}$ がわかれば $|\vec{a}|$，$|\vec{b}|$ を求める必要はない。

TR
②**16**　ベクトル $\vec{a}=(-1,\ 1)$ とのなす角が $60°$ で，大きさが $2\sqrt{2}$ であるベクトル $\vec{b}$ を求めよ。

$\vec{b}=(x,\ y)$ とすると，$|\vec{b}|=2\sqrt{2}$ から　　$|\vec{b}|^2=8$　　　　　$\Leftarrow |\vec{b}|=\sqrt{x^2+y^2}$

よって　　$x^2+y^2=8$ …… ①

$|\vec{a}|=\sqrt{(-1)^2+1^2}=\sqrt{2}$ であるから

$$\vec{a}\cdot\vec{b}=|\vec{a}||\vec{b}|\cos 60°=\sqrt{2}\times 2\sqrt{2}\times\frac{1}{2}=2$$　$\Leftarrow \vec{a}\cdot\vec{b}=|\vec{a}||\vec{b}|\cos\theta$

また　　　　$\vec{a}\cdot\vec{b}=-1\times x+1\times y=-x+y$　　　$\Leftarrow \vec{a}\cdot\vec{b}=a_1b_1+a_2b_2$

ゆえに　　$-x+y=2$　　　　よって　　$y=x+2$ …… ②　$\Leftarrow |\vec{a}||\vec{b}|\cos\theta=a_1b_1+a_2b_2$

② を ① に代入して　　　$x^2+(x+2)^2=8$

展開して整理すると　　　$x^2+2x-2=0$　　　　　　　$\Leftarrow 2x^2+4x-4=0$

これを解くと　　　　　　$x=-1\pm\sqrt{3}$

② から　$x=-1+\sqrt{3}$ のとき　　$y=1+\sqrt{3}$　　　$\Leftarrow x$ の値を ② に代入。

　　　　　$x=-1-\sqrt{3}$ のとき　　$y=1-\sqrt{3}$

ゆえに　　$\vec{b}=(-1+\sqrt{3},\ 1+\sqrt{3}),\ (-1-\sqrt{3},\ 1-\sqrt{3})$　$\Leftarrow \vec{b}$ は 2 つある。

TR
②**17**　(1)　$\vec{a}=(x+2,\ 1)$ と $\vec{b}=(1,\ -6)$ が垂直になるような x の値を求めよ。
　　　(2)　$\vec{c}=(2,\ 1)$ に垂直で，大きさが $2\sqrt{5}$ であるベクトル $\vec{d}$ を求めよ。

(1)　$\vec{a}\perp\vec{b}$ であるから　　$\vec{a}\cdot\vec{b}=0$　　　　**CHART**

よって　　　　　$(x+2)\times 1+1\times(-6)=0$　　　ベクトルの垂直条件

したがって　　$x=4$　　　　　　　　　　　　　　$\vec{a}\perp\vec{b} \iff \vec{a}\cdot\vec{b}=0$
　　　　　　　　　　　　　　　　　　　　　　　　を利用

(2)　$\vec{d}=(x,\ y)$ とすると，$|\vec{d}|=2\sqrt{5}$ であるから　　$\Leftarrow |\vec{d}|^2=(2\sqrt{5})^2$

　　　　　$x^2+y^2=(2\sqrt{5})^2$ …… ①

$\vec{c}\perp\vec{d}$ であるから　　$\vec{c}\cdot\vec{d}=0$

すなわち　$2x+y=0$　　　　　　　　　　　　　　$\Leftarrow \vec{c}\cdot\vec{d}=2\times x+1\times y$

ゆえに　　$y=-2x$　　　　　　…… ②

② を ① に代入して　$x^2+(-2x)^2=20$

よって　　$x^2=4$　　　したがって　　$x=\pm 2$

② から　$x=2$ のとき　　$y=-2\times 2=-4$

　　　　　$x=-2$ のとき　　$y=-2\times(-2)=4$

したがって　　$\vec{d}=(2,\ -4),\ (-2,\ 4)$　　　　$\Leftarrow \vec{d}$ は 2 つある。

TR
②**18**　次の等式が成り立つことを証明せよ。
　　　(1)　$3\vec{a}\cdot(3\vec{a}-2\vec{b})=9|\vec{a}|^2-6\vec{a}\cdot\vec{b}$　　　　(2)　$|4\vec{a}-\vec{b}|^2=16|\vec{a}|^2-8\vec{a}\cdot\vec{b}+|\vec{b}|^2$

(1)　（左辺）$=3\vec{a}\cdot 3\vec{a}-3\vec{a}\cdot 2\vec{b}$　　　　　　　　　**CHART**

　　　　　　$=9\vec{a}\cdot\vec{a}-6\vec{a}\cdot\vec{b}$

　　　　　　$=9|\vec{a}|^2-6\vec{a}\cdot\vec{b}=$（右辺）　　　　　$\vec{a}\cdot\vec{a}=|\vec{a}|^2$

(2)　（左辺）$=(4\vec{a}-\vec{b})\cdot(4\vec{a}-\vec{b})$　　　　　　　　　を利用する

　　　　　　$=4\vec{a}\cdot(4\vec{a}-\vec{b})-\vec{b}\cdot(4\vec{a}-\vec{b})$

　　　　　　$=16\vec{a}\cdot\vec{a}-4\vec{a}\cdot\vec{b}-4\vec{b}\cdot\vec{a}+\vec{b}\cdot\vec{b}$

　　　　　　$=16|\vec{a}|^2-8\vec{a}\cdot\vec{b}+|\vec{b}|^2=$（右辺）　　　$\Leftarrow \vec{a}\cdot\vec{b}=\vec{b}\cdot\vec{a}$

TR
③**19** ★ $|\vec{a}|=1$, $|\vec{b}|=2$ とする。次の問いに答えよ。
  (1) $\vec{a}\cdot\vec{b}=-1$ のとき，$|\vec{a}-\vec{b}|$ の値を求めよ。
  (2) $|\vec{a}+\vec{b}|=1$ のとき，$\vec{a}\cdot\vec{b}$ と $|2\vec{a}-3\vec{b}|$ の値を求めよ。

(1) $|\vec{a}-\vec{b}|^2=(\vec{a}-\vec{b})\cdot(\vec{a}-\vec{b})=|\vec{a}|^2-2\vec{a}\cdot\vec{b}+|\vec{b}|^2$
$\qquad\qquad =1^2-2\times(-1)+2^2=7$

$|\vec{a}-\vec{b}|\geqq0$ であるから $\qquad |\vec{a}-\vec{b}|=\sqrt{7}$

CHART
$|\vec{p}|$ が関係した問題
$|\vec{p}|$ は $|\vec{p}|^2$ として扱う

(2) $|\vec{a}+\vec{b}|^2=(\vec{a}+\vec{b})\cdot(\vec{a}+\vec{b})=|\vec{a}|^2+2\vec{a}\cdot\vec{b}+|\vec{b}|^2$

ゆえに，$|\vec{a}+\vec{b}|^2=1^2$ から $\qquad |\vec{a}|^2+2\vec{a}\cdot\vec{b}+|\vec{b}|^2=1^2$

よって $\qquad 1^2+2\vec{a}\cdot\vec{b}+2^2=1$

したがって $\qquad \vec{a}\cdot\vec{b}=-2$

また $\qquad |2\vec{a}-3\vec{b}|^2=(2\vec{a}-3\vec{b})\cdot(2\vec{a}-3\vec{b})$
$\qquad\qquad\qquad =2\vec{a}\cdot(2\vec{a}-3\vec{b})-3\vec{b}\cdot(2\vec{a}-3\vec{b})$
$\qquad\qquad\qquad =4|\vec{a}|^2-12\vec{a}\cdot\vec{b}+9|\vec{b}|^2$
$\qquad\qquad\qquad =4\times1^2-12\times(-2)+9\times2^2$
$\qquad\qquad\qquad =64$

$|2\vec{a}-3\vec{b}|\geqq0$ であるから $\qquad |2\vec{a}-3\vec{b}|=\sqrt{64}=8$

←$|\vec{a}|$，$|\vec{b}|$ の値を代入。
←$1^2+2x+2^2=1$ を解くと $x=-2$

TR
③**20** 次の各場合において，$\vec{a}$ と $\vec{b}$ のなす角 θ を求めよ。
  (1) $|\vec{a}|=2$，$|\vec{b}|=3$，$|2\vec{a}+\vec{b}|=\sqrt{13}$ のとき
  (2) $|\vec{a}|=2$，$|\vec{b}|=\sqrt{3}$ で，$\vec{a}-\vec{b}$ と $6\vec{a}+7\vec{b}$ が垂直であるとき

(1) $|2\vec{a}+\vec{b}|=\sqrt{13}$ から $\qquad |2\vec{a}+\vec{b}|^2=13$

よって $\qquad (2\vec{a}+\vec{b})\cdot(2\vec{a}+\vec{b})=13$

ゆえに $\qquad 4|\vec{a}|^2+4\vec{a}\cdot\vec{b}+|\vec{b}|^2=13$

$|\vec{a}|=2$，$|\vec{b}|=3$ から $\qquad 4\times2^2+4\vec{a}\cdot\vec{b}+3^2=13$

ゆえに $\qquad \vec{a}\cdot\vec{b}=-3$

したがって $\qquad \cos\theta=\dfrac{\vec{a}\cdot\vec{b}}{|\vec{a}||\vec{b}|}=\dfrac{-3}{2\cdot3}=-\dfrac{1}{2}$

$0°\leqq\theta\leqq180°$ であるから $\qquad \boldsymbol{\theta=120°}$

←$|\vec{p}|$ は $|\vec{p}|^2$ として扱う。

(2) $(\vec{a}-\vec{b})\perp(6\vec{a}+7\vec{b})$ から
$\qquad\qquad (\vec{a}-\vec{b})\cdot(6\vec{a}+7\vec{b})=0$

よって $\qquad \vec{a}\cdot(6\vec{a}+7\vec{b})-\vec{b}\cdot(6\vec{a}+7\vec{b})=0$

ゆえに $\qquad 6|\vec{a}|^2+\vec{a}\cdot\vec{b}-7|\vec{b}|^2=0$

$|\vec{a}|=2$，$|\vec{b}|=\sqrt{3}$ から
$\qquad\qquad 6\times2^2+\vec{a}\cdot\vec{b}-7\times(\sqrt{3})^2=0$

ゆえに $\qquad \vec{a}\cdot\vec{b}=-3$

したがって $\qquad \cos\theta=\dfrac{\vec{a}\cdot\vec{b}}{|\vec{a}||\vec{b}|}=\dfrac{-3}{2\times\sqrt{3}}=-\dfrac{\sqrt{3}}{2}$

$0°\leqq\theta\leqq180°$ であるから $\qquad \boldsymbol{\theta=150°}$

←垂直 $\longrightarrow$（内積）$=0$

TR
③21 次の各場合において，△OAB の面積 S を求めよ。
(1) $|\overrightarrow{\mathrm{OA}}|=\sqrt{2}$，$|\overrightarrow{\mathrm{OB}}|=\sqrt{3}$，$\overrightarrow{\mathrm{OA}}\cdot\overrightarrow{\mathrm{OB}}=2$ のとき
(2) 3点 O(0, 0)，A(1, -3)，B(2, 2) を頂点とするとき

$\overrightarrow{\mathrm{OA}}=\vec{a}$，$\overrightarrow{\mathrm{OB}}=\vec{b}$ とする。

(1) $S=\dfrac{1}{2}\sqrt{|\vec{a}|^2|\vec{b}|^2-(\vec{a}\cdot\vec{b})^2}=\dfrac{1}{2}\sqrt{(\sqrt{2})^2\times(\sqrt{3})^2-2^2}=\dfrac{\sqrt{2}}{2}$

← 本冊 $p.42$ 例題 21 (1) で求めた式を利用。

(2) $\vec{a}=(1, -3)$，$\vec{b}=(2, 2)$ であるから
$$|\vec{a}|=\sqrt{1^2+(-3)^2}=\sqrt{10},\ |\vec{b}|=\sqrt{2^2+2^2}=2\sqrt{2},$$
$$\vec{a}\cdot\vec{b}=1\times2+(-3)\times2=-4$$

← 公式に必要な $|\vec{a}|$，$|\vec{b}|$，$\vec{a}\cdot\vec{b}$ を求める。

よって $S=\dfrac{1}{2}\sqrt{|\vec{a}|^2|\vec{b}|^2-(\vec{a}\cdot\vec{b})^2}$

$$=\dfrac{1}{2}\sqrt{(\sqrt{10})^2\times(2\sqrt{2})^2-(-4)^2}=\dfrac{\sqrt{64}}{2}=4$$

Lecture $\overrightarrow{\mathrm{OA}}=\vec{a}=(a_1, a_2)$，$\overrightarrow{\mathrm{OB}}=\vec{b}=(b_1, b_2)$ のとき，△OAB の面積 S は

$$S=\dfrac{1}{2}|a_1b_2-a_2b_1| \quad\text{と表される。これを証明しよう。}$$

証明 $|\vec{a}|^2=a_1{}^2+a_2{}^2$，$|\vec{b}|^2=b_1{}^2+b_2{}^2$，$\vec{a}\cdot\vec{b}=a_1b_1+a_2b_2$ であるから

$$S=\dfrac{1}{2}\sqrt{|\vec{a}|^2|\vec{b}|^2-(\vec{a}\cdot\vec{b})^2}=\dfrac{1}{2}\sqrt{(a_1{}^2+a_2{}^2)(b_1{}^2+b_2{}^2)-(a_1b_1+a_2b_2)^2}$$

$$=\dfrac{1}{2}\sqrt{a_1{}^2b_2{}^2+a_2{}^2b_1{}^2-2a_1a_2b_1b_2}=\dfrac{1}{2}\sqrt{(a_1b_2)^2-2(a_1b_2)(a_2b_1)+(a_2b_1)^2}$$

$$=\dfrac{1}{2}\sqrt{(a_1b_2-a_2b_1)^2}=\dfrac{1}{2}|a_1b_2-a_2b_1|$$

これを利用すると，(2) は $S=\dfrac{1}{2}|1\times2-(-3)\times2|=4$ となる。

TR
②22 3点 A($\vec{a}$)，B($\vec{b}$)，C($\vec{c}$) を頂点とする △ABC において，辺 AB の中点を P，辺 BC を 1：2 に外分する点を Q，辺 CA を 2：1 に外分する点を R とし，△AQR の重心を G とする。次のベクトルを $\vec{a}$，$\vec{b}$，$\vec{c}$ を用いて表せ。
(1) 点 G の位置ベクトル
(2) $\overrightarrow{\mathrm{PG}}$

P($\vec{p}$)，Q($\vec{q}$)，R($\vec{r}$)，G($\vec{g}$) とする。

(1) $\vec{q}=\dfrac{-2\vec{b}+\vec{c}}{1-2}=2\vec{b}-\vec{c}$

$\vec{r}=\dfrac{-\vec{c}+2\vec{a}}{2-1}=2\vec{a}-\vec{c}$

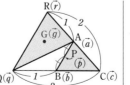

← $\dfrac{2\vec{b}-\vec{c}}{-1+2}$ としてもよい。

よって $\vec{g}=\dfrac{\vec{a}+\vec{q}+\vec{r}}{3}$

$$=\dfrac{1}{3}\{\vec{a}+(2\vec{b}-\vec{c})+(2\vec{a}-\vec{c})\}$$

$$=\dfrac{1}{3}\{(1+2)\vec{a}+2\vec{b}+(-1-1)\vec{c}\}=\vec{a}+\dfrac{2}{3}\vec{b}-\dfrac{2}{3}\vec{c}$$

← A($\vec{a}$)，B($\vec{b}$)，C($\vec{c}$) を頂点とする △ABC の重心の位置ベクトルは $\dfrac{\vec{a}+\vec{b}+\vec{c}}{3}$

(参考) 点 A, B はそれぞれ線分 CR, 線分 CQ の中点であるから

$$\vec{a}=\frac{\vec{c}+\vec{r}}{2} \quad \text{より} \quad \vec{r}=2\vec{a}-\vec{c}$$

$$\vec{b}=\frac{\vec{c}+\vec{q}}{2} \quad \text{より} \quad \vec{q}=2\vec{b}-\vec{c} \quad \text{としてもよい。}$$

(2) $\vec{p}=\dfrac{\vec{a}+\vec{b}}{2}=\dfrac{1}{2}\vec{a}+\dfrac{1}{2}\vec{b}$ であるから

$\leftarrow$ A$(\vec{a})$, B$(\vec{b})$ を結ぶ線分 AB の中点の位置ベクトルは $\dfrac{\vec{a}+\vec{b}}{2}$

$$\overrightarrow{PG}=\vec{g}-\vec{p}$$

$$=\left(\vec{a}+\frac{2}{3}\vec{b}-\frac{2}{3}\vec{c}\right)-\left(\frac{1}{2}\vec{a}+\frac{1}{2}\vec{b}\right)$$

$$=\left(1-\frac{1}{2}\right)\vec{a}+\left(\frac{2}{3}-\frac{1}{2}\right)\vec{b}-\frac{2}{3}\vec{c}=\frac{1}{2}\vec{a}+\frac{1}{6}\vec{b}-\frac{2}{3}\vec{c}$$

TR ③23 平面上に，△ABC と点 P, Q があるとする。次の等式が成り立つとき，点 P, Q はどのような位置にあるか答えよ。
(1) $3\overrightarrow{AP}-\overrightarrow{AB}-2\overrightarrow{AC}=\vec{0}$ (2) $4\overrightarrow{AQ}+\overrightarrow{BQ}+2\overrightarrow{CQ}=\vec{0}$

(1) $3\overrightarrow{AP}-\overrightarrow{AB}-2\overrightarrow{AC}=\vec{0}$ から $\quad 3\overrightarrow{AP}=\overrightarrow{AB}+2\overrightarrow{AC}$

よって $\quad \overrightarrow{AP}=\dfrac{\overrightarrow{AB}+2\overrightarrow{AC}}{3}=\dfrac{\overrightarrow{AB}+2\overrightarrow{AC}}{2+1}$

$\leftarrow \dfrac{1}{3}+\dfrac{2}{3}=1$

ゆえに，点 P は **辺 BC を 2:1 に内分する位置** にある。

$\leftarrow$ 1:2 としないように注意！

(2) $4\overrightarrow{AQ}+\overrightarrow{BQ}+2\overrightarrow{CQ}=\vec{0}$ から

$$4\overrightarrow{AQ}+(\overrightarrow{AQ}-\overrightarrow{AB})+2(\overrightarrow{AQ}-\overrightarrow{AC})=\vec{0}$$

よって $\quad 7\overrightarrow{AQ}=\overrightarrow{AB}+2\overrightarrow{AC}$

ゆえに $\quad \overrightarrow{AQ}=\dfrac{\overrightarrow{AB}+2\overrightarrow{AC}}{7}=\dfrac{3}{7}\times\dfrac{\overrightarrow{AB}+2\overrightarrow{AC}}{3}=\dfrac{3}{7}\overrightarrow{AP}$

よって，点 Q は **線分 AP を 3:4 に内分する位置** にある。

TR ②24 四角形 ABCD の辺 AB, BC, CD, DA の中点をそれぞれ P, Q, R, S とし，対角線 AC, BD の中点をそれぞれ T, U とする。このとき，線分 PR の中点，線分 QS の中点，線分 TU の中点はすべて一致することを証明せよ。

A$(\vec{a})$, B$(\vec{b})$, C$(\vec{c})$, D$(\vec{d})$ とする。
線分 PR, QS, TU の中点をそれぞれ L$(\vec{l})$, M$(\vec{m})$, N$(\vec{n})$ とする。

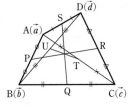

$$\vec{l}=\frac{1}{2}\left(\frac{\vec{a}+\vec{b}}{2}+\frac{\vec{c}+\vec{d}}{2}\right)$$

$$=\frac{1}{4}(\vec{a}+\vec{b}+\vec{c}+\vec{d})$$

$$\vec{m}=\frac{1}{2}\left(\frac{\vec{b}+\vec{c}}{2}+\frac{\vec{d}+\vec{a}}{2}\right)$$

$$=\frac{1}{4}(\vec{a}+\vec{b}+\vec{c}+\vec{d})$$

$$\vec{n}=\frac{1}{2}\left(\frac{\vec{a}+\vec{c}}{2}+\frac{\vec{b}+\vec{d}}{2}\right)=\frac{1}{4}(\vec{a}+\vec{b}+\vec{c}+\vec{d})$$

$\leftarrow$ 点 P, Q, R, S の位置ベクトルはそれぞれ $\dfrac{\vec{a}+\vec{b}}{2}$, $\dfrac{\vec{b}+\vec{c}}{2}$, $\dfrac{\vec{c}+\vec{d}}{2}$, $\dfrac{\vec{d}+\vec{a}}{2}$

1章

TR

したがって，$\vec{l}$, $\vec{m}$, $\vec{n}$ は一致するから，3点 L，M，N は一致する。

ゆえに，線分 PR の中点，線分 QS の中点，線分 TU の中点はすべて一致する。

$\Leftarrow \vec{l}=\vec{m}=\vec{n}$
　$\Longleftrightarrow$ 3点 L，M，N
　　は一致する。

TR
③**25** △ABC の辺 AC の中点を D，線分 BD の中点を E，辺 BC を $1:2$ に内分する点を F とする。このとき，3点 A，E，F は一直線上にあることを示せ。

$\overrightarrow{AB}=\vec{b}$, $\overrightarrow{AC}=\vec{c}$ とする。

点 E は線分 BD の中点，点 D は辺 AC
の中点であるから

$$\overrightarrow{AE}=\frac{\overrightarrow{AB}+\overrightarrow{AD}}{2}=\frac{\vec{b}+\frac{1}{2}\vec{c}}{2}$$

$$=\frac{2\vec{b}+\vec{c}}{4} \cdots\cdots ①$$

点 F は辺 BC を $1:2$ に内分するから

$$\overrightarrow{AF}=\frac{2\overrightarrow{AB}+\overrightarrow{AC}}{1+2}$$

$$=\frac{2\vec{b}+\vec{c}}{3} \cdots\cdots ②$$

①，②から　　$\overrightarrow{AF}=\frac{4}{3}\overrightarrow{AE}$

よって，3点 A，E，F は一直線上にある。

$\Leftarrow$ 三角形にはこの表し方が有効。

$\Leftarrow \overrightarrow{AD}=\frac{1}{2}\overrightarrow{AC}$
　　$=\frac{1}{2}\vec{c}$

$\Leftarrow \overrightarrow{AF}=\frac{4}{3}\cdot\frac{2\vec{b}+\vec{c}}{4}$
　　$=\frac{4}{3}\overrightarrow{AE}$

TR
③**26** ☆ △ABC において，辺 AB を $3:1$ に内分する点を D，辺 AC を $2:3$ に内分する点を E とし，線分 BE と線分 CD の交点を P とする。$\overrightarrow{AB}=\vec{b}$, $\overrightarrow{AC}=\vec{c}$ とするとき，$\overrightarrow{AP}$ を $\vec{b}$, $\vec{c}$ を用いて表せ。

$BP:PE=s:(1-s)$ とすると
$\overrightarrow{AP}=(1-s)\overrightarrow{AB}+s\overrightarrow{AE}$

$\quad=(1-s)\vec{b}+\frac{2}{5}s\vec{c} \cdots\cdots ①$

$CP:PD=t:(1-t)$ とすると
$\overrightarrow{AP}=t\overrightarrow{AD}+(1-t)\overrightarrow{AC}$

$\quad=\frac{3}{4}t\vec{b}+(1-t)\vec{c} \cdots\cdots ②$

$\vec{b}\neq\vec{0}$, $\vec{c}\neq\vec{0}$, $\vec{b}\nparallel\vec{c}$ であるから，$\overrightarrow{AP}$ の $\vec{b}$, $\vec{c}$ を用いた表し方はただ 1 通りである。よって，①，②から

$$1-s=\frac{3}{4}t, \qquad \frac{2}{5}s=1-t$$

これを解いて　　$s=\frac{5}{14}$, $t=\frac{6}{7}$

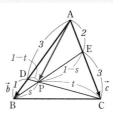

$\Leftarrow 0<s<1$ である。
$\Leftarrow$ **線分 BE に注目。**
$\Leftarrow \overrightarrow{AE}=\frac{2}{5}\overrightarrow{AC}$
$\Leftarrow 0<t<1$ である。
$\Leftarrow$ **線分 CD に注目。**
$\Leftarrow \overrightarrow{AD}=\frac{3}{4}\overrightarrow{AB}$

$\Leftarrow$ この断り書きは重要。

$s=\dfrac{5}{14}$ を ① に代入して

$$\overrightarrow{AP}=\dfrac{9}{14}\vec{b}+\dfrac{1}{7}\vec{c}$$

◆ $t=\dfrac{6}{7}$ を②に代入してもよい。

TR
③**27** △ABC において，AB=7，BC=5，CA=3 とし，内心を I とする。$\overrightarrow{AI}$ を $\overrightarrow{AB}$，$\overrightarrow{AC}$ で表せ。

△ABC の ∠A の二等分線と辺 BC の交点を D とすると

$$BD:DC=AB:AC=7:3$$

◆ 角の二等分線と線分比の関係を利用。

よって $\overrightarrow{AD}=\dfrac{3\overrightarrow{AB}+7\overrightarrow{AC}}{10}$

◆ $\dfrac{3\overrightarrow{AB}+7\overrightarrow{AC}}{7+3}$

$BD=5\times\dfrac{7}{10}=\dfrac{7}{2}$ であるから

$$AI:ID=BA:BD=7:\dfrac{7}{2}$$
$$=2:1$$

◆ 直線 BI は ∠B の二等分線。

よって $\overrightarrow{AI}=\dfrac{2}{3}\overrightarrow{AD}$

◆ $\overrightarrow{AI}=\dfrac{2}{2+1}\overrightarrow{AD}$

$$=\dfrac{2}{3}\times\dfrac{3\overrightarrow{AB}+7\overrightarrow{AC}}{10}$$
$$=\dfrac{1}{5}\overrightarrow{AB}+\dfrac{7}{15}\overrightarrow{AC}$$

TR
③**28** 三角形 ABC において，辺 BC を 2:1 に内分する点を D とするとき，等式
$AB^2+2AC^2=3AD^2+6CD^2$ が成り立つことを示せ。 〔中央大〕

[HINT] 右辺 $3AD^2+6CD^2$ を変形して左辺 AB^2+2AC^2 を導く。

$\overrightarrow{AB}=\vec{b}$，$\overrightarrow{AC}=\vec{c}$ とすると

$$\overrightarrow{AD}=\dfrac{\overrightarrow{AB}+2\overrightarrow{AC}}{2+1}=\dfrac{\vec{b}+2\vec{c}}{3}$$

$$\overrightarrow{CD}=\overrightarrow{AD}-\overrightarrow{AC}=\dfrac{\vec{b}+2\vec{c}}{3}-\vec{c}$$

$$=\dfrac{\vec{b}-\vec{c}}{3}$$

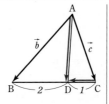

◆ BD：DC=2：1

よって

$$(右辺)=3|\overrightarrow{AD}|^2+6|\overrightarrow{CD}|^2=3\left|\dfrac{\vec{b}+2\vec{c}}{3}\right|^2+6\left|\dfrac{\vec{b}-\vec{c}}{3}\right|^2$$

$$=3\times\dfrac{|\vec{b}|^2+4\vec{b}\cdot\vec{c}+4|\vec{c}|^2}{9}+6\times\dfrac{|\vec{b}|^2-2\vec{b}\cdot\vec{c}+|\vec{c}|^2}{9}$$

◆ $\left|\dfrac{\vec{b}+2\vec{c}}{3}\right|^2=\dfrac{|\vec{b}+2\vec{c}|^2}{3^2}$

$$=\dfrac{3|\vec{b}|^2+6|\vec{c}|^2}{3}=|\vec{b}|^2+2|\vec{c}|^2$$

$$=|\overrightarrow{AB}|^2+2|\overrightarrow{AC}|^2=AB^2+2AC^2=(左辺)$$

したがって，$AB^2+2AC^2=3AD^2+6CD^2$ が成り立つ。

(参考) $\overrightarrow{AB}=3\vec{b}$，$\overrightarrow{AC}=3\vec{c}$ とおくと，分数の係数を避けることができる。

TR ③29 直角三角形でない三角形 ABC の外心を O とする。$\overrightarrow{OH}=\overrightarrow{OA}+\overrightarrow{OB}+\overrightarrow{OC}$ を満たす点 H をとると，BH⊥CA であることを示せ。

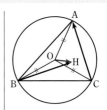

$\overrightarrow{OA}=\vec{a}$, $\overrightarrow{OB}=\vec{b}$, $\overrightarrow{OC}=\vec{c}$ とすると

$$\overrightarrow{OH}=\vec{a}+\vec{b}+\vec{c}$$

ゆえに
$$\overrightarrow{BH}\cdot\overrightarrow{CA}=(\overrightarrow{OH}-\overrightarrow{OB})\cdot(\overrightarrow{OA}-\overrightarrow{OC})$$
$$=\{(\vec{a}+\vec{b}+\vec{c})-\vec{b}\}\cdot(\vec{a}-\vec{c})$$
$$=(\vec{a}+\vec{c})\cdot(\vec{a}-\vec{c})=|\vec{a}|^2-|\vec{c}|^2$$

ここで，点 O は △ABC の外心であるから

$$OA=OC$$

すなわち $|\vec{a}|=|\vec{c}|$

よって $\overrightarrow{BH}\cdot\overrightarrow{CA}=|\vec{a}|^2-|\vec{a}|^2=0$

$\overrightarrow{BH}\neq\vec{0}$, $\overrightarrow{CA}\neq\vec{0}$ であるから，$\overrightarrow{BH}\perp\overrightarrow{CA}$ より BH⊥CA

(参考) 同様にして，CH⊥AB，AH⊥BC も成り立つことから，点 H は △ABC の垂心であることがわかる。

CHART
△ABC の外心 O
OA＝OB＝OC を活用

TR ①30 次の条件を満たす直線の方程式を，ベクトルを用いて求めよ。
(1) 点 A$(-3,\ 5)$ を通り，ベクトル $\vec{d}=(1,\ -\sqrt{3})$ に平行
(2) 2点 A$(-7,\ -4)$, B$(5,\ 5)$ を通る

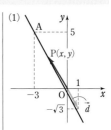

(1) 直線上の任意の点を P$(\vec{p})$ とし，また A$(\vec{a})$ とすると，求める直線のベクトル方程式は
$$\vec{p}=\vec{a}+t\vec{d}$$
ここで，P$(x,\ y)$ とすると
$$(x,\ y)=(-3,\ 5)+t(1,\ -\sqrt{3})$$
$$=(-3+t,\ 5-\sqrt{3}t)$$
よって $\begin{cases}x=-3+t &\cdots\cdots① \\ y=5-\sqrt{3}t &\cdots\cdots②\end{cases}$

①×$\sqrt{3}$＋② から $\sqrt{3}x+y=-3\sqrt{3}+5$

整理すると $\sqrt{3}x+y+3\sqrt{3}-5=0$

(2) 直線上の任意の点を P$(\vec{p})$ とし，また A$(\vec{a})$, B$(\vec{b})$ とすると，求める直線のベクトル方程式は
$$\vec{p}=(1-t)\vec{a}+t\vec{b}$$
ここで，P$(x,\ y)$ とすると
$$(x,\ y)=(1-t)(-7,\ -4)+t(5,\ 5)$$
$$=(-7+7t,\ -4+4t)+(5t,\ 5t)$$
$$=(-7+12t,\ -4+9t)$$
よって $\begin{cases}x=-7+12t &\cdots\cdots① \\ y=-4+9t &\cdots\cdots②\end{cases}$

①×3－②×4 から $3x-4y=-5$

すなわち $3x-4y+5=0$

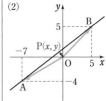

TR ③31 △OAB に対して，$\overrightarrow{OP}=s\overrightarrow{OA}+t\overrightarrow{OB}$ とする。実数 s，t が次の式を満たすとき，点 P の存在範囲を求めよ。
(1) $s+t=2$ (2) $s+t=3$，$s≧0$，$t≧0$

(1) $s+t=2$ から $\dfrac{s}{2}+\dfrac{t}{2}=1$

また $\overrightarrow{OP}=s\overrightarrow{OA}+t\overrightarrow{OB}$

$\qquad\qquad =\dfrac{s}{2}(2\overrightarrow{OA})+\dfrac{t}{2}(2\overrightarrow{OB})$

ここで，$\dfrac{s}{2}=s'$，$\dfrac{t}{2}=t'$ とおくと

$\overrightarrow{OP}=s'(2\overrightarrow{OA})+t'(2\overrightarrow{OB})$，$s'+t'=1$

よって，$2\overrightarrow{OA}=\overrightarrow{OC}$，$2\overrightarrow{OB}=\overrightarrow{OD}$ となる点 C，D をとると

$\qquad\qquad \overrightarrow{OP}=s'\overrightarrow{OC}+t'\overrightarrow{OD}$，$s'+t'=1$

ゆえに，点 P の存在範囲は **直線 CD** である。

> **CHART**
> $\overrightarrow{OP}=s\overrightarrow{OA}+t\overrightarrow{OB}$ を満たす点 P の存在範囲
> 1⃣ $s+t=1$
> $\qquad\Longleftrightarrow$ 直線 AB
> 2⃣ $s+t=1$，$s≧0$，$t≧0$
> $\qquad\Longleftrightarrow$ 線分 AB

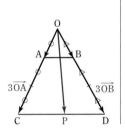

(2) $s+t=3$ から $\dfrac{s}{3}+\dfrac{t}{3}=1$

また $\overrightarrow{OP}=s\overrightarrow{OA}+t\overrightarrow{OB}$

$\qquad\qquad =\dfrac{s}{3}(3\overrightarrow{OA})+\dfrac{t}{3}(3\overrightarrow{OB})$

ここで，$\dfrac{s}{3}=s'$，$\dfrac{t}{3}=t'$ とおくと

$\overrightarrow{OP}=s'(3\overrightarrow{OA})+t'(3\overrightarrow{OB})$，

$\qquad s'+t'=1$，$s≧0$，$t≧0$

よって，$3\overrightarrow{OA}=\overrightarrow{OC}$，$3\overrightarrow{OB}=\overrightarrow{OD}$ となる点 C，D をとると

$\qquad\qquad \overrightarrow{OP}=s'\overrightarrow{OC}+t'\overrightarrow{OD}$，

$\qquad s'+t'=1$，$s'≧0$，$t'≧0$

ゆえに，点 P の存在範囲は **線分 CD** である。

←右辺が 1 になるように変形する。

←$s≧0$，$t≧0$ のとき
$\dfrac{s}{3}≧0$，$\dfrac{t}{3}≧0$

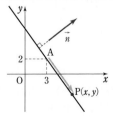

TR ②32 点 $(3,\ 2)$ を通り，ベクトル $\vec{n}=(4,\ 3)$ に垂直な直線の方程式を求めよ。

直線上の任意の点を $P(x,\ y)$ とし，$A(3,\ 2)$ とすると

$\qquad\qquad \overrightarrow{AP}=(x-3,\ y-2)$

$\vec{n}\perp\overrightarrow{AP}$ または $\overrightarrow{AP}=\vec{0}$ であるから

$\qquad\qquad \vec{n}\cdot\overrightarrow{AP}=0$

よって $4(x-3)+3(y-2)=0$

したがって $\boldsymbol{4x+3y-18=0}$

←$\overrightarrow{AP}=\vec{0}$ となるのは，点 P が点 A に一致する場合。

TR ③33 ★ △OAB において，辺 OA を $3:2$ に内分する点を C，線分 BC を $5:1$ に内分する点を P とし，直線 OP と辺 AB の交点を Q とする。
(1) $\overrightarrow{OQ}$ を $\overrightarrow{OA}$，$\overrightarrow{OB}$ を用いて表せ。   (2) $OP:OQ$ を求めよ。

(1)　$\overrightarrow{\mathrm{OP}}=\dfrac{5\overrightarrow{\mathrm{OC}}+\overrightarrow{\mathrm{OB}}}{1+5}$

$\qquad =\dfrac{5\left(\dfrac{3}{5}\overrightarrow{\mathrm{OA}}\right)+\overrightarrow{\mathrm{OB}}}{6}$

$\qquad =\dfrac{1}{2}\overrightarrow{\mathrm{OA}}+\dfrac{1}{6}\overrightarrow{\mathrm{OB}}$

$\Leftarrow$ CP：PB＝1：5

$\Leftarrow \overrightarrow{\mathrm{OC}}=\dfrac{3}{5}\overrightarrow{\mathrm{OA}}$

点Qは直線 OP 上にあるから，
$\overrightarrow{\mathrm{OQ}}=k\overrightarrow{\mathrm{OP}}$ となる実数 k がある。

ゆえに　　$\overrightarrow{\mathrm{OQ}}=k\left(\dfrac{1}{2}\overrightarrow{\mathrm{OA}}+\dfrac{1}{6}\overrightarrow{\mathrm{OB}}\right)$

$\qquad\qquad =\dfrac{1}{2}k\overrightarrow{\mathrm{OA}}+\dfrac{1}{6}k\overrightarrow{\mathrm{OB}}$ …… ①

点Qは直線 AB 上にあるから　　$\dfrac{1}{2}k+\dfrac{1}{6}k=1$

よって　　$k=\dfrac{3}{2}$

$k=\dfrac{3}{2}$ を ① に代入して　　$\overrightarrow{\mathrm{OQ}}=\dfrac{3}{4}\overrightarrow{\mathrm{OA}}+\dfrac{1}{4}\overrightarrow{\mathrm{OB}}$

(2)　(1)から　　$\overrightarrow{\mathrm{OQ}}=\dfrac{3}{2}\overrightarrow{\mathrm{OP}}$　　　よって　　OP：OQ＝2：3

CHART
△OAB において
$\overrightarrow{\mathrm{OP}}=\bullet\overrightarrow{\mathrm{OA}}+\blacksquare\overrightarrow{\mathrm{OB}}$，
$\bullet+\blacksquare=1$（係数の和が1）
$\Longleftrightarrow$ 点Pが直線 AB 上
にある

TR
③**34**　2つの定点 A$(\vec{a})$，B$(\vec{b})$ と動点 P$(\vec{p})$ がある。ただし，$\vec{a}\neq\vec{0}$，$\vec{b}\neq\vec{0}$，$\vec{a}\nparallel\vec{b}$ とする。次のベクトル方程式で表される点Pはどんな図形上にあるか。
　　(1)　$|4\vec{p}+\vec{a}|=2$　　　　　(2)　$|2\vec{p}-\vec{a}-\vec{b}|=6$　　　　　(3)　$\vec{p}\cdot\vec{p}=\vec{p}\cdot\vec{a}$

点Oに関する位置ベクトルで考える。

(1)　$|4\vec{p}+\vec{a}|=2$ から　　$\left|4\left(\vec{p}+\dfrac{1}{4}\vec{a}\right)\right|=2$

ゆえに　　$4\left|\vec{p}+\dfrac{1}{4}\vec{a}\right|=2$

よって　　$\left|\vec{p}-\left(-\dfrac{1}{4}\vec{a}\right)\right|=\dfrac{1}{2}$

したがって，点Pは 線分 OA を
1：5 に外分する点をCとすると，
点Cを中心とする半径 $\dfrac{1}{2}$ の円 の

周上にある。

CHART
中心 C$(\vec{c})$，半径 r の円
のベクトル方程式
$\qquad |\vec{p}-\vec{c}|=r$
$\Leftarrow \vec{p}$ の係数を1に。

$\Leftarrow \vec{p}+\dfrac{1}{4}\vec{a}=\vec{p}-\left(-\dfrac{1}{4}\vec{a}\right)$

$\Leftarrow$ 位置ベクトルが
$\qquad -\dfrac{1}{4}\vec{a}$ となる点は，
線分 OA を 1：5 に
外分する点。

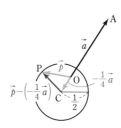

(2)　$|2\vec{p}-\vec{a}-\vec{b}|=6$ から
$\qquad\qquad |2\vec{p}-(\vec{a}+\vec{b})|=6$

ゆえに　　$\left|2\left(\vec{p}-\dfrac{\vec{a}+\vec{b}}{2}\right)\right|=6$

さらに　　$2\left|\vec{p}-\dfrac{\vec{a}+\vec{b}}{2}\right|=6$

よって　　$\left|\vec{p}-\dfrac{\vec{a}+\vec{b}}{2}\right|=3$

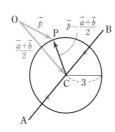

したがって，点 P は **線分 AB の中点を C とすると，点 C を中心とする半径 3 の円** の周上にある。

(3) $\vec{p}\cdot\vec{p}=\vec{p}\cdot\vec{a}$ から

$$\vec{p}\cdot\vec{p}-\vec{p}\cdot\vec{a}=0$$

よって $\qquad \vec{p}\cdot(\vec{p}-\vec{a})=0$

したがって，点 P は **線分 OA を直径とする円** の周上にある。

◆位置ベクトルが $\dfrac{\vec{a}+\vec{b}}{2}$ となる点は，線分 AB の中点。

◆直径 AB の円のベクトル方程式 $(\vec{p}-\vec{a})\cdot(\vec{p}-\vec{b})=0$

◆$(\vec{p}-\vec{0})\cdot(\vec{p}-\vec{a})=0$ とみる。

> **Lecture** 2 点 A($\vec{a}$)，B($\vec{b}$) を直径の両端とする円のベクトル方程式は $(\vec{p}-\vec{a})\cdot(\vec{p}-\vec{b})=0$ と表される。
>
> このことを証明してみよう。
>
> **証明** 円周上の任意の点を P($\vec{p}$) とする。
>
> 線分 AB は直径であるから，P が A および B と異なる点のとき
>
> $\qquad\angle\mathrm{APB}=90°\qquad$ ゆえに $\qquad\overrightarrow{\mathrm{AP}}\perp\overrightarrow{\mathrm{BP}}$
>
> よって $\qquad\overrightarrow{\mathrm{AP}}\cdot\overrightarrow{\mathrm{BP}}=0$
>
> P が A または B に一致するとき，$\overrightarrow{\mathrm{AP}}=\vec{0}$ または $\overrightarrow{\mathrm{BP}}=\vec{0}$
>
> であるから $\qquad\overrightarrow{\mathrm{AP}}\cdot\overrightarrow{\mathrm{BP}}=0$
>
> したがって $\qquad(\vec{p}-\vec{a})\cdot(\vec{p}-\vec{b})=0$

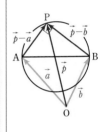

TR ④35 $|\vec{a}|=2\sqrt{10}$，$|\vec{b}|=\sqrt{5}$，$\vec{a}\cdot\vec{b}=-10$ であるとき

(1) 実数 t に対し，$|\vec{a}+t\vec{b}|$ の最小値と，そのときの t の値を求めよ。

(2) (1)で求めた t の値に対して，$\vec{a}+t\vec{b}$ と $\vec{b}$ は垂直であることを示せ。

(1) $|\vec{a}+t\vec{b}|^2=(\vec{a}+t\vec{b})\cdot(\vec{a}+t\vec{b})=|\vec{a}|^2+2t\vec{a}\cdot\vec{b}+t^2|\vec{b}|^2$

$\qquad\qquad =(2\sqrt{10})^2+2t\times(-10)+t^2\times(\sqrt{5})^2=5t^2-20t+40$

$\qquad\qquad =5(t^2-4t+2^2)-5\times2^2+40$

$\qquad\qquad =5(t-2)^2+20$

よって，$t=2$ のとき $|\vec{a}+t\vec{b}|^2$ は最小となり，$|\vec{a}+t\vec{b}|\geqq0$ であるから，このとき $|\vec{a}+t\vec{b}|$ も最小となる。

したがって $\qquad\boldsymbol{t=2}$ **で最小値** $\sqrt{20}=2\sqrt{5}$

CHART

$|\vec{a}+t\vec{b}|$ の最小値

$|\vec{a}+t\vec{b}|^2$ を考え，t の 2 次関数の最小値へ

(2) (1)から，$t=2$ のとき $\qquad\vec{a}+t\vec{b}=\vec{a}+2\vec{b}$

このとき $\qquad(\vec{a}+2\vec{b})\cdot\vec{b}=\vec{a}\cdot\vec{b}+2|\vec{b}|^2=-10+2\times(\sqrt{5})^2=0$

$\vec{a}+2\vec{b}$，$\vec{b}$ は $\vec{0}$ ではないから，$\vec{a}+2\vec{b}$ と $\vec{b}$ は垂直である。

◆$|\vec{a}+2\vec{b}|\neq0$ から $\vec{a}+2\vec{b}\neq\vec{0}$

TR ④36 ★ △ABC の内部に点 P があり，$2\overrightarrow{\mathrm{PA}}+3\overrightarrow{\mathrm{PB}}+5\overrightarrow{\mathrm{PC}}=\vec{0}$ が成り立っている。

(1) 点 P はどのような位置にあるか。

(2) 面積比 △PBC : △PCA : △PAB を求めよ。

(1) $2\overrightarrow{\mathrm{PA}}+3\overrightarrow{\mathrm{PB}}+5\overrightarrow{\mathrm{PC}}=\vec{0}$ から

$\qquad -2\overrightarrow{\mathrm{AP}}+3(\overrightarrow{\mathrm{AB}}-\overrightarrow{\mathrm{AP}})+5(\overrightarrow{\mathrm{AC}}-\overrightarrow{\mathrm{AP}})=\vec{0}$

ゆえに $\qquad 10\overrightarrow{\mathrm{AP}}=3\overrightarrow{\mathrm{AB}}+5\overrightarrow{\mathrm{AC}}$

◆$\overrightarrow{\mathrm{PA}}=-\overrightarrow{\mathrm{AP}}$，$\overrightarrow{\mathrm{PB}}=\overrightarrow{\mathrm{AB}}-\overrightarrow{\mathrm{AP}}$，$\overrightarrow{\mathrm{PC}}=\overrightarrow{\mathrm{AC}}-\overrightarrow{\mathrm{AP}}$

よって　　$\overrightarrow{\mathrm{AP}} = \dfrac{3\overrightarrow{\mathrm{AB}} + 5\overrightarrow{\mathrm{AC}}}{10}$

$\phantom{よって\quad\overrightarrow{\mathrm{AP}}} = \dfrac{8}{10} \times \dfrac{3\overrightarrow{\mathrm{AB}} + 5\overrightarrow{\mathrm{AC}}}{5+3}$

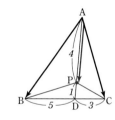

←内分点の位置ベクトル $\dfrac{3\overrightarrow{\mathrm{AB}} + 5\overrightarrow{\mathrm{AC}}}{5+3}$ の形に変形する。

$\dfrac{3\overrightarrow{\mathrm{AB}} + 5\overrightarrow{\mathrm{AC}}}{5+3} = \overrightarrow{\mathrm{AD}}$　とおくと

$$\overrightarrow{\mathrm{AP}} = \dfrac{4}{5}\overrightarrow{\mathrm{AD}}$$

したがって，辺 BC を 5：3 に内分する点を D とすると，点 P は線分 AD を 4：1 に内分する位置 にある。

(2)　$\triangle \mathrm{PBC} = \dfrac{1}{5}\triangle \mathrm{ABC} = \dfrac{2}{10}\triangle \mathrm{ABC}$

←三角形の面積比は高さが同じなら底辺の長さの比。底辺の長さが同じなら高さの比。

$\triangle \mathrm{PCA} = \dfrac{4}{5}\triangle \mathrm{ADC} = \dfrac{4}{5} \times \dfrac{3}{8}\triangle \mathrm{ABC} = \dfrac{3}{10}\triangle \mathrm{ABC}$

$\triangle \mathrm{PAB} = \dfrac{4}{5}\triangle \mathrm{ABD} = \dfrac{4}{5} \times \dfrac{5}{8}\triangle \mathrm{ABC} = \dfrac{5}{10}\triangle \mathrm{ABC}$

したがって　$\triangle \mathrm{PBC} : \triangle \mathrm{PCA} : \triangle \mathrm{PAB} = 2 : 3 : 5$

TR
④**37**　AD＝BC の平行四辺形でない四角形 ABCD がある。辺 AB，CD の中点をそれぞれ P，Q とし，対角線 AC，BD の中点をそれぞれ M，N とする。
(1)　$\overrightarrow{\mathrm{PQ}}$, $\overrightarrow{\mathrm{MN}}$ をそれぞれ $\overrightarrow{\mathrm{AD}}$, $\overrightarrow{\mathrm{BC}}$ を用いて表せ。
(2)　PQ⊥MN であることを証明せよ。

(1)　$\overrightarrow{\mathrm{PQ}} = \overrightarrow{\mathrm{AQ}} - \overrightarrow{\mathrm{AP}}$

$\phantom{(1)\quad\overrightarrow{\mathrm{PQ}}} = \dfrac{\overrightarrow{\mathrm{AC}} + \overrightarrow{\mathrm{AD}}}{2} - \dfrac{1}{2}\overrightarrow{\mathrm{AB}}$

$\phantom{(1)\quad\overrightarrow{\mathrm{PQ}}} = \dfrac{1}{2}\overrightarrow{\mathrm{AD}} + \dfrac{1}{2}(\overrightarrow{\mathrm{AC}} - \overrightarrow{\mathrm{AB}})$

$\phantom{(1)\quad\overrightarrow{\mathrm{PQ}}} = \dfrac{1}{2}\overrightarrow{\mathrm{AD}} + \dfrac{1}{2}\overrightarrow{\mathrm{BC}}$

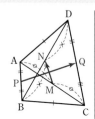

←$\overrightarrow{\mathrm{AP}} = \dfrac{1}{2}\overrightarrow{\mathrm{AB}}$

←$\overrightarrow{\mathrm{BC}} = \overrightarrow{\mathrm{AC}} - \overrightarrow{\mathrm{AB}}$ であることに着目して，左のように変形。

$\overrightarrow{\mathrm{MN}} = \overrightarrow{\mathrm{AN}} - \overrightarrow{\mathrm{AM}} = \dfrac{\overrightarrow{\mathrm{AB}} + \overrightarrow{\mathrm{AD}}}{2} - \dfrac{1}{2}\overrightarrow{\mathrm{AC}}$

←$\overrightarrow{\mathrm{AM}} = \dfrac{1}{2}\overrightarrow{\mathrm{AC}}$

$\phantom{\overrightarrow{\mathrm{MN}}} = \dfrac{1}{2}\overrightarrow{\mathrm{AD}} - \dfrac{1}{2}(\overrightarrow{\mathrm{AC}} - \overrightarrow{\mathrm{AB}}) = \dfrac{1}{2}\overrightarrow{\mathrm{AD}} - \dfrac{1}{2}\overrightarrow{\mathrm{BC}}$

(2)　(1)から　$\overrightarrow{\mathrm{PQ}} \cdot \overrightarrow{\mathrm{MN}} = \dfrac{1}{2}(\overrightarrow{\mathrm{AD}} + \overrightarrow{\mathrm{BC}}) \cdot \dfrac{1}{2}(\overrightarrow{\mathrm{AD}} - \overrightarrow{\mathrm{BC}})$

←$\overrightarrow{\mathrm{PQ}} \cdot \overrightarrow{\mathrm{MN}} = 0$ を示す。

$\phantom{(2)\quad(1)から\quad\overrightarrow{\mathrm{PQ}} \cdot \overrightarrow{\mathrm{MN}}} = \dfrac{1}{4}(|\overrightarrow{\mathrm{AD}}|^2 - |\overrightarrow{\mathrm{BC}}|^2)$

ここで，AD＝BC であるから　　$|\overrightarrow{\mathrm{AD}}| = |\overrightarrow{\mathrm{BC}}|$
よって　　　$\overrightarrow{\mathrm{PQ}} \cdot \overrightarrow{\mathrm{MN}} = 0$
$\overrightarrow{\mathrm{PQ}} \neq \vec{0}$, $\overrightarrow{\mathrm{MN}} \neq \vec{0}$ であるから　　$\overrightarrow{\mathrm{PQ}} \perp \overrightarrow{\mathrm{MN}}$
したがって　　PQ⊥MN

←四角形 ABCD は平行四辺形でないから，M，N は異なる点である。

TR ★ △OABにおいて，OA=3，OB=4，∠AOB=60° とし，垂心をHとする。$\overrightarrow{OA}=\vec{a}$，$\overrightarrow{OB}=\vec{b}$
④**38** とするとき，$\overrightarrow{OH}$ を $\vec{a}$，$\vec{b}$ を用いて表せ。

$|\vec{a}|=3$，$|\vec{b}|=4$，∠AOB=60° から

$$\vec{a}\cdot\vec{b}=|\vec{a}||\vec{b}|\cos 60°=3\times 4\times\frac{1}{2}=6$$

Hは垂心であるから

$\overrightarrow{OA}\perp\overrightarrow{BH}$，$\overrightarrow{OB}\perp\overrightarrow{AH}$

$\overrightarrow{OH}=s\vec{a}+t\vec{b}$ (s，t は実数)とする。

$\overrightarrow{OA}\cdot\overrightarrow{BH}=0$ から

$\vec{a}\cdot\{s\vec{a}+(t-1)\vec{b}\}=0$

ゆえに　　$s|\vec{a}|^2+(t-1)\vec{a}\cdot\vec{b}=0$

$|\vec{a}|=3$，$\vec{a}\cdot\vec{b}=6$ から　　$9s+6(t-1)=0$

よって　　$3s+2t=2$ …… ①

同様に，$\overrightarrow{OB}\cdot\overrightarrow{AH}=0$ から　　$\vec{b}\cdot\{(s-1)\vec{a}+t\vec{b}\}=0$

ゆえに　　$(s-1)\vec{a}\cdot\vec{b}+t|\vec{b}|^2=0$

$\vec{a}\cdot\vec{b}=6$，$|\vec{b}|=4$ から　　$6(s-1)+16t=0$

よって　　$3s+8t=3$ …… ②

①，② を解いて　　$s=\dfrac{5}{9}$，$t=\dfrac{1}{6}$　　よって　　$\overrightarrow{OH}=\dfrac{5}{9}\vec{a}+\dfrac{1}{6}\vec{b}$

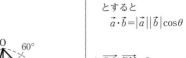

← $\vec{a}$ と $\vec{b}$ のなす角を θ
とすると
$\vec{a}\cdot\vec{b}=|\vec{a}||\vec{b}|\cos\theta$

← $\overrightarrow{OA}\cdot\overrightarrow{BH}=0$
$\overrightarrow{OB}\cdot\overrightarrow{AH}=0$

← $\overrightarrow{BH}=\overrightarrow{OH}-\overrightarrow{OB}$
$=s\vec{a}+t\vec{b}-\vec{b}$
$=s\vec{a}+(t-1)\vec{b}$

← $\overrightarrow{AH}=\overrightarrow{OH}-\overrightarrow{OA}$
$=s\vec{a}+t\vec{b}-\vec{a}$
$=(s-1)\vec{a}+t\vec{b}$

TR △OAB がある。実数 s，t が次の条件を満たしながら変化するとき，$\overrightarrow{OP}=s\overrightarrow{OA}+t\overrightarrow{OB}$ で表さ
⑤**39** れる点Pの存在範囲を求めよ。

(1) $2s+2t\leq 1$，$s\geq 0$，$t\geq 0$　　　　　　(2) $0\leq s\leq 3$，$0\leq t\leq 1$

(1)　$2s=s'$，$2t=t'$ とおくと

$s'+t'\leq 1$，$s'\geq 0$，$t'\geq 0$

$\overrightarrow{OP}=2s\left(\dfrac{1}{2}\overrightarrow{OA}\right)+2t\left(\dfrac{1}{2}\overrightarrow{OB}\right)$ である

から

$$\overrightarrow{OP}=s'\left(\dfrac{1}{2}\overrightarrow{OA}\right)+t'\left(\dfrac{1}{2}\overrightarrow{OB}\right)$$

よって，$\overrightarrow{OC}=\dfrac{1}{2}\overrightarrow{OA}$，$\overrightarrow{OD}=\dfrac{1}{2}\overrightarrow{OB}$ となるような点 C，D を

とると，点Pの存在範囲は △OCD の周および内部 である。

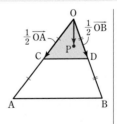

← 初めから右辺が ≦1
であるから，$2s$，$2t$
を s'，t' とおく。
$s\geq 0$，$t\geq 0$ から
$s'\geq 0$，$t'\geq 0$

(2)　s を固定して，$\overrightarrow{OQ}=s\overrightarrow{OA}$ とおく。

t を $0\leq t\leq 1$ の範囲で変化させると，
点Pは図の線分 QR 上を動く。
ただし　$\overrightarrow{OR}=\overrightarrow{OQ}+\overrightarrow{OB}$

次に，s を $0\leq s\leq 3$ の範囲で変化させ
ると，線分 QR は線分 OB から線分
CD まで平行に動く。
ただし　$\overrightarrow{OC}=3\overrightarrow{OA}$，$\overrightarrow{OD}=\overrightarrow{OC}+\overrightarrow{OB}$

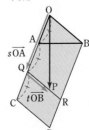

← 図において
$\overrightarrow{OP}=\overrightarrow{OQ}+t\overrightarrow{OB}$
($0\leq t\leq 1$) とみる。
$t=0$ のとき，P は Q
に一致し，$t=1$ のと
きPはRに一致する。

1章

TR

よって，点 P の存在範囲は平行四辺形 OCDB の周および内部である。

TR ③40

2 直線 $x-\sqrt{3}\,y+3=0$，$\sqrt{3}\,x+3y+1=0$ のなす鋭角を求めよ。

直線 $x-\sqrt{3}\,y+3=0$ を ℓ_1，直線 $\sqrt{3}\,x+3y+1=0$ を ℓ_2 とし，ℓ_1 の法線ベクトルを $\vec{n_1}=(1,\ -\sqrt{3}\,)$，$\ell_2$ の法線ベクトルを $\vec{n_2}=(\sqrt{3}\,,\ 3)$ とする。

$$\vec{n_1}\cdot\vec{n_2}=1\times\sqrt{3}\,+(-\sqrt{3}\,)\times3=-2\sqrt{3}\,,$$
$$|\vec{n_1}|=\sqrt{1^2+(-\sqrt{3}\,)^2}=2,$$
$$|\vec{n_2}|=\sqrt{(\sqrt{3}\,)^2+3^2}=2\sqrt{3}$$

よって，$\vec{n_1}$ と $\vec{n_2}$ のなす角を θ とすると

$$\cos\theta=\frac{\vec{n_1}\cdot\vec{n_2}}{|\vec{n_1}||\vec{n_2}|}=\frac{-2\sqrt{3}}{2\times2\sqrt{3}}=-\frac{1}{2}$$

$0°\leqq\theta\leqq180°$ であるから　$\theta=120°$

したがって，2 直線のなす鋭角は　$180°-120°=\mathbf{60°}$

← 直線 $ax+by+c=0$ の法線ベクトルの 1 つは　$\vec{n}=(a,\ b)$

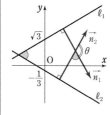

← $90°<\theta\leqq180°$ のとき，なす鋭角は　$180°-\theta$

TR ④41

点 P(1, 3) から直線 $\ell:2x-3y+4=0$ に垂線を引き，交点を H とする。
(1) ベクトルを用いて点 H の座標を求めよ。
(2) 点 P と直線 ℓ の距離を求めよ。

HINT (1) 直線 ℓ の法線ベクトルを 1 つとり，それを $\vec{n}$ とすると，$\vec{n}$ と $\overrightarrow{PH}$ はともに直線 ℓ に垂直であるから　$\overrightarrow{PH}/\!/\vec{n}$　よって，$\overrightarrow{PH}=k\vec{n}$ と表される。

(1) 点 H の座標を $(s,\ t)$ とすると
$$\overrightarrow{PH}=(s-1,\ t-3)\ \cdots\cdots\ (*)$$
$\vec{n}=(2,\ -3)$ とすると，$\vec{n}$ は直線 ℓ の法線ベクトルであるから
$$\overrightarrow{PH}/\!/\vec{n}$$
よって，$\overrightarrow{PH}=k\vec{n}$ となる実数 k がある。

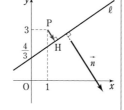

$k\vec{n}=(2k,\ -3k)$ であるから　$(s-1,\ t-3)=(2k,\ -3k)$
よって　$s-1=2k$ …… ①，　$t-3=-3k$ …… ②
①×3+②×2 から　$3s+2t-9=0$ …… ③
また，点 H は直線 ℓ 上にあるから
$$2s-3t+4=0\ \cdots\cdots\ ④$$
③，④ から　$s=\dfrac{19}{13}$，$t=\dfrac{30}{13}$　① から　$k=\dfrac{3}{13}$

したがって，点 H の座標は　$\left(\dfrac{19}{13},\ \dfrac{30}{13}\right)$

← 直線 $ax+by+c=0$ の法線ベクトルの 1 つは　$\vec{n}=(a,\ b)$

← ③×3+④×2 から　$13s-19=0$

(2)　$\overrightarrow{\mathrm{PH}}=k\vec{n}=\dfrac{3}{13}(2,\ -3)$

　　よって，点Pと直線 ℓ の距離は

$$\mathrm{PH}=\left|\overrightarrow{\mathrm{PH}}\right|=\dfrac{3}{13}\sqrt{2^2+(-3)^2}=\dfrac{3\sqrt{13}}{13}$$

（参考）　**点と直線の距離の公式** を用いると

$$\mathrm{PH}=\dfrac{\left|2\times1-3\times3+4\right|}{\sqrt{2^2+(-3)^2}}=\dfrac{\left|-3\right|}{\sqrt{13}}=\dfrac{3}{\sqrt{13}}=\dfrac{3\sqrt{13}}{13}$$

Lecture　一般に，点 $\mathrm{P}(x_1,\ y_1)$ と直線 $\ell:ax+by+c=0$

の距離 d は　　$d=\dfrac{\left|ax_1+by_1+c\right|}{\sqrt{a^2+b^2}}$　　で与えられる。

⬅ 点と直線の距離の公式。

このことをベクトルを用いて証明してみよう。

証明　点Pから直線 ℓ に垂線 PH を下ろす。

$\vec{n}=(a,\ b)$ とすると，$\overrightarrow{\mathrm{PH}}\ /\!/\ \vec{n}$
であるから，$\overrightarrow{\mathrm{PH}}=k\vec{n}$ …… ①
となる実数 k がある。

⬅ $\vec{n}$ は直線 ℓ の法線ベクトルの1つ。

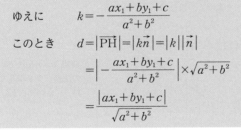

H$(s,\ t)$ とすると，① から

$$s-x_1=ak,\quad t-y_1=bk$$

⬅ $(s-x_1,\ t-y_1)$
　$=(ak,\ bk)$

よって　　$s=ak+x_1$ …… ②

　　　　　$t=bk+y_1$ …… ③

また，点Hは直線 ℓ 上にあるから

$$as+bt+c=0\ \text{…… ④}$$

④ に②，③を代入して　　$a(ak+x_1)+b(bk+y_1)+c=0$

⬅ 本冊 $p.70$ 例題 41 と同じ手順。

整理すると　$(a^2+b^2)k+ax_1+by_1+c=0$

ゆえに　　　$k=-\dfrac{ax_1+by_1+c}{a^2+b^2}$

このとき　$d=\left|\overrightarrow{\mathrm{PH}}\right|=\left|k\vec{n}\right|=\left|k\right|\left|\vec{n}\right|$

$$=\left|-\dfrac{ax_1+by_1+c}{a^2+b^2}\right|\times\sqrt{a^2+b^2}$$

⬅ $\vec{n}=(a,\ b)$ から
$\left|\vec{n}\right|=\sqrt{a^2+b^2}$

$$=\dfrac{\left|ax_1+by_1+c\right|}{\sqrt{a^2+b^2}}$$

EX
①**1**　次の等式を満たす $\vec{x}$ を $\vec{a}$, $\vec{b}$ を用いて表せ。
(1) $4\vec{x}-\vec{a}=3\vec{x}+2\vec{b}$　　　(2) $2(\vec{x}-3\vec{a})+3(\vec{x}-2\vec{b})=\vec{0}$

(1) $4\vec{x}-\vec{a}=3\vec{x}+2\vec{b}$ から
$$4\vec{x}-3\vec{x}=2\vec{b}+\vec{a}$$
よって　　$\vec{x}=\vec{a}+2\vec{b}$

⬅ $3\vec{x}$ を左辺に，$-\vec{a}$ を
　右辺に移す。

(2) $2(\vec{x}-3\vec{a})+3(\vec{x}-2\vec{b})=\vec{0}$ から
$$2\vec{x}-6\vec{a}+3\vec{x}-6\vec{b}=\vec{0}$$
ゆえに　　$5\vec{x}=6\vec{a}+6\vec{b}$
よって　　$\vec{x}=\dfrac{6}{5}(\vec{a}+\vec{b})$

⬅ まず，$2(\vec{x}-3\vec{a})$,
　$3(\vec{x}-2\vec{b})$ をそれぞれ
　計算。

EX
③**2**　△ABC の辺 BC, CA, AB の中点をそれぞれ L, M, N とするとき，等式
$\overrightarrow{AL}+\overrightarrow{BM}+\overrightarrow{CN}=\vec{0}$ が成り立つことを証明せよ。

$\overrightarrow{AL}=\overrightarrow{AB}+\overrightarrow{BL}=\overrightarrow{AB}+\dfrac{1}{2}\overrightarrow{BC}$

$\overrightarrow{BM}=\overrightarrow{BC}+\overrightarrow{CM}=\overrightarrow{BC}+\dfrac{1}{2}\overrightarrow{CA}$

$\overrightarrow{CN}=\overrightarrow{CA}+\overrightarrow{AN}=\overrightarrow{CA}+\dfrac{1}{2}\overrightarrow{AB}$

⬅ $\overrightarrow{BL}=\dfrac{1}{2}\overrightarrow{BC}$

$\overrightarrow{CM}=\dfrac{1}{2}\overrightarrow{CA}$

$\overrightarrow{AN}=\dfrac{1}{2}\overrightarrow{AB}$

したがって
$$\overrightarrow{AL}+\overrightarrow{BM}+\overrightarrow{CN}=\left(\overrightarrow{AB}+\dfrac{1}{2}\overrightarrow{BC}\right)$$
$$+\left(\overrightarrow{BC}+\dfrac{1}{2}\overrightarrow{CA}\right)+\left(\overrightarrow{CA}+\dfrac{1}{2}\overrightarrow{AB}\right)$$
$$=\dfrac{3}{2}\overrightarrow{AB}+\dfrac{3}{2}\overrightarrow{BC}+\dfrac{3}{2}\overrightarrow{CA}$$
$$=\dfrac{3}{2}(\overrightarrow{AB}+\overrightarrow{BC}+\overrightarrow{CA})=\dfrac{3}{2}(\overrightarrow{AC}+\overrightarrow{CA})$$
$$=\dfrac{3}{2}\overrightarrow{AA}=\vec{0}$$

⬅ すぐに
　$\overrightarrow{AB}+\overrightarrow{BC}+\overrightarrow{CA}=\vec{0}$
　としてもよい。

EX
③**3**　☆ 2つのベクトル $\vec{a}=(1,\ 2)$, $\vec{b}=(3,\ 1)$ と実数 t に対して $\vec{p}=\vec{a}+t\vec{b}$ とおくとき，$\vec{p}$ の大きさが5となる t の値と $\vec{p}$ を求めよ。　　　[山形大]

$$\vec{p}=\vec{a}+t\vec{b}=(1,\ 2)+t(3,\ 1)=(3t+1,\ t+2)$$
であるから
$$|\vec{p}|^2=(3t+1)^2+(t+2)^2=5(2t^2+2t+1)$$
また，$|\vec{p}|=5$ であるから　　$|\vec{p}|^2=5^2$
ゆえに　　　$5(2t^2+2t+1)=25$
すなわち　　$(t+2)(t-1)=0$
よって　　　$t=-2,\ 1$
したがって　$t=-2$ のとき　$\vec{p}=(-5,\ 0)$,
　　　　　　$t=1$ のとき　　$\vec{p}=(4,\ 3)$

⬅ まず，$\vec{p}$ を t を用いて
　成分表示する。

⬅ $t^2+t-2=0$

EX ③**4**

■ △ABC の辺 AB を 1：2 に内分する点を D，辺 AC を 2：1 に内分する点を E とし，辺 BC を t：$(1-t)$ に内分する点を F とする。ただし，t は $0<t<1$ を満たす実数である。

(1) △ABC の重心を G_1，△DEF の重心を G_2 とするとき，ベクトル $\overrightarrow{AG_1}$，$\overrightarrow{AG_2}$ を $\overrightarrow{AB}$ と $\overrightarrow{AC}$ で表せ。

(2) (1)の G_1 と G_2 が一致するときの t の値を求めよ。

(3) (2)のとき，△ABC と △DEF の面積比を求めよ。　　　　〔類 東北学院大〕

(1) 点 G_1 は △ABC の重心であるから

$$\overrightarrow{AG_1}=\frac{\overrightarrow{AA}+\overrightarrow{AB}+\overrightarrow{AC}}{3}$$

$$=\frac{1}{3}\overrightarrow{AB}+\frac{1}{3}\overrightarrow{AC}$$

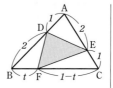

← A を始点として考える。

また　$\overrightarrow{AD}=\frac{1}{3}\overrightarrow{AB}$，$\overrightarrow{AE}=\frac{2}{3}\overrightarrow{AC}$，

$\overrightarrow{AF}=(1-t)\overrightarrow{AB}+t\overrightarrow{AC}$

点 G_2 は △DEF の重心であるから

← 点 F は辺 BC を t：$(1-t)$ に内分する。

$$\overrightarrow{AG_2}=\frac{\overrightarrow{AD}+\overrightarrow{AE}+\overrightarrow{AF}}{3}$$

$$=\frac{1}{3}\left\{\frac{1}{3}\overrightarrow{AB}+\frac{2}{3}\overrightarrow{AC}+(1-t)\overrightarrow{AB}+t\overrightarrow{AC}\right\}$$

$$=\frac{1}{3}\left\{\left(\frac{4}{3}-t\right)\overrightarrow{AB}+\left(\frac{2}{3}+t\right)\overrightarrow{AC}\right\}$$

$$=\frac{4-3t}{9}\overrightarrow{AB}+\frac{2+3t}{9}\overrightarrow{AC}$$

(2) (1)の G_1 と G_2 が一致するから，$\overrightarrow{AG_1}=\overrightarrow{AG_2}$ より

$$\frac{1}{3}\overrightarrow{AB}+\frac{1}{3}\overrightarrow{AC}=\frac{4-3t}{9}\overrightarrow{AB}+\frac{2+3t}{9}\overrightarrow{AC}$$

$\overrightarrow{AB}\neq\vec{0}$，$\overrightarrow{AC}\neq\vec{0}$，$\overrightarrow{AB}\nparallel\overrightarrow{AC}$ であるから

← この断り書きは重要。

$$\frac{1}{3}=\frac{4-3t}{9}，\quad \frac{1}{3}=\frac{2+3t}{9}$$

← 一方の式から t の値を求め，他方の式でも成り立つことを確認する。

これを解いて　$t=\dfrac{1}{3}$　（$0<t<1$ を満たす）

(3) $t=\dfrac{1}{3}$ のとき　　BF：FC＝1：2

← BF：FC＝$\dfrac{1}{3}$：$\dfrac{2}{3}$

△ABC＝S とすると

$$\triangle DEF=\triangle ABC-(\triangle ADE+\triangle BFD+\triangle CEF)$$

$$=S-\left(\frac{1}{3}\times\frac{2}{3}S+\frac{1}{3}\times\frac{2}{3}S+\frac{1}{3}\times\frac{2}{3}S\right)$$

$$=\frac{1}{3}S$$

よって　△ABC：△DEF＝S：$\dfrac{1}{3}S$

$$=3：1$$

EX ④5

3点 A$(1,\ 1)$, B$(3,\ 2)$, C$(5,\ -2)$ がある。
(1) $\overrightarrow{AB}$ と $\overrightarrow{AC}$ のなす角 θ に対して $\cos\theta$ を求めよ。
(2) $\triangle ABC$ の面積を求めよ。
(3) ベクトル $t\overrightarrow{AB}+\overrightarrow{AC}$ の大きさを最小にする実数 t の値とその最小値を求めよ。

(1) $\overrightarrow{AB}=(3-1,\ 2-1)=(2,\ 1)$, $\overrightarrow{AC}=(5-1,\ -2-1)=(4,\ -3)$
であるから

$$|\overrightarrow{AB}|=\sqrt{2^2+1^2}=\sqrt{5}\ ,\quad |\overrightarrow{AC}|=\sqrt{4^2+(-3)^2}=5$$

$$\overrightarrow{AB}\cdot\overrightarrow{AC}=2\times4+1\times(-3)=5$$

よって $\cos\theta=\dfrac{\overrightarrow{AB}\cdot\overrightarrow{AC}}{|\overrightarrow{AB}||\overrightarrow{AC}|}=\dfrac{5}{\sqrt{5}\times5}=\dfrac{1}{\sqrt{5}}$

$\Longleftarrow$ P$(p_1,\ p_2)$, Q$(q_1,\ q_2)$
のとき
$\overrightarrow{PQ}=(q_1-p_1,\ q_2-p_2)$

(2) $0°\leqq\theta\leqq180°$ であるから $\sin\theta\geqq0$

ゆえに $\sin\theta=\sqrt{1-\cos^2\theta}=\sqrt{1-\left(\dfrac{1}{\sqrt{5}}\right)^2}=\dfrac{2}{\sqrt{5}}$

よって $\triangle ABC=\dfrac{1}{2}|\overrightarrow{AB}||\overrightarrow{AC}|\sin\theta$

$$=\dfrac{1}{2}\times\sqrt{5}\times5\times\dfrac{2}{\sqrt{5}}=\boldsymbol{5}$$

$\Longleftarrow\sin^2\theta+\cos^2\theta=1$ から
$\sin^2\theta=1-\cos^2\theta$

別解
$\dfrac{1}{2}\left|2\times(-3)-1\times4\right|$
$=5$

(3) (1) から $t\overrightarrow{AB}+\overrightarrow{AC}=t(2,\ 1)+(4,\ -3)$
$=(2t+4,\ t-3)$

ゆえに $|t\overrightarrow{AB}+\overrightarrow{AC}|^2=(2t+4)^2+(t-3)^2$
$=5t^2+10t+25$
$=5(t+1)^2+20$

よって, $t=-1$ で $|t\overrightarrow{AB}+\overrightarrow{AC}|^2$ は最小となる。
$|t\overrightarrow{AB}+\overrightarrow{AC}|\geqq0$ であるから, このとき $|t\overrightarrow{AB}+\overrightarrow{AC}|$ も最小となる。

したがって $\boldsymbol{t=-1}$ で最小値 $\sqrt{20}=\boldsymbol{2\sqrt{5}}$

CHART
$|\vec{a}+t\vec{b}|$ の最小値
$|\vec{a}+t\vec{b}|^2$ を考え, t の
2次関数の最小値へ

EX ④6

平面上に, $\triangle ABC$ があり, その外接円の半径を1とし, 外心を O とする。この $\triangle ABC$ が
$4\overrightarrow{OA}+4\overrightarrow{OB}+\overrightarrow{OC}=\vec{0}$ を満たすとき, 内積 $\overrightarrow{OA}\cdot\overrightarrow{OB}$ の値は, $^{ア}\boxed{}$ であり, $\triangle OAB$ の面積は,
$\triangle ABC$ の面積の $^{イ}\boxed{}$ 倍である。 [芝浦工大]

$\overrightarrow{OC}=-4\overrightarrow{OA}-4\overrightarrow{OB}$ であるから
$$|\overrightarrow{OC}|=4|\overrightarrow{OA}+\overrightarrow{OB}|$$

両辺を2乗して
$$|\overrightarrow{OC}|^2=4^2|\overrightarrow{OA}+\overrightarrow{OB}|^2$$
$$=16(|\overrightarrow{OA}|^2+2\overrightarrow{OA}\cdot\overrightarrow{OB}+|\overrightarrow{OB}|^2)$$

$\triangle ABC$ の外接円の半径が1であり, 外心が O であるから
$$|\overrightarrow{OA}|=|\overrightarrow{OB}|=|\overrightarrow{OC}|=1$$

ゆえに $1^2=16(1^2+2\overrightarrow{OA}\cdot\overrightarrow{OB}+1^2)$

よって $\overrightarrow{OA}\cdot\overrightarrow{OB}=^{ア}-\dfrac{31}{32}$

$\Longleftarrow|\overrightarrow{OC}|$
$=|-4\overrightarrow{OA}-4\overrightarrow{OB}|$

次に，辺 AB の中点を M とすると

$$\overrightarrow{OM} = \frac{\overrightarrow{OA} + \overrightarrow{OB}}{2}$$

よって　　$\overrightarrow{OC} = -8\overrightarrow{OM}$

よって，OM：CM＝1：(1+8)＝1：9 で
あるから，△OAB の面積は，△ABC の

面積の $\dfrac{1}{9}$ 倍である。

⬅ C, O, M は，この順
に一直線上にある。

⬅ △OAB と △ABC は
底辺 AB が共通であ
るから，面積比は高さ
の比と等しい。

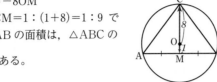

EX **★** 4点 O, A, B, C が同一平面上にある。3点 O, A, B は，OA＝3，OB＝2，
⑤7 ∠AOB＝60° を満たすとする。点 C が線分 OA の垂直二等分線と線分 OB の垂直二等分線の交点
であるとき，$\overrightarrow{OC}$ を $\overrightarrow{OA}$，$\overrightarrow{OB}$ を用いて表せ。　　　　　　　[類 富山県大]

$\overrightarrow{OA} = \vec{a}$，$\overrightarrow{OB} = \vec{b}$ とすると，$|\vec{a}| = 3$，$|\vec{b}| = 2$，∠AOB＝60° で
あるから

$$\vec{a} \cdot \vec{b} = |\vec{a}||\vec{b}|\cos 60°$$
$$= 3 \times 2 \times \frac{1}{2} = 3$$

線分 OA の中点を M，線分 OB の
中点を N とすると

$$\overrightarrow{OA} \perp \overrightarrow{MC}, \quad \overrightarrow{OB} \perp \overrightarrow{NC}$$

よって　　　$\overrightarrow{OA} \cdot \overrightarrow{MC} = 0$，$\overrightarrow{OB} \cdot \overrightarrow{NC} = 0$

$\overrightarrow{OC} = s\vec{a} + t\vec{b}$ （s, t は実数）とする。

$\overrightarrow{OA} \cdot \overrightarrow{MC} = 0$ から　　$\overrightarrow{OA} \cdot (\overrightarrow{OC} - \overrightarrow{OM}) = 0$

ゆえに　　　$\vec{a} \cdot \left\{ \left(s - \dfrac{1}{2} \right)\vec{a} + t\vec{b} \right\} = 0$

よって　　　$\left(s - \dfrac{1}{2} \right)|\vec{a}|^2 + t\vec{a} \cdot \vec{b} = 0$

$|\vec{a}| = 3$，$\vec{a} \cdot \vec{b} = 3$ から　　$9\left(s - \dfrac{1}{2} \right) + 3t = 0$

ゆえに　　$6s + 2t = 3$ ……①
また，$\overrightarrow{OB} \cdot \overrightarrow{NC} = 0$ から　　$\overrightarrow{OB} \cdot (\overrightarrow{OC} - \overrightarrow{ON}) = 0$

よって　　　$\vec{b} \cdot \left\{ s\vec{a} + \left(t - \dfrac{1}{2} \right)\vec{b} \right\} = 0$

ゆえに　　　$s\vec{a} \cdot \vec{b} + \left(t - \dfrac{1}{2} \right)|\vec{b}|^2 = 0$

$\vec{a} \cdot \vec{b} = 3$，$|\vec{b}| = 2$ から　　$3s + 4\left(t - \dfrac{1}{2} \right) = 0$

ゆえに　　$3s + 4t = 2$ ……②

①，② を解いて　　$s = \dfrac{4}{9}$，$t = \dfrac{1}{6}$

したがって　　　$\overrightarrow{OC} = \dfrac{4}{9}\overrightarrow{OA} + \dfrac{1}{6}\overrightarrow{OB}$

⬅ $\vec{a}$ と $\vec{b}$ のなす角を θ
とすると
$\vec{a} \cdot \vec{b} = |\vec{a}||\vec{b}|\cos\theta$

注意 点 C は △OAB
の外心である。

⬅ 垂直 ⟶ 内積 0

⬅ $\overrightarrow{OM} = \dfrac{1}{2}\vec{a}$

⬅ $\overrightarrow{ON} = \dfrac{1}{2}\vec{b}$

EX ⑤8 O(0, 0), A(3, 1), B(1, 2) とする。実数 s, t が次の条件を満たしながら変化するとき，$\overrightarrow{OP}=s\overrightarrow{OA}+t\overrightarrow{OB}$ で表される点 P の存在範囲を図示せよ。

(1) $s+t\leqq2$, $s\geqq0$, $t\geqq0$　　　　　(2) $0\leqq s\leqq1$, $1\leqq t\leqq2$

(1) $s+t\leqq2$ から　　$\dfrac{s}{2}+\dfrac{t}{2}\leqq1$

$\dfrac{s}{2}=s'$, $\dfrac{t}{2}=t'$ とおくと

　　　$s'+t'\leqq1$, $s'\geqq0$, $t'\geqq0$

$\overrightarrow{OP}=\dfrac{s}{2}(2\overrightarrow{OA})+\dfrac{t}{2}(2\overrightarrow{OB})$ である

から　　$\overrightarrow{OP}=s'(2\overrightarrow{OA})+t'(2\overrightarrow{OB})$

よって，$2\overrightarrow{OA}=\overrightarrow{OC}$, $2\overrightarrow{OB}=\overrightarrow{OD}$ となる点 C, D をとると，点 P の存在範囲は △OCD の周および内部で，〔図〕の赤く塗った部分 である。ただし，境界線を含む。

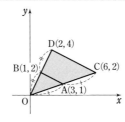

⬅ 両辺を 2 で割って $\leqq1$ の形に。

⬅ $s\geqq0$, $t\geqq0$ のとき
$\dfrac{s}{2}\geqq0$, $\dfrac{t}{2}\geqq0$

⬅ $\overrightarrow{OC}=2(3, 1)=(6, 2)$
$\overrightarrow{OD}=2(1, 2)=(2, 4)$
から
C(6, 2), D(2, 4)

(2) s を固定して，t を $1\leqq t\leqq2$ の範囲で変化させると，点 P は図の線分 QR 上を動く。ただし，$s\overrightarrow{OA}+\overrightarrow{OB}=\overrightarrow{OQ}$, $s\overrightarrow{OA}+2\overrightarrow{OB}=\overrightarrow{OR}$ とする。

次に，s を $0\leqq s\leqq1$ の範囲で変化させると，線分 QR は線分 BD から線分 CE まで平行に動く。ただし，$2\overrightarrow{OB}=\overrightarrow{OD}$, $\overrightarrow{OA}+\overrightarrow{OB}=\overrightarrow{OC}$, $\overrightarrow{OA}+2\overrightarrow{OB}=\overrightarrow{OE}$ とする。

よって，点 P の存在範囲は平行四辺形 BCED の周および内部で，〔図〕の赤く塗った部分 である。ただし，境界線を含む。

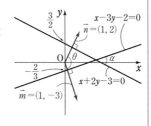

⬅ $t=1$ のとき，P は Q に一致し，$t=2$ のとき，P は R に一致する。

⬅ $\overrightarrow{OC}=(3, 1)+(1, 2)$
$=(4, 3)$,
$\overrightarrow{OE}=(3, 1)+(2, 4)$
$=(5, 5)$　から
C(4, 3), E(5, 5)

EX ③9 点 P(5, −1) を通り，$\vec{n}=(1, 2)$ が法線ベクトルである直線の方程式を求めよ。また，この直線と直線 $x-3y-2=0$ とのなす角 α を求めよ。ただし，$0°\leqq\alpha\leqq90°$ とする。　　　　　〔岩手大〕

直線上の任意の点を A(x, y) とすると　　$\overrightarrow{PA}=(x-5, y+1)$

$\vec{n}\perp\overrightarrow{PA}$ または $\overrightarrow{PA}=\vec{0}$ であるから　　$\vec{n}\cdot\overrightarrow{PA}=0$

よって　　$1\cdot(x-5)+2(y+1)=0$

ゆえに　　$x+2y-3=0$

また，$\vec{m}=(1, -3)$ とすると，$\vec{m}$ は直線 $x-3y-2=0$ の法線ベクトルである。

$\vec{n}$ と $\vec{m}$ のなす角を θ とすると

$|\vec{n}|=\sqrt{1^2+2^2}=\sqrt{5}$,

$|\vec{m}|=\sqrt{1^2+(-3)^2}=\sqrt{10}$,

$\vec{n}\cdot\vec{m}=1\times1+2\times(-3)=-5$

よって　　$\cos\theta=\dfrac{\vec{n}\cdot\vec{m}}{|\vec{n}||\vec{m}|}=\dfrac{-5}{\sqrt{5}\times\sqrt{10}}=-\dfrac{1}{\sqrt{2}}$

$0°\leqq\theta\leqq180°$ であるから　　$\theta=135°$

⬅ 直線 $ax+by+c=0$ の法線ベクトルの1つは $\vec{n}=(a, b)$

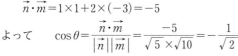

$0°≦α≦90°$ から，直線 $x+2y-3=0$ と直線 $x-3y-2=0$ の
なす角 $α$ は

$$α=180°-135°=\textbf{45°}$$

⇐ $90°<θ≦180°$ のとき
なす角は $180°-θ$

EX
④**10**
★ 座標平面上に点 A(2, 0) をとり，原点Oを中心とする半径が2の円周上に点 B, C, D, E, F を，点 A, B, C, D, E, F が順に正六角形の頂点となるようにとる。ただし，B は第1象限にあるとする。
(1) 点Bの座標と点Dの座標を求めよ。
(2) 線分 BD の中点を M とし，直線 AM と直線 CD の交点をNとする。
$\overrightarrow{ON}$ は実数 r，s を用いて，$\overrightarrow{ON}=\overrightarrow{OA}+r\overrightarrow{AM}$，$\overrightarrow{ON}=\overrightarrow{OD}+s\overrightarrow{DC}$ と2通りに表されることを利用して，$\overrightarrow{ON}$ を求めよ。
(3) 線分 BF 上に点Pをとり，その y 座標を a とする。点Pから直線 CE に引いた垂線と，点C から直線 EP に引いた垂線との交点をHとする。このとき，$\overrightarrow{EP}$ を a を用いて表せ。また，点 H の座標を a を用いて表せ。
(4) $\overrightarrow{OP}$ と $\overrightarrow{OH}$ のなす角を $θ$ とする。$\cosθ=\dfrac{12}{13}$ のとき，a の値を求めよ。　[類 センター試験]

(1)　△OAB は1辺の長さが2の正三角形であるから，**点Bの座標は**　$(1, \sqrt{3})$

また，点 D は x 軸上にあるから，**点 D の座標は**　$(-2, 0)$

(2)　点 M は線分 BD の中点であるから

$$\overrightarrow{OM}=\frac{1}{2}(\overrightarrow{OB}+\overrightarrow{OD})$$

$$=\frac{1}{2}\{(1, \sqrt{3})+(-2, 0)\}$$

$$=\left(-\frac{1}{2}, \frac{\sqrt{3}}{2}\right)$$

よって　$\overrightarrow{AM}=\overrightarrow{OM}-\overrightarrow{OA}$

$$=\left(-\frac{1}{2}, \frac{\sqrt{3}}{2}\right)-(2, 0)=\left(-\frac{5}{2}, \frac{\sqrt{3}}{2}\right)$$

ゆえに　$\overrightarrow{ON}=\overrightarrow{OA}+r\overrightarrow{AM}$

$$=(2, 0)+r\left(-\frac{5}{2}, \frac{\sqrt{3}}{2}\right)$$

$$=\left(2-\frac{5}{2}r, \frac{\sqrt{3}}{2}r\right) \cdots\cdots ①$$

また　$\overrightarrow{DC}=\overrightarrow{OB}=(1, \sqrt{3})$

⇐ DC∥OB，DC=OB

よって　$\overrightarrow{ON}=\overrightarrow{OD}+s\overrightarrow{DC}=(-2, 0)+s(1, \sqrt{3})$

$$=(-2+s, \sqrt{3}s) \cdots\cdots ②$$

①，②から　$2-\dfrac{5}{2}r=-2+s$，$\dfrac{\sqrt{3}}{2}r=\sqrt{3}s$

⇐ 第2式から $r=2s$

これを解くと　$r=\dfrac{4}{3}$，$s=\dfrac{2}{3}$

したがって　$\overrightarrow{ON}=\left(-\dfrac{4}{3}, \dfrac{2\sqrt{3}}{3}\right)$

⇐ $s=\dfrac{2}{3}$ を②に代入するとらく。

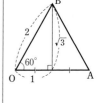

(3) 点 C，E，F は，点Bとそれぞれ，y 軸，原点，x 軸に関して対称であるから，点 C，E，F の座標は

$$C(-1, \sqrt{3}), \quad E(-1, -\sqrt{3}),$$
$$F(1, -\sqrt{3})$$

また，点Pの座標は　$(1, a)$

よって　$\overrightarrow{EP} = \overrightarrow{OP} - \overrightarrow{OE}$

$$= (1-(-1), \ a-(-\sqrt{3}))$$

$$= (2, \ a+\sqrt{3})$$

⟵ 点Pは線分 BF 上にあり，y 座標は a

次に，点Hは点Pから直線 CE に引いた垂線上にあるから，$H(x, a)$ とおける。

このとき　$\overrightarrow{CH} = \overrightarrow{OH} - \overrightarrow{OC} = (x-(-1), \ a-\sqrt{3})$

$$= (x+1, \ a-\sqrt{3})$$

$\overrightarrow{CH} \perp \overrightarrow{EP}$ であるから　$\overrightarrow{CH} \cdot \overrightarrow{EP} = 0$

ここで　$\overrightarrow{CH} \cdot \overrightarrow{EP} = 2(x+1) + (a-\sqrt{3})(a+\sqrt{3})$

$$= 2x + a^2 - 1$$

⟵ $\vec{a} = (a_1, a_2)$，$\vec{b} = (b_1, b_2)$ のとき $\vec{a} \cdot \vec{b} = a_1 b_1 + a_2 b_2$

ゆえに　$2x + a^2 - 1 = 0$　　よって　$x = \dfrac{1-a^2}{2}$

したがって，**点Hの座標は**　$\left(\dfrac{1-a^2}{2}, \ a\right)$

(4) $|\overrightarrow{OP}| = \sqrt{a^2+1}$

$$|\overrightarrow{OH}| = \sqrt{\left(\frac{1-a^2}{2}\right)^2 + a^2} = \sqrt{\frac{a^4 + 2a^2 + 1}{2^2}}$$

⟵ $\sqrt{\dfrac{1-2a^2+a^4+2^2a^2}{2^2}}$

$$= \sqrt{\frac{(a^2+1)^2}{2^2}} = \frac{a^2+1}{2}$$

⟵ $a^2+1>0$ から $\sqrt{(a^2+1)^2} = a^2+1$

$$\overrightarrow{OP} \cdot \overrightarrow{OH} = \frac{1-a^2}{2} + a^2 = \frac{a^2+1}{2}$$

よって　$\cos\theta = \dfrac{\overrightarrow{OP} \cdot \overrightarrow{OH}}{|\overrightarrow{OP}||\overrightarrow{OH}|} = \dfrac{a^2+1}{2} \times \dfrac{1}{\sqrt{a^2+1}} \times \dfrac{2}{a^2+1}$

$$= \frac{1}{\sqrt{a^2+1}}$$

$\cos\theta = \dfrac{12}{13}$ であるから　$\dfrac{1}{\sqrt{a^2+1}} = \dfrac{12}{13}$

両辺を 2 乗して整理すると　$a^2 + 1 = \left(\dfrac{13}{12}\right)^2$

ゆえに　$a^2 = \dfrac{13^2 - 12^2}{12^2} = \dfrac{(13+12)(13-12)}{12^2} = \dfrac{25 \cdot 1}{12^2} = \left(\dfrac{5}{12}\right)^2$

⟵ このように計算するとらく。

したがって　$a = \pm\dfrac{5}{12}$

TR①42
(1) 点 P$(-3,\ 5,\ 1)$ から xy 平面，yz 平面，zx 平面にそれぞれ垂線 PA，PB，PC を下ろす。3 点 A，B，C の座標を求めよ。
(2) 点 P$(-3,\ 5,\ 1)$ と xy 平面，yz 平面，zx 平面に関して対称な点をそれぞれ D，E，F とする。3 点 D，E，F の座標を求めよ。
(3) 原点 O と点 P$(-3,\ 5,\ 1)$ の距離を求めよ。

(1) A$(-3,\ 5,\ 0)$
B$(0,\ 5,\ 1)$
C$(-3,\ 0,\ 1)$
(2) D$(-3,\ 5,\ -1)$
E$(3,\ 5,\ 1)$
F$(-3,\ -5,\ 1)$
(3) OP$=\sqrt{(-3)^2+5^2+1^2}$
$=\sqrt{35}$

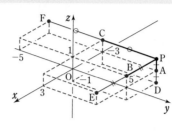

P$(a,\ b,\ c)$ に対して
xy 平面上 $\longrightarrow c=0$
yz 平面上 $\longrightarrow a=0$
zx 平面上 $\longrightarrow b=0$
また，xy 平面，yz 平面，zx 平面に関して対称な点の座標は，順に
$c \rightarrow -c$，
$a \rightarrow -a$，
$b \rightarrow -b$
とすると得られる。

TR②43
直方体 ABCD-EFGH において，対角線 EC の中点を M とする。$\overrightarrow{AB}=\vec{a}$，$\overrightarrow{AD}=\vec{b}$，$\overrightarrow{AE}=\vec{c}$ とするとき，次のベクトルを $\vec{a}$，$\vec{b}$，$\vec{c}$ を用いて表せ。
(1) $\overrightarrow{AG}$　　　(2) $\overrightarrow{AH}$　　　(3) $\overrightarrow{DF}$
(4) $\overrightarrow{EC}$　　　(5) $\overrightarrow{EM}$

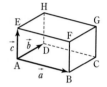

(1) $\overrightarrow{AG}=\overrightarrow{AB}+\overrightarrow{BC}+\overrightarrow{CG}$
$=\overrightarrow{AB}+\overrightarrow{AD}+\overrightarrow{AE}=\vec{a}+\vec{b}+\vec{c}$
(2) $\overrightarrow{AH}=\overrightarrow{AD}+\overrightarrow{DH}=\overrightarrow{AD}+\overrightarrow{AE}$
$=\vec{b}+\vec{c}$
(3) $\overrightarrow{DF}=\overrightarrow{DC}+\overrightarrow{CB}+\overrightarrow{BF}$
$=\overrightarrow{AB}-\overrightarrow{AD}+\overrightarrow{AE}=\vec{a}-\vec{b}+\vec{c}$
(4) $\overrightarrow{EC}=\overrightarrow{EF}+\overrightarrow{FG}+\overrightarrow{GC}$
$=\overrightarrow{AB}+\overrightarrow{AD}-\overrightarrow{AE}=\vec{a}+\vec{b}-\vec{c}$
(5) $\overrightarrow{EM}=\dfrac{1}{2}\overrightarrow{EC}=\dfrac{1}{2}(\vec{a}+\vec{b}-\vec{c})=\dfrac{1}{2}\vec{a}+\dfrac{1}{2}\vec{b}-\dfrac{1}{2}\vec{c}$

$\Leftarrow\overrightarrow{BC}=\overrightarrow{AD}$，$\overrightarrow{CG}=\overrightarrow{AE}$
$\Leftarrow\overrightarrow{DH}=\overrightarrow{AE}$
$\Leftarrow\overrightarrow{DC}=\overrightarrow{AB}$，$\overrightarrow{CB}=-\overrightarrow{AD}$，$\overrightarrow{BF}=\overrightarrow{AE}$
$\Leftarrow$(4)で求めた $\overrightarrow{EC}$ を代入。

TR①44
(1) $\vec{a}=(-1,\ 2,\ 3)$，$\vec{b}=(2,\ 1,\ -1)$，$\vec{c}=(3,\ 2,\ -2)$ のとき，次のベクトルを成分表示せよ。また，その大きさを求めよ。
　(ア) $\vec{a}+\vec{b}$　　　(イ) $\vec{a}-\vec{b}$　　　(ウ) $3\vec{a}$　　　(エ) $2\vec{a}-3\vec{b}+\vec{c}$
(2) 2 点 A$(2,\ 0,\ -1)$，B$(6,\ 4,\ -5)$ について，$\overrightarrow{AB}$ を成分表示し，$|\overrightarrow{AB}|$ を求めよ。

(1) (ア) $\vec{a}+\vec{b}=(-1,\ 2,\ 3)+(2,\ 1,\ -1)$
$=(-1+2,\ 2+1,\ 3+(-1))=(1,\ 3,\ 2)$
$|\vec{a}+\vec{b}|=\sqrt{1^2+3^2+2^2}=\sqrt{14}$
(イ) $\vec{a}-\vec{b}=(-1,\ 2,\ 3)-(2,\ 1,\ -1)$
$=(-1-2,\ 2-1,\ 3-(-1))=(-3,\ 1,\ 4)$
$|\vec{a}-\vec{b}|=\sqrt{(-3)^2+1^2+4^2}=\sqrt{26}$
(ウ) $3\vec{a}=3(-1,\ 2,\ 3)$
$=(3\times(-1),\ 3\times2,\ 3\times3)=(-3,\ 6,\ 9)$

$\Leftarrow\vec{a}=(a_1,\ a_2,\ a_3)$ のとき
$|\vec{a}|=\sqrt{a_1{}^2+a_2{}^2+a_3{}^2}$

$$|3\vec{a}|=3|\vec{a}|=3\sqrt{(-1)^2+2^2+3^2}=3\sqrt{14}$$

← $k>0$ のとき
$|k\vec{a}|=k|\vec{a}|$

(エ)　$2\vec{a}-3\vec{b}+\vec{c}=2(-1,\ 2,\ 3)-3(2,\ 1,\ -1)+(3,\ 2,\ -2)$

$$=(-2,\ 4,\ 6)+(-6,\ -3,\ 3)+(3,\ 2,\ -2)$$

$$=(-2-6+3,\ 4-3+2,\ 6+3-2)$$

$$=(-5,\ 3,\ 7)$$

$$|2\vec{a}-3\vec{b}+\vec{c}|=\sqrt{(-5)^2+3^2+7^2}=\sqrt{83}$$

(2)　$\overrightarrow{AB}=(6-2,\ 4-0,\ -5-(-1))=(4,\ 4,\ -4)$

また，$\overrightarrow{AB}=4(1,\ 1,\ -1)$ であるから

$$|\overrightarrow{AB}|=4\sqrt{1^2+1^2+(-1)^2}=4\sqrt{3}$$

← $|\overrightarrow{AB}|$ を計算するとき，$\sqrt{\ }$ の中の計算がらくになるように工夫する。

TR ③45 $\vec{a}=(1,\ 1,\ 1),\ \vec{b}=(2,\ -1,\ 0),\ \vec{c}=(0,\ 3,\ -1)$ とする。このとき，$\vec{d}=(-2,\ 13,\ -1)$ を $s\vec{a}+t\vec{b}+u\vec{c}$（$s,\ t,\ u$ は実数）の形に表せ。

$s\vec{a}+t\vec{b}+u\vec{c}=s(1,\ 1,\ 1)+t(2,\ -1,\ 0)+u(0,\ 3,\ -1)$

$$=(s+2t,\ s-t+3u,\ s-u)$$

$\vec{d}=s\vec{a}+t\vec{b}+u\vec{c}$ とすると

$$(-2,\ 13,\ -1)=(s+2t,\ s-t+3u,\ s-u)$$

ゆえに　　　　　$s+2t=-2$ …… ①

$\qquad\qquad\quad s-t+3u=13$ …… ②

$\qquad\qquad\quad s-u=-1$ …… ③

①-② から　　$3t-3u=-15$

すなわち　　　$t-u=-5$ …… ④

①-③ から　　$2t+u=-1$ …… ⑤

④，⑤ を解いて　$t=-2,\ u=3$

$t=-2$ を ① に代入して　　$s-4=-2$

よって　　　　$s=2$

したがって　　$\vec{d}=2\vec{a}-2\vec{b}+3\vec{c}$

← ベクトルの相等

← ①，②，③ の s の係数がすべて1であるから，s が消去しやすい。

← ④+⑤ から $3t=-6$

TR ②46 1辺の長さが1の立方体 ABCD-EFGH において，次の内積を求めよ。

(1)　$\overrightarrow{AB}\cdot\overrightarrow{ED}$

(2)　$\overrightarrow{AF}\cdot\overrightarrow{BG}$

(3)　$\overrightarrow{BH}\cdot\overrightarrow{DF}$

(1)　$\overrightarrow{AB}=\overrightarrow{EF}$ であり，$\overrightarrow{EF}$ と $\overrightarrow{ED}$ のなす角は　90°

　　よって　　$\overrightarrow{AB}\cdot\overrightarrow{ED}=0$

← $|\overrightarrow{ED}|$ は求めなくてよい。

(2)　$\overrightarrow{BG}=\overrightarrow{AH}$ であり，$\overrightarrow{AF}$ と $\overrightarrow{AH}$ のなす角は　60°

　　よって　　$\overrightarrow{AF}\cdot\overrightarrow{BG}=\overrightarrow{AF}\cdot\overrightarrow{AH}=|\overrightarrow{AF}||\overrightarrow{AH}|\cos 60°$

$$=\sqrt{2}\times\sqrt{2}\times\frac{1}{2}=1$$

← △AFH は1辺が $\sqrt{2}$ の正三角形である。

(3)　線分 FH の延長上に　FH=F'H となる点 F' をとると

$$\overrightarrow{BH}=\overrightarrow{DF'}$$

　　△DFF' について　$DF=DF'=\sqrt{1^2+(\sqrt{2})^2}=\sqrt{3}$

$$FF'=2FH=2\sqrt{2}$$

(3)

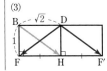

よって，△DFF′ において，余弦定理により

$$\cos\angle\mathrm{FDF'}=\frac{(\sqrt{3}\,)^2+(\sqrt{3}\,)^2-(2\sqrt{2}\,)^2}{2\times\sqrt{3}\times\sqrt{3}}=-\frac{1}{3}$$

ゆえに　$\overrightarrow{\mathrm{BH}}\cdot\overrightarrow{\mathrm{DF}}=|\overrightarrow{\mathrm{DF'}}||\overrightarrow{\mathrm{DF}}|\cos\angle\mathrm{FDF'}$　　←$|\overrightarrow{\mathrm{BH}}|=|\overrightarrow{\mathrm{DF'}}|$

$$=\sqrt{3}\times\sqrt{3}\times\left(-\frac{1}{3}\right)=-1$$

別解　$\overrightarrow{\mathrm{BH}}=\overrightarrow{\mathrm{BF}}+\overrightarrow{\mathrm{BD}}$，$\overrightarrow{\mathrm{DF}}=\overrightarrow{\mathrm{BF}}-\overrightarrow{\mathrm{BD}}$ である。

$|\overrightarrow{\mathrm{BF}}|=1$，$|\overrightarrow{\mathrm{BD}}|=\sqrt{2}$ であるから

$$\overrightarrow{\mathrm{BH}}\cdot\overrightarrow{\mathrm{DF}}=(\overrightarrow{\mathrm{BF}}+\overrightarrow{\mathrm{BD}})\cdot(\overrightarrow{\mathrm{BF}}-\overrightarrow{\mathrm{BD}})$$
$$=|\overrightarrow{\mathrm{BF}}|^2-|\overrightarrow{\mathrm{BD}}|^2=1^2-(\sqrt{2}\,)^2$$
$$=-1$$

TR ③47

(1) 次の 2 つのベクトル $\vec{a}$，$\vec{b}$ の内積となす角 θ を求めよ。

$$\vec{a}=(1,\ 0,\ -1),\ \vec{b}=(-1,\ 2,\ 2)$$

(2) 3 点 A(4, 3, −3)，B(3, 1, 0)，C(5, −2, 1) を頂点とする △ABC において，内積 $\overrightarrow{\mathrm{BA}}\cdot\overrightarrow{\mathrm{BC}}$ および ∠ABC の大きさ θ を求めよ。

(1) $\vec{a}\cdot\vec{b}=1\times(-1)+0\times2+(-1)\times2=-3$

また　$|\vec{a}|=\sqrt{1^2+0^2+(-1)^2}=\sqrt{2}$，

$|\vec{b}|=\sqrt{(-1)^2+2^2+2^2}=\sqrt{9}=3$

よって　$\cos\theta=\dfrac{\vec{a}\cdot\vec{b}}{|\vec{a}||\vec{b}|}=\dfrac{-3}{\sqrt{2}\cdot3}=-\dfrac{1}{\sqrt{2}}$

$0°\leqq\theta\leqq180°$ であるから　$\boldsymbol{\theta=135°}$

$\vec{a}=(a_1,\ a_2,\ a_3)$,
$\vec{b}=(b_1,\ b_2,\ b_3)$ のとき
$\vec{a}\cdot\vec{b}=a_1b_1+a_2b_2+a_3b_3$
$|\vec{a}|=\sqrt{a_1{}^2+a_2{}^2+a_3{}^2}$

(2) $\overrightarrow{\mathrm{BA}}=(4-3,\ 3-1,\ -3-0)=(1,\ 2,\ -3)$

$\overrightarrow{\mathrm{BC}}=(5-3,\ -2-1,\ 1-0)=(2,\ -3,\ 1)$

よって　$\overrightarrow{\mathrm{BA}}\cdot\overrightarrow{\mathrm{BC}}=1\times2+2\times(-3)+(-3)\times1=-7$

また　$|\overrightarrow{\mathrm{BA}}|=\sqrt{1^2+2^2+(-3)^2}=\sqrt{14}$，

$|\overrightarrow{\mathrm{BC}}|=\sqrt{2^2+(-3)^2+1^2}=\sqrt{14}$

よって　$\cos\theta=\dfrac{\overrightarrow{\mathrm{BA}}\cdot\overrightarrow{\mathrm{BC}}}{|\overrightarrow{\mathrm{BA}}||\overrightarrow{\mathrm{BC}}|}=\dfrac{-7}{\sqrt{14}\times\sqrt{14}}=-\dfrac{1}{2}$

$0°\leqq\theta\leqq180°$ であるから　$\boldsymbol{\theta=120°}$

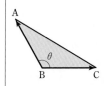

TR ③48

■ 2 つのベクトル $\vec{a}=(-1,\ 2,\ -2)$，$\vec{b}=(2,\ -2,\ 3)$ のいずれにも垂直な単位ベクトルを求めよ。　　　　［中部大］

求める単位ベクトルを $\vec{e}=(x,\ y,\ z)$ とする。

$\vec{a}\perp\vec{e}$ より，$\vec{a}\cdot\vec{e}=0$ であるから　$-x+2y-2z=0$ …… ①

$\vec{b}\perp\vec{e}$ より，$\vec{b}\cdot\vec{e}=0$ であるから　$2x-2y+3z=0$ …… ②

$|\vec{e}|=1$ より，$|\vec{e}|^2=1^2$ であるから　$x^2+y^2+z^2=1$ …… ③

①+② から　$x+z=0$ すなわち $z=-x$ …… ④

これを ① に代入すると　$-x+2y-2(-x)=0$

CHART

ベクトルの垂直条件
$\vec{a}\perp\vec{p}\iff\vec{a}\cdot\vec{p}=0$ を利用

←単位ベクトルの大きさは 1

すなわち　$y=-\dfrac{x}{2}$ …… ⑤

④，⑤を③に代入すると　$x^2+\dfrac{x^2}{4}+x^2=1$

整理すると　$x^2=\dfrac{4}{9}$　　　すなわち　$x=\pm\dfrac{2}{3}$

$x=\dfrac{2}{3}$ のとき，④，⑤から　$y=-\dfrac{1}{3}$, $z=-\dfrac{2}{3}$

$x=-\dfrac{2}{3}$ のとき，④，⑤から　$y=\dfrac{1}{3}$, $z=\dfrac{2}{3}$

したがって　$\vec{e}=\left(\dfrac{2}{3},\ -\dfrac{1}{3},\ -\dfrac{2}{3}\right),\ \left(-\dfrac{2}{3},\ \dfrac{1}{3},\ \dfrac{2}{3}\right)$

TR ③49 2つのベクトル $\vec{a}=(1,\ 2,\ -1)$, $\vec{b}=(-1,\ x,\ 0)$ のなす角が $45°$ であるとき，x の値を求めよ。

$$|\vec{a}|=\sqrt{1^2+2^2+(-1)^2}=\sqrt{6},$$
$$|\vec{b}|=\sqrt{(-1)^2+x^2+0^2}=\sqrt{x^2+1}$$

ゆえに　$\vec{a}\cdot\vec{b}=|\vec{a}||\vec{b}|\cos45°=\sqrt{6}\times\sqrt{x^2+1}\times\dfrac{1}{\sqrt{2}}$　　　←定義による表現。

$$=\sqrt{3(x^2+1)}$$

また　$\vec{a}\cdot\vec{b}=1\times(-1)+2\times x+(-1)\times0=2x-1$　　　←成分による表現。

よって　$2x-1=\sqrt{3(x^2+1)}$ …… ①　　　←2通りの式が一致する。

ここで，$2x-1>0$ であるから　$x>\dfrac{1}{2}$ …… ②　　　←① の右辺は正であるから，① の左辺も正でなければならない。また，$A>0$, $B>0$ のとき $A=B \iff A^2=B^2$

① の両辺を 2 乗して　$(2x-1)^2=3(x^2+1)$

整理すると　$x^2-4x-2=0$

これを解いて　$x=-(-2)\pm\sqrt{(-2)^2-1\times(-2)}$

$$=2\pm\sqrt{6}$$

このうち，② を満たすものは　$\boldsymbol{x=2+\sqrt{6}}$　　　←$2-\sqrt{6}<0$

TR ②50 四面体 OABC において，$\overrightarrow{OA}=\vec{a}$, $\overrightarrow{OB}=\vec{b}$, $\overrightarrow{OC}=\vec{c}$ とする。辺 AB の中点を M，辺 BC を 3:1 に内分する点を N，△OAB の重心を G とするとき，ベクトル $\overrightarrow{MN}$, $\overrightarrow{GN}$ を $\vec{a}$, $\vec{b}$, $\vec{c}$ を用いて表せ。

点 M は辺 AB の中点であるから

$$\overrightarrow{OM}=\dfrac{\overrightarrow{OA}+\overrightarrow{OB}}{2}=\dfrac{\vec{a}+\vec{b}}{2}$$

点 N は辺 BC を 3:1 に内分するから

$$\overrightarrow{ON}=\dfrac{\overrightarrow{OB}+3\overrightarrow{OC}}{3+1}=\dfrac{\vec{b}+3\vec{c}}{4}$$

よって　$\overrightarrow{\mathbf{MN}}=\overrightarrow{ON}-\overrightarrow{OM}=\dfrac{\vec{b}+3\vec{c}}{4}-\dfrac{\vec{a}+\vec{b}}{2}$

$$=\dfrac{\vec{b}+3\vec{c}-2(\vec{a}+\vec{b})}{4}=\dfrac{-2\vec{a}-\vec{b}+3\vec{c}}{4}$$

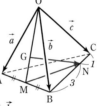

CHART

分点の位置ベクトル

2 点 A$(\vec{a})$, B$(\vec{b})$ を結ぶ線分 AB を $m:n$ に

内分 … $\dfrac{n\vec{a}+m\vec{b}}{m+n}$

外分 … $\dfrac{-n\vec{a}+m\vec{b}}{m-n}$

また，点Gは△OABの重心であるから
$$\overrightarrow{OG}=\frac{\overrightarrow{OO}+\overrightarrow{OA}+\overrightarrow{OB}}{3}=\frac{\vec{a}+\vec{b}}{3}$$
よって　$\overrightarrow{GN}=\overrightarrow{ON}-\overrightarrow{OG}=\frac{\vec{b}+3\vec{c}}{4}-\frac{\vec{a}+\vec{b}}{3}$
$$=\frac{3(\vec{b}+3\vec{c})-4(\vec{a}+\vec{b})}{12}=\frac{-4\vec{a}-\vec{b}+9\vec{c}}{12}$$

> ⬅ A$(\vec{a})$, B$(\vec{b})$, C$(\vec{c})$ を頂点とする △ABC の重心 $\frac{\vec{a}+\vec{b}+\vec{c}}{3}$ また $\overrightarrow{OO}=\vec{0}$

TR ③51 直方体 OADB-CLMN で，△ABC の重心を G，辺 OC の中点を P とするとき，3点 D，G，P は一直線上にあることを証明せよ。

点Oに関する点 A，B，C の位置ベクトルを，それぞれ $\vec{a}$，$\vec{b}$，$\vec{c}$ とする。

点Gは△ABCの重心であるから
$$\overrightarrow{OG}=\frac{\vec{a}+\vec{b}+\vec{c}}{3}$$
また　$\overrightarrow{DP}=\overrightarrow{OP}-\overrightarrow{OD}=\frac{1}{2}\vec{c}-(\vec{a}+\vec{b})$
$$=\frac{-2\vec{a}-2\vec{b}+\vec{c}}{2}$$
$$\overrightarrow{DG}=\overrightarrow{OG}-\overrightarrow{OD}=\frac{\vec{a}+\vec{b}+\vec{c}}{3}-(\vec{a}+\vec{b})$$
$$=\frac{-2\vec{a}-2\vec{b}+\vec{c}}{3}=\frac{2}{3}\left(\frac{-2\vec{a}-2\vec{b}+\vec{c}}{2}\right)$$
よって　$\overrightarrow{DG}=\frac{2}{3}\overrightarrow{DP}$

したがって，3点 D，G，P は一直線上にある。

> ⬅ 3点 D，G，P が一直線上にある $\Longleftrightarrow \overrightarrow{DG}=k\overrightarrow{DP}$ となる実数 k がある。

> ⬅ $\overrightarrow{OP}=\frac{1}{2}\overrightarrow{OC}$, $\overrightarrow{OD}=\overrightarrow{OA}+\overrightarrow{OB}$

TR ③52 ★ 四面体 OABC において，辺 OA の中点を P，辺 BC の中点を Q，線分 PQ を 1:2 に内分する点を R とし，直線 OR と平面 ABC の交点を S とする。$\overrightarrow{OA}=\vec{a}$，$\overrightarrow{OB}=\vec{b}$，$\overrightarrow{OC}=\vec{c}$ とするとき，$\overrightarrow{OS}$ を $\vec{a}$，$\vec{b}$，$\vec{c}$ を用いて表せ。

点Qは辺BCの中点であるから
$$\overrightarrow{OQ}=\frac{\overrightarrow{OB}+\overrightarrow{OC}}{2}=\frac{\vec{b}+\vec{c}}{2}$$
点Rは線分PQを 1:2 に内分するから
$$\overrightarrow{OR}=\frac{2\overrightarrow{OP}+\overrightarrow{OQ}}{1+2}$$
$$=\frac{2}{3}\left(\frac{1}{2}\vec{a}\right)+\frac{1}{3}\left(\frac{\vec{b}+\vec{c}}{2}\right)$$
$$=\frac{1}{3}\vec{a}+\frac{1}{6}\vec{b}+\frac{1}{6}\vec{c}$$
点Sは直線 OR 上にあるから，$\overrightarrow{OS}=k\overrightarrow{OR}$ となる実数 k がある。

> ⬅ $\overrightarrow{OP}=\frac{1}{2}\overrightarrow{OA}$ $=\frac{1}{2}\vec{a}$

ゆえに　$\overrightarrow{\mathrm{OS}}=k\left(\dfrac{1}{3}\vec{a}+\dfrac{1}{6}\vec{b}+\dfrac{1}{6}\vec{c}\right)$

$=\dfrac{1}{3}k\vec{a}+\dfrac{1}{6}k\vec{b}+\dfrac{1}{6}k\vec{c}$ ······ ①

また，点 S は平面 ABC 上にあるから，$\overrightarrow{\mathrm{CS}}=s\overrightarrow{\mathrm{CA}}+t\overrightarrow{\mathrm{CB}}$ となる実数 s, t がある。

よって　　$\overrightarrow{\mathrm{OS}}-\vec{c}=s(\vec{a}-\vec{c})+t(\vec{b}-\vec{c})$

ゆえに　　$\overrightarrow{\mathrm{OS}}=s\vec{a}+t\vec{b}+(1-s-t)\vec{c}$ ······ ②

4 点 O, A, B, C は同じ平面上にないから，$\overrightarrow{\mathrm{OS}}$ の $\vec{a}$, $\vec{b}$, $\vec{c}$ を用いた表し方はただ 1 通りである。

よって，①，② から

$$\dfrac{1}{3}k=s \text{ ······ ③},\qquad \dfrac{1}{6}k=t \text{ ······ ④},$$

$$\dfrac{1}{6}k=1-s-t \text{ ······ ⑤}$$

③，④ を ⑤ に代入して　　$\dfrac{1}{6}k=1-\dfrac{1}{3}k-\dfrac{1}{6}k$

ゆえに　　$k=\dfrac{3}{2}$　　③，④ から　　$s=\dfrac{1}{2}$, $t=\dfrac{1}{4}$

$k=\dfrac{3}{2}$ を ① に代入して　　$\overrightarrow{\mathrm{OS}}=\dfrac{1}{2}\vec{a}+\dfrac{1}{4}\vec{b}+\dfrac{1}{4}\vec{c}$

$\leftarrow \overrightarrow{\mathrm{OS}}$ が ①, ② の 2 通りに表された。

$\leftarrow s=\dfrac{1}{2}$, $t=\dfrac{1}{4}$ を ② に代入してもよい。

|別解|（① までは同じ）

点 S は平面 ABC 上にあるから

$$\dfrac{1}{3}k+\dfrac{1}{6}k+\dfrac{1}{6}k=1\qquad よって \qquad k=\dfrac{3}{2}$$

① に代入して　　$\overrightarrow{\mathrm{OS}}=\dfrac{1}{2}\vec{a}+\dfrac{1}{4}\vec{b}+\dfrac{1}{4}\vec{c}$

点 P が平面 ABC 上にある $\Longleftrightarrow$
$\overrightarrow{\mathrm{OP}}=●\overrightarrow{\mathrm{OA}}+▲\overrightarrow{\mathrm{OB}}$
$\qquad +■\overrightarrow{\mathrm{OC}}$,
$●+▲+■=1$
（係数の和が 1）

TR
③**53**　1 辺の長さが 1 の正四面体 OABC の辺 OA, OB の中点をそれぞれ P, Q とし，辺 OC を 3:2 に内分する点を R，△PQR の重心を G とする。
　　(1)　ベクトルを用いて PQ⊥OC を示せ。　　(2)　線分 OG の長さを求めよ。

$\overrightarrow{\mathrm{OA}}=\vec{a}$, $\overrightarrow{\mathrm{OB}}=\vec{b}$, $\overrightarrow{\mathrm{OC}}=\vec{c}$ とする。

△OAB, △OBC, △OCA はすべて 1 辺の長さが 1 の正三角形であるから

$$\vec{a}\cdot\vec{b}=\vec{b}\cdot\vec{c}=\vec{c}\cdot\vec{a}=1\times 1\times\cos 60°=\dfrac{1}{2}$$

(1)　$\overrightarrow{\mathrm{OP}}=\dfrac{1}{2}\vec{a}$, $\overrightarrow{\mathrm{OQ}}=\dfrac{1}{2}\vec{b}$

ゆえに　　$\overrightarrow{\mathrm{PQ}}=\overrightarrow{\mathrm{OQ}}-\overrightarrow{\mathrm{OP}}=\dfrac{1}{2}\vec{b}-\dfrac{1}{2}\vec{a}$

よって　　$\overrightarrow{\mathrm{PQ}}\cdot\overrightarrow{\mathrm{OC}}=\left(\dfrac{1}{2}\vec{b}-\dfrac{1}{2}\vec{a}\right)\cdot\vec{c}=\dfrac{1}{2}\vec{b}\cdot\vec{c}-\dfrac{1}{2}\vec{c}\cdot\vec{a}=0$

$\overrightarrow{\mathrm{PQ}}\neq\vec{0}$, $\overrightarrow{\mathrm{OC}}\neq\vec{0}$ より，$\overrightarrow{\mathrm{PQ}}\perp\overrightarrow{\mathrm{OC}}$ であるから　　PQ⊥OC

$\leftarrow |\vec{a}|=|\vec{b}|=|\vec{c}|=1$
$\vec{a}$ と $\vec{b}$, $\vec{b}$ と $\vec{c}$, $\vec{c}$ と $\vec{a}$ のなす角はいずれも 60°

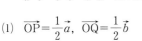

$\leftarrow\vec{b}\cdot\vec{c}=\vec{c}\cdot\vec{a}$

(2) OR：RC＝3：2 であるから $\overrightarrow{\mathrm{OR}}=\dfrac{3}{5}\vec{c}$

点Gは △PQR の重心であるから

$$\overrightarrow{\mathrm{OG}}=\dfrac{\overrightarrow{\mathrm{OP}}+\overrightarrow{\mathrm{OQ}}+\overrightarrow{\mathrm{OR}}}{3}=\dfrac{1}{3}\left(\dfrac{1}{2}\vec{a}+\dfrac{1}{2}\vec{b}+\dfrac{3}{5}\vec{c}\right)$$

$\Leftarrow \overrightarrow{\mathrm{OP}}=\dfrac{1}{2}\vec{a},$

$\overrightarrow{\mathrm{OQ}}=\dfrac{1}{2}\vec{b}$

$$=\dfrac{5\vec{a}+5\vec{b}+6\vec{c}}{30}$$

ここで $\quad |5\vec{a}+5\vec{b}+6\vec{c}|^2$

$\Leftarrow |\overrightarrow{\mathrm{OG}}|$ は $|\overrightarrow{\mathrm{OG}}|^2$ として扱う。そして，まず分子の計算をするとよい。

$$=25|\vec{a}|^2+25|\vec{b}|^2+36|\vec{c}|^2+50\vec{a}\cdot\vec{b}+60\vec{b}\cdot\vec{c}+60\vec{c}\cdot\vec{a}$$

$$=(25+25+36)\times 1^2+(50+60+60)\times\dfrac{1}{2}=171$$

$|5\vec{a}+5\vec{b}+6\vec{c}|\geqq 0$ であるから $\quad |5\vec{a}+5\vec{b}+6\vec{c}|=\sqrt{171}=3\sqrt{19}$

よって $\quad \mathrm{OG}=|\overrightarrow{\mathrm{OG}}|=\dfrac{3\sqrt{19}}{30}=\dfrac{\sqrt{19}}{10}$

TR
③54 平行六面体 ABCD-EFGH において，対角線 AG，BH の中点は一致することを証明せよ。

$\overrightarrow{\mathrm{AB}}=\vec{a}$，$\overrightarrow{\mathrm{AD}}=\vec{b}$，$\overrightarrow{\mathrm{AE}}=\vec{c}$ とする。

対角線 AG，BH の中点をそれぞれ P，Q とすると

$$\overrightarrow{\mathrm{AP}}=\dfrac{1}{2}\overrightarrow{\mathrm{AG}}=\dfrac{1}{2}(\overrightarrow{\mathrm{AB}}+\overrightarrow{\mathrm{BC}}+\overrightarrow{\mathrm{CG}})$$

$$=\dfrac{1}{2}(\overrightarrow{\mathrm{AB}}+\overrightarrow{\mathrm{AD}}+\overrightarrow{\mathrm{AE}})=\dfrac{1}{2}(\vec{a}+\vec{b}+\vec{c})$$

$$\overrightarrow{\mathrm{AQ}}=\dfrac{\overrightarrow{\mathrm{AB}}+\overrightarrow{\mathrm{AH}}}{2}=\dfrac{1}{2}\{\overrightarrow{\mathrm{AB}}+(\overrightarrow{\mathrm{AD}}+\overrightarrow{\mathrm{DH}})\}$$

$$=\dfrac{1}{2}\{\overrightarrow{\mathrm{AB}}+(\overrightarrow{\mathrm{AD}}+\overrightarrow{\mathrm{AE}})\}=\dfrac{1}{2}(\vec{a}+\vec{b}+\vec{c})$$

よって $\quad \overrightarrow{\mathrm{AP}}=\overrightarrow{\mathrm{AQ}}$

したがって，対角線 AG，BH それぞれの中点は一致する。

参考 同様にして，対角線 CE，DF それぞれの中点も一致し，4 本の対角線の中点が一致することがわかる。

CHART
点が一致することの証明
点の位置ベクトルが一致することを示す

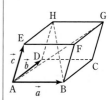

TR
①55 3 点 A(1, 2, 3)，B(−3, 2, −1)，C(−4, 2, 1) について，次のものを求めよ。
(1) 2 点 B，C 間の距離
(2) 線分 BC を 1：3 に内分する点Pの座標
(3) 線分 AB を 2：3 に外分する点Qの座標
(4) 線分 CA の中点Rの座標
(5) △PQR の重心Gの座標

(1) $\mathrm{BC}=\sqrt{\{-4-(-3)\}^2+(2-2)^2+\{1-(-1)\}^2}=\sqrt{5}$

(2) 点Pの座標は

$$\left(\dfrac{3\cdot(-3)+1\cdot(-4)}{1+3},\ \dfrac{3\cdot 2+1\cdot 2}{1+3},\ \dfrac{3\cdot(-1)+1\cdot 1}{1+3}\right)$$

すなわち $\quad \left(-\dfrac{13}{4},\ 2,\ -\dfrac{1}{2}\right)$

(3)　点Qの座標は

$$\left(\frac{-3\cdot1+2\cdot(-3)}{2-3},\ \frac{-3\cdot2+2\cdot2}{2-3},\ \frac{-3\cdot3+2\cdot(-1)}{2-3}\right)$$

　すなわち　　**(9, 2, 11)**

(4)　点Rの座標は　　$\left(\dfrac{-4+1}{2},\ \dfrac{2+2}{2},\ \dfrac{1+3}{2}\right)$　　　　　　← 1:1 に内分する点。

　すなわち　　$\left(-\dfrac{3}{2},\ 2,\ 2\right)$

(5)　点Gの座標は

$$\left(\frac{-\dfrac{13}{4}+9+\left(-\dfrac{3}{2}\right)}{3},\ \frac{2+2+2}{3},\ \frac{-\dfrac{1}{2}+11+2}{3}\right)$$

　すなわち　　$\left(\dfrac{17}{12},\ 2,\ \dfrac{25}{6}\right)$ 　　　　　← (2)〜(4) の結果を利用。

(参考)　3 点 A，B，C の y 座標はすべて 2 であるから，3 点 A，B，C は平面 $y=2$ 上にある。よって，点 P，Q，R，G もすべて平面 $y=2$ 上にあり，その y 座標はすべて 2 となる。

TR
②**56**　次のような球面の方程式を求めよ。
(1)　原点を中心とする半径 $2\sqrt{2}$ の球面
(2)　点 A(6, 5, -3) を中心とし，点 B(2, 4, -3) を通る球面
(3)　2 点 A(-1, 4, 9)，B(7, 0, 1) を直径の両端とする球面

(1)　$x^2+y^2+z^2=(2\sqrt{2}\,)^2$　　すなわち　　$\boldsymbol{x^2+y^2+z^2=8}$

(2)　半径は，線分 AB の長さに等しい。

　　ここで　　$AB=\sqrt{(2-6)^2+(4-5)^2+\{-3-(-3)\}^2}=\sqrt{17}$
　　よって，求める球面の方程式は

$$(x-6)^2+(y-5)^2+\{z-(-3)\}^2=(\sqrt{17}\,)^2$$

　すなわち　　$\boldsymbol{(x-6)^2+(y-5)^2+(z+3)^2=17}$

(3)　球面の中心は，線分 AB の中点 M である。点 M の座標は

$$\left(\frac{-1+7}{2},\ \frac{4+0}{2},\ \frac{9+1}{2}\right)\quad\text{すなわち}\quad (3,\ 2,\ 5)$$

　また，球面の半径は線分 AM の長さに等しい。

　　ここで　　$AM=\sqrt{\{3-(-1)\}^2+(2-4)^2+(5-9)^2}=\sqrt{36}=6$
　　よって，求める球面の方程式は

$$(\boldsymbol{x-3})^2+(\boldsymbol{y-2})^2+(\boldsymbol{z-5})^2=\boldsymbol{36}$$

CHART

点 $(a,\ b,\ c)$ を中心とする半径 r の球面の方程式
$(x-a)^2+(y-b)^2+(z-c)^2=r^2$

TR
③**57**　球面 $(x-2)^2+(y+3)^2+(z-5)^2=10$ と次の平面が交わる部分は円である。その中心の座標と半径を求めよ。
(1)　yz 平面
(2)　zx 平面
(3)　平面 $z=3$

(1)　球面の方程式において，$x=0$ とすると　　　　　　　← yz 平面の方程式は
　　　　　　　$(0-2)^2+(y+3)^2+(z-5)^2=10$　　　　　　　$x=0$
　すなわち　　　　$(y+3)^2+(z-5)^2=6$

この方程式は，yz 平面上では円を表す。

その **中心の座標は $(0, -3, 5)$，半径は $\sqrt{6}$**

(2) 球面の方程式において，$y=0$ とすると

$$(x-2)^2+(0+3)^2+(z-5)^2=10$$

すなわち $\qquad (x-2)^2+(z-5)^2=1$

この方程式は，zx 平面上では円を表す。

その **中心の座標は $(2, 0, 5)$，半径は 1**

$\Longleftarrow$ zx 平面の方程式は
$\qquad y=0$

(3) 球面の方程式において，$z=3$ とすると

$$(x-2)^2+(y+3)^2+(3-5)^2=10$$

すなわち $\qquad (x-2)^2+(y+3)^2=6$

この方程式は，平面 $z=3$ 上では円を表す。

その **中心の座標は $(2, -3, 3)$，半径は $\sqrt{6}$**

$\Longleftarrow$ 中心の z 座標は 3

TR
④58

(1) 2つのベクトル $\vec{a}=(s, 3s-1, s-1)$，$\vec{b}=(t-1, 4, t-3)$ が平行であるとき，s, t の値を求めよ。　　　　〔大阪工大〕

(2) 平行四辺形 ABCD がある。A$(2, 1, -3)$，B$(-1, 5, -2)$，C$(4, 3, -1)$ であるとき，頂点Dの座標を求めよ。

(1) $\vec{a}$ の各成分が同時に 0 になることはないから $\quad \vec{a}\neq\vec{0}$

また，$\vec{b}\neq\vec{0}$ であるから，$\vec{a}\,/\!/\,\vec{b}$ であるとき，$\vec{a}=k\vec{b}$ となる実数 k がある。

このとき，$(s, 3s-1, s-1)=k(t-1, 4, t-3)$ から

$$s=kt-k \qquad \cdots\cdots ①,$$
$$3s-1=4k \qquad \cdots\cdots ②,$$
$$s-1=kt-3k \cdots\cdots ③$$

①－③ から $\qquad 1=2k$

ゆえに $\qquad k=\dfrac{1}{2}$

これを ② に代入して $\qquad 3s-1=2$

よって $\qquad s=1$

$k=\dfrac{1}{2}$，$s=1$ を ③ に代入して $\qquad 0=\dfrac{1}{2}(t-3)$

ゆえに $\qquad t=3$

したがって $\qquad \boldsymbol{s=1, \ t=3}$

$\Longleftarrow$ $s=0$, $3s-1=0$,
$s-1=0$ を同時に満た
す実数 s は存在しない。
また，$\vec{b}$ は y 成分が 0
でないから $\quad \vec{b}\neq\vec{0}$

(2) 頂点Dの座標を (x, y, z) とする。

四角形 ABCD は平行四辺形であるから $\qquad \overrightarrow{AB}=\overrightarrow{DC}$

$\overrightarrow{AB}=(-1-2, \ 5-1, \ -2-(-3))=(-3, 4, 1)$

また，$\overrightarrow{DC}=(4-x, \ 3-y, \ -1-z)$ であるから

$$(-3, 4, 1)=(4-x, \ 3-y, \ -1-z)$$

よって $\qquad -3=4-x, \ 4=3-y, \ 1=-1-z$

ゆえに $\qquad x=7, \ y=-1, \ z=-2$

したがって，頂点Dの座標は $\qquad \boldsymbol{(7, -1, -2)}$

$\Longleftarrow$ $\overrightarrow{AD}=\overrightarrow{BC}$ でもよい。

TR
④**59**

☆ $\vec{a}=(1,\ 2,\ 3),\ \vec{b}=(2,\ 0,\ -1)$ があり，実数 t に対し，$\vec{c}=\vec{a}+t\vec{b}$ とする。$|\vec{c}|$ の最小値と，
そのときの t の値を求めよ。　　　　　　　　　　　　　　　　　　　　〔福岡工大〕

$$\vec{c}=\vec{a}+t\vec{b}=(1,\ 2,\ 3)+t(2,\ 0,\ -1)$$
$$=(2t+1,\ 2,\ -t+3)$$

ゆえに　　$|\vec{c}|^2=(2t+1)^2+2^2+(-t+3)^2$
$$=5t^2-2t+14$$
$$=5\left(t-\frac{1}{5}\right)^2+\frac{69}{5}$$

よって，$t=\dfrac{1}{5}$ のとき $|\vec{c}|^2$ は最小となり，$|\vec{c}|\geqq 0$ であるから，

このとき $|\vec{c}|$ も最小となる。

したがって　　$t=\dfrac{1}{5}$ で最小値 $\sqrt{\dfrac{69}{5}}=\dfrac{\sqrt{345}}{5}$

CHART

$|\vec{a}+t\vec{b}|$ の最小値
$|\vec{a}+t\vec{b}|^2$ を考え，t の 2
次関数の最小値へ

$\Longleftarrow =5\left\{t^2-\dfrac{2}{5}t+\left(\dfrac{1}{5}\right)^2\right\}$
　　　$-5\left(\dfrac{1}{5}\right)^2+14$

2章

TR

TR
④**60**

1 辺の長さが 1 である正四面体 OABC の辺 OA，BC の中点をそれぞれ M，N とする。
(1) 内積 $\overrightarrow{\mathrm{OC}}\cdot\overrightarrow{\mathrm{MN}}$ を求めよ。　　　　　　(2) $\overrightarrow{\mathrm{OC}}$ と $\overrightarrow{\mathrm{MN}}$ のなす角を求めよ。

(1) $\overrightarrow{\mathrm{OA}}=\vec{a},\ \overrightarrow{\mathrm{OB}}=\vec{b},\ \overrightarrow{\mathrm{OC}}=\vec{c}$ とすると
$$\overrightarrow{\mathrm{MN}}=\overrightarrow{\mathrm{ON}}-\overrightarrow{\mathrm{OM}}$$
$$=\frac{\overrightarrow{\mathrm{OB}}+\overrightarrow{\mathrm{OC}}}{2}-\frac{1}{2}\overrightarrow{\mathrm{OA}}$$
$$=\frac{-\vec{a}+\vec{b}+\vec{c}}{2}$$

よって　　$\overrightarrow{\mathrm{OC}}\cdot\overrightarrow{\mathrm{MN}}$
$$=\vec{c}\cdot\left(\frac{-\vec{a}+\vec{b}+\vec{c}}{2}\right)$$
$$=\frac{-\vec{a}\cdot\vec{c}+\vec{b}\cdot\vec{c}+|\vec{c}|^2}{2}$$

$\Longleftarrow$ 頂点 O を始点とする
差の形に分解。

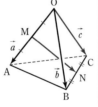

正四面体 OABC の各面は 1 辺の長さが 1 の正三角形であるか
ら　　$|\vec{a}|=|\vec{b}|=|\vec{c}|=1$

また　　$\vec{a}\cdot\vec{b}=\vec{b}\cdot\vec{c}=\vec{c}\cdot\vec{a}=1\times 1\times\cos 60°=\dfrac{1}{2}$

したがって　　$\overrightarrow{\mathrm{OC}}\cdot\overrightarrow{\mathrm{MN}}=\dfrac{1}{2}\left(-\dfrac{1}{2}+\dfrac{1}{2}+1^2\right)=\dfrac{1}{2}$

$\Longleftarrow \vec{a}$ と $\vec{b}$，$\vec{b}$ と $\vec{c}$，$\vec{c}$ と
$\vec{a}$ それぞれのなす角は
60°

(2) $|\overrightarrow{\mathrm{MN}}|^2=\left|\dfrac{-\vec{a}+\vec{b}+\vec{c}}{2}\right|^2$
$$=\frac{1}{4}(|\vec{a}|^2+|\vec{b}|^2+|\vec{c}|^2-2\vec{a}\cdot\vec{b}+2\vec{b}\cdot\vec{c}-2\vec{c}\cdot\vec{a})$$
$$=\frac{1}{4}\left\{1^2\times 3+(-2+2-2)\times\frac{1}{2}\right\}=\frac{1}{2}$$

$\Longleftarrow$ まず $|\overrightarrow{\mathrm{MN}}|$ を求める。

$|\overrightarrow{\mathrm{MN}}|\geqq 0$ であるから　　$|\overrightarrow{\mathrm{MN}}|=\dfrac{1}{\sqrt{2}}$

ゆえに，$\overrightarrow{OC}$ と $\overrightarrow{MN}$ のなす角を θ とすると

$$\cos\theta = \frac{\overrightarrow{OC}\cdot\overrightarrow{MN}}{|\overrightarrow{OC}||\overrightarrow{MN}|} = \frac{1}{2} \div \left(1 \times \frac{1}{\sqrt{2}}\right) = \frac{\sqrt{2}}{2}$$

$0° \leqq \theta \leqq 180°$ であるから $\theta = 45°$

← $\vec{0}$ でないベクトル $\vec{p}$，$\vec{q}$ のなす角を θ とすると $\cos\theta = \dfrac{\vec{p}\cdot\vec{q}}{|\vec{p}||\vec{q}|}$

TR
④**61** 四面体 OABC の辺 OA，OC の中点を，それぞれ L，M とし，線分 ML，辺 AB を $2:1$ に内分する点を，それぞれ P，Q とする。また，辺 OB を $2:1$ に外分する点を N とし，直線 BC と直線 MN の交点を R とする。
(1) $\overrightarrow{OA} = \vec{a}$，$\overrightarrow{OB} = \vec{b}$，$\overrightarrow{OC} = \vec{c}$ とするとき，$\overrightarrow{OR}$ を $\vec{a}$，$\vec{b}$，$\vec{c}$ を用いて表せ。
(2) 四角形 PQRM は平行四辺形であることを証明せよ。

(1) 3 点 N，R，M は一直線上にあるから，
$\overrightarrow{NR} = k\overrightarrow{NM}$ となる実数 k がある。

よって $\overrightarrow{OR} - \overrightarrow{ON} = k(\overrightarrow{OM} - \overrightarrow{ON})$

ゆえに $\overrightarrow{OR} = (1-k)\overrightarrow{ON} + k\overrightarrow{OM}$

$= (1-k) \times 2\vec{b} + k \times \frac{1}{2}\vec{c}$

$= 2(1-k)\vec{b} + \frac{1}{2}k\vec{c}$

点 R は直線 BC 上にあるから

$2(1-k) + \frac{1}{2}k = 1$

これを解いて $k = \dfrac{2}{3}$

よって $\overrightarrow{OR} = 2\left(1 - \dfrac{2}{3}\right)\vec{b} + \dfrac{1}{2} \times \dfrac{2}{3}\vec{c} = \dfrac{2\vec{b}+\vec{c}}{3}$

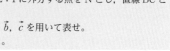

← $\overrightarrow{ON} = 2\overrightarrow{OB} = 2\vec{b}$，
$\overrightarrow{OM} = \dfrac{1}{2}\overrightarrow{OC} = \dfrac{1}{2}\vec{c}$

← 点 R は直線 BC 上の点 ⟶ $\overrightarrow{OR}$ を $\overrightarrow{OB}$，$\overrightarrow{OC}$ すなわち $\vec{b}$，$\vec{c}$ で表したときの **係数の和が 1**

(2) 点 Q は辺 AB を $2:1$ に内分するから

$\overrightarrow{OQ} = \dfrac{\overrightarrow{OA} + 2\overrightarrow{OB}}{2+1} = \dfrac{\vec{a}+2\vec{b}}{3}$

ゆえに $\overrightarrow{QR} = \overrightarrow{OR} - \overrightarrow{OQ} = \dfrac{2\vec{b}+\vec{c}}{3} - \dfrac{\vec{a}+2\vec{b}}{3} = \dfrac{\vec{c}-\vec{a}}{3}$

一方 $\overrightarrow{LM} = \overrightarrow{OM} - \overrightarrow{OL} = \dfrac{1}{2}\vec{c} - \dfrac{1}{2}\vec{a} = \dfrac{\vec{c}-\vec{a}}{2}$

点 P は線分 ML を $2:1$ に内分するから

$\overrightarrow{PM} = \dfrac{2}{3}\overrightarrow{LM} = \dfrac{2}{3} \times \dfrac{\vec{c}-\vec{a}}{2} = \dfrac{\vec{c}-\vec{a}}{3}$

よって $\overrightarrow{PM} = \overrightarrow{QR}$

4 点 P，Q，R，M は一直線上にないから，四角形 PQRM は平行四辺形である。

← $\overrightarrow{PM} = \overrightarrow{QR}$ を示す。

← LP : PM $= 1:2$

← 1 組の対辺が平行で長さが等しい。

TR
④**62** ★ 座標空間に 2 点 A$\left(\dfrac{1}{2},\ -\dfrac{3}{2},\ 1\right)$，B$(2,\ 1,\ -3)$ がある。
(1) 直線 AB と yz 平面との交点 P の座標を求めよ。
(2) 原点 O から直線 AB に下ろした垂線を OH とするとき，H の座標を求めよ。 [早稲田大]

(1)　P$(x,\ y,\ z)$ とすると　$\overrightarrow{\text{AP}}=\left(x-\dfrac{1}{2},\ y+\dfrac{3}{2},\ z-1\right)$

点 P は直線 AB 上にあるから，$\overrightarrow{\text{AP}}=t\overrightarrow{\text{AB}}$ となる実数 t がある。

$\overrightarrow{\text{AB}}=\left(\dfrac{3}{2},\ \dfrac{5}{2},\ -4\right)$ であるから

$$\left(x-\dfrac{1}{2},\ y+\dfrac{3}{2},\ z-1\right)=t\left(\dfrac{3}{2},\ \dfrac{5}{2},\ -4\right)$$

ゆえに　$\left(x-\dfrac{1}{2},\ y+\dfrac{3}{2},\ z-1\right)=\left(\dfrac{3}{2}t,\ \dfrac{5}{2}t,\ -4t\right)$

よって　$x=\dfrac{3}{2}t+\dfrac{1}{2},\ y=\dfrac{5}{2}t-\dfrac{3}{2},\ z=-4t+1$ …… ①

点 P は yz 平面上にあるから，$\overrightarrow{\text{OP}}$ の x 成分は　0

すなわち，$\dfrac{3}{2}t+\dfrac{1}{2}=0$ から　$t=-\dfrac{1}{3}$

よって，点 P の座標は　$\left(0,\ -\dfrac{7}{3},\ \dfrac{7}{3}\right)$

(2)　(1) から，$\overrightarrow{\text{OH}}=\left(\dfrac{3}{2}t+\dfrac{1}{2},\ \dfrac{5}{2}t-\dfrac{3}{2},\ -4t+1\right)$ と表される。

AB⊥OH であるから　$\overrightarrow{\text{AB}}\cdot\overrightarrow{\text{OH}}=0$

ゆえに　$\dfrac{3}{2}\left(\dfrac{3}{2}t+\dfrac{1}{2}\right)+\dfrac{5}{2}\left(\dfrac{5}{2}t-\dfrac{3}{2}\right)-4(-4t+1)=0$

これを解くと　$t=\dfrac{2}{7}$

よって，点 H の座標は　$\left(\dfrac{13}{14},\ -\dfrac{11}{14},\ -\dfrac{1}{7}\right)$

右側注：
$\Leftarrow \overrightarrow{\text{AB}}$
$=\left(2-\dfrac{1}{2},\ 1-\left(-\dfrac{3}{2}\right),\ -3-1\right)$

$\Leftarrow yz$ 平面の方程式は $x=0$

$\Leftarrow t=-\dfrac{1}{3}$ を ① に代入。

$\Leftarrow$ 点 H は直線 AB 上にある。

$\Leftarrow \overrightarrow{\text{AB}}=\left(\dfrac{3}{2},\ \dfrac{5}{2},\ -4\right)$

$\Leftarrow \dfrac{49}{2}t-7=0$

$\Leftarrow t=\dfrac{2}{7}$ を ① に代入。

TR ④63　次の点の座標を求めよ。
　(1)　2 点 $(1,\ 2,\ 3)$，$(2,\ 3,\ 4)$ から等距離にある y 軸上の点
　(2)　3 点 $(1,\ 2,\ 3)$，$(3,\ 2,\ -1)$，$(-1,\ 1,\ 2)$ から等距離にある zx 平面上の点

(1)　A$(1,\ 2,\ 3)$，B$(2,\ 3,\ 4)$ とする。

求める点を P とすると，点 P は y 軸上にあるから，

P$(0,\ y,\ 0)$ とおける。

AP＝BP であるから　AP^2＝BP^2

ゆえに

$$(0-1)^2+(y-2)^2+(0-3)^2=(0-2)^2+(y-3)^2+(0-4)^2$$

よって　$-4y+14=-6y+29$　これを解いて　$y=\dfrac{15}{2}$

したがって，求める点の座標は　$\left(0,\ \dfrac{15}{2},\ 0\right)$

(2)　A$(1,\ 2,\ 3)$，B$(3,\ 2,\ -1)$，C$(-1,\ 1,\ 2)$ とする。

求める点を Q とすると，点 Q は zx 平面上にあるから，

Q$(x,\ 0,\ z)$ とおける。

右側注：
$\Leftarrow y$ 軸上の点　$\longrightarrow$ x 座標と z 座標が 0

$\Leftarrow zx$ 平面上の点　$\longrightarrow$ y 座標が 0

AQ＝BQ であるから　　AQ²＝BQ²

ゆえに

$(x-1)^2+(0-2)^2+(z-3)^2=(x-3)^2+(0-2)^2+\{z-(-1)\}^2$

よって　　$-2x-6z+14=-6x+2z+14$

整理すると　　$x-2z=0$ …… ①

AQ＝CQ であるから　　AQ²＝CQ²

ゆえに

$(x-1)^2+(0-2)^2+(z-3)^2=\{x-(-1)\}^2+(0-1)^2+(z-2)^2$

よって　　$-2x-6z+14=2x-4z+6$

整理すると　　$2x+z=4$ …… ②

①, ② を解いて　　$x=\dfrac{8}{5}$, $z=\dfrac{4}{5}$

したがって, 求める点の座標は　　$\left(\dfrac{8}{5},\ 0,\ \dfrac{4}{5}\right)$

← AQ＝BQ＝CQ
であるから
AQ＝BQ, AQ＝CQ

TR ⑤ 64 3点 A(2, 0, 0), B(0, 1, 0), C(0, 0, −2) の定める平面 ABC に原点 O から垂線 OH を下ろす。このとき, 点 H の座標と線分 OH の長さを求めよ。

点 H は平面 ABC 上にあるから

$\overrightarrow{OH}=s\overrightarrow{OA}+t\overrightarrow{OB}+u\overrightarrow{OC}$,

$\quad s+t+u=1$　　…… ①

となる実数 s, t, u がある。

ゆえに　$\overrightarrow{OH}=s(2,\ 0,\ 0)+t(0,\ 1,\ 0)$

$\qquad\qquad +u(0,\ 0,\ -2)$

$\qquad\quad =(2s,\ t,\ -2u)$

また, OH⊥(平面 ABC) であるから

$\quad \overrightarrow{OH}\perp\overrightarrow{AB}$, $\overrightarrow{OH}\perp\overrightarrow{AC}$

ここで　$\overrightarrow{AB}=(0-2,\ 1-0,\ 0-0)=(-2,\ 1,\ 0)$

$\qquad\quad \overrightarrow{AC}=(0-2,\ 0-0,\ -2-0)=(-2,\ 0,\ -2)$

であるから

$\quad \overrightarrow{OH}\cdot\overrightarrow{AB}=0$ より　$-4s+t=0$　…… ②

$\quad \overrightarrow{OH}\cdot\overrightarrow{AC}=0$ より　$-4s+4u=0$ …… ③

② から　　$t=4s$　　③ から　　$u=s$

これらを ① に代入して　　$s+4s+s=1$

よって　　$s=\dfrac{1}{6}$　　このとき　　$t=4\times\dfrac{1}{6}=\dfrac{2}{3}$, $u=\dfrac{1}{6}$

ゆえに, $\overrightarrow{OH}=\left(\dfrac{1}{3},\ \dfrac{2}{3},\ -\dfrac{1}{3}\right)$ であるから, **点 H の座標** は

$$\left(\dfrac{1}{3},\ \dfrac{2}{3},\ -\dfrac{1}{3}\right)$$

よって　　$\mathbf{OH}=|\overrightarrow{OH}|=\sqrt{\left(\dfrac{1}{3}\right)^2+\left(\dfrac{2}{3}\right)^2+\left(-\dfrac{1}{3}\right)^2}=\dfrac{\sqrt{6}}{3}$

CHART
点 H が平面 ABC 上にある ⟺
$\overrightarrow{OH}=●\overrightarrow{OA}+▲\overrightarrow{OB}$
$\qquad +■\overrightarrow{OC}$,
$●+▲+■=1$
（係数の和が 1）

← $\overrightarrow{AB}$, $\overrightarrow{AC}$ は平面 ABC 上にあるベクトル。

CHART
ベクトルの垂直条件
$\vec{a}\perp\vec{b} \Longleftrightarrow \vec{a}\cdot\vec{b}=0$ を利用

← $t=4s$, $u=s$ に代入。

← $\overrightarrow{OH}=(2s,\ t,\ -2u)$ に s, t, u の値を代入。

TR
④**65**　(1)　球面 $x^2+y^2+z^2-10x-4y+8z-4=0$ の中心の座標と半径を求めよ。
　　　　(2)　4 点 $(0,\ 0,\ 4)$, $(2,\ 0,\ 0)$, $(0,\ -6,\ 0)$, $(2,\ -6,\ 4)$ を通る球面の方程式を求めよ。

(1)　与えられた方程式を変形すると

$$(x^2-10x+25)-25+(y^2-4y+4)-4+(z^2+8z+16)-16-4$$
$$=0$$

　　すなわち　$(x-5)^2+(y-2)^2+(z+4)^2=7^2$

　　したがって，**中心の座標は $(5,\ 2,\ -4)$，半径は 7**

　⟸ $25+4+16+4=49$
　　　　　$=7^2$

(2)　求める球面の方程式を $x^2+y^2+z^2+Ax+By+Cz+D=0$
　　とする。

　　通る 4 点の座標を代入すると，それぞれ

$$16+4C+D=0 \quad\cdots\cdots\ ①,\quad 4+2A+D=0 \quad\cdots\cdots\ ②,$$
$$36-6B+D=0 \quad\cdots\cdots\ ③,$$
$$56+2A-6B+4C+D=0 \quad\cdots\cdots\ ④$$

　　①＋②＋③ から　　$56+2A-6B+4C+3D=0$　……　⑤

　　⑤－④ から　　　$D=0$

　　このとき，①～③ から　　$A=-2$, $B=6$, $C=-4$

　　したがって，求める球面の方程式は

$$x^2+y^2+z^2-2x+6y-4z=0$$

　⟸ $C=-\dfrac{1}{4}D-4$ のよう
　　に，C, A, B を D で
　　表してもよいが，④
　　の式をよく見て，$4C$,
　　$2A$, $-6B$ が ①～③
　　に出てくることに気づ
　　けば早い。

　参考　球面の方程式は $(x-1)^2+(y+3)^2+(z-2)^2=14$ と変形
　　　　でき，球面の中心は点 $(1,\ -3,\ 2)$，半径は $\sqrt{14}$ である。

TR
⑤**66**　次の平面の方程式を求めよ。
　　　　(1)　点 $A(4,\ 2,\ 2)$ を通り，$\vec{n}=(2,\ -3,\ 1)$ に垂直な平面
　　　　(2)　3 点 $A(1,\ 0,\ -5)$, $B(-1,\ 1,\ 2)$, $C(2,\ 1,\ -4)$ を通る平面

(1)　求める平面上の点を $P(x,\ y,\ z)$ とすると　$\vec{n}\cdot\overrightarrow{AP}=0$
　　$\overrightarrow{AP}=(x-4,\ y-2,\ z-2)$ であるから

$$2(x-4)+(-3)(y-2)+1\times(z-2)=0$$

　　よって，求める平面の方程式は　$2x-3y+z-4=0$

(2)　求める平面の方程式を $ax+by+cz+d=0$ とする。
　　この平面は 3 点 A，B，C を通るから

$$a\times1+b\times0+c\times(-5)+d=0 \quad\cdots\cdots\ ①$$
$$a\times(-1)+b\times1+c\times2+d=0 \quad\cdots\cdots\ ②$$
$$a\times2+b\times1+c\times(-4)+d=0 \quad\cdots\cdots\ ③$$

　　③－② から　　$3a-6c=0$　　ゆえに　　$a=2c$

　　③－① から　　$a+b+c=0$

　　これに $a=2c$ を代入して　$3c+b=0$　　ゆえに　　$b=-3c$

　　① に $a=2c$ を代入して　$-3c+d=0$　　ゆえに　　$d=3c$

　　よって，平面の方程式は

$$2cx-3cy+cz+3c=0 \quad\cdots\cdots\ ④$$

　　ここで $a=b=c=0$ ではないから　　$c\neq0$

　　したがって，④ の両辺を c で割って，求める方程式は

$$2x-3y+z+3=0$$

　⟸ $\overrightarrow{AB}=(-2,\ 1,\ 7)$,
　　$\overrightarrow{AC}=(1,\ 1,\ 1)$ より
　　$\overrightarrow{AB}\not\parallel\overrightarrow{AC}$ で，3 点 A,
　　B, C は一直線上にな
　　いから，平面は 3 点 A,
　　B, C で決まる。

EX
③**11**　ベクトル $\vec{a}=(a_1,\ a_2,\ a_3)$, $\vec{b}=(b_1,\ b_2,\ b_3)$ において，$a_1\neq0$, $b_1\neq0$ であるとする。このとき，次のことが成り立つことを証明せよ。

$$\vec{a}/\!/\vec{b}\iff a_1b_2-a_2b_1=a_1b_3-a_3b_1=0$$

$a_1\neq0$, $b_1\neq0$ から，$\vec{a}$, $\vec{b}$ はともに $\vec{0}$ ではない。

（$\Longrightarrow$ の証明）$\vec{a}/\!/\vec{b}$ のとき，$\vec{b}=k\vec{a}$ となる実数 k がある。

このとき　$b_1=ka_1$, $b_2=ka_2$, $b_3=ka_3$

よって　$a_1b_2-a_2b_1=ka_1a_2-ka_2a_1=0$

　　　　$a_1b_3-a_3b_1=ka_1a_3-ka_3a_1=0$

したがって，$a_1b_2-a_2b_1=a_1b_3-a_3b_1=0$ が成り立つ。

（$\Longleftarrow$ の証明）$a_1b_2-a_2b_1=a_1b_3-a_3b_1=0$ のとき

$a_1\neq0$ であるから　　$b_1=\dfrac{b_1}{a_1}a_1$

$a_1b_2-a_2b_1=0$ から　$b_2=\dfrac{b_1}{a_1}a_2$

$a_1b_3-a_3b_1=0$ から　$b_3=\dfrac{b_1}{a_1}a_3$

よって　$\vec{b}=\left(\dfrac{b_1}{a_1}a_1,\ \dfrac{b_1}{a_1}a_2,\ \dfrac{b_1}{a_1}a_3\right)=\dfrac{b_1}{a_1}\vec{a}$

$\vec{a}\neq\vec{0}$ と $b_1\neq0$ から $\vec{b}\neq\vec{0}$ を満たす。

したがって，$\dfrac{b_1}{a_1}=k$ とおくと，$\vec{0}$ でないベクトル $\vec{a}$, $\vec{b}$ について $\vec{b}=k\vec{a}$ となる実数 k がある。

よって，$\vec{a}/\!/\vec{b}$ が成り立つ。

（参考）$a_2\neq0$, $b_2\neq0$ の場合は
$$\vec{a}/\!/\vec{b}\iff a_1b_2-a_2b_1=a_2b_3-a_3b_2=0$$
$a_3\neq0$, $b_3\neq0$ の場合は
$$\vec{a}/\!/\vec{b}\iff a_1b_3-a_3b_1=a_2b_3-a_3b_2=0$$
が成り立つ。

$\Leftarrow b_1=b_1\times\dfrac{a_1}{a_1}=\dfrac{b_1}{a_1}a_1$

$\Leftarrow \vec{b}=\dfrac{b_1}{a_1}(a_1,\ a_2,\ a_3)$

EX
③**12**　空間に原点 O，および 2 点 A(2, 1, −2)，B(3, 4, 0) が与えられている。ベクトル $\overrightarrow{OA}$ の大きさは ${}^{\mathcal{P}}\boxed{}$，ベクトル $\overrightarrow{OB}$ の大きさは ${}^{\mathcal{イ}}\boxed{}$ である。また，2 つのベクトル $\overrightarrow{OA}$, $\overrightarrow{OB}$ の作る角を θ とするとき，$\cos\theta={}^{\mathcal{ウ}}\boxed{}$ となり，三角形 AOB の面積は ${}^{\mathcal{エ}}\boxed{}$ である。　　　　［慶応大］

$\overrightarrow{OA}=(2,\ 1,\ -2)$, $\overrightarrow{OB}=(3,\ 4,\ 0)$ であるから

　　　　$|\overrightarrow{OA}|=\sqrt{2^2+1^2+(-2)^2}={}^{\mathcal{P}}\mathbf{3}$,

　　　　$|\overrightarrow{OB}|=\sqrt{3^2+4^2+0^2}={}^{\mathcal{イ}}\mathbf{5}$

また　$\overrightarrow{OA}\cdot\overrightarrow{OB}=2\times3+1\times4+(-2)\times0=10$

ゆえに　$\cos\theta=\dfrac{\overrightarrow{OA}\cdot\overrightarrow{OB}}{|\overrightarrow{OA}||\overrightarrow{OB}|}=\dfrac{10}{3\times5}={}^{\mathcal{ウ}}\dfrac{\mathbf{2}}{\mathbf{3}}$

よって，$\sin\theta=\sqrt{1-\cos^2\theta}=\sqrt{1-\left(\dfrac{2}{3}\right)^2}=\dfrac{\sqrt{5}}{3}$ であるから

$\triangle\text{AOB}=\dfrac{1}{2}|\overrightarrow{OA}||\overrightarrow{OB}|\sin\theta=\dfrac{1}{2}\times3\times5\times\dfrac{\sqrt{5}}{3}={}^{\mathcal{エ}}\dfrac{\mathbf{5\sqrt{5}}}{\mathbf{2}}$

$\Leftarrow \sin^2\theta+\cos^2\theta=1$
また，$0°\leqq\theta\leqq180°$ から　$\sin\theta\geqq0$

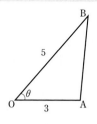

EX
③**13**　★　四面体 ABCD において，線分 BD を 3：1 に内分する点を E，線分 CE を 2：3 に内分する点を F，線分 AF を 1：2 に内分する点を G，直線 DG が 3 点 A，B，C を含む平面と交わる点を H とする。

(1) $\overrightarrow{AB}=\vec{b}$，$\overrightarrow{AC}=\vec{c}$，$\overrightarrow{AD}=\vec{d}$ とおくとき，$\overrightarrow{AF}$ を $\vec{b}$，$\vec{c}$，$\vec{d}$ を用いて表せ。

(2) $\overrightarrow{DH}$ を(1)の $\vec{b}$，$\vec{c}$，$\vec{d}$ を用いて表し，比 DG：GH を求めよ。　　　　［大分大］

2章

EX

(1)　点 E は線分 BD を 3 : 1 に内分するから

$$\overrightarrow{AE} = \frac{\overrightarrow{AB} + 3\overrightarrow{AD}}{3+1} = \frac{\vec{b} + 3\vec{d}}{4}$$

点 F は線分 CE を 2 : 3 に内分するから

$$\overrightarrow{AF} = \frac{3\overrightarrow{AC} + 2\overrightarrow{AE}}{2+3}$$

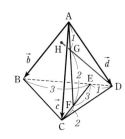

$$= \frac{3}{5}\vec{c} + \frac{2}{5} \times \frac{\vec{b} + 3\vec{d}}{4} = \frac{1}{10}\vec{b} + \frac{3}{5}\vec{c} + \frac{3}{10}\vec{d}$$

← $\dfrac{1}{10} + \dfrac{3}{5} + \dfrac{3}{10} = 1$
を確認しておこう。

(2)　点 G は線分 AF を 1 : 2 に内分するから

$$\overrightarrow{AG} = \frac{1}{3}\overrightarrow{AF} = \frac{1}{30}\vec{b} + \frac{1}{5}\vec{c} + \frac{1}{10}\vec{d}$$

よって　$\overrightarrow{DG} = \overrightarrow{AG} - \overrightarrow{AD} = \left(\dfrac{1}{30}\vec{b} + \dfrac{1}{5}\vec{c} + \dfrac{1}{10}\vec{d} \right) - \vec{d}$

$$= \frac{1}{30}\vec{b} + \frac{1}{5}\vec{c} - \frac{9}{10}\vec{d}$$

3 点 D, G, H は一直線上にあるから，$\overrightarrow{DH} = k\overrightarrow{DG}$ となる実数 k がある。

ゆえに　$\overrightarrow{DH} = \dfrac{1}{30}k\vec{b} + \dfrac{1}{5}k\vec{c} - \dfrac{9}{10}k\vec{d}$　……①

また，H は平面 ABC 上にあるから，$\overrightarrow{AH} = s\vec{b} + t\vec{c}$ となる実数 s, t がある。

よって　$\overrightarrow{DH} = \overrightarrow{AH} - \overrightarrow{AD} = s\vec{b} + t\vec{c} - \vec{d}$　……②

①，② から　$\dfrac{1}{30}k\vec{b} + \dfrac{1}{5}k\vec{c} - \dfrac{9}{10}k\vec{d} = s\vec{b} + t\vec{c} - \vec{d}$

4 点 A, B, C, D は同じ平面上にないから

$$\frac{1}{30}k = s, \quad \frac{1}{5}k = t, \quad -\frac{9}{10}k = -1$$

← この断り書きは重要。

これを解いて　$k = \dfrac{10}{9}$, $s = \dfrac{1}{27}$, $t = \dfrac{2}{9}$

したがって　$\overrightarrow{DH} = \dfrac{1}{27}\vec{b} + \dfrac{2}{9}\vec{c} - \vec{d}$

← ② に s, t の値を代入するのが早い。

さらに，$\overrightarrow{DH} = \dfrac{10}{9}\overrightarrow{DG}$ から　**DG : GH = 9 : 1**

別解　$\overrightarrow{DH}$ **の求め方**　（① までは同じ）

点 D を始点とすると，

$$\vec{b} = \overrightarrow{DB} - \overrightarrow{DA}, \quad \vec{c} = \overrightarrow{DC} - \overrightarrow{DA}, \quad \vec{d} = -\overrightarrow{DA}$$

であるから，① より

$$\overrightarrow{DH} = \frac{1}{30}k(\overrightarrow{DB} - \overrightarrow{DA}) + \frac{1}{5}k(\overrightarrow{DC} - \overrightarrow{DA}) - \frac{9}{10}k(-\overrightarrow{DA})$$

← ① を $\overrightarrow{DA}$, $\overrightarrow{DB}$, $\overrightarrow{DC}$ の式に直す。

$$= \frac{2}{3}k\overrightarrow{DA} + \frac{1}{30}k\overrightarrow{DB} + \frac{1}{5}k\overrightarrow{DC}$$

点Hは平面 ABC 上にあるから

$$\frac{2}{3}k+\frac{1}{30}k+\frac{1}{5}k=1 \qquad よって \qquad k=\frac{10}{9}$$

← $\frac{20+1+6}{30}k=1$

これを ① に代入して $\qquad \overrightarrow{DH}=\frac{1}{27}\vec{b}+\frac{2}{9}\vec{c}-\vec{d}$

EX
④**14**　平行六面体 ABCD-EFGH において，辺 AE の中点を M とする。直線 MC と平面 BDE の交点
をLとすると，点Lは △BDE の重心であることを証明せよ。

$$\overrightarrow{MC}=\overrightarrow{AC}-\overrightarrow{AM}$$

$$=(\overrightarrow{AB}+\overrightarrow{BC})-\frac{1}{2}\overrightarrow{AE}$$

$$=\overrightarrow{AB}+\overrightarrow{AD}-\frac{1}{2}\overrightarrow{AE}$$

← Aに関する位置ベク
トルで考える。

点 L は直線 MC 上にあるから，
$\overrightarrow{ML}=k\overrightarrow{MC}$ となる実数 k がある。

ゆえに $\quad \overrightarrow{ML}=k\left(\overrightarrow{AB}+\overrightarrow{AD}-\frac{1}{2}\overrightarrow{AE}\right)$

$$=k\overrightarrow{AB}+k\overrightarrow{AD}-\frac{1}{2}k\overrightarrow{AE}$$

よって $\quad \overrightarrow{AL}=\overrightarrow{AM}+\overrightarrow{ML}$

$$=\frac{1}{2}\overrightarrow{AE}+\left(k\overrightarrow{AB}+k\overrightarrow{AD}-\frac{1}{2}k\overrightarrow{AE}\right)$$

$$=k\overrightarrow{AB}+k\overrightarrow{AD}+\frac{1-k}{2}\overrightarrow{AE} \cdots\cdots ①$$

点 L は平面 BDE 上にあるから $\qquad k+k+\frac{1-k}{2}=1$

これを解いて $\quad k=\frac{1}{3}$

$k=\frac{1}{3}$ を ① に代入して

$$\overrightarrow{AL}=\frac{1}{3}\overrightarrow{AB}+\frac{1}{3}\overrightarrow{AD}+\frac{1}{3}\overrightarrow{AE}$$

$$=\frac{\overrightarrow{AB}+\overrightarrow{AD}+\overrightarrow{AE}}{3} \cdots\cdots ②$$

また，△BDE の重心を N とすると

$$\overrightarrow{AN}=\frac{\overrightarrow{AB}+\overrightarrow{AD}+\overrightarrow{AE}}{3} \cdots\cdots ③$$

②，③ から $\qquad \overrightarrow{AL}=\overrightarrow{AN}$

したがって，点 L は点 N に一致する。
すなわち，点 L は △BDE の重心である。

点Pが平面 ABC 上にあ
る $\Longleftrightarrow$
$\overrightarrow{OP}=●\overrightarrow{OA}+▲\overrightarrow{OB}$
　　　$+■\overrightarrow{OC}$,
$●+▲+■=1$
　（係数の和が 1 ）
$\overrightarrow{DL}=s\overrightarrow{DB}+t\overrightarrow{DE}$ として
進めてもよいが，左のよ
うにした方が計算がらく。

← 位置ベクトルが一致。

EX
③**15**　次のような球面の方程式を求めよ。
(1)　点 $(8,\ -2,\ 7)$ を中心として，平面 $z=1$ と接する球面
(2)　点 $(1,\ 1,\ 2)$ を通り，xy 平面，yz 平面，zx 平面に接する球面
(3)　中心が z 軸上にあり，2 点 $(1,\ -2,\ 3)$，$(2,\ 2,\ 2)$ を通る球面

(1) 中心 $(8, -2, 7)$ と平面 $z=1$ との距離 6 が，求める球面の半径に等しい。

よって $(x-8)^2+\{y-(-2)\}^2+(z-7)^2=6^2$

すなわち $(x-8)^2+(y+2)^2+(z-7)^2=36$

(2) 求める球面の半径を r $(r>0)$ とする。

xy 平面，yz 平面，zx 平面に接し，x, y, z 座標がすべて正である点 $(1, 1, 2)$ を通るから，球面の中心の座標は $(r, r, r)^{(*)}$ と表される。

球面の方程式を

$$(x-r)^2+(y-r)^2+(z-r)^2=r^2 \cdots\cdots ①$$

とする。

① に $x=1$, $y=1$, $z=2$ を代入すると

$$(1-r)^2+(1-r)^2+(2-r)^2=r^2$$

整理すると $r^2-4r+3=0$

$(r-1)(r-3)=0$ から $r=1, 3$

$r=1$ を ① に代入して $(x-1)^2+(y-1)^2+(z-1)^2=1^2$

$r=3$ を ① に代入して $(x-3)^2+(y-3)^2+(z-3)^2=3^2$

したがって，求める球面の方程式は

$$(x-1)^2+(y-1)^2+(z-1)^2=1,$$
$$(x-3)^2+(y-3)^2+(z-3)^2=9$$

(3) 中心を点 $(0, 0, c)$，半径を r とすると，球面の方程式は

$$x^2+y^2+(z-c)^2=r^2$$

これが点 $(1, -2, 3)$ を通るから $1^2+(-2)^2+(3-c)^2=r^2$

よって $r^2=c^2-6c+14$ …… ①

また，点 $(2, 2, 2)$ も通るから $2^2+2^2+(2-c)^2=r^2$

よって $r^2=c^2-4c+12$ …… ②

①, ② から $c^2-6c+14=c^2-4c+12$

これを解いて $c=1$ $c=1$ を ① に代入して $r^2=9$

ゆえに $x^2+y^2+(z-1)^2=9$

EX ④16 $\vec{a}=(3, 5, -8)$, $\vec{b}=(2, 4, -6)$ と実数 t に対し，$\vec{p}=(1-t)\vec{a}+t\vec{b}$ とする。$|\vec{p}|$ が最小となるときの t の値と，そのときの $|\vec{p}|$ を求めよ。

$\vec{p}=(1-t)\vec{a}+t\vec{b}=\vec{a}+t(\vec{b}-\vec{a})$

$=(3, 5, -8)+t(2-3, 4-5, -6-(-8))$

$=(-t+3, -t+5, 2t-8)$

ゆえに $|\vec{p}|^2=(-t+3)^2+(-t+5)^2+(2t-8)^2$

$=6t^2-48t+98$

$=6(t-4)^2+2$

よって，$t=4$ のとき $|\vec{p}|^2$ は最小となり，$|\vec{p}|\geqq0$ であるから，このとき $|\vec{p}|$ も最小となる。

したがって $t=4$ で最小値 $|\vec{p}|=\sqrt{2}$

---

(1)

(参考) 点Aから平面 α に下ろした垂線を AH としたときの線分 AH の長さのことを，点A と平面 α の距離という。

(＊) 3つの座標平面に接するから，中心の x 座標，y 座標，z 座標の絶対値は，半径と等しい。

⇐ z 軸上の点は $(0, 0, c)$ と表される。

⇐ 点の座標を代入。

⇐①, ② から，r^2 を消去する。

$|\vec{p}|^2$ を考え，t の2次関数の最小値へ。

⇐ $|\vec{p}|$ は $|\vec{p}|^2$ として考える。

⇐ ●$(t-▲)^2+■$ の形に変形。

EX ④**17** ★ 座標空間において，立方体 OABC-DEFG の頂点を

O(0, 0, 0)，A(3, 0, 0)，B(3, 3, 0)，C(0, 3, 0)，
D(0, 0, 3)，E(3, 0, 3)，F(3, 3, 3)，G(0, 3, 3)

とし，OD を 2：1 に内分する点を K，OA を 1：2 に内分する点を L とする。BF 上の点 M，FG 上の点 N および K，L の 4 点は同じ平面上にあり，四角形 KLMN は平行四辺形であるとする。

(1) 点 M，N の座標を求めよ。また，四角形 KLMN の面積を求めよ。

(2) 四角形 KLMN を含む平面を α とし，点 O を通り平面 α と垂直に交わる直線を ℓ，α と ℓ の交点を P とする。$|\overrightarrow{\mathrm{OP}}|$ を求めよ。

(3) 三角錐 OLMN の体積を求めよ。 ［類 センター試験］

(1) 四角形 KLMN は，平行四辺形であるから
$$\overrightarrow{\mathrm{LK}}=\overrightarrow{\mathrm{MN}}$$

⬅ 1 組の対辺が平行で長さが等しい。

ここで，L(1, 0, 0)，K(0, 0, 2) であるから $\overrightarrow{\mathrm{LK}}=(-1, 0, 2)$

M(3, 3, s)，N(t, 3, 3) とすると
$$\overrightarrow{\mathrm{MN}}=(t-3, 0, 3-s)$$

よって $(-1, 0, 2)=(t-3, 0, 3-s)$

ゆえに $-1=t-3$，$2=3-s$

よって $s=1$，$t=2$

したがって **M(3, 3, 1)，N(2, 3, 3)**

このとき，$\overrightarrow{\mathrm{LM}}=(2, 3, 1)$ であるから
$$\overrightarrow{\mathrm{LK}}\cdot\overrightarrow{\mathrm{LM}}=(-1)\times2+0\times3+2\times1=0$$

⬅ (3−1, 3−0, 1−0)

$\overrightarrow{\mathrm{LK}}\neq\vec{0}$，$\overrightarrow{\mathrm{LM}}\neq\vec{0}$ より，$\overrightarrow{\mathrm{LK}}\perp\overrightarrow{\mathrm{LM}}$ であるから，四角形 KLMN は長方形である。
$$|\overrightarrow{\mathrm{LK}}|=\sqrt{(-1)^2+0^2+2^2}=\sqrt{5}，$$
$$|\overrightarrow{\mathrm{LM}}|=\sqrt{2^2+3^2+1^2}=\sqrt{14}$$

であるから，四角形 KLMN の面積は
$$|\overrightarrow{\mathrm{LK}}|\times|\overrightarrow{\mathrm{LM}}|=\sqrt{5}\times\sqrt{14}=\sqrt{70}$$

(2) P(p, q, r) とする。

$\ell\perp\alpha$ より，$\overrightarrow{\mathrm{OP}}\perp\overrightarrow{\mathrm{LK}}$，$\overrightarrow{\mathrm{OP}}\perp\overrightarrow{\mathrm{LM}}$ であるから
$$\overrightarrow{\mathrm{OP}}\cdot\overrightarrow{\mathrm{LK}}=0，\overrightarrow{\mathrm{OP}}\cdot\overrightarrow{\mathrm{LM}}=0$$

よって $-p+2r=0$，$2p+3q+r=0$

⬅ $\overrightarrow{\mathrm{LK}}=(-1, 0, 2)$，$\overrightarrow{\mathrm{LM}}=(2, 3, 1)$

ゆえに $p=2r$，$q=-\dfrac{5}{3}r$

また $\overrightarrow{\mathrm{PL}}=(1-p, -q, -r)$
$$=\left(1-2r, \frac{5}{3}r, -r\right)$$

$\overrightarrow{\mathrm{OP}}\perp\overrightarrow{\mathrm{PL}}$ であるから $\overrightarrow{\mathrm{OP}}\cdot\overrightarrow{\mathrm{PL}}=0$

よって $2r(1-2r)+\left(-\dfrac{5}{3}r\right)\times\dfrac{5}{3}r+r(-r)=0$

⬅ $\overrightarrow{\mathrm{OP}}=\left(2r, -\dfrac{5}{3}r, r\right)$

整理すると $35r^2-9r=0$ すなわち $r(35r-9)=0$

$r \neq 0$ であるから　　　$r = \dfrac{9}{35}$

ゆえに　　$|\overrightarrow{\mathrm{OP}}| = \sqrt{(2r)^2 + \left(-\dfrac{5}{3}r\right)^2 + r^2}$

$\qquad\qquad = \sqrt{4r^2 + \dfrac{25}{9}r^2 + r^2} = \sqrt{\dfrac{70}{9}r^2} = \dfrac{\sqrt{70}}{3}|r|$

$\qquad\qquad = \dfrac{\sqrt{70}}{3} \times \dfrac{9}{35} = \dfrac{3\sqrt{70}}{35}$

⇐ $r = 0$ のとき $\overrightarrow{\mathrm{OP}} = \vec{0}$

⇐ $\overrightarrow{\mathrm{OP}}$ の各成分に r が現れるから，最後に $r = \dfrac{9}{35}$ を代入するとよい。

2章

EX

(参考)　($\overrightarrow{\mathrm{OP}}$ の求め方)

$\overrightarrow{\mathrm{OP}}$ は，実数 s, t, u を用いて

$\qquad \overrightarrow{\mathrm{OP}} = s\overrightarrow{\mathrm{OK}} + t\overrightarrow{\mathrm{OL}} + u\overrightarrow{\mathrm{OM}}$

$\qquad\qquad = s(0, 0, 2) + t(1, 0, 0) + u(3, 3, 1)$

$\qquad\qquad = (t + 3u, 3u, 2s + u)$

と表される。ただし　$s + t + u = 1$ …… ①

$\overrightarrow{\mathrm{OP}} \cdot \overrightarrow{\mathrm{LK}} = 0$ から　$-(t + 3u) + 2(2s + u) = 0$

整理して　　$4s - t - u = 0$ …… ②

$\overrightarrow{\mathrm{OP}} \cdot \overrightarrow{\mathrm{LM}} = 0$ から　$2(t + 3u) + 9u + (2s + u) = 0$

整理して　　$s + t + 8u = 0$ …… ③

①，②，③を連立して解くと

$\qquad\qquad s = \dfrac{1}{5}, \quad t = \dfrac{33}{35}, \quad u = -\dfrac{1}{7}$

ゆえに　　$\overrightarrow{\mathrm{OP}} = \left(\dfrac{18}{35}, -\dfrac{3}{7}, \dfrac{9}{35}\right)$

CHART

点 P が平面 KLM 上にある $\Longleftrightarrow$

$\overrightarrow{\mathrm{OP}} = \bullet\overrightarrow{\mathrm{OK}} + \blacktriangle\overrightarrow{\mathrm{OL}} + \blacksquare\overrightarrow{\mathrm{OM}},$

$\bullet + \blacktriangle + \blacksquare = 1$

（係数の和が 1 ）

⇐ ① + ② から　$s = \dfrac{1}{5}$,

① − ③ から　$u = -\dfrac{1}{7}$

が直ちに求まる。

(3) 三角錐 OLMN の体積は，底面を △LMN とすると，高さが $|\overrightarrow{\mathrm{OP}}|$ であるから

$\dfrac{1}{3} \times \triangle\mathrm{LMN} \times |\overrightarrow{\mathrm{OP}}| = \dfrac{1}{3} \times \left(\dfrac{1}{2} \times \sqrt{70}\right) \times \dfrac{3\sqrt{70}}{35} = 1$

⇐ △LMN の面積は長方形 KLMN の面積の半分。

EX
④18　a を実数とする。座標空間内の中心 C，半径 2 の球面 $x^2 + y^2 + z^2 - 2y - 4z + a = 0$ を S，原点を O，点 $(0, 0, 4)$ を A とする。また，点 P は球面 S 全体を動くとする。

(1) $a = {}^{\mathcal{P}}\boxed{}$ である。

(2) 線分 AP の長さの最大値は ${}^{\mathcal{I}}\boxed{}$ である。このとき，直線 AP と xy 平面との交点の y 座標は ${}^{\mathcal{\dot{\gamma}}}\boxed{}$ である。

(3) 3 点 O, P, C がこの順に一直線上にあるとき，点 P の y 座標は ${}^{\mathcal{I}}\boxed{}$ である。

〔関西学院大〕

(1)　$x^2 + y^2 + z^2 - 2y - 4z + a = 0$ を変形すると

$\qquad\qquad x^2 + (y-1)^2 + (z-2)^2 = 5 - a$ …… ①

球面 S の半径は 2 であるから　　$5 - a = 2^2$

よって　　$a = {}^{\mathcal{P}}1$

(2)　① から，C の座標は　　$(0, 1, 2)$

ゆえに　　$\mathrm{AC} = \sqrt{(0-0)^2 + (1-0)^2 + (2-4)^2} = \sqrt{5}$

⇐ 標準形に変形。

$(x - a)^2 + (y - b)^2 + (z - c)^2 = r^2$

$\longrightarrow$ 中心 (a, b, c) 半径 r

線分 AP の長さが最大となるのは，直線 AC と球面 S との交点のうち，点 A から遠い方の点が P のときである。

よって，線分 AP の長さの最大値は　$^{\text{イ}}\sqrt{5}+2$

2 点 A，C はともに yz 平面にあるから，直線 AC も yz 平面にあり，直線 AC と xy 平面（平面 $z=0$）との交点の座標は　(0, 2, 0)

線分 AP の長さが最大となるとき，直線 AP と xy 平面との交点の y 座標は　$^{\text{ウ}}2$

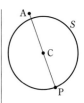

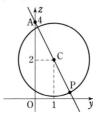

◆直線 AC と xy 平面の交点の y 座標を s とすると
$$2:1=4:s$$

(3) 3 点 O，P，C がこの順に一直線上にあるのは，直線 OC と球面 S との交点のうち，点 O から近い方の点が P のときである。

$OC=\sqrt{0^2+1^2+2^2}=\sqrt{5}$　であるから，3 点 O，P，C がこの順に一直線上にあるとき，点 P の y 座標は
$$\frac{\sqrt{5}-2}{\sqrt{5}}=^{\text{エ}}\frac{5-2\sqrt{5}}{5}$$

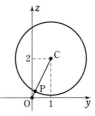

◆点 P の y 座標を t とすると
$$OP:OC=t:1$$

EX
④19　空間内に点 A(3, 7, 5) と $\vec{a}=(1, 2, 2)$ がある。点 A を通り $\vec{a}$ に垂直な平面 α 上に点 P(x, y, z) をとるとき，次の問いに答えよ。

(1) x, y, z の間に成り立つ関係式を求めよ。
(2) 原点 O から平面 α に垂線 OH を下ろすとき，点 H の座標を求めよ。
(3) 平面 α と球面 $x^2+y^2+z^2=225$ が交わってできる円の半径を求めよ。　〔東北学院大〕

(1) 点 P が平面 α 上にあるから　$\overrightarrow{AP}\perp\vec{a}$　または　$\overrightarrow{AP}=\vec{0}$

よって　$\overrightarrow{AP}\cdot\vec{a}=0$
$\overrightarrow{AP}=(x-3, y-7, z-5)$ であるから
$$(x-3)+2(y-7)+2(z-5)=0$$

ゆえに　$x+2y+2z-27=0$

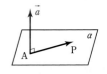

(2) $\overrightarrow{OH}/\!/\vec{a}$　であるから，$\overrightarrow{OH}=k\vec{a}$ となる実数 k がある。

よって，$\overrightarrow{OH}=(k, 2k, 2k)$ と表されるから，点 H の座標は
$$(k, 2k, 2k)$$

点 H は平面 α 上にあるから，(1) より
$$k+2\times2k+2\times2k-27=0$$

これを解いて　$k=3$

ゆえに，点 H の座標は　**(3, 6, 6)**

◆$\overrightarrow{OH}\perp\alpha,\ \vec{a}\perp\alpha$ であるから
$$\overrightarrow{OH}/\!/\vec{a}$$

(3) 球面 $x^2+y^2+z^2=225$ の中心は原点，半径は 15 である。

(2) から　$OH=\sqrt{3^2+6^2+6^2}=\sqrt{81}=9$

よって，求める円の半径を r とすると，$r>0$ から
$$r=\sqrt{15^2-9^2}=\sqrt{225-81}=\sqrt{144}=12$$

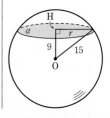

TR
^①**67**

(1) 次の複素数を表す点を複素数平面上に図示せよ。

(ア) $5-2i$ (イ) $-1+3i$ (ウ) -2

(エ) 1 (オ) $-3i$ (カ) $2i$

(2) 次の座標平面上の点に対応する複素数を答えよ。

(ア) $(-3,\ 1)$ (イ) $(4,\ 0)$ (ウ) $(0,\ -2)$

(1) (ア)～(カ) ［図］

(2) (ア) $-3+i$

(イ) 4

(ウ) $-2i$

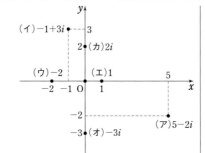

CHART

複素数 $a+bi \Longleftrightarrow$
座標平面上の点 $(a,\ b)$

3章

TR

TR
^①**68**

$\alpha=3-5i$ とする。点 α と実軸，原点，虚軸に関して対称な点を表す複素数をそれぞれ $\beta,\ \gamma,\ \delta$ とするとき，$\beta,\ \gamma,\ \delta$ を求めよ。また，$\alpha,\ \beta,\ \gamma,\ \delta$ で互いに共役であるものを答えよ。

複素数 α を表す点の座標は $(3,\ -5)$ である。

点 $(3,\ -5)$ と

  x 軸に関して対称な点の座標は $(3,\ 5)$

  原点に関して対称な点の座標は $(-3,\ 5)$

  y 軸に関して対称な点の座標は $(-3,\ -5)$

であるから

  $\beta=3+5i,\ \gamma=-3+5i,\ \delta=-3-5i$

また，互いに共役であるものは

  α と $\beta,\ \ \gamma$ と δ

$\Leftarrow a+bi$ の共役複素数は
$a-bi$

TR
^①**69**

(1) 次の複素数の絶対値を求めよ。

(ア) $3+4i$ (イ) $\sqrt{5}+2i$ (ウ) $-6i$

(2) 複素数 z について，$|z|=|-\bar{z}|$ であることを示せ。

(1) (ア) $|3+4i|=\sqrt{3^2+4^2}=\sqrt{25}=5$

(イ) $|\sqrt{5}+2i|=\sqrt{(\sqrt{5})^2+2^2}=\sqrt{9}=3$

(ウ) $|-6i|=\sqrt{0^2+(-6)^2}=6$

(2) $a,\ b$ を実数として，$z=a+bi$ とおくと $|z|=\sqrt{a^2+b^2}$

また，$-\bar{z}=-(a-bi)=-a+bi$ であるから

  $|-\bar{z}|=\sqrt{(-a)^2+b^2}=\sqrt{a^2+b^2}$

したがって，$|z|=|-\bar{z}|$ である。

CHART

複素数の絶対値
$|a+bi|=\sqrt{a^2+b^2}$

$\Leftarrow \bar{z}=a-bi$

TR ①70 $z=3+2i$, $\alpha=1-i$ とするとき，点 P(z)，A(α)，P′($-z$)，B($z+\alpha$)，C($z-\alpha$) を複素数平面上に図示せよ。

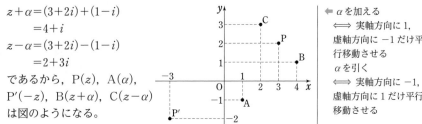

$z+\alpha=(3+2i)+(1-i)$
$\qquad =4+i$
$z-\alpha=(3+2i)-(1-i)$
$\qquad =2+3i$
であるから，P(z)，A(α)，
P′($-z$)，B($z+\alpha$)，C($z-\alpha$)
は図のようになる。

⟸ α を加える
⟺ 実軸方向に 1，
虚軸方向に -1 だけ平行移動させる
α を引く
⟺ 実軸方向に -1，
虚軸方向に 1 だけ平行移動させる

TR ②71 (1) 次の 2 点間の距離を求めよ。

　　(ア) A($3+2i$)，B($6+i$) 　　　　　　(イ) C($\dfrac{10}{1+2i}$)，D($2+i$)

(2) $\alpha=x-2i$, $\beta=3-6i$ とする。2 点 A(α)，B(β) と原点 O が一直線上にあるとき，実数 x の値を求めよ。

(1) (ア) AB$=\left|6+i-(3+2i)\right|=\left|3-i\right|=\sqrt{3^2+(-1)^2}=\sqrt{10}$

⟸ 2 点 A(α)，B(β) 間の距離
$$AB=\left|\beta-\alpha\right|$$

　　(イ) $\dfrac{10}{1+2i}=\dfrac{10(1-2i)}{(1+2i)(1-2i)}=\dfrac{10}{5}(1-2i)=2-4i$

　　であるから　　CD$=\left|2+i-(2-4i)\right|=\left|5i\right|=\sqrt{0^2+5^2}=5$

(2) 3 点 O，A，B が一直線上にあることから，$\beta=k\alpha$ となる実数 k がある。

$3-6i=k(x-2i)$ から　　$3-6i=kx-2ki$

k，$-2k$ は実数であるから　　$3=kx$，$-6=-2k$

よって　　$k=3$　　これを代入して　　$x=\dfrac{3}{k}=\dfrac{3}{3}=1$

(2) 3 点 0，α，β が一直線上にある ⟺ $\beta=k\alpha$（k は実数）

⟸ $k=-6\div(-2)=3$

TR ②72 複素数 z，α について，次が成り立つことを証明せよ。

(1) k が正の数のとき $\left|z\right|=k$ ならば $z+\dfrac{k^2}{z}$ は実数である。

(2) $z\bar{z}+\alpha\bar{z}+\bar{\alpha}z$ は実数である。

(1) $\left|z\right|=k$ のとき，$\left|z\right|^2=k^2$ であるから

$$z\bar{z}=k^2\quad\text{すなわち}\quad\bar{z}=\dfrac{k^2}{z}$$

ここで　$\overline{z+\dfrac{k^2}{z}}=\bar{z}+\overline{\left(\dfrac{k^2}{z}\right)}=\bar{z}+\dfrac{k^2}{\bar{z}}=\dfrac{k^2}{z}+z$

よって，$\overline{z+\dfrac{k^2}{z}}=z+\dfrac{k^2}{z}$ であるから，$z+\dfrac{k^2}{z}$ は実数である。

⟸ $\left|z\right|^2=z\bar{z}$

⟸ $\dfrac{k^2}{\bar{z}}=\dfrac{k^2}{\dfrac{k^2}{z}}=z$

⟸ α が実数 ⟺ $\bar{\alpha}=\alpha$

別解 $\left|z\right|=k$ のとき，$\left|z\right|^2=k^2$ であるから　　$z\bar{z}=k^2$

すなわち　$\bar{z}=\dfrac{k^2}{z}$　　よって　$z+\dfrac{k^2}{z}=z+\bar{z}$

$z+\bar{z}$ は実数であるから，$z+\dfrac{k^2}{z}$ は実数である。

(2) $w=z\bar{z}+\alpha\bar{z}+\bar{\alpha}z$ とおく。

$$\bar{w}=\overline{z\bar{z}+\alpha\bar{z}+\bar{\alpha}z}=\overline{z\bar{z}}+\overline{\alpha\bar{z}}+\overline{\bar{\alpha}z}$$

$$=\bar{z}\bar{\bar{z}}+\bar{\alpha}\bar{\bar{z}}+\bar{\bar{\alpha}}\bar{z}=z\bar{z}+\bar{\alpha}z+\alpha\bar{z}$$

$$=z\bar{z}+\alpha\bar{z}+\bar{\alpha}z=w$$

よって，w すなわち $z\bar{z}+\alpha\bar{z}+\bar{\alpha}z$ は実数である。

←$\bar{z}$ の共役複素数は z であるから $\bar{\bar{z}}=z$

← w が実数 $\Longleftrightarrow \bar{w}=w$

別解の式変形は，複素数の等式の変形に有効であるから覚えておくとよい。

別解 $z\bar{z}+\alpha\bar{z}+\bar{\alpha}z=z\bar{z}+\alpha\bar{z}+\bar{\alpha}z+\alpha\bar{\alpha}-\alpha\bar{\alpha}$

$$=(z+\alpha)(\bar{z}+\bar{\alpha})-\alpha\bar{\alpha}$$

$$=(z+\alpha)\overline{(z+\alpha)}-\alpha\bar{\alpha}=|z+\alpha|^2-|\alpha|^2$$

よって，$z\bar{z}+\alpha\bar{z}+\bar{\alpha}z$ は実数である。

←$|z+\alpha|^2$, $|\alpha|^2$ は実数。

TR ②73 次の複素数を極形式で表せ。ただし，偏角 θ の範囲は $0\leqq\theta<2\pi$ とする。
(1) $1-\sqrt{3}i$ (2) $-\dfrac{1}{3}+\dfrac{1}{3}i$ (3) $-\sqrt{2}-\sqrt{6}i$ (4) $-3i$

複素数の絶対値を r とおく。

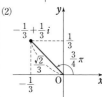

(1) $r=\sqrt{1^2+(-\sqrt{3})^2}=2$, $\cos\theta=\dfrac{1}{2}$, $\sin\theta=-\dfrac{\sqrt{3}}{2}$

$0\leqq\theta<2\pi$ では $\theta=\dfrac{5}{3}\pi$

よって $1-\sqrt{3}i=2\left(\cos\dfrac{5}{3}\pi+i\sin\dfrac{5}{3}\pi\right)$

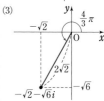

(2) $r=\sqrt{\left(-\dfrac{1}{3}\right)^2+\left(\dfrac{1}{3}\right)^2}=\dfrac{\sqrt{2}}{3}$, $\cos\theta=-\dfrac{1}{\sqrt{2}}$, $\sin\theta=\dfrac{1}{\sqrt{2}}$

$0\leqq\theta<2\pi$ では $\theta=\dfrac{3}{4}\pi$

よって $-\dfrac{1}{3}+\dfrac{1}{3}i=\dfrac{\sqrt{2}}{3}\left(\cos\dfrac{3}{4}\pi+i\sin\dfrac{3}{4}\pi\right)$

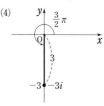

(3) $r=\sqrt{(-\sqrt{2})^2+(-\sqrt{6})^2}=2\sqrt{2}$, $\cos\theta=-\dfrac{1}{2}$, $\sin\theta=-\dfrac{\sqrt{3}}{2}$

$0\leqq\theta<2\pi$ では $\theta=\dfrac{4}{3}\pi$

よって $-\sqrt{2}-\sqrt{6}i=2\sqrt{2}\left(\cos\dfrac{4}{3}\pi+i\sin\dfrac{4}{3}\pi\right)$

(4) $r=\sqrt{0^2+(-3)^2}=3$, $\cos\theta=0$, $\sin\theta=-1$

$0\leqq\theta<2\pi$ では $\theta=\dfrac{3}{2}\pi$

よって $-3i=3\left(\cos\dfrac{3}{2}\pi+i\sin\dfrac{3}{2}\pi\right)$

TR ①74 $\alpha=2\left(\cos\dfrac{11}{12}\pi+i\sin\dfrac{11}{12}\pi\right)$, $\beta=3\left(\cos\dfrac{\pi}{4}+i\sin\dfrac{\pi}{4}\right)$ のとき，$\alpha\beta$, $\dfrac{\alpha}{\beta}$ を求めよ。

$$\alpha\beta=2\cdot3\left\{\cos\left(\dfrac{11}{12}\pi+\dfrac{\pi}{4}\right)+i\sin\left(\dfrac{11}{12}\pi+\dfrac{\pi}{4}\right)\right\}$$

$$=6\left(\cos\dfrac{7}{6}\pi+i\sin\dfrac{7}{6}\pi\right)=6\left(-\dfrac{\sqrt{3}}{2}-\dfrac{1}{2}i\right)=-3\sqrt{3}-3i$$

積 $\alpha\beta$ の
絶対値は掛ける
偏角は加える

$$\frac{\alpha}{\beta} = \frac{2}{3}\left\{\cos\left(\frac{11}{12}\pi - \frac{\pi}{4}\right) + i\sin\left(\frac{11}{12}\pi - \frac{\pi}{4}\right)\right\}$$

$$= \frac{2}{3}\left(\cos\frac{2}{3}\pi + i\sin\frac{2}{3}\pi\right) = \frac{2}{3}\left(-\frac{1}{2} + \frac{\sqrt{3}}{2}i\right)$$

$$= -\frac{1}{3} + \frac{\sqrt{3}}{3}i$$

商 $\dfrac{\alpha}{\beta}$ の

絶対値は割る
偏角は引く

TR
②**75**

(1) 点 $(-\sqrt{6} - \sqrt{2}\,i)z$ は，点 z をどのように移動した点であるか。ただし，回転の角 θ の範囲は $-\pi < \theta \leqq \pi$ とする。

(2) $z = 2\sqrt{2} + \sqrt{2}\,i$ とする。点 z を原点を中心として $-\dfrac{\pi}{4}$ だけ回転した点を表す複素数 w を求めよ。

(1) $-\sqrt{6} - \sqrt{2}\,i = 2\sqrt{2}\left(-\dfrac{\sqrt{3}}{2} - \dfrac{1}{2}i\right)$

$$= 2\sqrt{2}\left\{\cos\left(-\frac{5}{6}\pi\right) + i\sin\left(-\frac{5}{6}\pi\right)\right\}$$

ゆえに，点 $(-\sqrt{6} - \sqrt{2}\,i)z$ は，点 z を **原点を中心として**

$-\dfrac{5}{6}\pi$ だけ回転し，原点からの距離を $2\sqrt{2}$ 倍した点 である。

(2) $w = \left\{\cos\left(-\dfrac{\pi}{4}\right) + i\sin\left(-\dfrac{\pi}{4}\right)\right\}z$

$$= \left(\frac{1}{\sqrt{2}} - \frac{1}{\sqrt{2}}i\right)(2\sqrt{2} + \sqrt{2}\,i)$$

$$= (1-i)(2+i) = 3 - i$$

(1) $\alpha = -\sqrt{6} - \sqrt{2}\,i$ と
おくと

$|\alpha|$

$= \sqrt{(-\sqrt{6})^2 + (-\sqrt{2})^2}$

$= \sqrt{8} = 2\sqrt{2}$

← $|\alpha| = 2\sqrt{2}$ であるから，
原点からの距離を
$2\sqrt{2}$ 倍した点になる。

TR
②**76**

次の式を計算せよ。

(1) $\left(\cos\dfrac{\pi}{60} + i\sin\dfrac{\pi}{60}\right)^{20}$ (2) $(\sqrt{3} + i)^{-12}$ (3) $(1+i)^{17}$

(1) $\left(\cos\dfrac{\pi}{60} + i\sin\dfrac{\pi}{60}\right)^{20} = \cos\left(20 \times \dfrac{\pi}{60}\right) + i\sin\left(20 \times \dfrac{\pi}{60}\right)$

$$= \cos\frac{\pi}{3} + i\sin\frac{\pi}{3}$$

$$= \frac{1}{2} + \frac{\sqrt{3}}{2}i$$

CHART （複素数）^{n}
複素数の累乗には
ド・モアブル

(2) $\sqrt{3} + i = 2\left(\dfrac{\sqrt{3}}{2} + \dfrac{1}{2}i\right) = 2\left(\cos\dfrac{\pi}{6} + i\sin\dfrac{\pi}{6}\right)$

であるから

$$(\sqrt{3} + i)^{-12} = \left\{2\left(\cos\frac{\pi}{6} + i\sin\frac{\pi}{6}\right)\right\}^{-12}$$

$$= 2^{-12}\left\{\cos\left(-12 \times \frac{\pi}{6}\right) + i\sin\left(-12 \times \frac{\pi}{6}\right)\right\}$$

$$= 2^{-12}\{\cos(-2\pi) + i\sin(-2\pi)\}$$

$$= 2^{-12} = \frac{1}{2^{12}} = \frac{1}{4096}$$

← 絶対値 2，偏角 $\dfrac{\pi}{6}$

(3) $1+i=\sqrt{2}\left(\dfrac{1}{\sqrt{2}}+\dfrac{1}{\sqrt{2}}i\right)=\sqrt{2}\left(\cos\dfrac{\pi}{4}+i\sin\dfrac{\pi}{4}\right)$

← 絶対値 $\sqrt{2}$，偏角 $\dfrac{\pi}{4}$

であるから

$$\begin{aligned}(1+i)^{17}&=\left\{\sqrt{2}\left(\cos\dfrac{\pi}{4}+i\sin\dfrac{\pi}{4}\right)\right\}^{17}\\&=(\sqrt{2})^{17}\left\{\cos\left(17\times\dfrac{\pi}{4}\right)+i\sin\left(17\times\dfrac{\pi}{4}\right)\right\}\\&=(\sqrt{2})^{17}\left\{\cos\left(\dfrac{\pi}{4}+4\pi\right)+i\sin\left(\dfrac{\pi}{4}+4\pi\right)\right\}\\&=(\sqrt{2})^{17}\left(\cos\dfrac{\pi}{4}+i\sin\dfrac{\pi}{4}\right)\\&=(\sqrt{2})^{17}\left(\dfrac{1}{\sqrt{2}}+\dfrac{1}{\sqrt{2}}i\right)\\&=(\sqrt{2})^{16}(1+i)=256(1+i)\\&=256+256i\end{aligned}$$

別解 $(1+i)^2=1+2i+i^2=2i$ であるから

← 左のように計算を工夫すると，ド・モアブルの定理を用いなくても計算できる。

$$\begin{aligned}(1+i)^{17}&=\{(1+i)^2\}^8(1+i)\\&=(2i)^8(1+i)\\&=256+256i\end{aligned}$$

TR
③**77**　$z=\sqrt{3}+i$ とする。
(1) z^n が実数となる最小の自然数 n の値を求めよ。
(2) z^n が純虚数となる最小の自然数 n の値を求めよ。

$z=\sqrt{3}+i$ を極形式で表すと

$$z=2\left(\cos\dfrac{\pi}{6}+i\sin\dfrac{\pi}{6}\right)$$

よって　$z^n=2^n\left(\cos\dfrac{n\pi}{6}+i\sin\dfrac{n\pi}{6}\right)$

n 乗の絶対値は
　　絶対値の n 乗
n 乗の偏角は
　　偏角の n 倍

(1) $2^n\,(\neq0)$，$\cos\dfrac{n\pi}{6}$，$\sin\dfrac{n\pi}{6}$ は実数であるから，z^n が実数となるのは，$\sin\dfrac{n\pi}{6}=0$ のときである。

ゆえに　$\dfrac{n\pi}{6}=k\pi$（k は整数）

← $\sin\theta=0$
　$\Longleftrightarrow\ \theta=k\pi$
　　（k は整数）

すなわち　$n=6k$（k は整数）
したがって，最小の自然数 n は $k=1$ のときで　　**$n=6$**

(2) z^n が純虚数となるのは，$\cos\dfrac{n\pi}{6}=0$ のときである。

← このとき $\sin\dfrac{n\pi}{6}\neq0$

ゆえに　$\dfrac{n\pi}{6}=l\pi+\dfrac{\pi}{2}$（$l$ は整数）

← $\cos\theta=0$
　$\Longleftrightarrow\ \theta=l\pi+\dfrac{\pi}{2}$
　　（l は整数）

すなわち　$n=6l+3$（l は整数）
したがって，最小の自然数 n は $l=0$ のときで　　**$n=3$**

TR
②**78** 方程式 $z^8=1$ を解け。

$z^8=1$ のとき $|z^8|=1$ から $|z|^8=1$

$|z|>0$ であるから $|z|=1$

よって，$z=\cos\theta+i\sin\theta$ とおくことができ，ド・モアブルの定理を用いると，方程式は次のように表される。

$$\cos 8\theta+i\sin 8\theta=\cos 0+i\sin 0$$

両辺の偏角を比較すると

$$8\theta=0+2k\pi \ (k \text{ は整数}) \quad \text{すなわち} \quad \theta=\frac{k\pi}{4}$$

$0\leqq\theta<2\pi$ の範囲では，$k=0,\ 1,\ 2,\ \cdots\cdots,\ 7$ であるから，

求める解は $z_k=\cos\dfrac{k\pi}{4}+i\sin\dfrac{k\pi}{4}$ $(k=0,\ 1,\ 2,\ \cdots\cdots,\ 7)$

すなわち

$$z=1,\ \frac{1}{\sqrt{2}}+\frac{1}{\sqrt{2}}i,\ i,\ -\frac{1}{\sqrt{2}}+\frac{1}{\sqrt{2}}i,$$
$$-1,\ -\frac{1}{\sqrt{2}}-\frac{1}{\sqrt{2}}i,\ -i,\ \frac{1}{\sqrt{2}}-\frac{1}{\sqrt{2}}i$$

⟸ $|z|^8-1$
$=(|z|-1)$
$\times(|z|^7+|z|^6+\cdots+|z|+1)$

⟸ $1=\cos 0+i\sin 0$

⟸ $0\leqq\dfrac{k\pi}{4}<2\pi$ から
$0\leqq k<8$

TR
③**79** ☆ 次の方程式を解け。
(1) $z^2=2+2\sqrt{3}\,i$ (2) $z^3=-8i$

(1) z の極形式を $z=r(\cos\theta+i\sin\theta)$ …… ①

とすると $z^2=r^2(\cos 2\theta+i\sin 2\theta)$

また $2+2\sqrt{3}\,i=4\left(\cos\dfrac{\pi}{3}+i\sin\dfrac{\pi}{3}\right)$

よって $r^2(\cos 2\theta+i\sin 2\theta)=4\left(\cos\dfrac{\pi}{3}+i\sin\dfrac{\pi}{3}\right)$

両辺の絶対値と偏角を比較すると

$$r^2=4,\ 2\theta=\frac{\pi}{3}+2k\pi \ (k \text{ は整数})$$

$r>0$ であるから $r=2$ …… ②

また $\theta=\dfrac{\pi}{6}+k\pi$

$0\leqq\theta<2\pi$ の範囲では，$k=0,\ 1$ であるから

$$\theta=\frac{\pi}{6},\ \frac{7}{6}\pi \qquad\cdots\cdots ③$$

②，③ を ① に代入して，求める解は $z=\sqrt{3}+i,\ -\sqrt{3}-i$

⟸ $2+2\sqrt{3}\,i$
$=4\left(\dfrac{1}{2}+\dfrac{\sqrt{3}}{2}i\right)$

⟸ $0\leqq\dfrac{\pi}{6}+k\pi<2\pi$ より
$-\dfrac{1}{6}\leqq k<\dfrac{11}{6}$ これを
満たす整数 k は 0，1

$\boxed{\text{別解}}$ $2+2\sqrt{3}\,i=4\left(\cos\dfrac{\pi}{3}+i\sin\dfrac{\pi}{3}\right)=2^2\left(\cos\dfrac{\pi}{6}+i\sin\dfrac{\pi}{6}\right)^2$

ゆえに $z^2=\left\{2\left(\cos\dfrac{\pi}{6}+i\sin\dfrac{\pi}{6}\right)\right\}^2=(\sqrt{3}+i)^2$

よって $z=\pm(\sqrt{3}+i)$

⟸ 絶対値と偏角から積（2乗）で表されることがわかる。

(2) z の極形式を $z=r(\cos\theta+i\sin\theta)$ ……①

とすると $z^3=r^3(\cos 3\theta+i\sin 3\theta)$

また $-8i=8\left(\cos\dfrac{3}{2}\pi+i\sin\dfrac{3}{2}\pi\right)$

よって $r^3(\cos 3\theta+i\sin 3\theta)=8\left(\cos\dfrac{3}{2}\pi+i\sin\dfrac{3}{2}\pi\right)$

両辺の絶対値と偏角を比較すると

$$r^3=8,\quad 3\theta=\dfrac{3}{2}\pi+2k\pi \quad (k \text{ は整数})$$

$r>0$ であるから $r=2$ ……②

また $\theta=\dfrac{\pi}{2}+\dfrac{2k\pi}{3}$

$0\leqq\theta<2\pi$ の範囲では，$k=0$，1，2 であるから

$$\theta=\dfrac{\pi}{2},\ \dfrac{7}{6}\pi,\ \dfrac{11}{6}\pi \quad ……③$$

②，③ を ① に代入して，求める解は

$$z=2i,\ -\sqrt{3}-i,\ \sqrt{3}-i$$

$\Leftarrow 0\leqq\dfrac{\pi}{2}+\dfrac{2k\pi}{3}<2\pi$ から $-\dfrac{3}{4}\leqq k<\dfrac{9}{4}$

これを満たす整数 k は 0，1，2

別解 $-8i=8i^3=(2i)^3$ であるから，方程式 $z^3=-8i$ は

$\left(\dfrac{z}{2i}\right)^3=1$ と変形できる。すなわち，$\dfrac{z}{2i}$ は 1 の 3 乗根である。

ゆえに，$\dfrac{z}{2i}=1,\ \dfrac{-1\pm\sqrt{3}\,i}{2}$ から

$$z=2i,\ (-1\pm\sqrt{3}\,i)i$$

よって $z=2i,\ -\sqrt{3}-i,\ \sqrt{3}-i$

$\Leftarrow z^3=(2i)^3$ の両辺を $(2i)^3$ で割ると $\dfrac{z^3}{(2i)^3}=1$

TR ①80 3点 A$(6-3i)$，B$(1+7i)$，C$(-2+i)$ について，次の点を表す複素数を求めよ。
(1) 線分 AB を $2:3$ に内分する点 D
(2) 線分 BC を $2:3$ に外分する点 E
(3) 線分 CA の中点 F
(4) △DEF の重心 G

(1) $\dfrac{3(6-3i)+2(1+7i)}{2+3}=\dfrac{(18+2)+(-9+14)i}{5}$

$=\dfrac{20+5i}{5}=4+i$

(2) $\dfrac{-3(1+7i)+2(-2+i)}{2-3}=\dfrac{(-3-4)+(-21+2)i}{-1}$

$=7+19i$

(3) $\dfrac{(-2+i)+(6-3i)}{2}=\dfrac{4-2i}{2}=2-i$

(4) $\dfrac{(4+i)+(7+19i)+(2-i)}{3}=\dfrac{13+19i}{3}$

$=\dfrac{13}{3}+\dfrac{19}{3}i$

A(α)，B(β)，C(γ)，D(δ)，E(ε)，F(ω) とすると，$m:n$ なら

(1) $\delta=\dfrac{n\alpha+m\beta}{m+n}$

(2) $\varepsilon=\dfrac{-n\beta+m\gamma}{m-n}$

(3) $\omega=\dfrac{\gamma+\alpha}{2}$

(4) $\dfrac{\delta+\varepsilon+\omega}{3}$

TR
①81 次の方程式を満たす点 z 全体はどのような図形を表すか。

(1) $|2z-1+2i|=6$　　　　(2) $|z+3i|=|z+1|$

(1) $|2z-1+2i|=6$ の両辺を 2 で割ると

$$\left|z-\left(\frac{1}{2}-i\right)\right|=3$$

ゆえに，点 z と点 $\frac{1}{2}-i$ の距離が一定値 3 に等しい。

よって，方程式を満たす点 z 全体は，**点 $\dfrac{1}{2}-i$ を中心とする**

半径 3 の円 を表す。

(2) $|z+3i|=|z+1|$ から，点 z は 2 点 $-3i$，-1 から等距離に

ある。

したがって，方程式を満たす点 z 全体は，**2 点 $-3i$，-1 を結**

ぶ線分の垂直二等分線 を表す。

> $A\left(\dfrac{1}{2}-i\right)$, $B(-3i)$,
> $C(-1)$, $P(z)$ とする。
> (1) $\left|z-\left(\dfrac{1}{2}-i\right)\right|=3$
> から　AP=3
>
> (2) $|z-(-3i)|$
> $=|z-(-1)|$
> から　BP=CP

TR
③82 次の方程式を満たす点 z 全体はどのような図形を表すか。

(1) $|z|^2=2i(z-\bar{z})$　　　　(2) $3|z|=|z-4i|$

(1) $|z|^2=2i(z-\bar{z})$ から　　$z\bar{z}-2iz+2i\bar{z}=0$

ゆえに　　$z\bar{z}-2iz+2i\bar{z}+4=4$

よって　　$(z+2i)(\bar{z}-2i)=4$

ゆえに　　$(z+2i)\overline{(z+2i)}=4$　　　すなわち　　$|z+2i|^2=2^2$

したがって　　$|z+2i|=2$

これは，**点 $-2i$ を中心とする半径 2 の円** を表す。

> ◆ $|z|^2=z\bar{z}$
> ◆ 両辺に 4 を加える。
> ◆ $\bar{\alpha}+\bar{\beta}=\overline{\alpha+\beta}$
> $-2i=\overline{2i}$

別解 $z=x+yi$（x，y は実数）とおくと　　$\bar{z}=x-yi$

ゆえに，方程式から　　$x^2+y^2=2i(2yi)$

よって　　$x^2+y^2=-4y$

したがって　　$x^2+(y+2)^2=2^2$

これは，中心 $(0,\ -2)$，半径 2 の円を表す。すなわち，点

z 全体は，**点 $-2i$ を中心とする半径 2 の円** を表す。

> ◆ $|z|^2=x^2+y^2$
> $z-\bar{z}=x+yi-(x-yi)$
> $=2yi$

(2)　方程式の両辺を 2 乗すると　　$9|z|^2=|z-4i|^2$

ゆえに　　$9z\bar{z}=(z-4i)(\bar{z}+4i)$

右辺を展開して整理すると　　$z\bar{z}-\dfrac{1}{2}iz+\dfrac{1}{2}i\bar{z}=2$

ゆえに　　$\left(z+\dfrac{1}{2}i\right)\left(\bar{z}-\dfrac{1}{2}i\right)=2+\dfrac{1}{4}$

よって　　$\left(z+\dfrac{1}{2}i\right)\overline{\left(z+\dfrac{1}{2}i\right)}=\dfrac{9}{4}$

すなわち　　$\left|z+\dfrac{1}{2}i\right|^2=\left(\dfrac{3}{2}\right)^2$　　　したがって　　$\left|z+\dfrac{1}{2}i\right|=\dfrac{3}{2}$

これは，**点 $-\dfrac{1}{2}i$ を中心とする半径 $\dfrac{3}{2}$ の円** を表す。

> ◆ $|z|^2=z\bar{z}$,
> $|z-4i|^2$
> $=(z-4i)\overline{(z-4i)}$
> $=(z-4i)(\bar{z}+4i)$
> ◆ 両辺に $\left|\dfrac{1}{2}i\right|^2$ すなわ
> ち $\dfrac{1}{4}$ を加えて，式を
> 変形する。

別解 $z=x+yi$ （x, y は実数）とおく。

$9|z|^2=|z-4i|^2$ に代入すると $9|x+yi|^2=|x+(y-4)i|^2$

ゆえに $9(x^2+y^2)=x^2+(y-4)^2$

$\Leftarrow |z|^2=x^2+y^2,$
$|z-4i|^2$
$=|x+yi-4i|^2$
$=|x+(y-4)i|^2$
$=x^2+(y-4)^2$

整理すると $x^2+y^2+y=2$ よって $x^2+\left(y+\dfrac{1}{2}\right)^2=\left(\dfrac{3}{2}\right)^2$

これは，中心 $\left(0,\ -\dfrac{1}{2}\right)$，半径 $\dfrac{3}{2}$ の円を表す。すなわち，

点 z 全体は，**点 $-\dfrac{1}{2}i$ を中心とする半径 $\dfrac{3}{2}$ の円** を表す。

TR
③**83** ☆ 点 z が原点Oを中心とする半径 2 の円上を動くとき，次の式で表される点 w は，どのような図形を描くか。
 (1) $w=2z+1-i$　　　　　　　　　　　(2) $w=1-iz$

点 z は原点Oを中心とする半径 2 の点であるから，z は等式 $|z|=2$ を満たす。

(1), (2)ともに z を w の式で表して，$|z|=2$ であることを利用する。

(1) $w=2z+1-i$ から $z=\dfrac{w-(1-i)}{2}$

これを $|z|=2$ に代入すると $\left|\dfrac{w-(1-i)}{2}\right|=2$

$\Leftarrow \left|\dfrac{w-(1-i)}{2}\right|=\dfrac{|w-(1-i)|}{2}$

ゆえに $|w-(1-i)|=4$

よって，点 w は **点 $1-i$ を中心とする半径 4 の円** を描く。

(2) $w=1-iz$ から $z=\dfrac{w-1}{-i}$

これを $|z|=2$ に代入すると $\left|\dfrac{w-1}{-i}\right|=2$

ゆえに $\dfrac{|w-1|}{|-i|}=2$

$|-i|=1$ であるから $|w-1|=2$

よって，点 w は **点 1 を中心とする半径 2 の円** を描く。

TR
②**84** 点 $2+2i$ を，点 i を中心として，次の角だけ回転した点を表す複素数を求めよ。
 (1) $\dfrac{\pi}{6}$　　　　(2) $\dfrac{\pi}{4}$　　　　(3) $\dfrac{\pi}{2}$　　　　(4) $-\dfrac{\pi}{2}$

$\alpha=i$, $\beta=2+2i$ とする。また，点 β を，点 α を中心として θ だけ回転した点を表す複素数を γ とする。

点 α を原点Oに移す平行移動によって，点 β, γ はそれぞれ点 $\beta-\alpha$, $\gamma-\alpha$ に移動する。このとき，

 点 $\gamma-\alpha$ は，点 $\beta-\alpha$ を原点を中心として θ だけ回転した点

であるから

 $\gamma-\alpha=(\cos\theta+i\sin\theta)(\beta-\alpha)$

すなわち

 $\gamma=(\cos\theta+i\sin\theta)(2+i)+i$

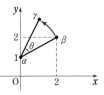

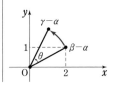

(1) $\theta=\dfrac{\pi}{6}$ のとき

$$\gamma=\left(\cos\dfrac{\pi}{6}+i\sin\dfrac{\pi}{6}\right)(2+i)+i=\left(\dfrac{\sqrt{3}}{2}+\dfrac{1}{2}i\right)(2+i)+i$$

$$=\left\{\left(\sqrt{3}-\dfrac{1}{2}\right)+\left(\dfrac{\sqrt{3}}{2}+1\right)i\right\}+i=\left(\sqrt{3}-\dfrac{1}{2}\right)+\left(\dfrac{\sqrt{3}}{2}+2\right)\boldsymbol{i}$$

← $\dfrac{2\sqrt{3}-1}{2}+\dfrac{\sqrt{3}+4}{2}i$ としてもよい。

(2) $\theta=\dfrac{\pi}{4}$ のとき

$$\gamma=\left(\cos\dfrac{\pi}{4}+i\sin\dfrac{\pi}{4}\right)(2+i)+i=\left(\dfrac{1}{\sqrt{2}}+\dfrac{1}{\sqrt{2}}i\right)(2+i)+i$$

$$=\left(\dfrac{\sqrt{2}}{2}+\dfrac{3\sqrt{2}}{2}i\right)+i=\dfrac{\sqrt{2}}{2}+\left(\dfrac{3\sqrt{2}}{2}+1\right)\boldsymbol{i}$$

← $\left(\dfrac{1}{\sqrt{2}}+\dfrac{1}{\sqrt{2}}i\right)(2+i)$

$=\left(\sqrt{2}-\dfrac{1}{\sqrt{2}}\right)$

$\quad+\left(\sqrt{2}+\dfrac{1}{\sqrt{2}}\right)i$

(3) $\theta=\dfrac{\pi}{2}$ のとき　$\gamma=\left(\cos\dfrac{\pi}{2}+i\sin\dfrac{\pi}{2}\right)(2+i)+i$

$$=i(2+i)+i=\boldsymbol{-1+3i}$$

← $i(2+i)=-1+2i$

(4) $\theta=-\dfrac{\pi}{2}$ のとき　$\gamma=\left\{\cos\left(-\dfrac{\pi}{2}\right)+i\sin\left(-\dfrac{\pi}{2}\right)\right\}(2+i)+i$

$$=-i(2+i)+i=\boldsymbol{1-i}$$

← $-i(2+i)=1-2i$

TR
②**85** 3点 A$(-1+i)$，B$(2\sqrt{3}-1)$，C$(6+(\sqrt{3}+1)i)$ を頂点とする △ABC について，∠BAC の大きさを求めよ。

$\alpha=-1+i$，$\beta=2\sqrt{3}-1$，$\gamma=6+(\sqrt{3}+1)i$ とする。

$$\dfrac{\gamma-\alpha}{\beta-\alpha}=\dfrac{7+\sqrt{3}\,i}{2\sqrt{3}-i}=\dfrac{(7+\sqrt{3}\,i)(2\sqrt{3}+i)}{(2\sqrt{3}-i)(2\sqrt{3}+i)}$$

$$=\dfrac{13\sqrt{3}+13i}{13}=\sqrt{3}+i=2\left(\cos\dfrac{\pi}{6}+i\sin\dfrac{\pi}{6}\right)$$

← $\gamma-\alpha$
$=6+(\sqrt{3}+1)i$
$\quad-(-1+i)$
$=7+\sqrt{3}\,i$
$\beta-\alpha$
$=(2\sqrt{3}-1)-(-1+i)$
$=2\sqrt{3}-i$

よって　　$\arg\dfrac{\gamma-\alpha}{\beta-\alpha}=\dfrac{\pi}{6}$　　　したがって　　∠BAC$=\dfrac{\boldsymbol{\pi}}{\boldsymbol{6}}$

TR
③**86** 異なる3点 A(α)，B(β)，C(γ) の間に次の関係があるとき，この3点を頂点とする △ABC の 3つの角の大きさを求めよ。

(1)　$\dfrac{\gamma-\alpha}{\beta-\alpha}=\sqrt{3}\,i$　　　　　　　　　(2)　$\alpha+i\beta=(1+i)\gamma$

(1)　$\dfrac{\gamma-\alpha}{\beta-\alpha}=\sqrt{3}\left(\cos\dfrac{\pi}{2}+i\sin\dfrac{\pi}{2}\right)$

$\left|\dfrac{\gamma-\alpha}{\beta-\alpha}\right|=\sqrt{3}$ から　　$\dfrac{|\gamma-\alpha|}{|\beta-\alpha|}=\sqrt{3}$

ゆえに　　$|\gamma-\alpha|=\sqrt{3}\,|\beta-\alpha|$　すなわち　AC$=\sqrt{3}$ AB

また，$\arg\dfrac{\gamma-\alpha}{\beta-\alpha}=\dfrac{\pi}{2}$ から　　∠BAC$=\dfrac{\pi}{2}$

よって　　∠A$=\dfrac{\pi}{2}$，∠B$=\dfrac{\pi}{3}$，∠C$=\dfrac{\pi}{6}$

← $\dfrac{\gamma-\alpha}{\beta-\alpha}$ を極形式で表す。

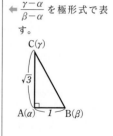

(2) 等式 $\alpha + i\beta = (1+i)\gamma$ から $\dfrac{\alpha - \gamma}{\beta - \gamma} = -i$

　よって $\dfrac{\alpha - \gamma}{\beta - \gamma} = \cos\left(-\dfrac{\pi}{2}\right) + i\sin\left(-\dfrac{\pi}{2}\right)$

$\left|\dfrac{\alpha - \gamma}{\beta - \gamma}\right| = 1$ から $\dfrac{|\alpha - \gamma|}{|\beta - \gamma|} = 1$

　ゆえに $|\alpha - \gamma| = |\beta - \gamma|$ すなわち $CA = CB$

　また，$\arg\dfrac{\alpha - \gamma}{\beta - \gamma} = -\dfrac{\pi}{2}$ から $\angle BCA = \dfrac{\pi}{2}$

　よって $\angle A = \angle B = \dfrac{\pi}{4}$, $\angle C = \dfrac{\pi}{2}$

← $\beta \neq \gamma$ であるから
　$\beta - \gamma \neq 0$

← $\dfrac{\alpha - \gamma}{\beta - \gamma}$ を極形式で表す。

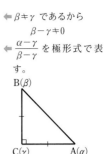

3章

TR

TR
③**87** 3点 $A(-1+ai)$, $B(3-i)$, $C(2-3i)$ に対して，次のことが成り立つように，実数 a の値を定めよ。
　　(1) A, B, C が一直線上にある　　　(2) $AC \perp BC$　　　(3) $AB \perp BC$

$\alpha = -1 + ai$, $\beta = 3 - i$, $\gamma = 2 - 3i$ とする。

(1) $\dfrac{\alpha - \gamma}{\beta - \gamma} = \dfrac{(-1+ai)-(2-3i)}{(3-i)-(2-3i)}$

$= \dfrac{-3+(a+3)i}{1+2i}$

$= \dfrac{\{-3+(a+3)i\}(1-2i)}{(1+2i)(1-2i)}$

$= \dfrac{2a+3}{5} + \dfrac{a+9}{5}i$ ……①

　3点 A, B, C が一直線上にあるのは，① が実数のときである。

　ゆえに $\dfrac{a+9}{5} = 0$　　よって $\boldsymbol{a = -9}$

← $\dfrac{\alpha - \gamma}{\beta - \gamma}$ が実数

(2) $AC \perp BC$ となるのは，① が純虚数のときである。

　よって，$\dfrac{2a+3}{5} = 0$, $\dfrac{a+9}{5} \neq 0$ から $\boldsymbol{a = -\dfrac{3}{2}}$

← $CB \perp CA$
　$\iff \dfrac{\alpha - \gamma}{\beta - \gamma}$ が純虚数

(3) $AB \perp BC$ となるのは，$\dfrac{\alpha - \beta}{\gamma - \beta}$ が純虚数のときである。

$\dfrac{\alpha - \beta}{\gamma - \beta} = \dfrac{(-1+ai)-(3-i)}{(2-3i)-(3-i)}$

$= \dfrac{-4+(a+1)i}{-1-2i}$

$= \dfrac{4-(a+1)i}{1+2i}$

$= \dfrac{\{4-(a+1)i\}(1-2i)}{(1+2i)(1-2i)}$

$= \dfrac{2(1-a)}{5} - \dfrac{a+9}{5}i$

　よって，$\dfrac{2(1-a)}{5} = 0$, $-\dfrac{a+9}{5} \neq 0$ から $\boldsymbol{a = 1}$

TR ③88 複素数平面上に 3 点 O(0)，A(3-2i)，B がある。△OAB が直角二等辺三角形であるとき，点 B を表す複素数 z を求めよ。

[1] ∠O が直角のとき，点 B は，点 O を中心として点 A を $\dfrac{\pi}{2}$ または $-\dfrac{\pi}{2}$ だけ回転した点であるから

$$z = \pm i(3-2i)$$

よって　$z = 2+3i,\ -2-3i$

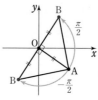

← ∠AOB = $\dfrac{\pi}{2}$,

OA = OB

[2] ∠A が直角のとき，点 B は，点 A を中心として点 O を $\dfrac{\pi}{2}$ または $-\dfrac{\pi}{2}$ だけ回転した点であるから

$$z-(3-2i) = \pm i\{0-(3-2i)\}$$

よって　$z = 1-5i,\ 5+i$

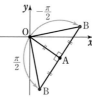

← 点 B を，点 O を中心として点 A を $\dfrac{\pi}{4}$ または $-\dfrac{\pi}{4}$ だけ回転し，O からの距離を $\sqrt{2}$ 倍した点と考えてもよい。

[3] ∠B が直角のとき，点 A は，点 B を中心として点 O を $\dfrac{\pi}{2}$ または $-\dfrac{\pi}{2}$ だけ回転した点であるから

$$(3-2i)-z = \pm i(0-z)$$

z について整理すると

$$(1 \pm i)z = 3-2i$$

これらを解いて

$$z = \frac{1}{2} - \frac{5}{2}i,\ \ \frac{5}{2} + \frac{1}{2}i$$

以上から

$$z = 2+3i,\ -2-3i,\ 1-5i,\ 5+i,\ \frac{1}{2}-\frac{5}{2}i,\ \frac{5}{2}+\frac{1}{2}i$$

← 点 B を，点 O を中心として点 A を $\dfrac{\pi}{4}$ または $-\dfrac{\pi}{4}$ だけ回転し，O からの距離を $\dfrac{1}{\sqrt{2}}$ 倍した点と考えてもよい。

TR ④89 n が負でない整数のとき，$\left(\dfrac{1+\sqrt{3}\,i}{2}\right)^n + \left(\dfrac{1-\sqrt{3}\,i}{2}\right)^n$ を簡単にせよ。

$$\frac{1+\sqrt{3}\,i}{2} = \cos\frac{\pi}{3} + i\sin\frac{\pi}{3},$$

$$\frac{1-\sqrt{3}\,i}{2} = \cos\left(-\frac{\pi}{3}\right) + i\sin\left(-\frac{\pi}{3}\right)$$ であるから，ド・モアブルの定理により

$$\left(\frac{1+\sqrt{3}\,i}{2}\right)^n = \cos\frac{n\pi}{3} + i\sin\frac{n\pi}{3}$$

$$\left(\frac{1-\sqrt{3}\,i}{2}\right)^n = \cos\left(-\frac{n\pi}{3}\right) + i\sin\left(-\frac{n\pi}{3}\right)$$

$$= \cos\frac{n\pi}{3} - i\sin\frac{n\pi}{3}$$

ゆえに　$\left(\dfrac{1+\sqrt{3}\,i}{2}\right)^n + \left(\dfrac{1-\sqrt{3}\,i}{2}\right)^n = 2\cos\dfrac{n\pi}{3}$

← $\dfrac{1+\sqrt{3}\,i}{2}$ と $\dfrac{1-\sqrt{3}\,i}{2}$ は，実軸に関して対称であるから，偏角 θ は $-\pi < \theta \leqq \pi$ で考える。

よって，m を負でない整数とすると

$n=6m$ のとき

$$\frac{n\pi}{3}=2m\pi \qquad \text{ゆえに} \quad (与式)=2\cos 0=\mathbf{2}$$

$n=6m+1$ のとき

$$\frac{n\pi}{3}=2m\pi+\frac{\pi}{3} \qquad \text{ゆえに} \quad (与式)=2\cos\frac{\pi}{3}=\mathbf{1}$$

$n=6m+2$ のとき

$$\frac{n\pi}{3}=2m\pi+\frac{2}{3}\pi \qquad \text{ゆえに} \quad (与式)=2\cos\frac{2}{3}\pi=\mathbf{-1}$$

$n=6m+3$ のとき

$$\frac{n\pi}{3}=2m\pi+\pi \qquad \text{ゆえに} \quad (与式)=2\cos\pi=\mathbf{-2}$$

$n=6m+4$ のとき

$$\frac{n\pi}{3}=2m\pi+\frac{4}{3}\pi \qquad \text{ゆえに} \quad (与式)=2\cos\frac{4}{3}\pi=\mathbf{-1}$$

$n=6m+5$ のとき

$$\frac{n\pi}{3}=2m\pi+\frac{5}{3}\pi \qquad \text{ゆえに} \quad (与式)=2\cos\frac{5}{3}\pi=\mathbf{1}$$

◄ $\cos\dfrac{\theta}{3}$, $\sin\dfrac{\theta}{3}$ の周期
は 6π であるから
$n=6m,\ 6m+1,$
　　$6m+2,\ 6m+3,$
　　$6m+4,\ 6m+5$
の場合に分ける。
例えば
　　$n=6m+1$ のとき
$\cos\dfrac{n\pi}{3}=\cos\left(2m\pi+\dfrac{\pi}{3}\right)$
　　$=\cos\dfrac{\pi}{3}=\dfrac{1}{2}$
他も同様に計算する。

3章

TR

(参考) $\dfrac{1+\sqrt{3}\,i}{2}$, $\dfrac{1-\sqrt{3}\,i}{2}$
は 1 の 6 乗根である。

TR
④**90**

(1) z を複素数として，$u=\dfrac{1-z^{16}}{iz^8}$ とおく。$|z|=1$ ならば，u は実数であることを証明せよ。

(2) 複素数 $\alpha,\ \beta,\ \gamma,\ \delta$ が $\alpha+\beta+\gamma+\delta=0$ かつ $|\alpha|=|\beta|=|\gamma|=|\delta|=1$ を満たすとき，$|\alpha-\beta|^2+|\alpha-\gamma|^2+|\alpha-\delta|^2$ の値を求めよ。

(1) $|z|=1$ のとき $|z|^2=1$ すなわち $z\bar{z}=1$ であるから

$$\bar{z}=\frac{1}{z}$$

ゆえに $\bar{u}=\overline{\left(\dfrac{1-z^{16}}{iz^8}\right)}=\dfrac{1-(\bar{z})^{16}}{-i(\bar{z})^8}=\dfrac{1-\dfrac{1}{z^{16}}}{-i\dfrac{1}{z^8}}$

$$=\frac{z^{16}-1}{-iz^8}=\frac{1-z^{16}}{iz^8}=u$$

よって，u は実数である。

(2) $|\alpha-\beta|^2+|\alpha-\gamma|^2+|\alpha-\delta|^2$
$=(\alpha-\beta)(\bar{\alpha}-\bar{\beta})+(\alpha-\gamma)(\bar{\alpha}-\bar{\gamma})+(\alpha-\delta)(\bar{\alpha}-\bar{\delta})$
$=|\alpha|^2-\alpha\bar{\beta}-\bar{\alpha}\beta+|\beta|^2+|\alpha|^2-\alpha\bar{\gamma}-\bar{\alpha}\gamma+|\gamma|^2$
　$+|\alpha|^2-\alpha\bar{\delta}-\bar{\alpha}\delta+|\delta|^2$
$=3|\alpha|^2+|\beta|^2+|\gamma|^2+|\delta|^2-\alpha(\bar{\beta}+\bar{\gamma}+\bar{\delta})-\bar{\alpha}(\beta+\gamma+\delta)$
$=6-\alpha(\bar{\beta}+\bar{\gamma}+\bar{\delta})-\bar{\alpha}(\beta+\gamma+\delta)$

また，$\alpha+\beta+\gamma+\delta=0$ から　　$\beta+\gamma+\delta=-\alpha$

CHART 複素数の問題
共役な複素数を使う

◄ $\overline{\left(\dfrac{1-z^{16}}{iz^8}\right)}=\dfrac{\overline{1-z^{16}}}{\overline{iz^8}}$
　$=\dfrac{1-\overline{z^{16}}}{\bar{i}\,\overline{z^8}}=\dfrac{1-(\bar{z})^{16}}{-i(\bar{z})^8}$

◄ $|z|^2=z\bar{z}$ を利用。

この両辺の共役複素数を考えて

$\overline{\beta+\gamma+\delta}=\overline{-\alpha}$ から $\overline{\beta}+\overline{\gamma}+\overline{\delta}=-\overline{\alpha}$

よって （与式）$=6-\alpha(-\overline{\alpha})-\overline{\alpha}(-\alpha)=6+|\alpha|^2+|\alpha|^2=8$

TR
④91 ☆ (1) 点 z が点 i を中心とする半径 2 の円上を動くとき，$w=\dfrac{z-i}{z+i}$ で表される点 w はどのような図形を描くか。ただし，$z \neq -i$ とする。

(2) 点 z が原点 O を中心とする半径 2 の円上を動くとき，点 $w=\dfrac{2z-i}{z+i}$ はどのような図形を描くか。

(1) 点 z は点 i を中心とする半径 2 の円上の点であるから

$$|z-i|=2$$

また，$w=\dfrac{z-i}{z+i}$ から $w(z+i)=z-i$

ゆえに $(w-1)z=-i(w+1)$

ここで，$w=1$ とすると $0=-2i$ となり，不合理である。

よって $w \neq 1$ ゆえに $z=\dfrac{-(w+1)i}{w-1}$

⟵ $w-1=0$ の場合も考えられるから，直ちに $w-1$ で割ってはダメ。

すなわち $z-i=\dfrac{-2wi}{w-1}$

これを $|z-i|=2$ に代入すると $\dfrac{2|w||i|}{|w-1|}=2$

すなわち $|w|=|w-1|$

したがって，点 w は，**2 点 0，1 を結ぶ線分の垂直二等分線** を描く。

(2) 点 z は原点 O を中心とする半径 2 の円上の点であるから

$$|z|=2$$

また，$w=\dfrac{2z-i}{z+i}$ から $(z+i)w=2z-i$

よって $(w-2)z=-i(w+1)$

ここで，$w=2$ とすると $0=-3i$ となり，不合理である。

よって $w \neq 2$ ゆえに $z=\dfrac{-i(w+1)}{w-2}$

⟵ $w-2=0$ の場合も考えられるから，直ちに $w-2$ で割ってはダメ。

これを $|z|=2$ に代入すると $\left|\dfrac{-i(w+1)}{w-2}\right|=2$

よって $|w+1|=2|w-2|$ から $|w+1|^2=4|w-2|^2$

ゆえに $(w+1)(\overline{w}+1)=4(w-2)(\overline{w}-2)$

展開して整理すると $w\overline{w}-3w-3\overline{w}+5=0$

よって $(w-3)(\overline{w}-3)=4$ から $|w-3|^2=4$

すなわち $|w-3|=2$

したがって，点 w は，**点 3 を中心とする半径 2 の円** を描く。

TR
④**92** ■ 複素数平面上の異なる3点 O(0), A(α), B(β) について, α, β が次の等式を満たしている。
△OABは, それぞれのような三角形か。

(1) $\alpha^2+\beta^2=0$ (2) $3\alpha^2+\beta^2=0$

(1) $\alpha^2+\beta^2=0$ の両辺を α^2 ($\neq 0$) で割ると

$$1+\left(\frac{\beta}{\alpha}\right)^2=0 \quad \text{すなわち} \quad \left(\frac{\beta}{\alpha}\right)^2=-1$$

ゆえに $\dfrac{\beta}{\alpha}=\pm i$

よって $\dfrac{\beta}{\alpha}=\cos\dfrac{\pi}{2}+i\sin\dfrac{\pi}{2}$

             または

             $\dfrac{\beta}{\alpha}=\cos\left(-\dfrac{\pi}{2}\right)+i\sin\left(-\dfrac{\pi}{2}\right)$

これから $\beta=\left(\cos\dfrac{\pi}{2}+i\sin\dfrac{\pi}{2}\right)\alpha$

             または

             $\beta=\left\{\cos\left(-\dfrac{\pi}{2}\right)+i\sin\left(-\dfrac{\pi}{2}\right)\right\}\alpha$

ゆえに, 点 B(β) は, 点 A(α) を原点 O を中心として $\dfrac{\pi}{2}$ または $-\dfrac{\pi}{2}$ だけ回転した点である。

よって, **∠O$=\dfrac{\pi}{2}$ の直角二等辺三角形** である。

(2) $3\alpha^2+\beta^2=0$ の両辺を α^2 ($\neq 0$) で割ると

$$3+\left(\frac{\beta}{\alpha}\right)^2=0$$

すなわち $\left(\dfrac{\beta}{\alpha}\right)^2=-3$

ゆえに $\dfrac{\beta}{\alpha}=\pm\sqrt{3}\,i$

よって

     $\beta=\sqrt{3}\left(\cos\dfrac{\pi}{2}+i\sin\dfrac{\pi}{2}\right)\alpha$

     または

     $\beta=\sqrt{3}\left\{\cos\left(-\dfrac{\pi}{2}\right)+i\sin\left(-\dfrac{\pi}{2}\right)\right\}\alpha$

ゆえに, 点 B(β) は, 点 A(α) を原点 O を中心として $\dfrac{\pi}{2}$ または $-\dfrac{\pi}{2}$ だけ回転し, 原点からの距離を $\sqrt{3}$ 倍した点である。

よって, **∠O$=\dfrac{\pi}{2}$, ∠A$=\dfrac{\pi}{3}$, ∠B$=\dfrac{\pi}{6}$ の直角三角形** である。

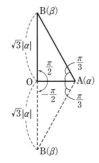

3章

TR

(1) $\alpha^2+\beta^2=0$ の両辺を β^2 ($\neq 0$) で割ると

$\dfrac{\alpha}{\beta}=\pm i$ となるから,

同様に求めることができる。

(2) $3\alpha^2+\beta^2=0$ の両辺を β^2 ($\neq 0$) で割ると

$$\frac{\alpha}{\beta}=\pm\frac{1}{\sqrt{3}}i$$

これを極形式で表して, 左のように計算すると, 点 A(α) は, 点 B(β) を原点 O を中心として $\dfrac{\pi}{2}$ または $-\dfrac{\pi}{2}$ だけ回転し, 原点からの距離を $\dfrac{1}{\sqrt{3}}$ 倍した点であることがわかる。結果は同じになる。

TR
④**93**　原点Oと異なる点 A(α) を通り，直線 OA に垂直な直線上の点を P(z) とするとき，$\dfrac{z}{\alpha}+\overline{\left(\dfrac{z}{\alpha}\right)}=2$ であることを示せ。

[1]　$z \neq \alpha$ のとき

OA⊥AP，$\alpha \neq 0$ から，$\dfrac{z-\alpha}{0-\alpha}$ が純虚数である。

よって　　　$\dfrac{z-\alpha}{-\alpha}+\overline{\left(\dfrac{z-\alpha}{-\alpha}\right)}=0$

ゆえに　　　$\dfrac{z}{-\alpha}+1+\overline{\left(\dfrac{z}{-\alpha}\right)}+1=0$

したがって　　　$\dfrac{z}{\alpha}+\overline{\left(\dfrac{z}{\alpha}\right)}=2$

←$z=\alpha$ のとき，すなわち点Pが点Aと一致する場合は $\dfrac{z-\alpha}{0-\alpha}=0$ であり，純虚数とはならない。したがって，$z=\alpha$ のときは別に考える。

[2]　$z=\alpha$ のとき

$$\dfrac{z}{\alpha}+\overline{\left(\dfrac{z}{\alpha}\right)}=\dfrac{\alpha}{\alpha}+\overline{\left(\dfrac{\alpha}{\alpha}\right)}=1+1=2$$

以上から　　　$\dfrac{z}{\alpha}+\overline{\left(\dfrac{z}{\alpha}\right)}=2$

別解　B(2α) とすると，点Pは線分 OB の垂直二等分線上にある。

したがって，点Pは2点O，Bから等距離にあるから

$$|z-0|=|z-2\alpha|$$

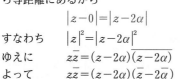

すなわち　　　$|z|^2=|z-2\alpha|^2$

ゆえに　　　$z\bar{z}=(z-2\alpha)\overline{(z-2\alpha)}$

よって　　　$z\bar{z}=(z-2\alpha)(\bar{z}-2\bar{\alpha})$

右辺を展開して整理すると　　　$\bar{\alpha}z+\alpha\bar{z}=2\alpha\bar{\alpha}$

両辺を $\alpha\bar{\alpha}$ ($\neq 0$) で割って　　　$\dfrac{z}{\alpha}+\dfrac{\bar{z}}{\bar{\alpha}}=2$

したがって　　　$\dfrac{z}{\alpha}+\overline{\left(\dfrac{z}{\alpha}\right)}=2$

←$|z|$ は，$|z|^2=z\bar{z}$ として扱う。

←$z\bar{z}=z\bar{z}-2\bar{\alpha}z-2\alpha\bar{z}+4\alpha\bar{\alpha}$

←α は，原点Oと異なる点であるから　$\alpha\bar{\alpha}\neq 0$

EX
②**20**　$z=r(\cos\theta+i\sin\theta)$ とするとき，次の複素数の絶対値と偏角を r, θ を用いて，それぞれ1つずつ表せ。ただし，$r>0$ とする。

(1)　$2z$　　　(2)　$-z$　　　(3)　$\bar{z}$　　　(4)　$\dfrac{1}{z}$　　　(5)　z^2　　　(6)　$-2\bar{z}$

(1)　$2z=2r(\cos\theta+i\sin\theta)$

であるから　　**絶対値 $2r$, 偏角 θ**

(2)　$-z=-r(\cos\theta+i\sin\theta)$

$=r(-\cos\theta-i\sin\theta)$

$=r\{\cos(\theta+\pi)+i\sin(\theta+\pi)\}$

であるから　　**絶対値 r, 偏角 $\theta+\pi$**

(3)　$\bar{z}=r(\cos\theta-i\sin\theta)$

$=r\{\cos(-\theta)+i\sin(-\theta)\}$

であるから　　**絶対値 r, 偏角 $-\theta$**

(4)　$\dfrac{1}{z}=\dfrac{1}{r(\cos\theta+i\sin\theta)}$

$=\dfrac{\cos\theta-i\sin\theta}{r(\cos\theta+i\sin\theta)(\cos\theta-i\sin\theta)}$

$=\dfrac{\cos(-\theta)+i\sin(-\theta)}{r(\cos^2\theta+\sin^2\theta)}$

$=\dfrac{1}{r}\{\cos(-\theta)+i\sin(-\theta)\}$

であるから　　**絶対値 $\dfrac{1}{r}$, 偏角 $-\theta$**

(5)　$z^2=\{r(\cos\theta+i\sin\theta)\}^2$

$=r^2\{(\cos^2\theta-\sin^2\theta)+i(2\sin\theta\cos\theta)\}$

$=r^2(\cos2\theta+i\sin2\theta)$

であるから　　**絶対値 r^2, 偏角 2θ**

(6)　$-2\bar{z}=-2r(\cos\theta-i\sin\theta)$

$=2r(-\cos\theta+i\sin\theta)$

$=2r\{\cos(\pi-\theta)+i\sin(\pi-\theta)\}$

であるから　　**絶対値 $2r$, 偏角 $\pi-\theta$**

(1)　$2=2(\cos0+i\sin0)$
と考えてもよい。

(2)　点 z と点 $-z$ は原点に関して対称 $\longrightarrow$ 点 $-z$ は点 z を原点を中心として π だけ回転した点。

(3)　点 z と点 $\bar{z}$ は実軸に関して対称。

(4)　分母，分子に $\cos\theta-i\sin\theta$ を掛けて分母を実数化する。

(6)　$-2=2(\cos\pi+i\sin\pi)$,
$\bar{z}=r\{\cos(-\theta)$
　　$+i\sin(-\theta)\}$
の積と考えてもよい。

EX
②**21**　点 α を原点を中心として $\dfrac{\pi}{3}$ だけ回転した点を β とする。$\beta=2+2i$ であるとき，点 α を表す複素数を求めよ。

点 α は，点 β を原点を中心として $-\dfrac{\pi}{3}$ だけ回転した点である

から

$\alpha=\left\{\cos\left(-\dfrac{\pi}{3}\right)+i\sin\left(-\dfrac{\pi}{3}\right)\right\}\beta$

$=\left(\dfrac{1}{2}-\dfrac{\sqrt{3}}{2}i\right)(2+2i)$

$=(1+\sqrt{3})+(1-\sqrt{3})i$

$\Leftarrow\left(\cos\dfrac{\pi}{3}+i\sin\dfrac{\pi}{3}\right)\alpha$
$=\beta$ であるから　α
$=\left(\cos\dfrac{\pi}{3}+i\sin\dfrac{\pi}{3}\right)^{-1}\beta$
と考えてもよい。

EX
③**22** 次の式を計算せよ。

(1) $\left(\cos\dfrac{\pi}{12}+i\sin\dfrac{\pi}{12}\right)^6$ (2) $\left(\dfrac{1+i}{2}\right)^{15}$ (3) $(\sqrt{6}-\sqrt{2}\,i)^{-6}$

(4) $\left(\dfrac{1+\sqrt{3}\,i}{1+i}\right)^{12}$ (5) $(\sqrt{3}+i)^{10}+(\sqrt{3}-i)^{10}$

(1) $\left(\cos\dfrac{\pi}{12}+i\sin\dfrac{\pi}{12}\right)^6 = \cos\left(6\times\dfrac{\pi}{12}\right)+i\sin\left(6\times\dfrac{\pi}{12}\right)$

$$= \cos\dfrac{\pi}{2}+i\sin\dfrac{\pi}{2}$$

$$= i$$

(2) $1+i = \sqrt{2}\left(\dfrac{1}{\sqrt{2}}+\dfrac{1}{\sqrt{2}}i\right)$

$$= \sqrt{2}\left(\cos\dfrac{\pi}{4}+i\sin\dfrac{\pi}{4}\right)$$

であるから

$$\left(\dfrac{1+i}{2}\right)^{15} = \left\{\dfrac{\sqrt{2}}{2}\left(\cos\dfrac{\pi}{4}+i\sin\dfrac{\pi}{4}\right)\right\}^{15}$$

$$= \left(\dfrac{\sqrt{2}}{2}\right)^{15}\left\{\cos\left(15\times\dfrac{\pi}{4}\right)+i\sin\left(15\times\dfrac{\pi}{4}\right)\right\}$$

$$= \dfrac{1}{(\sqrt{2})^{15}}\left\{\cos\left(-\dfrac{\pi}{4}+4\pi\right)+i\sin\left(-\dfrac{\pi}{4}+4\pi\right)\right\}$$

$$= \dfrac{1}{(\sqrt{2})^{15}}\left\{\cos\left(-\dfrac{\pi}{4}\right)+i\sin\left(-\dfrac{\pi}{4}\right)\right\}$$

$$= \dfrac{1}{(\sqrt{2})^{15}}\left(\dfrac{1}{\sqrt{2}}-\dfrac{1}{\sqrt{2}}i\right)$$

$$= \dfrac{1-i}{(\sqrt{2})^{16}} = \dfrac{1}{256}-\dfrac{1}{256}i$$

(3) $\sqrt{6}-\sqrt{2}\,i = 2\sqrt{2}\left(\dfrac{\sqrt{3}}{2}-\dfrac{1}{2}i\right)$

$$= 2\sqrt{2}\left\{\cos\left(-\dfrac{\pi}{6}\right)+i\sin\left(-\dfrac{\pi}{6}\right)\right\}$$

したがって

$$(\sqrt{6}-\sqrt{2}\,i)^{-6} = (2\sqrt{2})^{-6}\left[\cos\left\{-6\times\left(-\dfrac{\pi}{6}\right)\right\}\right.$$

$$\left.+i\sin\left\{-6\times\left(-\dfrac{\pi}{6}\right)\right\}\right]$$

$$= (2\sqrt{2})^{-6}(\cos\pi+i\sin\pi)$$

$$= -\dfrac{1}{(2\sqrt{2})^6}$$

$$= -\dfrac{1}{2^9} = -\dfrac{1}{512}$$

CHART (複素数)^n
複素数の累乗には
ド・モアブル

$\Leftarrow (\sqrt{2})^{16}=2^8=256$

$\Leftarrow$ 偏角 θ の範囲は
  $-\pi<\theta\leqq\pi$
とした方が, 計算する
ときに有効なことが多
い。

(4) $1+\sqrt{3}\,i=2\left(\cos\dfrac{\pi}{3}+i\sin\dfrac{\pi}{3}\right)$,

$1+i=\sqrt{2}\left(\cos\dfrac{\pi}{4}+i\sin\dfrac{\pi}{4}\right)$ であるから

$$\frac{1+\sqrt{3}\,i}{1+i}=\frac{2\left(\cos\dfrac{\pi}{3}+i\sin\dfrac{\pi}{3}\right)}{\sqrt{2}\left(\cos\dfrac{\pi}{4}+i\sin\dfrac{\pi}{4}\right)}$$

$$=\sqrt{2}\left\{\cos\left(\dfrac{\pi}{3}-\dfrac{\pi}{4}\right)+i\sin\left(\dfrac{\pi}{3}-\dfrac{\pi}{4}\right)\right\}$$

$$=\sqrt{2}\left(\cos\dfrac{\pi}{12}+i\sin\dfrac{\pi}{12}\right)$$

よって　$\left(\dfrac{1+\sqrt{3}\,i}{1+i}\right)^{12}=\left\{\sqrt{2}\left(\cos\dfrac{\pi}{12}+i\sin\dfrac{\pi}{12}\right)\right\}^{12}$

$$=(\sqrt{2})^{12}\left(\cos\dfrac{\pi}{12}+i\sin\dfrac{\pi}{12}\right)^{12}$$

$$=64\left\{\cos\left(12\times\dfrac{\pi}{12}\right)+i\sin\left(12\times\dfrac{\pi}{12}\right)\right\}$$

$$=64(\cos\pi+i\sin\pi)$$

$$=\boldsymbol{-64}$$

← まず，$\dfrac{1+\sqrt{3}\,i}{1+i}$ を極形式で表す。それには，分母・分子それぞれを極形式で表し，絶対値は割り，偏角は引く。

(5) $\sqrt{3}+i=2\left(\dfrac{\sqrt{3}}{2}+\dfrac{1}{2}i\right)$

$$=2\left(\cos\dfrac{\pi}{6}+i\sin\dfrac{\pi}{6}\right)$$

であるから

$$(\sqrt{3}+i)^{10}=\left\{2\left(\cos\dfrac{\pi}{6}+i\sin\dfrac{\pi}{6}\right)\right\}^{10}$$

$$=2^{10}\left(\cos\dfrac{5}{3}\pi+i\sin\dfrac{5}{3}\pi\right)$$

$$=2^{10}\left(\dfrac{1}{2}-\dfrac{\sqrt{3}}{2}i\right)$$

$$=2^{9}(1-\sqrt{3}\,i)$$

同様に　$(\sqrt{3}-i)^{10}=2^{10}\left\{\cos\left(-\dfrac{\pi}{6}\right)+i\sin\left(-\dfrac{\pi}{6}\right)\right\}^{10}$

$$=2^{10}\left\{\cos\left(-\dfrac{5}{3}\pi\right)+i\sin\left(-\dfrac{5}{3}\pi\right)\right\}$$

$$=2^{10}\left(\dfrac{1}{2}+\dfrac{\sqrt{3}}{2}i\right)$$

$$=2^{9}(1+\sqrt{3}\,i)$$

ゆえに

$$(\sqrt{3}+i)^{10}+(\sqrt{3}-i)^{10}=2^{9}(1-\sqrt{3}\,i)+2^{9}(1+\sqrt{3}\,i)$$

$$=2^{9}\times2$$

$$=2^{10}=\boldsymbol{1024}$$

← まず，$(\sqrt{3}+i)^{10}$，$(\sqrt{3}-i)^{10}$ それぞれを極形式で表す。

(参考) $\sqrt{3}-i=\overline{\sqrt{3}+i}$ であるから，共役複素数の性質より

$$(\sqrt{3}-i)^{10}$$
$$=\overline{(\sqrt{3}+i)^{10}}$$
$$=\overline{2^{9}(1-\sqrt{3}\,i)}$$
$$=2^{9}(1+\sqrt{3}\,i)$$

であることがわかる。

EX ③23 ド・モアブルの定理を用いて，余弦・正弦に関する次の 3 倍角の公式を導け。

$$3 \text{倍角の公式} \quad \cos 3\theta = 4\cos^3\theta - 3\cos\theta$$
$$\sin 3\theta = 3\sin\theta - 4\sin^3\theta$$

ド・モアブルの定理により
$$(\cos\theta + i\sin\theta)^3 = \cos 3\theta + i\sin 3\theta$$

ここで
$$(\cos\theta + i\sin\theta)^3$$
$$= \cos^3\theta + 3\cos^2\theta \cdot i\sin\theta + 3\cos\theta \cdot i^2\sin^2\theta + i^3\sin^3\theta$$
$$= \cos^3\theta - 3\sin^2\theta\cos\theta + i(3\cos^2\theta\sin\theta - \sin^3\theta)$$
$$= \cos^3\theta - 3(1-\cos^2\theta)\cos\theta + i\{3(1-\sin^2\theta)\sin\theta - \sin^3\theta\}$$
$$= 4\cos^3\theta - 3\cos\theta + i(3\sin\theta - 4\sin^3\theta)$$

⟸ $\sin^2\theta + \cos^2\theta = 1$ 利用。

よって
$$\cos 3\theta + i\sin 3\theta = (4\cos^3\theta - 3\cos\theta) + i(3\sin\theta - 4\sin^3\theta)$$

$\cos 3\theta$, $\sin 3\theta$, $4\cos^3\theta - 3\cos\theta$, $3\sin\theta - 4\sin^3\theta$ は実数であるから
$$\cos 3\theta = 4\cos^3\theta - 3\cos\theta, \quad \sin 3\theta = 3\sin\theta - 4\sin^3\theta$$

⟸ a, b, c, d が実数のとき $a+bi=c+di$ ⟺ $a=c$, $b=d$

EX ③24 複素数 z が $z + \dfrac{1}{z} = \sqrt{2}$ を満たすとき，$z^{15} + \dfrac{1}{z^{15}}$ の値を求めよ。

$z + \dfrac{1}{z} = \sqrt{2}$ から $z^2 - \sqrt{2}z + 1 = 0$

これを解くと $z = \dfrac{\sqrt{2} \pm \sqrt{2}i}{2} = \dfrac{1}{\sqrt{2}} \pm \dfrac{1}{\sqrt{2}}i$

⟸ 2 次方程式の解の公式利用。

ゆえに
$$z = \cos\frac{\pi}{4} + i\sin\frac{\pi}{4} \quad \text{または} \quad z = \cos\left(-\frac{\pi}{4}\right) + i\sin\left(-\frac{\pi}{4}\right)$$

ここで，$\theta = \pm\dfrac{\pi}{4}$ とすると $z^{15} = \cos 15\theta + i\sin 15\theta$

⟸ 偏角が $\dfrac{\pi}{4}$, $-\dfrac{\pi}{4}$ の場合をまとめて考える。

よって $\dfrac{1}{z^{15}} = \cos(-15\theta) + i\sin(-15\theta)$
$$= \cos 15\theta - i\sin 15\theta$$

したがって $z^{15} + \dfrac{1}{z^{15}} = 2\cos 15\theta$

$\theta = \dfrac{\pi}{4}$ のとき $\cos 15\theta = \cos\dfrac{15}{4}\pi = \cos\left(-\dfrac{\pi}{4}\right) = \dfrac{1}{\sqrt{2}}$

⟸ $\dfrac{15}{4}\pi = -\dfrac{\pi}{4} + 4\pi$

$-\dfrac{15}{4}\pi = \dfrac{\pi}{4} - 4\pi$

$\theta = -\dfrac{\pi}{4}$ のとき $\cos 15\theta = \cos\left(-\dfrac{15}{4}\pi\right) = \cos\dfrac{\pi}{4} = \dfrac{1}{\sqrt{2}}$

よって $z^{15} + \dfrac{1}{z^{15}} = 2 \cdot \dfrac{1}{\sqrt{2}} = \sqrt{2}$

EX ③25 虚数 $\alpha = \dfrac{\sqrt{3}+i}{2}$ に対して $\alpha^n + \dfrac{1}{\alpha^n} = -2$ が成り立つような自然数 n で $1 \leqq n \leqq 100$ を満たすものは，全部で ☐ 個ある。

$\alpha = \dfrac{\sqrt{3}+i}{2} = \cos\dfrac{\pi}{6} + i\sin\dfrac{\pi}{6}$ であるから

← まず, α を極形式で表す。

$$\alpha^n = \left(\cos\dfrac{\pi}{6} + i\sin\dfrac{\pi}{6}\right)^n = \cos\dfrac{n\pi}{6} + i\sin\dfrac{n\pi}{6}$$

$$\dfrac{1}{\alpha^n} = \left(\cos\dfrac{\pi}{6} + i\sin\dfrac{\pi}{6}\right)^{-n} = \cos\dfrac{-n\pi}{6} + i\sin\dfrac{-n\pi}{6}$$

$$= \cos\dfrac{n\pi}{6} - i\sin\dfrac{n\pi}{6}$$

よって $\alpha^n + \dfrac{1}{\alpha^n} = 2\cos\dfrac{n\pi}{6}$

$\alpha^n + \dfrac{1}{\alpha^n} = -2$ であるから $2\cos\dfrac{n\pi}{6} = -2$

よって $\cos\dfrac{n\pi}{6} = -1$

ゆえに $\dfrac{n\pi}{6} = (2k+1)\pi$ (k は整数)

← $\cos\theta = -1$
$\iff \theta = (2k+1)\pi$
(k は整数)

すなわち $n = 6(2k+1) = 12k+6$ (k は整数)
よって, $1 \leqq n \leqq 100$ を満たす k の値は $k = 0,\ 1,\ \cdots\cdots,\ 7$ の
8個であるから, 求める自然数 n の個数は   **8個**

← $1 \leqq 12k+6 \leqq 100$

3章
EX

EX
③**26** $z = \cos\dfrac{2\pi}{5} + i\sin\dfrac{2\pi}{5}$ とする。

(1) z^5 および $z^4 + z^3 + z^2 + z + 1$ の値を求めよ。

(2) $t = z + \dfrac{1}{z}$ とおく。$t^2 + t$ の値を求めよ。

(1) $\boldsymbol{z^5} = \left(\cos\dfrac{2\pi}{5} + i\sin\dfrac{2\pi}{5}\right)^5 = \cos 2\pi + i\sin 2\pi = \boldsymbol{1}$

$z^4 + z^3 + z^2 + z + 1$ は, 初項が 1, 公比が z の等比数列の初項
から第5項までの和である。$z \neq 1$ であるから

$$z^4 + z^3 + z^2 + z + 1 = \dfrac{1 - z^5}{1 - z}$$

← 初項 a, 公比 r ($r \neq 1$)
の等比数列の初項から
第 n 項までの和 S_n は
$$S_n = \dfrac{a(1 - r^n)}{1 - r}$$

ここで, $z^5 = 1$ であるから $\boldsymbol{z^4 + z^3 + z^2 + z + 1} = \dfrac{1-1}{1-z} = \boldsymbol{0}$

別解 $z^5 - 1 = 0$ であるから $(z-1)(z^4 + z^3 + z^2 + z + 1) = 0$
$z \neq 1$ であるから $\boldsymbol{z^4 + z^3 + z^2 + z + 1 = 0}$

(2) $t^2 + t = \left(z + \dfrac{1}{z}\right)^2 + z + \dfrac{1}{z} = z^2 + 2z\cdot\dfrac{1}{z} + \dfrac{1}{z^2} + z + \dfrac{1}{z}$

$$= z^2 + z + 2 + \dfrac{1}{z} + \dfrac{1}{z^2}$$

ここで, $z^5 = 1$ から $\dfrac{1}{z} = z^4$, $\dfrac{1}{z^2} = z^3$

よって $t^2 + t = z^2 + z + 2 + z^4 + z^3 = z^4 + z^3 + z^2 + z + 1 + 1$
$$= 0 + 1 = \boldsymbol{1}$$

← (1) から。

EX ③**27**

☆ 複素数平面上の点 P(z) が，点 $2i$ を中心とする半径 1 の円上を動くとき，$w=(1+i)(z-1)$ を満たす点 Q(w) が描く図形を求めよ。

点 z は点 $2i$ を中心とする半径 1 の円上の点であるから
$$|z-2i|=1$$

$w=(1+i)(z-1)$ から　　$z-1=\dfrac{w}{1+i}$

← $(1+i)(z-1)=w$ の両辺を $1+i$ ($\neq 0$) で割る。

ゆえに　　$z=\dfrac{w}{1+i}+1$

これを $|z-2i|=1$ に代入すると
$$\left|\dfrac{w}{1+i}+1-2i\right|=1$$

よって　　$\left|\dfrac{w+(1-2i)(1+i)}{1+i}\right|=1$

← $(1-2i)(1+i)$
$=1+i-2i-2i^2$
$=1+i-2i+2=3-i$

すなわち　　$\dfrac{|w+3-i|}{|1+i|}=1$

$|1+i|=\sqrt{2}$ であるから
$$|w-(-3+i)|=\sqrt{2}$$

← $|1+i|=\sqrt{1^2+1^2}=\sqrt{2}$

したがって，点 Q(w) は，**点 $-3+i$ を中心とする半径 $\sqrt{2}$ の円** を描く。

EX ③**28**

異なる 3 つの複素数 α, β, γ の間に等式 $\sqrt{3}\,\gamma-i\beta=(\sqrt{3}-i)\alpha$ が成り立つとき，次の問いに答えよ。

(1) $\dfrac{\gamma-\alpha}{\beta-\alpha}$ を計算せよ。

(2) 3 点 A(α)，B(β)，C(γ) を頂点とする △ABC の ∠A，∠B，∠C の大きさをそれぞれ求めよ。

(1) 等式から　　$\sqrt{3}\,(\gamma-\alpha)=i(\beta-\alpha)$

よって　　$\dfrac{\gamma-\alpha}{\beta-\alpha}=\dfrac{1}{\sqrt{3}}i$

CHART
(1), (2) の問題
(1) は (2) のヒント

(2) (1) より $\dfrac{\gamma-\alpha}{\beta-\alpha}$ は純虚数であるから，2 直線 AB，AC は垂直に交わる。

すなわち　　$\angle A=\dfrac{\pi}{2}$

また，$\left|\dfrac{\gamma-\alpha}{\beta-\alpha}\right|=\dfrac{1}{\sqrt{3}}$ であるから
$$|\beta-\alpha|=\sqrt{3}\,|\gamma-\alpha|$$

$AB=\sqrt{3}\,AC$ であるから　　$AB:AC=\sqrt{3}:1$

よって　　$\angle B=\dfrac{\pi}{6}$，$\angle C=\dfrac{\pi}{3}$

← BC : CA : AB
$=2:1:\sqrt{3}$
の直角三角形。

EX ③ 29 複素数平面上の正方形において，1組の隣り合う2つの頂点が0と2+3iであるとき，他の2つの頂点を表す複素数を求めよ。

正方形をOABCとし，O(0)，A(2+3i)，B(β)，C(γ)とする。

点Cは，点Aを原点を中心として $\frac{\pi}{2}$ または $-\frac{\pi}{2}$ だけ回転した点であるから

$$\gamma = \left(\cos\frac{\pi}{2} + i\sin\frac{\pi}{2}\right)(2+3i) = i(2+3i)$$

または

$$\gamma = \left\{\cos\left(-\frac{\pi}{2}\right) + i\sin\left(-\frac{\pi}{2}\right)\right\}(2+3i) = (-i)(2+3i)$$

ゆえに $\gamma = -3+2i,\ 3-2i$

また，原点Oを点Aに移す平行移動によって，点Cは点Bに移るから

$$\beta = \gamma + 2 + 3i$$

よって，$\gamma = -3+2i$ のとき

$$\beta = (-3+2i) + (2+3i) = -1+5i$$

または $\gamma = 3-2i$ のとき

$$\beta = (3-2i) + (2+3i) = 5+i$$

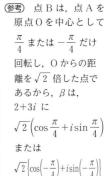

(参考) 点Bは，点Aを原点Oを中心として $\frac{\pi}{4}$ または $-\frac{\pi}{4}$ だけ回転し，Oからの距離を $\sqrt{2}$ 倍した点であるから，β は，$2+3i$ に

$$\sqrt{2}\left(\cos\frac{\pi}{4} + i\sin\frac{\pi}{4}\right)$$

または

$$\sqrt{2}\left\{\cos\left(-\frac{\pi}{4}\right) + i\sin\left(-\frac{\pi}{4}\right)\right\}$$

を掛けて求めてもよい。

EX ④ 30 複素数 α, β が $|\alpha|=1$, $|\beta|=\sqrt{2}$, $|\alpha-\beta|=1$ を満たし，$\frac{\beta}{\alpha}$ の虚部は正であるとする。

(1) $\frac{\beta}{\alpha}$ および $\left(\frac{\beta}{\alpha}\right)^8$ を求めよ。　(2) $|\alpha+\beta|$ を求めよ。　[佐賀大]

(1) x, y を実数として，$\frac{\beta}{\alpha} = x+yi\ (y>0)$ とする。

$\Leftarrow \frac{\beta}{\alpha}$ の虚部が正。

$|\alpha-\beta|=1$ の両辺を $|\alpha|$ で割ると $\left|1-\frac{\beta}{\alpha}\right| = \frac{1}{|\alpha|}$

$\Leftarrow |\alpha|=1$ から $\frac{1}{|\alpha|}=1$

よって $|1-(x+yi)|=1$ すなわち $|(1-x)-yi|=1$
ゆえに $(1-x)^2 + (-y)^2 = 1$
整理すると $x^2+y^2-2x=0$ …… ①

また，$\left|\frac{\beta}{\alpha}\right| = \frac{|\beta|}{|\alpha|} = \sqrt{2}$ であるから $\sqrt{x^2+y^2} = \sqrt{2}$

$\Leftarrow |\alpha|=1$, $|\beta|=\sqrt{2}$ から $\frac{|\beta|}{|\alpha|}=\sqrt{2}$

よって $x^2+y^2 = 2$ …… ②

$y>0$ であるから，①，②を解くと $x=1$, $y=1$

したがって $\frac{\beta}{\alpha} = 1+i$

$$\frac{\beta}{\alpha} = \sqrt{2}\left(\frac{1}{\sqrt{2}} + \frac{1}{\sqrt{2}}i\right) = \sqrt{2}\left(\cos\frac{\pi}{4} + i\sin\frac{\pi}{4}\right)$$ であるから，

$$\left(\frac{\beta}{\alpha}\right)^8 = (\sqrt{2})^8\left(\cos\frac{\pi}{4} + i\sin\frac{\pi}{4}\right)^8 = 16\left(\cos\frac{8}{4}\pi + i\sin\frac{8}{4}\pi\right)$$
$$= 16(\cos 2\pi + i\sin 2\pi) = 16$$

$\Leftarrow$ ド・モアブルの定理
$(\cos\theta + i\sin\theta)^n$
$= \cos n\theta + i\sin n\theta$

参考 $\dfrac{\beta}{\alpha}$ の値は複素数平面で考えて，次のように求めてもよい。

複素数平面上で，α，β が表す点をそれぞれ A，B とすると，条件から
$$OA=AB=1,\quad OB=\sqrt{2}$$
よって，$\triangle OAB$ は右の図のような $\angle A$ が直角の直角二等辺三角形である。

$\dfrac{\beta}{\alpha}=\dfrac{\beta-0}{\alpha-0}$ の虚部は正であるから，点Bは原点Oを中心に点Aを $\dfrac{\pi}{4}$ だけ回転し，点Oからの距離を $\sqrt{2}$ 倍した点である。

よって $\beta=\sqrt{2}\left(\cos\dfrac{\pi}{4}+i\sin\dfrac{\pi}{4}\right)\alpha$

すなわち $\dfrac{\beta}{\alpha}=\sqrt{2}\left(\dfrac{1}{\sqrt{2}}+\dfrac{1}{\sqrt{2}}i\right)=1+i$

(2) (1) より $\beta=(1+i)\alpha$ であるから
$$\begin{aligned}|\alpha+\beta|&=|\alpha+(1+i)\alpha|\\&=|2+i||\alpha|\\&=\sqrt{2^2+1^2}\cdot1=\sqrt{5}\end{aligned}$$

$\Leftarrow \dfrac{\beta}{\alpha}=1+i$ から $\beta=(1+i)\alpha$

EX ④31 等式 $(i-\sqrt{3})^m=(1+i)^n$ を満たす自然数 m，n のうち，m が最小となるときの m，n の値を求めよ。　　[九州大]

$i-\sqrt{3}=2\left(\cos\dfrac{5}{6}\pi+i\sin\dfrac{5}{6}\pi\right),\ 1+i=\sqrt{2}\left(\cos\dfrac{\pi}{4}+i\sin\dfrac{\pi}{4}\right)$ であるから

$\Leftarrow$ まず，$i-\sqrt{3}$，$1+i$ を極形式で表す。

$$(i-\sqrt{3})^m=2^m\left(\cos\dfrac{5m}{6}\pi+i\sin\dfrac{5m}{6}\pi\right)$$
$$(1+i)^n=2^{\frac{n}{2}}\left(\cos\dfrac{n}{4}\pi+i\sin\dfrac{n}{4}\pi\right)$$

$\Leftarrow$ ド・モアブルの定理

等式 $(i-\sqrt{3})^m=(1+i)^n$ の両辺の絶対値と偏角を比較して
$$2^m=2^{\frac{n}{2}}\ \cdots\cdots\ ①$$
$$\dfrac{5m}{6}\pi=\dfrac{n}{4}\pi+2k\pi\quad(k は整数)\ \cdots\cdots\ ②$$

① から $n=2m$
これを ② に代入して
$$\dfrac{5m}{6}\pi=\dfrac{m}{2}\pi+2k\pi$$
よって $m=6k$
これを満たす自然数 m で最小のものは $k=1$ のときで
$$m=6$$
このとき $n=12$

$\Leftarrow a>0,\ a\neq1$ のとき $a^p=a^q \iff p=q$

EX ④32 z を2と異なる複素数とする。複素数平面上で点 $\dfrac{z}{z-2}$ が虚軸上にあるように点 z が動くとき，点 z はどのような図形を描くか答えよ。　[京都工繊大]

点 $\dfrac{z}{z-2}$ が虚軸上にあるとき，$\dfrac{z}{z-2}$ の実部が 0 であるから

$$\dfrac{z}{z-2}+\overline{\left(\dfrac{z}{z-2}\right)}=0 \qquad よって \qquad \dfrac{z}{z-2}+\dfrac{\bar{z}}{\overline{z-2}}=0$$

ゆえに　$z(\bar{z}-2)+\bar{z}(z-2)=0$
整理すると　$z\bar{z}-z-\bar{z}=0$
$z\bar{z}-z-\bar{z}+1=1$ であるから　$(z-1)(\bar{z}-1)=1$
よって　$(z-1)\overline{(z-1)}=1$　すなわち　$|z-1|^2=1$
ゆえに　$|z-1|=1$

したがって，点 z が描く図形は，**点1を中心とする半径1の円**から，**点2を除いた部分** である。

$\Leftarrow w=a+bi\,(a,\ b$ は実数$)$ のとき

実部 $a=\dfrac{w+\bar{w}}{2}$

虚部 $b=\dfrac{w-\bar{w}}{2i}$

であるから
点 w が虚軸上
$\Longleftrightarrow w$ の実部が 0
$\Longleftrightarrow w+\bar{w}=0$

3章
EX

EX ④33 複素数平面上の原点Oと異なる2点 $A(\alpha)$，$B(\beta)$ に対して $3\alpha^2-6\alpha\beta+4\beta^2=0$ が成り立つ。3点 O，A，B を通る円を C とする。

(1) $\dfrac{\alpha}{\beta}$ を極形式で表せ。ただし，偏角 θ の範囲は $-\pi<\theta\leqq\pi$ とする。

(2) 円 C の中心と半径を α を用いて表せ。

(3) $|3\alpha-2\beta|$ を β を用いて表せ。　[名古屋工大]

(1) $\beta\neq0$ であるから　$3\left(\dfrac{\alpha}{\beta}\right)^2-6\cdot\dfrac{\alpha}{\beta}+4=0$

よって　$\dfrac{\alpha}{\beta}=\dfrac{-(-3)\pm\sqrt{(-3)^2-3\cdot4}}{3}=1\pm\dfrac{\sqrt{3}}{3}i$

ゆえに　$\left|\dfrac{\alpha}{\beta}\right|=\sqrt{1^2+\left(\dfrac{\sqrt{3}}{3}\right)^2}=\dfrac{2\sqrt{3}}{3}$

偏角 θ の範囲は $-\pi<\theta\leqq\pi$ であるから

$$\dfrac{\alpha}{\beta}=\dfrac{2\sqrt{3}}{3}\left(\dfrac{\sqrt{3}}{2}\pm\dfrac{1}{2}i\right)$$
$$=\dfrac{2\sqrt{3}}{3}\left\{\cos\left(\pm\dfrac{\pi}{6}\right)+i\sin\left(\pm\dfrac{\pi}{6}\right)\right\} \quad \text{(複号同順)}$$

(2) (1)から　$\alpha=\dfrac{2}{\sqrt{3}}\left(\cos\dfrac{\pi}{6}+i\sin\dfrac{\pi}{6}\right)\beta$，または

$$\alpha=\dfrac{2}{\sqrt{3}}\left\{\cos\left(-\dfrac{\pi}{6}\right)+i\sin\left(-\dfrac{\pi}{6}\right)\right\}\beta$$

よって，$\triangle OAB$ は $\angle BOA=\dfrac{\pi}{6}$，$OA:OB=2:\sqrt{3}$ の直角三角形である。

したがって，円 C は線分 OA を直径とする円であり，円 C の**中心は点 $\dfrac{\alpha}{2}$，半径は $\dfrac{|\alpha|}{2}$** である。

$\Leftarrow \dfrac{\alpha}{\beta}$ について解く。

$\Leftarrow OA=|\alpha|$

(3) (1) より $\alpha = \dfrac{3\pm\sqrt{3}\,i}{3}\beta$ であるから

$$|3\alpha-2\beta| = |(3\pm\sqrt{3}\,i)\beta-2\beta| = |(1\pm\sqrt{3}\,i)\beta|$$
$$= |1\pm\sqrt{3}\,i||\beta| = \sqrt{1^2+(\sqrt{3})^2}|\beta| = 2|\beta|$$

$\Leftarrow \dfrac{\alpha}{\beta} = \dfrac{3\pm\sqrt{3}\,i}{3}$ から

$\alpha = \dfrac{3\pm\sqrt{3}\,i}{3}\beta$

EX ④**34** α, β を複素数として α の実部と虚部がともに正であるとする。また，$|\alpha|=|\beta|=1$ とする。複素数 $i\alpha, \dfrac{i}{\alpha}, \beta$ で表される複素数平面上の3点が，ある正三角形の3頂点であるとき，α, β をそれぞれ求めよ。　　　　　　　　　　　　　　　　　　　　　　　　　　　　　　[静岡大]

$\alpha = \cos\theta + i\sin\theta \left(0 < \theta < \dfrac{\pi}{2}\right)$ とおくと

$\quad i\alpha = \left(\cos\dfrac{\pi}{2} + i\sin\dfrac{\pi}{2}\right)(\cos\theta + i\sin\theta)$

$\qquad = \cos\left(\dfrac{\pi}{2}+\theta\right) + i\sin\left(\dfrac{\pi}{2}+\theta\right)$

$\quad \dfrac{i}{\alpha} = \dfrac{\cos\dfrac{\pi}{2} + i\sin\dfrac{\pi}{2}}{\cos\theta + i\sin\theta}$

$\qquad = \cos\left(\dfrac{\pi}{2}-\theta\right) + i\sin\left(\dfrac{\pi}{2}-\theta\right)$

$0 < \theta < \dfrac{\pi}{2}$ から　$\dfrac{\pi}{2} < \dfrac{\pi}{2}+\theta < \pi,\ 0 < \dfrac{\pi}{2}-\theta < \dfrac{\pi}{2}$

また，$|i\alpha| = \left|\dfrac{i}{\alpha}\right| = |\beta| = 1$ であるから，$0 \le \arg\beta < 2\pi$ とする

と，3点 $i\alpha, \dfrac{i}{\alpha}, \beta$ が正三角形の3頂点となる条件は

$\qquad \arg\dfrac{i\alpha}{\dfrac{i}{\alpha}} = \dfrac{2}{3}\pi,\ \arg\dfrac{\beta}{i\alpha} = \dfrac{2}{3}\pi$

よって　　$\left(\dfrac{\pi}{2}+\theta\right) - \left(\dfrac{\pi}{2}-\theta\right) = \dfrac{2}{3}\pi,$

$\qquad\qquad \arg\beta - \left(\dfrac{\pi}{2}+\theta\right) = \dfrac{2}{3}\pi$

ゆえに　　$\theta = \dfrac{\pi}{3},\ \arg\beta = \dfrac{3}{2}\pi$

したがって　$\alpha = \cos\dfrac{\pi}{3} + i\sin\dfrac{\pi}{3}$

$\qquad\qquad = \dfrac{1}{2} + \dfrac{\sqrt{3}}{2}i,$

$\qquad \beta = \cos\dfrac{3}{2}\pi + i\sin\dfrac{3}{2}\pi$

$\qquad\qquad = -i$

$\Leftarrow |\alpha|=|\beta|=1$ であるから α, β は単位円上の点。また，α の実部と虚部がともに正であるから，

$\alpha = \cos\theta + i\sin\theta$

$\left(0 < \theta < \dfrac{\pi}{2}\right)$ とおける。

$\Leftarrow$ A$(i\alpha)$, B(β), C$\left(\dfrac{i}{\alpha}\right)$,

円の中心をOとすると

$\angle$COA $= \dfrac{2}{3}\pi$,

$\angle$AOB $= \dfrac{2}{3}\pi$

また，

$\arg i\alpha = \dfrac{\pi}{2}+\theta$,

$\arg\dfrac{i}{\alpha} = \dfrac{\pi}{2}-\theta$

EX ④**35** 複素数 z の虚部が正の数であり，3 点 A(z), B(z^2), C(z^3) は直角二等辺三角形の頂点である。このとき，z を求めよ。

3 点 A，B，C は三角形の頂点であるから
$$z \neq z^2, \quad z^2 \neq z^3, \quad z^3 \neq z$$
よって $z \neq 0, \quad z \neq 1, \quad z \neq -1$ …… ①

[1] ∠A が直角のとき

AC⊥AB，AC＝AB から $z^3 - z = \pm i(z^2 - z)$

ゆえに $z(z-1)(z+1) = \pm iz(z-1)$

① より $z \neq 0, \ z \neq 1$ であるから，両辺を $z(z-1)$ で割って
$$z + 1 = \pm i$$
よって $z = -1 \pm i$

z の虚部は正の数であるから $z = -1 + i$

[2] ∠B が直角のとき

BC⊥BA，BC＝BA から $z^3 - z^2 = \pm i(z - z^2)$

[1] と同様にして $z = \mp i$

z の虚部は正の数であるから $z = i$

[3] ∠C が直角のとき

CA⊥CB，CA＝CB から
$$z - z^3 = \pm i(z^2 - z^3)$$
[1] と同様にして
$$1 + z = \pm iz \quad ゆえに \quad z = -\frac{1 \pm i}{2}$$

z の虚部は正の数であるから $z = -\frac{1}{2} + \frac{1}{2}i$

[1]～[3] から，求める z は
$$z = -1 + i, \quad i, \quad -\frac{1}{2} + \frac{1}{2}i$$

← どの 2 点も一致しない。

← $z(z-1) \neq 0$,
$z^2(z-1) \neq 0$,
$z(z+1)(z-1) \neq 0$

[1]
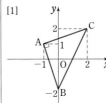

[2]
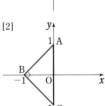

[3]
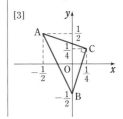

TR
①94
(1) 放物線 $y^2=3x$ の焦点と準線を求めよ。また，その概形をかけ。
(2) 次のような焦点，準線をもつ放物線の方程式を求め，その概形をかけ。
(ア) 点 $(-1, 0)$，直線 $x=1$　　　(イ) 点 $(0, 2)$，直線 $y=-2$

(1) $y^2=4\cdot\dfrac{3}{4}x$ から，**焦点は　点 $\left(\dfrac{3}{4}, 0\right)$**

　　準線は　直線 $x=-\dfrac{3}{4}$

　　また，概形は 〔図〕
(2) (ア) $y^2=4\cdot(-1)x$
　　　　よって　**$y^2=-4x$**
　　　　また，概形は 〔図〕
　　(イ) $x^2=4\cdot2y$
　　　　よって　**$x^2=8y$**
　　　　また，概形は 〔図〕

CHART
　放物線 $y^2=4px$
焦点は　点 $(p, 0)$
準線は　直線 $x=-p$

(1) $p=\dfrac{3}{4}$

(2) (ア) $p=-1$

　放物線 $x^2=4py$
焦点は　点 $(0, p)$
準線は　直線 $y=-p$

(1)
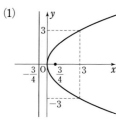

(2)(ア)
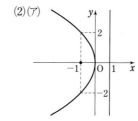

(イ)
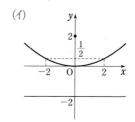

TR
①95
次の楕円の焦点，長軸・短軸の長さを求め，その概形をかけ。
(1) $\dfrac{x^2}{16}+\dfrac{y^2}{9}=1$ 　　　　　　　　(2) $9x^2+4y^2=36$

(1) $\dfrac{x^2}{4^2}+\dfrac{y^2}{3^2}=1$ であるから，**焦点は**

$\sqrt{4^2-3^2}=\sqrt{7}$ より
**　　2 点 $(\sqrt{7}, 0)$，$(-\sqrt{7}, 0)$**
長軸の長さは　$2\cdot4=8$
短軸の長さは　$2\cdot3=6$
概形は 〔図〕

⬅4>3 であるから，焦点が x 軸上にある楕円。

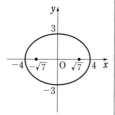

(2) $9x^2+4y^2=36$ から　$\dfrac{x^2}{4}+\dfrac{y^2}{9}=1$

すなわち　　$\dfrac{x^2}{2^2}+\dfrac{y^2}{3^2}=1$

焦点は $\sqrt{3^2-2^2}=\sqrt{5}$ から
**　　2 点 $(0, \sqrt{5})$，$(0, -\sqrt{5})$**
長軸の長さは　$2\cdot3=6$
短軸の長さは　$2\cdot2=4$
概形は 〔図〕

⬅両辺を 36 で割って，$=1$ の形に直す。

⬅2<3 であるから，焦点が y 軸上にある楕円。

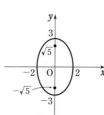

TR
②**96** 次の条件を満たす楕円の方程式を求めよ。
(1) 2点 $(2, 0)$, $(-2, 0)$ を焦点とし，焦点からの距離の和が $2\sqrt{5}$ である
(2) 2点 $(0, \sqrt{5})$, $(0, -\sqrt{5})$ を焦点とし，焦点からの距離の和が6である

(1) 求める方程式は $\dfrac{x^2}{a^2} + \dfrac{y^2}{b^2} = 1$ $(a > b > 0)$ とおける。 　　　　　⬅焦点が x 軸上にある。

　　焦点からの距離の和について，$2a = 2\sqrt{5}$ であるから
　　　　　$a = \sqrt{5}$

　　焦点の座標について，$\sqrt{a^2 - b^2} = 2$ であるから　　　⬅両辺を2乗すると
　　　　　$b^2 = a^2 - 2^2 = 5 - 4 = 1$　　　　　　　　　　　　　　　$a^2 - b^2 = 2^2$
　　　　　　　　　　　　　　　　　　　　　　　　　　　　　　　　　よって
　　したがって，求める方程式は　　$\dfrac{x^2}{5} + y^2 = 1$　　　　　$b^2 = a^2 - 2^2$

(2) 求める方程式は $\dfrac{x^2}{a^2} + \dfrac{y^2}{b^2} = 1$ $(b > a > 0)$ とおける。 　　⬅焦点が y 軸上にある。

　　焦点からの距離の和について，$2b = 6$ であるから　　$b = 3$

　　焦点の座標について，$\sqrt{b^2 - a^2} = \sqrt{5}$ であるから　　　⬅両辺を2乗すると
　　　　　$a^2 = b^2 - (\sqrt{5})^2 = 9 - 5 = 4$　　　　　　　　　　　$b^2 - a^2 = (\sqrt{5})^2$
　　　　　　　　　　　　　　　　　　　　　　　　　　　　　　　　よって
　　したがって，求める方程式は　　$\dfrac{x^2}{4} + \dfrac{y^2}{9} = 1$　　　　$a^2 = b^2 - (\sqrt{5})^2$

TR
①**97**
(1) 円 $x^2 + y^2 = 4$ を，x 軸をもとにして y 軸方向に2倍すると，どのような曲線になるか。
(2) 円 $x^2 + y^2 = 25$ を，y 軸をもとにして x 軸方向に $\dfrac{3}{5}$ 倍すると，どのような曲線になるか。

(1) 円上の点 $Q(s, t)$ が移る点を $P(x, y)$ とすると
　　　　　$x = s$, $y = 2t$　　　　　　　　　　　　　　　　　⬅ y 座標を2倍。

　　すなわち　$s = x$, $t = \dfrac{1}{2}y$ ……①

　　点Qは円上にあるから　$s^2 + t^2 = 4$

　　① を代入して　$x^2 + \left(\dfrac{1}{2}y\right)^2 = 4$　　よって　$\dfrac{x^2}{4} + \dfrac{y^2}{16} = 1$　⬅つなぎの文字 s, t を消去する。

　　したがって，**楕円 $\dfrac{x^2}{4} + \dfrac{y^2}{16} = 1$** になる。

(2) 円上の点 $Q(s, t)$ が移る点を $P(x, y)$ とすると
　　　　　$x = \dfrac{3}{5}s$, $y = t$　　　　　　　　　　　　　　⬅ x 座標を $\dfrac{3}{5}$ 倍。

　　すなわち　$s = \dfrac{5}{3}x$, $t = y$ ……①

　　点Qは円上にあるから　$s^2 + t^2 = 25$

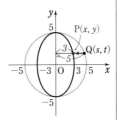

　　① を代入して　$\left(\dfrac{5}{3}x\right)^2 + y^2 = 25$　　　　　　　⬅つなぎの文字 s, t を消去する。

　　よって　$\dfrac{x^2}{9} + \dfrac{y^2}{25} = 1$

　　したがって，**楕円 $\dfrac{x^2}{9} + \dfrac{y^2}{25} = 1$** になる。

TR ③98 座標平面上で，長さが 6 の線分 AB の両端 A，B が，それぞれ y 軸上，x 軸上を動くとき，線分 AB を 3：1 に外分する点 P の軌跡を求めよ。

A$(0,\ s)$，B$(t,\ 0)$ とし，P$(x,\ y)$ とする。

AB$=6$ であるから　　AB$^2=6^2$

ゆえに　　$t^2+s^2=6^2$ …… ①

点 P は線分 AB を 3：1 に外分するから

$$x=\dfrac{-1\cdot 0+3\cdot t}{3-1}=\dfrac{3}{2}t,$$

$$y=\dfrac{-1\cdot s+3\cdot 0}{3-1}=-\dfrac{1}{2}s$$

よって　　$t=\dfrac{2}{3}x$，　$s=-2y$

これらを ① に代入すると

$$\left(\dfrac{2}{3}x\right)^2+(-2y)^2=6^2$$　すなわち　$\dfrac{x^2}{9^2}+\dfrac{y^2}{3^2}=1$

ゆえに，点 P は楕円 $\dfrac{x^2}{81}+\dfrac{y^2}{9}=1$ 上にある。

逆に，この楕円上のすべての点 P$(x,\ y)$ は，条件を満たす。

したがって，点 P の軌跡は　　**楕円 $\dfrac{x^2}{81}+\dfrac{y^2}{9}=1$**

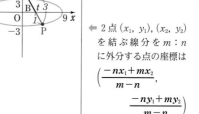

◀ 2 点 $(x_1,\ y_1)$，$(x_2,\ y_2)$ を結ぶ線分を $m:n$ に外分する点の座標は
$$\left(\dfrac{-nx_1+mx_2}{m-n},\right.$$
$$\left.\dfrac{-ny_1+my_2}{m-n}\right)$$

◀ つなぎの文字 s，t を **消去して**，x，y の関係式を導く。

TR ①99 次の双曲線の焦点と漸近線を求め，その概形をかけ。

(1) $\dfrac{x^2}{25}-\dfrac{y^2}{4}=1$　　　　(2) $x^2-y^2=4$　　　　(3) $25x^2-9y^2=-225$

(1) $\dfrac{x^2}{5^2}-\dfrac{y^2}{2^2}=1$ であるから，**焦点は** $\sqrt{5^2+2^2}=\sqrt{29}$ より

　　　　2 点 $(\sqrt{29},\ 0)$，$(-\sqrt{29},\ 0)$

漸近線は　　**2 直線 $y=\dfrac{2}{5}x$，$y=-\dfrac{2}{5}x$**

概形は　〔図〕

(2) $x^2-y^2=4$ から　　$\dfrac{x^2}{2^2}-\dfrac{y^2}{2^2}=1$

よって，**焦点は** $\sqrt{2^2+2^2}=2\sqrt{2}$ から

　　　　2 点 $(2\sqrt{2},\ 0)$，$(-2\sqrt{2},\ 0)$

漸近線は　　**2 直線 $y=x$，$y=-x$**　　概形は　〔図〕

(3) $25x^2-9y^2=-225$ から　　$\dfrac{x^2}{3^2}-\dfrac{y^2}{5^2}=-1$

よって，**焦点は** $\sqrt{3^2+5^2}=\sqrt{34}$ から

　　　　2 点 $(0,\ \sqrt{34})$，$(0,\ -\sqrt{34})$

漸近線は　　**2 直線 $y=\dfrac{5}{3}x$，$y=-\dfrac{5}{3}x$**　　概形は　〔図〕

◀ $\dfrac{x^2}{a^2}-\dfrac{y^2}{b^2}=1$ の形
　　→ 焦点は x 軸上。

◀ $\dfrac{x^2}{25}-\dfrac{y^2}{4}=0$ とおいて
　　y について解く。
　　(2)，(3) も同様。

◀ 両辺を 4 で割って，
　　$=1$ の形に直す。

◀ $\dfrac{x^2}{a^2}-\dfrac{y^2}{b^2}=-1$ の形
　　→ 焦点は y 軸上。

(1) 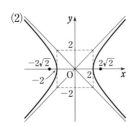 (2) (3)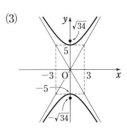

TR
②**100** 次の条件を満たす双曲線の方程式を求めよ。
(1) 2点 $(3\sqrt{2},\ 0)$, $(-3\sqrt{2},\ 0)$ を焦点とし，焦点からの距離の差が 6 である
(2) 2点 $(0,\ \sqrt{26})$, $(0,\ -\sqrt{26})$ を焦点とし，焦点からの距離の差が $6\sqrt{2}$ である

(1) 求める方程式は $\dfrac{x^2}{a^2}-\dfrac{y^2}{b^2}=1$ $(a>0,\ b>0)$ とおける。　　←焦点が x 軸上にある。

　　焦点からの距離の差について，$2a=6$ であるから
$$a=3$$
　　焦点の座標について，$\sqrt{a^2+b^2}=3\sqrt{2}$ であるから　　←両辺を2乗すると
$$b^2=(3\sqrt{2})^2-a^2=18-9=9$$
$a^2+b^2=(3\sqrt{2})^2$
よって
$b^2=(3\sqrt{2})^2-a^2$

　　よって，求める双曲線の方程式は　　$\dfrac{x^2}{9}-\dfrac{y^2}{9}=1$

(2) 求める方程式は $\dfrac{x^2}{a^2}-\dfrac{y^2}{b^2}=-1$ $(a>0,\ b>0)$ とおける。　　←焦点が y 軸上にある。

　　焦点からの距離の差について，$2b=6\sqrt{2}$ であるから
$$b=3\sqrt{2}$$
　　焦点の座標について，$\sqrt{a^2+b^2}=\sqrt{26}$ であるから　　←両辺を2乗すると
$$a^2=(\sqrt{26})^2-b^2=26-18=8$$
$a^2+b^2=(\sqrt{26})^2$
よって
$a^2=(\sqrt{26})^2-b^2$

　　よって，求める双曲線の方程式は　　$\dfrac{x^2}{8}-\dfrac{y^2}{18}=-1$

TR
①**101** 次の2次曲線を x 軸方向に -3，y 軸方向に 2 だけ平行移動するとき，移動後の曲線の方程式と，焦点の座標を，さらに (3) は漸近線の方程式も求めよ。
(1) 放物線 $y^2=-4x$ 　　(2) 楕円 $\dfrac{x^2}{25}+\dfrac{y^2}{16}=1$ 　　(3) 双曲線 $\dfrac{x^2}{7}-\dfrac{y^2}{9}=1$

(1) **移動後の放物線の方程式は**
$$(y-2)^2=-4(x+3)$$
　　また，放物線 $y^2=-4x$ の焦点は点 $(-1,\ 0)$ であるから，**移動後の焦点の座標は**　　$(-1-3,\ 0+2)$
　　すなわち　**$(-4,\ 2)$**

x 軸方向に p，y 軸方向に q だけ平行移動するとき
曲線 $F(x,\ y)=0$ ⟶ 曲線
$\quad F(x-p,\ y-q)=0$
点 $(x_1,\ y_1)$ ⟶
$\quad$点 $(x_1+p,\ y_1+q)$

(2) **移動後の楕円の方程式は**
$$\dfrac{(x+3)^2}{25}+\dfrac{(y-2)^2}{16}=1$$

また，楕円 $\dfrac{x^2}{25}+\dfrac{y^2}{16}=1$ の焦点は，$\sqrt{25-16}=3$ より，

2 点 $(3,\ 0)$，$(-3,\ 0)$ であるから，**移動後の焦点の座標は**
$$(3-3,\ 0+2),\ (-3-3,\ 0+2)$$
すなわち **$(0,\ 2)$，$(-6,\ 2)$**

(3) **移動後の双曲線の方程式は**
$$\dfrac{(x+3)^2}{7}-\dfrac{(y-2)^2}{9}=1$$

また，双曲線 $\dfrac{x^2}{7}-\dfrac{y^2}{9}=1$ の焦点は，$\sqrt{7+9}=4$ より，

2 点 $(4,\ 0)$，$(-4,\ 0)$ であるから，**移動後の焦点の座標は**
$$(4-3,\ 0+2),\ (-4-3,\ 0+2)$$
すなわち **$(1,\ 2)$，$(-7,\ 2)$**

次に，双曲線 $\dfrac{x^2}{7}-\dfrac{y^2}{9}=1$ の漸近線は直線 $y=\dfrac{3}{\sqrt{7}}x$，

$y=-\dfrac{3}{\sqrt{7}}x$ であるから，**移動後の漸近線の方程式は**
$$y-2=\dfrac{3}{\sqrt{7}}(x+3),\ y-2=-\dfrac{3}{\sqrt{7}}(x+3)$$
すなわち
$$3x-\sqrt{7}\,y+9+2\sqrt{7}=0,\ 3x+\sqrt{7}\,y+9-2\sqrt{7}=0$$

$\Leftarrow \dfrac{x^2}{7}-\dfrac{y^2}{9}=0$ から
$$\left(\dfrac{x}{\sqrt{7}}-\dfrac{y}{3}\right)\left(\dfrac{x}{\sqrt{7}}+\dfrac{y}{3}\right)=0$$

TR
②**102** ★ 次の方程式はどのような曲線を表すか。楕円なら中心と焦点，双曲線なら頂点，焦点と漸近線，放物線なら頂点，焦点と準線を求めよ。
(1) $4x^2+9y^2-16x+54y+61=0$ (2) $25x^2-4y^2+100x-24y-36=0$
(3) $y^2-4x-2y-7=0$

(1) **方程式を変形すると**
$$4(x^2-4x+2^2)-4\cdot2^2+9(y^2+6y+3^2)-9\cdot3^2+61=0$$
ゆえに $4(x-2)^2+9(y+3)^2=36$

すなわち $\dfrac{(x-2)^2}{9}+\dfrac{(y+3)^2}{4}=1$ ……①

①は **楕円 $\dfrac{x^2}{9}+\dfrac{y^2}{4}=1$** ……② を **$x$ 軸方向に 2，y 軸方向に -3 だけ平行移動した楕円** を表す。

また，楕円②の中心の座標は $(0,\ 0)$，
焦点の座標は $(\sqrt{5}\,,\ 0)$，$(-\sqrt{5}\,,\ 0)$ である。
よって，楕円①の
中心は 点 $(2,\ -3)$，
焦点は 2 点 $(2+\sqrt{5}\,,\ -3)$，$(2-\sqrt{5}\,,\ -3)$
である。

$\Leftarrow ax^2+cx$
$$=a\left(x+\dfrac{c}{2a}\right)^2-\dfrac{c^2}{4a}$$

$\Leftarrow \dfrac{(x-p)^2}{A^2}+\dfrac{(y-q)^2}{B^2}=1$
の形 ⟶ 楕円

$\Leftarrow \sqrt{9-4}=\sqrt{5}$ から。

$\Leftarrow$ 中心：$(0+2,\ 0-3)$，
焦点：$(\sqrt{5}+2,\ 0-3)$，
$(-\sqrt{5}+2,\ 0-3)$

(2) 方程式を変形すると
$$25(x^2+4x+2^2)-25\cdot2^2-4(y^2+6y+3^2)+4\cdot3^2-36=0$$
ゆえに $\quad 25(x+2)^2-4(y+3)^2=100$

すなわち $\quad \dfrac{(x+2)^2}{4}-\dfrac{(y+3)^2}{25}=1$ …… ①

$\Leftarrow ax^2+cx$
$=a\left(x+\dfrac{c}{2a}\right)^2-\dfrac{c^2}{4a}$

$\Leftarrow \dfrac{(x-p)^2}{A^2}-\dfrac{(y-q)^2}{B^2}=1$
の形 $\longrightarrow$ 双曲線

① は 双曲線 $\dfrac{x^2}{4}-\dfrac{y^2}{25}=1$ …… ② を x 軸方向に -2, y 軸方

向に -3 だけ平行移動した双曲線 を表す。
また，双曲線 ② の頂点の座標は $(2, 0)$, $(-2, 0)$,
焦点の座標は $(\sqrt{29}, 0)$, $(-\sqrt{29}, 0)$，漸近線の方程式は

$\Leftarrow \sqrt{4+25}=\sqrt{29}$

$$y=-\frac{5}{2}x, \ y=\frac{5}{2}x \quad \text{すなわち} \quad 5x+2y=0, \ 5x-2y=0$$

である。よって，双曲線 ① の
頂点は 2点$(0, -3)$, $(-4, -3)$,
焦点は 2点$(\sqrt{29}-2, -3)$, $(-\sqrt{29}-2, -3)$
漸近線は，2直線
$$5\{x-(-2)\}+2\{y-(-3)\}=0,$$
$$5\{x-(-2)\}-2\{y-(-3)\}=0$$
すなわち，2直線 $5x+2y+16=0, \ 5x-2y+4=0$ である。

$\Leftarrow$ 頂点：$(2-2, 0-3)$,
$\quad (-2-2, 0-3)$
焦点：$(\sqrt{29}-2, 0-3)$,
$\quad (-\sqrt{29}-2, 0-3)$

(3) 方程式を変形すると $\quad (y^2-2y+1^2)-1^2-4x-7=0$
ゆえに $\quad (y-1)^2=4(x+2)$ …… ①
① は 放物線 $y^2=4x$ …… ② を x 軸方向に -2, y 軸方向に
1 だけ平行移動した放物線 を表す。
また，放物線 ② の頂点の座標は $(0, 0)$，焦点の座標は $(1, 0)$，
準線は直線 $x=-1$ である。
よって，放物線 ① の **頂点は点 $(-2, 1)$，焦点は点 $(-1, 1)$，**
準線は 直線 $x-(-2)=-1$ すなわち，**直線 $x=-3$** である。

$\Leftarrow (y-q)^2=4A(x-p)$
の形 $\longrightarrow$ 放物線

$\Leftarrow$ 頂点：$(0-2, 0+1)$,
焦点：$(1-2, 0+1)$

TR
①**103** 次の2次曲線と直線は共有点をもつか。共有点をもつ場合は，交点か接点かを述べ，その点の座標を求めよ。
(1) $4x^2+9y^2=36, \ 2x-3y=0$ $\qquad$ (2) $y^2=6x, \ 2y-x=6$
(3) $4x^2-y^2=4, \ y=2x+1$

2次曲線の方程式を ①，直線の方程式を ② とする。
(1) ② から $\quad 3y=2x$ …… ③
① に代入して $\quad 4x^2+(2x)^2=36$
ゆえに，$x^2=\dfrac{9}{2}$ から $\quad x=\pm\dfrac{3}{\sqrt{2}}$

③ から $\quad x=\dfrac{3}{\sqrt{2}}$ のとき $\qquad y=\sqrt{2}$

$\qquad\qquad x=-\dfrac{3}{\sqrt{2}}$ のとき $\qquad y=-\sqrt{2}$

よって，2つの **交点 $\left(\dfrac{3}{\sqrt{2}}, \sqrt{2}\right)$, $\left(-\dfrac{3}{\sqrt{2}}, -\sqrt{2}\right)$** をもつ。

CHART
2次曲線 Ⓐ と直線 Ⓑ の
共有点の座標
$\Longleftrightarrow$ 連立方程式 Ⓐ, Ⓑ
$\quad$ の実数解

$\Leftarrow y=\dfrac{2}{3}x$

(2) ② から　　$x=2y-6$　……④
①に代入して　　$y^2=6(2y-6)$
ゆえに　　$y^2-12y+36=0$
よって，$(y-6)^2=0$ から　　$y=6$
このとき，④から　　$x=6$
したがって，**接点 (6, 6) をもつ。**

←x を消去する方針でいくと分数は避けられる。

←$y=6$ を重解としてもつ。

(3) ②を①に代入して
$$4x^2-(2x+1)^2=4$$
ゆえに，$-4x-1=4$ から
$$x=-\frac{5}{4}$$
このとき，②から　$y=-\frac{3}{2}$
よって，1つの **交点 $\left(-\dfrac{5}{4},\ -\dfrac{3}{2}\right)$ をもつ。**

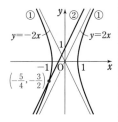

←①，②から y を消去すると，x の1次方程式が導かれる。
―→ ①と②は接点ではない1つの交点をもつ。なお，直線②は，双曲線①の漸近線の1つ，直線 $y=2x$ に平行である。

TR
②**104**　k は定数とする。楕円 $x^2+4y^2=20$ と直線 $y=\dfrac{1}{2}x+k$ の共有点の個数を求めよ。

$x^2+4y^2=20$ ……①，$y=\dfrac{1}{2}x+k$ ……② とする。

②から　　$2y=x+2k$
これを①に代入すると　　$x^2+(x+2k)^2=20$
整理すると　　$x^2+2kx+2(k^2-5)=0$
この2次方程式の判別式を D とすると
$$\frac{D}{4}=k^2-2(k^2-5)=-(k+\sqrt{10})(k-\sqrt{10})$$
よって，楕円①と直線②の共有点の個数は次のようになる。
$D>0$ すなわち，$(k+\sqrt{10})(k-\sqrt{10})<0$ から
　　$-\sqrt{10}<k<\sqrt{10}$ のとき　　**2個**；
$D=0$ すなわち，$(k+\sqrt{10})(k-\sqrt{10})=0$ から
　　$k=\pm\sqrt{10}$ のとき　　**1個**；
$D<0$ すなわち，$(k+\sqrt{10})(k-\sqrt{10})>0$ から
　　$k<-\sqrt{10}$，$\sqrt{10}<k$ のとき　　**0個**

CHART
2次曲線と直線の位置関係　判別式の利用

←$4y^2=(2y)^2$

←このとき，直線②は楕円①に接する。

TR
③**105**　楕円 $\dfrac{x^2}{4}+\dfrac{y^2}{2}=1$ 上の点 $(\sqrt{2},\ 1)$ における接線の方程式を求めよ。

$$\frac{\sqrt{2}\,x}{4}+\frac{1\cdot y}{2}=1\qquad \text{すなわち}\qquad y=-\frac{\sqrt{2}}{2}x+2$$

TR
③**106**　■　次の2次曲線に，与えられた点から引いた接線の方程式を求めよ。
(1) $x^2-4y^2=4$，$(-2,\ 3)$　　　　(2) $y^2=8x$，$(3,\ 5)$

(1) 双曲線 $x^2-4y^2=4$ の頂点の 1 つは $(-2, 0)$ であるから，点 $(-2, 3)$ を通り x 軸に垂直な直線 $x=-2$ は接線である。もう 1 つの接線は，x 軸に垂直でないから，その方程式を

$$y-3=m(x+2) \quad \text{すなわち} \quad y=mx+2m+3 \ \cdots\cdots \ ①$$

とおくことができる。

① を双曲線の方程式 $x^2-4y^2=4 \ \cdots\cdots \ ②$ に代入すると

$$x^2-4(mx+2m+3)^2=4$$

整理すると

$$(1-4m^2)x^2-8m(2m+3)x-8(2m^2+6m+5)=0 \ \cdots\cdots \ ③$$

直線 ① と双曲線 ② が接するための条件は $1-4m^2 \neq 0$ かつ x の 2 次方程式 ③ の判別式 D について $D=0$

$$\frac{D}{4}=\{-4m(2m+3)\}^2-(1-4m^2)\cdot\{-8(2m^2+6m+5)\}$$

$$=16m^2(2m+3)^2+8(1-4m^2)(2m^2+6m+5)=8(6m+5)$$

$D=0$ から $6m+5=0$ ゆえに $m=-\dfrac{5}{6}$

これは $1-4m^2 \neq 0$ を満たす。

求めた m の値を ① に代入すると $y=-\dfrac{5}{6}x+2\left(-\dfrac{5}{6}\right)+3$

すなわち $y=-\dfrac{5}{6}x+\dfrac{4}{3}$

したがって $\boldsymbol{x=-2, \ y=-\dfrac{5}{6}x+\dfrac{4}{3}}$

別解 接点を P(a, b) とすると，P は双曲線上にあるから

$$a^2-4b^2=4 \ \cdots\cdots \ ①$$

また，点 P における接線の方程式は $ax-4by=4 \ \cdots\cdots \ ②$

この直線 ② が点 $(-2, 3)$ を通るから

$$-2a-4\cdot 3b=4 \quad \text{すなわち} \quad a=-6b-2 \ \cdots\cdots \ ③$$

① と ③ から a を消去して $(-6b-2)^2-4b^2=4$

整理すると $4b^2+3b=0$

ゆえに $b(4b+3)=0$ よって $b=0, \ -\dfrac{3}{4}$

③ から $b=0$ のとき $a=-2$，$b=-\dfrac{3}{4}$ のとき $a=\dfrac{5}{2}$

よって，接線の方程式は ② から

$$-2x=4 \quad \text{すなわち} \quad \boldsymbol{x=-2}$$

$$\dfrac{5}{2}x-4\left(-\dfrac{3}{4}\right)y=4 \quad \text{すなわち} \quad \boldsymbol{5x+6y=8}$$

(2) 点 $(3, 5)$ を通る接線は，x 軸に垂直でないから，求める接線の方程式は

$$y-5=m(x-3) \quad \text{すなわち} \quad y=mx-(3m-5) \ \cdots\cdots \ ①$$

とおくことができる。

◆まず，x 軸に垂直な直線（$y=mx+n$ の形に表せない）について検討。次に，それ以外の直線のうち接線であるものを求める。

◆直線 ① と双曲線 ② が接する
⟶ ③ が 2 次方程式で重解をもつ
⟶ $D=0$

◆8 でくくって整理する。

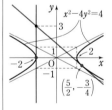

◆両辺に 2 を掛ける。

4章

TR

① を放物線の方程式 $y^2=8x$ …… ② に代入すると
$$\{mx-(3m-5)\}^2=8x$$
整理すると
$$m^2x^2-2\{m(3m-5)+4\}x+(3m-5)^2=0 \text{ …… ③}$$
直線 ① と放物線 ② が接するための条件は $m^2 \neq 0$ かつ x の2次方程式 ③ の判別式 D について $D=0$

$\Leftarrow$ 直線 ① と放物線 ② が接する
$\longrightarrow$ ③ が2次方程式で重解をもつ
$\longrightarrow$ $D=0$

$$\frac{D}{4}=\{-m(3m-5)-4\}^2-m^2 \cdot (3m-5)^2$$
$$=m^2(3m-5)^2+8m(3m-5)+16-m^2(3m-5)^2$$
$$=24m^2-40m+16=8(m-1)(3m-2)$$

$D=0$ から $(m-1)(3m-2)=0$ ゆえに $m=1, \dfrac{2}{3}$

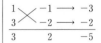

これらは $m^2 \neq 0$ を満たす。
求めた m の値を ① に代入すると
$m=1$ のとき $\boldsymbol{y=x+2}$
$m=\dfrac{2}{3}$ のとき $\boldsymbol{y=\dfrac{2}{3}x+3}$

別解 接点を $P(a, b)$ とすると，P は放物線上にあるから
$$b^2=8a \text{ …… ①}$$
また，点 P における接線の方程式は $by=4(x+a)$ …… ②
この直線 ② が点 $(3, 5)$ を通るから
$$5b=4(3+a) \text{ すなわち } 4a=5b-12 \text{ …… ③}$$
① と ③ から a を消去して $b^2=2(5b-12)$
整理すると $b^2-10b+24=0$
ゆえに $(b-4)(b-6)=0$ よって $b=4, 6$
③ から $b=4$ のとき $a=2$, $b=6$ のとき $a=\dfrac{9}{2}$
よって，接線の方程式は ② から
$$4y=4(x+2) \text{ すなわち } \boldsymbol{y=x+2}$$
$$6y=4\left(x+\frac{9}{2}\right) \text{ すなわち } \boldsymbol{y=\frac{2}{3}x+3}$$

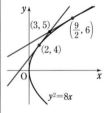

TR
③**107** 点 $F(0, 1)$ からの距離と直線 $\ell : y=-1$ からの距離の比が次のような点 P の軌跡を求めよ。
(1) $1:1$　　　　(2) $1:2$　　　　(3) $2:1$

$P(x, y)$ とし，P から直線 ℓ に下ろした垂線を PH とすると
$$PH=|y-(-1)|=|y+1|$$
(1) $PF : PH=1:1$ から $PF=PH$ ゆえに $PF^2=PH^2$
よって $x^2+(y-1)^2=(y+1)^2$
整理して $x^2=4y$ …… ①
ゆえに，点 P は放物線 ① 上にある。
逆に，放物線 ① 上のすべての点 $P(x, y)$ は条件を満たす。
したがって，点 P の軌跡は　放物線 $\boldsymbol{x^2=4y}$

CHART
点 P の軌跡
$P(x, y)$ として，x, y の関係式を導く

$\Leftarrow$ 離心率 e は $e=1$
$e=1$ のとき放物線となる。

(2) PF：PH＝1：2 から　　2PF＝PH

ゆえに　　　　$4PF^2＝PH^2$

よって　　　　$4\{x^2＋(y－1)^2\}＝(y＋1)^2$

整理して　　　$4x^2＋3y^2－10y＋3＝0$

ゆえに　　　　$4x^2＋3\left(y－\dfrac{5}{3}\right)^2＝\dfrac{16}{3}$ ← 両辺に $\dfrac{3}{16}$ を掛けて，$＝1$ の形に。

すなわち　　$\dfrac{3}{4}x^2＋\dfrac{9}{16}\left(y－\dfrac{5}{3}\right)^2＝1$ …… ①

よって，点Pは楕円 ① 上にある。

逆に，楕円 ① 上のすべての点 P$(x,\ y)$ は条件を満たす。

したがって，点Pの軌跡は　　**楕円 $\dfrac{3}{4}x^2＋\dfrac{9}{16}\left(y－\dfrac{5}{3}\right)^2＝1$** ← PF：PH＝$\dfrac{1}{2}$：1 で，離心率 e は $e＝\dfrac{1}{2}$　$0<e<1$ のとき楕円となる。

(3) PF：PH＝2：1 から　　PF＝2PH

ゆえに　　　　$PF^2＝4PH^2$

よって　　　　$x^2＋(y－1)^2＝4(y＋1)^2$

整理して　　　$x^2－3y^2－10y－3＝0$

すなわち　　　$x^2－3\left(y＋\dfrac{5}{3}\right)^2＝－\dfrac{16}{3}$ ← 両辺に $\dfrac{3}{16}$ を掛けて，$＝－1$ の形に。

すなわち　　　$\dfrac{3}{16}x^2－\dfrac{9}{16}\left(y＋\dfrac{5}{3}\right)^2＝－1$ …… ①

よって，点Pは双曲線 ① 上にある。

逆に，双曲線 ① 上のすべての点 P$(x,\ y)$ は条件を満たす。 ← 離心率 e は $e＝2$　$e>1$ のとき双曲線となる。

したがって，点Pの軌跡は

双曲線 $\dfrac{3}{16}x^2－\dfrac{9}{16}\left(y＋\dfrac{5}{3}\right)^2＝－1$

TR
②**108**　次の媒介変数表示された曲線は，どのような図形を描くか。

(1) $x＝3t－2,\ y＝－6t＋5$　　　(2) $x＝t＋1,\ y＝\sqrt{t}$　　　(3) $x＝\dfrac{\sin\theta}{3},\ y＝\dfrac{\cos\theta}{3}$

(1) $x＝3t－2$ から　　$t＝\dfrac{x＋2}{3}$

これを $y＝－6t＋5$ に代入すると　　$y＝－6\cdot\dfrac{x＋2}{3}＋5$ ← 媒介変数 t を消去する。

ゆえに　　$y＝－2x＋1$　　よって　　**直線 $y＝－2x＋1$**

(2) $\sqrt{t}＝y$ を $x＝(\sqrt{t})^2＋1$ に代入すると　　$x＝y^2＋1$ (2) **曲線 $y＝\sqrt{x－1}$** と答えてもよい（数学Ⅲ）。

ゆえに　　$y^2＝x－1$　　ここで　　$y＝\sqrt{t}\geqq0$

よって　　**放物線 $y^2＝x－1$ の $y\geqq0$ の部分**

(3) $\sin\theta＝3x,\ \cos\theta＝3y$ を $\underline{\sin^2\theta＋\cos^2\theta＝1}$ に代入すると

$(3x)^2＋(3y)^2＝1$　　ゆえに　　$x^2＋y^2＝\dfrac{1}{9}$

よって　　**円 $x^2＋y^2＝\dfrac{1}{9}$**

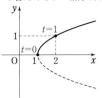

TR
②**109** t の値が変化するとき，放物線 $y=x^2-2(t+1)x+2t^2-t$ の頂点Pはどのような曲線を描くか。

$$\begin{aligned}
y&=x^2-2(t+1)x+2t^2-t \\
&=x^2-2(t+1)x+(t+1)^2-(t+1)^2+2t^2-t \\
&=\{x-(t+1)\}^2+t^2-3t-1
\end{aligned}$$

← まず，**基本形**に直す。

P$(x,\ y)$ とすると　$x=t+1$ …… ①，$y=t^2-3t-1$ …… ②

① から　　$t=x-1$

これを ② に代入すると　　$y=(x-1)^2-3(x-1)-1$

← 媒介変数 t を消去する。

ゆえに　　$y=x^2-5x+3$

よって，頂点Pが描く曲線は　**放物線 $y=x^2-5x+3$**

TR
③**110** 次の媒介変数表示は，どのような図形を表すか。
(1)　$x=2\cos\theta,\ y=3\sin\theta$　　　　(2)　$x=1+\cos\theta,\ y=\sin\theta-2$
(3)　$x=\dfrac{4}{\cos\theta}+2,\ y=3\tan\theta-1$

(1)　$\cos\theta=\dfrac{x}{2}$, $\sin\theta=\dfrac{y}{3}$ を $\sin^2\theta+\cos^2\theta=1$ に代入すると

$$\left(\dfrac{y}{3}\right)^2+\left(\dfrac{x}{2}\right)^2=1$$

← 媒介変数 θ を消去する。

ゆえに　　$\dfrac{x^2}{4}+\dfrac{y^2}{9}=1$

よって　　**楕円 $\dfrac{x^2}{4}+\dfrac{y^2}{9}=1$**

(2)　$\cos\theta=x-1$, $\sin\theta=y+2$ を $\sin^2\theta+\cos^2\theta=1$ に代入すると　　$(y+2)^2+(x-1)^2=1$

よって　　**円 $(x-1)^2+(y+2)^2=1$**

(3)　$x=\dfrac{4}{\cos\theta}+2$, $y=3\tan\theta-1$ から

$$\dfrac{1}{\cos\theta}=\dfrac{x-2}{4},\ \tan\theta=\dfrac{y+1}{3}$$

これらを $1+\tan^2\theta=\dfrac{1}{\cos^2\theta}$ に代入すると

$$1+\left(\dfrac{y+1}{3}\right)^2=\left(\dfrac{x-2}{4}\right)^2$$

ゆえに　　$\dfrac{(x-2)^2}{16}-\dfrac{(y+1)^2}{9}=1$

よって　　**双曲線 $\dfrac{(x-2)^2}{16}-\dfrac{(y+1)^2}{9}=1$**

注意 (2) 円 $x=\cos\theta$, $y=\sin\theta$ を x 軸方向に 1，y 軸方向に -2 だけ平行移動した円を表す。

(3) 双曲線 $x=\dfrac{4}{\cos\theta}$, $y=3\tan\theta$ を x 軸方向に 2，y 軸方向に -1 だけ平行移動した双曲線を表す。

TR
③**111** p は 0 でない定数とする。放物線 $y^2=4px$ と直線 $y=2pt$ との交点を考えることにより，この放物線を t を媒介変数として表せ。

$\boxed{\text{HINT}}$　t を定数とみて，連立方程式 $y^2=4px$, $y=2pt$ を解く。

$y^2 = 4px$ …… ①,

$y = 2pt$ …… ② とする。

② を ① に代入すると $(2pt)^2 = 4px$

$p \neq 0$ であるから $x = pt^2$

② から $y = 2pt$

よって,放物線 $y^2 = 4px$ の媒介変数

表示は $x = pt^2,\ y = 2pt\ (p \neq 0)$

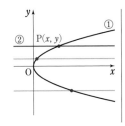

← ② は y 軸に垂直な直線を表す。

TR
①**112**

(1) 極座標が次のような点の直交座標を求めよ。

　　$A\left(2,\ \dfrac{11}{4}\pi\right)$, $B\left(1,\ -\dfrac{5}{2}\pi\right)$, $C(3,\ 3\pi)$, $D(3,\ 0)$

(2) 直交座標が次のような点の極座標を求めよ。ただし,偏角 θ の範囲は $0 \leqq \theta < 2\pi$ とする。

　　$P(2,\ 2)$, $Q(1,\ -\sqrt{3})$, $R(-\sqrt{3},\ 3)$, $S(-2,\ 0)$

4章

TR

(1) $\mathbf{A} : x = r\cos\theta = 2\cos\dfrac{11}{4}\pi = 2\cdot\left(-\dfrac{1}{\sqrt{2}}\right) = -\sqrt{2}$

　　　　$y = r\sin\theta = 2\sin\dfrac{11}{4}\pi = 2\cdot\dfrac{1}{\sqrt{2}} = \sqrt{2}$

　　よって,点Aの直交座標は $(-\sqrt{2},\ \sqrt{2})$

　$\mathbf{B} : x = r\cos\theta = 1\cdot\cos\left(-\dfrac{5}{2}\pi\right) = 1\cdot 0 = 0$

　　　　$y = r\sin\theta = 1\cdot\sin\left(-\dfrac{5}{2}\pi\right) = 1\cdot(-1) = -1$

　　よって,点Bの直交座標は $(0,\ -1)$

　$\mathbf{C} : x = r\cos\theta = 3\cos 3\pi = 3\cdot(-1) = -3$

　　　　$y = r\sin\theta = 3\sin 3\pi = 3\cdot 0 = 0$

　　よって,点Cの直交座標は $(-3,\ 0)$

　$\mathbf{D} : x = r\cos\theta = 3\cos 0 = 3\cdot 1 = 3$

　　　　$y = r\sin\theta = 3\sin 0 = 3\cdot 0 = 0$

　　よって,点Dの直交座標は $(3,\ 0)$

(2) $\mathbf{P} : r = \sqrt{x^2 + y^2} = \sqrt{2^2 + 2^2} = 2\sqrt{2}$

　　ゆえに $\cos\theta = \dfrac{x}{r} = \dfrac{2}{2\sqrt{2}} = \dfrac{1}{\sqrt{2}}$,

　　　　　　$\sin\theta = \dfrac{y}{r} = \dfrac{2}{2\sqrt{2}} = \dfrac{1}{\sqrt{2}}$

　　$0 \leqq \theta < 2\pi$ のとき $\theta = \dfrac{\pi}{4}$

　　よって,点Pの極座標は $\left(2\sqrt{2},\ \dfrac{\pi}{4}\right)$

　$\mathbf{Q} : r = \sqrt{x^2 + y^2} = \sqrt{1^2 + (-\sqrt{3})^2} = 2$

　　ゆえに $\cos\theta = \dfrac{x}{r} = \dfrac{1}{2}$, $\sin\theta = \dfrac{y}{r} = -\dfrac{\sqrt{3}}{2}$

　　$0 \leqq \theta < 2\pi$ のとき $\theta = \dfrac{5}{3}\pi$

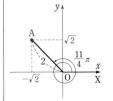

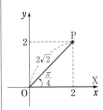

直交座標 $(x,\ y)$

$\longrightarrow$ 極座標 $(r,\ \theta)$

１ $r = \sqrt{x^2 + y^2}$ で r を決定。

２ $\cos\theta = \dfrac{x}{r}$,

　　$\sin\theta = \dfrac{y}{r}$

　$(r \neq 0)$ で θ を決定。

　$0 \leqq \theta < 2\pi$ に注意。

よって，点Qの極座標は $\left(2, \dfrac{5}{3}\pi\right)$

$\mathrm{R} : r=\sqrt{x^2+y^2}=\sqrt{(-\sqrt{3}\,)^2+3^2}=2\sqrt{3}$

ゆえに

$$\cos\theta=\dfrac{x}{r}=\dfrac{-\sqrt{3}}{2\sqrt{3}}=-\dfrac{1}{2}, \quad \sin\theta=\dfrac{y}{r}=\dfrac{3}{2\sqrt{3}}=\dfrac{\sqrt{3}}{2}$$

$0\leqq\theta<2\pi$ のとき $\quad \theta=\dfrac{2}{3}\pi$

よって，点Rの極座標は $\left(2\sqrt{3}, \dfrac{2}{3}\pi\right)$

$\mathrm{S} : r=\sqrt{x^2+y^2}=\sqrt{(-2)^2+0^2}=2$

ゆえに $\quad \cos\theta=\dfrac{x}{r}=\dfrac{-2}{2}=-1, \quad \sin\theta=\dfrac{y}{r}=\dfrac{0}{2}=0$

$0\leqq\theta<2\pi$ のとき $\quad \theta=\pi$

よって，点Sの極座標は $(2, \pi)$

TR
①**113** Oを極とする極座標において，次の直線の極方程式を求めよ。

(1) 始線 OX 上の点 $\mathrm{A}\left(\dfrac{3}{2}, 0\right)$ を通り，始線に垂直な直線

(2) 極Oを通り，始線とのなす角が $-\dfrac{\pi}{4}$ の直線

(1) 直線上の点Pの極座標を (r, θ) とすると，$\mathrm{OP}\cos\theta=\dfrac{3}{2}$ から

$$r\cos\theta=\dfrac{3}{2}$$

よって，極方程式は $\quad r=\dfrac{3}{2\cos\theta}$

(1)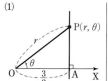

← まず，図をかいて辺と角の関係をつかむ。

(2) 直線上の点Pの極座標を (r, θ) とすると

$$r は任意の値, \quad \theta=-\dfrac{\pi}{4}$$

よって，極方程式は $\quad \theta=-\dfrac{\pi}{4}$

(2)

← r の条件に $r\leqq0$ も含まれるから直線を表す。

TR
③**114** 極をOとする。極座標が $\left(\sqrt{3}, \dfrac{\pi}{6}\right)$ である点Aを通り，直線 OA に垂直な直線の極方程式を求めよ。

直線上の点Pの極座標を (r, θ) とすると

$$\mathrm{OA}=\mathrm{OP}\cos\left(\theta-\dfrac{\pi}{6}\right)$$

よって，求める極方程式は

$$r\cos\left(\theta-\dfrac{\pi}{6}\right)=\sqrt{3}$$

← まず，図をかいて辺と角の関係をつかむ。

TR
①**115**　Oを極とする極座標において，次の円の極方程式を求めよ。
　　(1)　極Oを中心とする半径 5 の円
　　(2)　極座標が (5, 0) である点Aを中心とする半径 5 の円

(1)　円上の点Pの極座標を $(r,\ \theta)$ とすると，
　　　OP＝5 から
　　　　　　$r=5$，θ は任意の値
　　　よって，極方程式は　　$r=5$

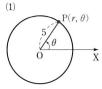

←「θ は任意の値」は省略してよい。

(2)　円上の点Pの極座標を $(r,\ \theta)$ とすると
　　　　　　OP＝$2\cdot5\cos\theta$
　　　よって，求める極方程式は
　　　　　$r=10\cos\theta$

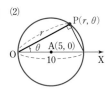

←まず，図をかいて辺と角の関係をつかむ。

TR
②**116**　(1)　次の方程式の表す曲線を，極方程式で表せ。
　　　　(ア)　$2x^2+y^2=3$　　　　　(イ)　$y=x$　　　　　(ウ)　$x^2+(y-1)^2=1$
　　(2)　次の極方程式の表す曲線を，直交座標の $x,\ y$ の方程式で表せ。
　　　　(ア)　$r=\sqrt{3}\cos\theta+\sin\theta$　　　　(イ)　$r^2(1+3\cos^2\theta)=4$

(1)　曲線上の点 P$(x,\ y)$ の極座標を $(r,\ \theta)$ とする。
　(ア)　$2x^2+y^2=3$ から　　$2(r\cos\theta)^2+(r\sin\theta)^2=3$
　　　ゆえに　　$r^2(2\cos^2\theta+\sin^2\theta)=3$
　　　よって　　$r^2\{2\cos^2\theta+(1-\cos^2\theta)\}=3$
　　　したがって　　$r^2(1+\cos^2\theta)=3$

←$x=r\cos\theta$，$y=r\sin\theta$ を代入。

←$\sin^2\theta=1-\cos^2\theta$

　(イ)　$y=x$ から　　$r\sin\theta=r\cos\theta$
　　　よって，$r(\sin\theta-\cos\theta)=0$ から
　　　　　　$r=0$ または $\sin\theta=\cos\theta$
　　　$r=0$ は極を表す。また，$\sin\theta=\cos\theta$ から $0\leqq\theta<2\pi$ とすると　　$\theta=\dfrac{\pi}{4}$ または $\theta=\dfrac{5}{4}\pi$ …… ①
　　　ここで，① の 2 つの極方程式は同じ直線を表し，極を通る。
　　　したがって　　$\theta=\dfrac{\pi}{4}$

注意　① はいずれも極Oを通り，始線とのなす角が $\dfrac{\pi}{4}$ の直線を表す。

　(ウ)　$x^2+(y-1)^2=1$ から　　$x^2+y^2-2y=0$
　　　ゆえに　　$(r\cos\theta)^2+(r\sin\theta)^2-2r\sin\theta=0$
　　　すなわち　$r\{r(\cos^2\theta+\sin^2\theta)-2\sin\theta\}=0$
　　　よって，$r(r-2\sin\theta)=0$ から
　　　　　　$r=0$ または $r=2\sin\theta$
　　　$r=0$ は極を表す。また，$\theta=0$ のとき $r=2\sin\theta$ は $r=0$ を満たすから，この極方程式の表す図形は極を通る。
　　　したがって　　$r=2\sin\theta$

←$x^2+y^2=r^2$ を代入してもよい。

←$r=2\sin0=0$

4章

TR

(2) 曲線上の点 P の極座標を $(r,\ \theta)$，直交座標を $(x,\ y)$ とする。

(ア) 極方程式の両辺に r を掛けると
$$r^2=r(\sqrt{3}\cos\theta+\sin\theta)$$
すなわち $\quad r^2=\sqrt{3}\cdot r\cos\theta+r\sin\theta$

$r^2=x^2+y^2$，$r\cos\theta=x$，$r\sin\theta=y$ であるから
$$x^2+y^2=\sqrt{3}\,x+y$$
よって $\quad \boldsymbol{x^2+y^2-\sqrt{3}\,x-y=0}$

← $r^2(=x^2+y^2)$，
$r\cos\theta(=x)$，
$r\sin\theta(=y)$
の形を導き出す。

(イ) $r^2(1+3\cos^2\theta)=4$ から $\quad r^2+3(r\cos\theta)^2=4$

$r^2=x^2+y^2$，$r\cos\theta=x$ であるから $\quad x^2+y^2+3x^2=4$

したがって $\quad \boldsymbol{4x^2+y^2=4}$

TR
②**117** 極方程式 $r=\dfrac{3}{1+2\cos\theta}$ の表す曲線を，直交座標の x，y の方程式に直して答えよ。

$r=\dfrac{3}{1+2\cos\theta}$ から $\quad r+2r\cos\theta=3$

← 分母を払った形に直して扱う。

$r\cos\theta=x$ であるから $\quad r+2x=3$

ゆえに $\quad r=3-2x \quad$ よって $\quad r^2=(3-2x)^2$

$r^2=x^2+y^2$ であるから $\quad x^2+y^2=(3-2x)^2$

整理すると $\quad 3x^2-12x-y^2+9=0$

すなわち $\quad 3(x-2)^2-y^2=3$

← $r=(x,\ y\ \text{の式})$
$\longrightarrow r^2=x^2+y^2$ を利用して，x，y だけの関係式を導く。

したがって，**双曲線** $\boldsymbol{(x-2)^2-\dfrac{y^2}{3}=1}$ を表す。

TR
③**118** 点 A の極座標を $(3,\ 0)$ とする。極 O との距離と，A を通り始線に垂直な直線 ℓ との距離の比が $1:2$ であるような点 P が描く曲線の極方程式を求めよ。

点 P の極座標を $(r,\ \theta)$ とし，点 P から直線 ℓ に垂線 PH を下ろす。

OP：PH＝1：2 すなわち 2OP＝PH

を満たす点 P は直線 ℓ の左側にあり
$$OP=r,\ PH=3-r\cos\theta$$
ゆえに $\quad 2r=3-r\cos\theta$

よって $\quad \boldsymbol{r=\dfrac{3}{2+\cos\theta}}$

(参考) OP：PH$=\dfrac{1}{2}:1$
より，離心率 e は $e=\dfrac{1}{2}$ であるから，この問題の極方程式は楕円を表す。

TR
④**119** 直線 $x=3$ に接し，点 A$(-3,\ 0)$ を通る円の中心を P$(x,\ y)$ とする。点 P の軌跡を求めよ。

点 P から直線 $x=3$ に下ろした垂線を PH とする。

PA，PH は円の半径であるから
$$PA=PH$$
すなわち
$$PA^2=PH^2$$
よって $\quad \{x-(-3)\}^2+y^2=(3-x)^2$

← P$(x,\ y)$ は問題に与えられている。

← 条件から x，y の関係式を導く。

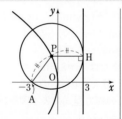

整理すると $y^2 = -12x$

したがって，点Pは放物線 $y^2 = -12x$ 上にある。

逆に，この放物線上のすべての点 $P(x, y)$ は，条件を満たす。

よって，求める軌跡は　　**放物線 $y^2 = -12x$**

⬅ 方程式の表す図形を求める。

⬅ 逆を確認する。

TR
④**120** 楕円の焦点を通り，短軸に平行な弦を AB とする。短軸の長さの2乗は，長軸の長さと弦 AB の長さの積に一致することを証明せよ。

HINT 楕円の方程式を $\dfrac{x^2}{a^2} + \dfrac{y^2}{b^2} = 1$ $(a > b > 0)$ と表して考える。

楕円の方程式を $\dfrac{x^2}{a^2} + \dfrac{y^2}{b^2} = 1$ $(a > b > 0)$ …… ① とする。

焦点の座標は　　$(\sqrt{a^2 - b^2}, 0)$, $(-\sqrt{a^2 - b^2}, 0)$

ゆえに，点 A，B の y 座標は，$x = \pm\sqrt{a^2 - b^2}$ を ① に代入して，$\dfrac{a^2 - b^2}{a^2} + \dfrac{y^2}{b^2} = 1$ から　　$-\dfrac{b^2}{a^2} + \dfrac{y^2}{b^2} = 0$

よって　　$y^2 = \dfrac{(b^2)^2}{a^2}$

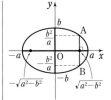

$a > 0$, $b^2 > 0$ であるから　　$y = \pm\sqrt{\dfrac{(b^2)^2}{a^2}} = \pm\dfrac{b^2}{a}$

⬅ $P > 0$ のとき $\sqrt{P^2} = P$

したがって　　$AB = \dfrac{2b^2}{a}$

一方，長軸の長さは $2a$ であり

$$2a \times AB = 2a \times \dfrac{2b^2}{a} = 4b^2 = (2b)^2$$

短軸の長さは $2b$ であるから，短軸の長さの2乗は，長軸の長さと弦 AB の長さの積に一致する。

TR
④**121** ★ 直線 $y = 2x + k$ が楕円 $x^2 + 4y^2 = 4$ と異なる2点 P，Q で交わるとする。
(1) 定数 k のとりうる値の範囲を求めよ。
(2) (1)の範囲で k を動かしたとき，線分 PQ の中点 M の軌跡を求めよ。

$y = 2x + k$ …… ①，$x^2 + 4y^2 = 4$ …… ② とする。

① を ② に代入すると　　$x^2 + 4(2x + k)^2 = 4$

整理すると

$$17x^2 + 16kx + 4(k^2 - 1) = 0 \quad …… ③$$

(1) x の2次方程式 ③ の判別式を D とすると

$$\dfrac{D}{4} = (8k)^2 - 4 \cdot 17(k^2 - 1) = -4(k^2 - 17)$$

$$= -4(k + \sqrt{17})(k - \sqrt{17})$$

直線 ① と楕円 ② が異なる2点で交わるための条件は

$$D > 0$$

ゆえに　　$(k + \sqrt{17})(k - \sqrt{17}) < 0$

よって　　$-\sqrt{17} < k < \sqrt{17}$

⬅ 直線 ① と楕円 ② が異なる2点で交わる
── 2次方程式 ③ が異なる2つの実数解をもつ
── $D > 0$

(2)　2点 P，Q の x 座標をそれぞれ
x_1，x_2 とする。

x_1，x_2 は2次方程式③の解である
から，解と係数の関係により

$$x_1+x_2=-\frac{16k}{17}$$

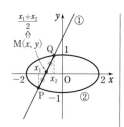

CHART
線分の中点の軌跡
解と係数の関係が有効

M(x，y) とすると

$$x=\frac{x_1+x_2}{2}=-\frac{8k}{17}\ \cdots\cdots\ ④$$

このとき　$y=2x+k=2\cdot\left(-\dfrac{8k}{17}\right)+k=\dfrac{k}{17}\ \cdots\cdots\ ⑤$

⬅点 M は直線①上。

④から　$k=-\dfrac{17}{8}x$　これを⑤に代入して　$y=-\dfrac{1}{8}x$

⬅k を消去。

また，(1)から　$-\sqrt{17}<-\dfrac{17}{8}x<\sqrt{17}$

よって　$-\dfrac{8\sqrt{17}}{17}<x<\dfrac{8\sqrt{17}}{17}$

したがって，求める軌跡は

直線 $y=-\dfrac{1}{8}x$ の $-\dfrac{8\sqrt{17}}{17}<x<\dfrac{8\sqrt{17}}{17}$ の部分

TR
④ **122** ★ 楕円 $\dfrac{x^2}{9}+\dfrac{y^2}{4}=1$ の $x>0$，$y>0$ の部分にある点 R における接線と x 軸，y 軸との交点を
それぞれ P，Q とする。このとき，△OPQ（Oは原点）の面積の最小値を求めよ。また，そのと
きの点 R の座標を求めよ。

R($3\cos\theta$，$2\sin\theta$)，$0<\theta<\dfrac{\pi}{2}$ とおく。

CHART
曲線上の点
媒介変数表示も有効

点 R における接線の方程式は

$$\frac{3\cos\theta}{9}x+\frac{2\sin\theta}{4}y=1$$

⬅接線の公式を利用。

$y=0$ とすると　$x=\dfrac{3}{\cos\theta}$

$x=0$ とすると　$y=\dfrac{2}{\sin\theta}$

⬅$0<\theta<\dfrac{\pi}{2}$ であるから

$\cos\theta>0$，$\sin\theta>0$

ゆえに　P$\left(\dfrac{3}{\cos\theta},\ 0\right)$，Q$\left(0,\ \dfrac{2}{\sin\theta}\right)$

よって，△OPQ の面積を S とすると

$$S=\frac{1}{2}\cdot\text{OP}\cdot\text{OQ}=\frac{1}{2}\cdot\frac{3}{\cos\theta}\cdot\frac{2}{\sin\theta}=\frac{6}{\sin2\theta}$$

⬅2倍角の公式
$2\sin\theta\cos\theta=\sin2\theta$

$0<\theta<\dfrac{\pi}{2}$ より $0<2\theta<\pi$ であるから　$0<\sin2\theta\leqq1$

ゆえに，$\sin2\theta$ が最大のとき，すなわち $\sin2\theta=1$ のとき S
は最小となる。

このとき, $2\theta=\dfrac{\pi}{2}$ から $\theta=\dfrac{\pi}{4}$ であり, 面積 S は **最小値 6**
をとる。

また $\quad 3\cos\theta=3\cos\dfrac{\pi}{4}=\dfrac{3}{\sqrt{2}}$,

$\qquad\quad 2\sin\theta=2\sin\dfrac{\pi}{4}=\dfrac{2}{\sqrt{2}}=\sqrt{2}$

したがって, S が最小となるときの **点 R の座標は**

$$\left(\dfrac{3}{\sqrt{2}},\ \sqrt{2}\right)$$

TR
④**123** ★ $x=\dfrac{1-t^2}{1+t^2}$, $y=\dfrac{4t}{1+t^2}$ (t は媒介変数) で表される点 $(x,\ y)$ が満たす曲線はどのような曲線

かを, $t=\tan\dfrac{\theta}{2}$ とおくことによって答えよ。

$t=\tan\dfrac{\theta}{2}$ を $x=\dfrac{1-t^2}{1+t^2}$, $y=\dfrac{4t}{1+t^2}$ に代入すると

$\quad x=\dfrac{1-\tan^2\dfrac{\theta}{2}}{1+\tan^2\dfrac{\theta}{2}}=\dfrac{\cos^2\dfrac{\theta}{2}-\sin^2\dfrac{\theta}{2}}{\cos^2\dfrac{\theta}{2}+\sin^2\dfrac{\theta}{2}}$

$\qquad =\cos^2\dfrac{\theta}{2}-\sin^2\dfrac{\theta}{2}$

$\qquad =\cos\theta$

←分母, 分子に $\cos^2\dfrac{\theta}{2}$
を掛ける。
$\cos^2\dfrac{\theta}{2}-\sin^2\dfrac{\theta}{2}$
$=\cos 2\cdot\dfrac{\theta}{2}$

$\quad y=\dfrac{4\tan\dfrac{\theta}{2}}{1+\tan^2\dfrac{\theta}{2}}=\dfrac{4\sin\dfrac{\theta}{2}\cos\dfrac{\theta}{2}}{\cos^2\dfrac{\theta}{2}+\sin^2\dfrac{\theta}{2}}$

$\qquad =4\sin\dfrac{\theta}{2}\cos\dfrac{\theta}{2}$

$\qquad =2\sin\theta$

←分母, 分子に $\cos^2\dfrac{\theta}{2}$
を掛ける。
$2\sin\dfrac{\theta}{2}\cos\dfrac{\theta}{2}$
$=\sin 2\cdot\dfrac{\theta}{2}$

よって $\quad \cos\theta=x,\ \sin\theta=\dfrac{y}{2}$

これらを $\sin^2\theta+\cos^2\theta=1$ に代入して $\quad \left(\dfrac{y}{2}\right)^2+x^2=1$

すなわち $\quad x^2+\dfrac{y^2}{4}=1$

ただし, $\theta=(2n+1)\pi$ [n は整数] のとき, $t=\tan\dfrac{\theta}{2}$ は定義
されないから点 $(-1,\ 0)$ を除く。
したがって, 点 $(x,\ y)$ が満たす曲線は

$\quad$ **楕円 $x^2+\dfrac{y^2}{4}=1$** $\quad$ **ただし, 点 $(-1,\ 0)$ を除く。**

←$\theta=(2n+1)\pi$ のとき
$x=\cos\theta=-1$
$y=2\sin\theta=0$
であるから点 $(-1,\ 0)$
を含まない。

TR
④**124** 極をOとし，2点 A，B の極座標をそれぞれ $\left(2, \dfrac{\pi}{6}\right)$，$\left(4, -\dfrac{\pi}{6}\right)$ とする。

(1) 線分 AB の長さを求めよ。　　　　(2) △OAB の面積を求めよ。

△OAB において

$$\text{OA}=2, \quad \text{OB}=4, \quad \angle\text{AOB}=\frac{\pi}{6}-\left(-\frac{\pi}{6}\right)=\frac{\pi}{3}$$

(1) 余弦定理から

$$\text{AB}^2=\text{OA}^2+\text{OB}^2-2\text{OA}\cdot\text{OB}\cos\angle\text{AOB}$$
$$=2^2+4^2-2\cdot2\cdot4\cos\frac{\pi}{3}=4+16-16\cdot\frac{1}{2}=12$$

よって $\quad \text{AB}=\sqrt{12}=2\sqrt{3}$

(2) △OAB の面積 S は

$$S=\frac{1}{2}\text{OA}\cdot\text{OB}\sin\angle\text{AOB}=\frac{1}{2}\cdot2\cdot4\sin\frac{\pi}{3}$$
$$=4\cdot\frac{\sqrt{3}}{2}=2\sqrt{3}$$

CHART
極座標 (r, θ)
r, θ の特徴を活かす

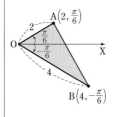

TR
④**125** 中心Aの極座標が $\left(2, \dfrac{\pi}{2}\right)$ で，半径が 3 である円の極方程式を求めよ。

極をOとし，円上の点Pの極座標を (r, θ) とする。
△OAP において，余弦定理から

$$\text{AP}^2=\text{OP}^2+\text{OA}^2$$
$$-2\text{OP}\cdot\text{OA}\cos\angle\text{AOP}$$

ここで，AP=3，OP=r，OA=2，

$\angle\text{AOP}=\theta-\dfrac{\pi}{2}$ であるから

$$3^2=r^2+2^2-2r\cdot2\cos\left(\theta-\frac{\pi}{2}\right)$$

よって $\quad \boldsymbol{r^2-4r\sin\theta-5=0}$

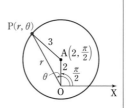

$\Leftarrow \cos\left(\theta-\dfrac{\pi}{2}\right)=\sin\theta$

TR
⑤**126** 点 A$(a, 0)$ を中心とする半径が a の円がある。この円上の任意の点Pと極Oを結ぶ線分 OP を 1 辺とする正方形 OPQR を作る。このとき，点Qの軌跡の極方程式を求めよ。

[HINT] [1] 点P，点Qの極座標をそれぞれ (r_1, θ_1)，(r, θ) とし，r_1，θ_1 をそれぞれ r，θ で表す。
[2] r_1，θ_1 の満たす式に，[1] で求めた式を代入し，r，θ の関係式を導く。

点Qの極座標を (r, θ) とする。
点 A$(a, 0)$ を中心とする半径 a の円
C の極方程式は $\quad r=2a\cos\theta$
点Pの極座標を (r_1, θ_1) とすると，
点Pは円C上にあるから

$$r_1=2a\cos\theta_1 \quad \cdots\cdots ①$$

CHART
極座標 (r, θ)
r, θ の特徴を活かす

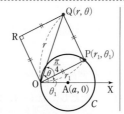

また，正方形 OPQR において

$$r=\sqrt{2}\,r_1, \quad \theta=\theta_1+\frac{\pi}{4} \text{ または } \theta=\theta_1-\frac{\pi}{4}$$

ゆえに $\quad r_1=\dfrac{r}{\sqrt{2}}, \quad \theta_1=\theta-\dfrac{\pi}{4} \text{ または } \theta_1=\theta+\dfrac{\pi}{4}$

これらを ① に代入すると

$$\frac{r}{\sqrt{2}}=2a\cos\left(\theta-\frac{\pi}{4}\right) \text{ または } \frac{r}{\sqrt{2}}=2a\cos\left(\theta+\frac{\pi}{4}\right)$$

よって

$$r=2\sqrt{2}\,a\cos\left(\theta+\frac{\pi}{4}\right) \text{ または } r=2\sqrt{2}\,a\cos\left(\theta-\frac{\pi}{4}\right)$$

4章

TR

EX
②**36** 次の条件を満たす放物線の方程式を求めよ。
(1) 頂点が原点で，焦点が y 軸上にあり，準線が点 $(3, 2)$ を通る
(2) 頂点が原点で，焦点が x 軸上にあり，点 $(-2, \sqrt{6})$ を通る

(1) 条件から，放物線の準線は直線 $y=2$ であり，焦点の座標は $(0, -2)$ である。よって，求める方程式は $x^2=4\cdot(-2)y$
すなわち $\boldsymbol{x^2=-8y}$

| ▷ 頂点が原点，焦点が y 軸上 ⟶ $x^2=4py$ の形。

(2) 頂点が原点で，焦点が x 軸上にあるから，求める放物線の方程式を $y^2=4px$ $(p\neq0)$ とおく。
点 $(-2, \sqrt{6})$ を通るから $6=4p\cdot(-2)$
よって $p=-\dfrac{3}{4}$
したがって，求める方程式は $\boldsymbol{y^2=-3x}$

| ▷ 頂点が原点，焦点が x 軸上 ⟶ $y^2=4px$ の形。

| ⟸ $4p=-3$ として，$y^2=4px$ に代入してもよい。

EX
②**37** 次の条件を満たす楕円の方程式を求めよ。
(1) 焦点が 2 点 $(3, 0)$，$(-3, 0)$ で，長軸と短軸の長さの差が 2
(2) 中心が原点で，長軸が y 軸上にあり，短軸の長さが 8 で，点 $\left(\dfrac{12}{5}, 4\right)$ を通る

(1) 2 つの焦点が x 軸上にあって，原点に関して対称であるから，
求める楕円の方程式を $\dfrac{x^2}{a^2}+\dfrac{y^2}{b^2}=1$ $(a>b>0)$ とおく。

長軸と短軸の長さの差が 2 であるから $2a-2b=2$
すなわち $a-b=1$ …… ①
また，焦点が 2 点 $(3, 0)$，$(-3, 0)$ であるから $\sqrt{a^2-b^2}=3$
ゆえに，$a^2-b^2=3^2$ から
$(a+b)(a-b)=9$
① を代入して $a+b=9$ …… ②
①，② を解いて $a=5$，$b=4$
よって，求める方程式は $\dfrac{\boldsymbol{x^2}}{\boldsymbol{25}}+\dfrac{\boldsymbol{y^2}}{\boldsymbol{16}}=1$

| **CHART**
2 次曲線の方程式
焦点が x 軸上か，y 軸上かを見極める

| ⟸ 長軸の長さは $2a$，短軸の長さは $2b$

| ⟸ 焦点は $(\sqrt{a^2-b^2}, 0)$，$(-\sqrt{a^2-b^2}, 0)$

| ⟸ 両辺を 2 乗する。

(2) 中心が原点で，長軸が y 軸上にあるから，求める楕円の方程式を $\dfrac{x^2}{a^2}+\dfrac{y^2}{b^2}=1$ $(b>a>0)$ とおく。

短軸の長さが 8 であるから $2a=8$
ゆえに $a=4$

また，点 $\left(\dfrac{12}{5}, 4\right)$ を通るから $\dfrac{1}{4^2}\cdot\left(\dfrac{12}{5}\right)^2+\dfrac{4^2}{b^2}=1$
よって $\dfrac{16}{b^2}=1-\dfrac{9}{25}=\dfrac{16}{25}$ ゆえに $b^2=25$

したがって，求める方程式は $\dfrac{\boldsymbol{x^2}}{\boldsymbol{16}}+\dfrac{\boldsymbol{y^2}}{\boldsymbol{25}}=1$

| ⟸ 短軸の長さは $2a$

| ⟸ 楕円の方程式に，通る点の座標と求めた a の値を代入。

EX
③38 次の条件を満たす双曲線の方程式を求めよ。
(1) 頂点が 2 点 $(1, 0)$, $(-1, 0)$ で, 2 直線 $y=3x$, $y=-3x$ が漸近線
(2) 焦点が $F(6, 0)$, $F'(-6, 0)$ で, 頂点の 1 つが点 $(2\sqrt{5}, 0)$
(3) 双曲線上の点と 2 つの焦点 $F(0, 5)$, $F'(0, -5)$ までの距離の差が 8

(1) 頂点が 2 点 $(1, 0)$, $(-1, 0)$ であるから, 求める双曲線の方程式を
$$\frac{x^2}{1^2} - \frac{y^2}{b^2} = 1 \ (b>0)$$
とおく。
このとき, 漸近線は 2 直線 $y=bx$,
$y=-bx$ であるから $b=3$
よって, 求める方程式は $x^2 - \dfrac{y^2}{9} = 1$

⟸頂点が x 軸上にあって, 原点に関して対称
$\longrightarrow \dfrac{x^2}{a^2} - \dfrac{y^2}{b^2} = 1$ の形。
このとき, 頂点は
2 点 $(a, 0)$, $(-a, 0)$
⟸漸近線は 2 直線
$y=\dfrac{b}{1}x$, $y=-\dfrac{b}{1}x$

(2) 2 つの焦点が x 軸上にあって, 原点に関して対称であるから, 求める双曲線の方程式を
$$\frac{x^2}{a^2} - \frac{y^2}{b^2} = 1 \ (a>0, \ b>0) \quad とおく。$$
頂点の 1 つが点 $(2\sqrt{5}, 0)$ であるから $a=2\sqrt{5}$
また, 焦点が $F(6, 0)$, $F'(-6, 0)$ であるから $\sqrt{a^2+b^2}=6$
ゆえに $b^2=6^2-a^2=36-(2\sqrt{5})^2=16$
よって, 求める方程式は $\dfrac{x^2}{20} - \dfrac{y^2}{16} = 1$

⟸焦点は $(\sqrt{a^2+b^2}, 0)$, $(-\sqrt{a^2+b^2}, 0)$

(3) 2 つの焦点が y 軸上にあって, 原点に関して対称であるから, 求める方程式を $\dfrac{x^2}{a^2} - \dfrac{y^2}{b^2} = -1 \ (a>0, \ b>0)$ とおく。
焦点が $F(0, 5)$, $F'(0, -5)$ であるから $\sqrt{a^2+b^2}=5$
ゆえに $a^2+b^2=25$ …… ①
また, 2 つの焦点までの距離の差が 8 であるから $2b=8$
よって $b=4$ ① から $a^2=25-4^2=9$
したがって, 求める方程式は $\dfrac{x^2}{9} - \dfrac{y^2}{16} = -1$

⟸焦点までの距離の差は $2b$

EX
②39 xy 平面上において, 楕円 $\dfrac{x^2}{4}+y^2=1$ を x 軸方向に 1, y 軸方向に a だけ平行移動して得られる楕円が原点を通るとき, $a=\boxed{}$ である。 [京都産大]

x 軸方向に 1, y 軸方向に a だけ平行移動した楕円の方程式は
$$\frac{(x-1)^2}{4} + (y-a)^2 = 1$$
この楕円が原点を通るとき $\dfrac{(-1)^2}{4} + (-a)^2 = 1$
すなわち $a^2=\dfrac{3}{4}$ よって $a=\pm\dfrac{\sqrt{3}}{2}$

⟸x を $x-1$, y を $y-a$ でおき換える。

EX
③40 直線 $x+2y=11$ が，楕円 $(x-2)^2+4(y-4)^2=4$ によって切り取られる線分（これを **弦** という）の中点の座標と線分の長さを求めよ。

$2y=11-x$ を $(x-2)^2+(2y-8)^2=4$ に代入して
$$(x-2)^2+(3-x)^2=4$$
ゆえに $2x^2-10x+9=0$ …… ①
直線と楕円の 2 つの交点を P$(x_1,\ y_1)$，Q$(x_2,\ y_2)$ とすると，$x_1,\ x_2$ は 2 次方程式 ① の 2 つの解である。
よって，解と係数の関係から
$$x_1+x_2=5,\qquad x_1x_2=\frac{9}{2}\ \cdots\cdots ②$$

また，$y=\dfrac{1}{2}(11-x)$ から
$$y_1+y_2=\frac{1}{2}\{22-(x_1+x_2)\}=\frac{17}{2}$$

したがって，線分 PQ の **中点の座標は**
$$\left(\frac{x_1+x_2}{2},\ \frac{y_1+y_2}{2}\right)\qquad ② から \qquad \left(\frac{5}{2},\ \frac{17}{4}\right)$$

また，線分の長さ PQ について，② から
$$PQ^2=(x_2-x_1)^2+(y_2-y_1)^2=(x_2-x_1)^2+\left\{-\frac{1}{2}(x_2-x_1)\right\}^2$$
$$=\frac{5}{4}(x_2-x_1)^2=\frac{5}{4}\{(x_1+x_2)^2-4x_1x_2\}$$
$$=\frac{5}{4}\left(5^2-4\cdot\frac{9}{2}\right)=\frac{35}{4}$$

PQ>0 であるから求める **線分 PQ の長さは**
$$\sqrt{\frac{35}{4}}=\frac{\sqrt{35}}{2}$$

◀ $4(y-4)^2=\{2(y-4)\}^2$

◀ ① の判別式 D について $\dfrac{D}{4}=(-5)^2-2\cdot 9$
$=7>0$
よって，直線と楕円は異なる 2 点で交わる。

◀ $y_1=\dfrac{1}{2}(11-x_1)$，
$y_2=\dfrac{1}{2}(11-x_2)$

◀ y_2-y_1
$=\dfrac{1}{2}(11-x_2)$
$-\dfrac{1}{2}(11-x_1)$
$=-\dfrac{1}{2}(x_2-x_1)$
$(a-b)^2$
$=(a+b)^2-4ab$

EX
③41 ★ (1) 直線 $y=mx+n$ が楕円 $x^2+\dfrac{y^2}{4}=1$ に接するための条件を $m,\ n$ を用いて表せ。

(2) 点 $(2,\ 1)$ から楕円 $x^2+\dfrac{y^2}{4}=1$ に引いた 2 つの接線が直交することを示せ。　　　[島根大]

(1) $x^2+\dfrac{y^2}{4}=1$ から $4x^2+y^2=4$

これと $y=mx+n$ から y を消去して整理すると
$$(m^2+4)x^2+2mnx+n^2-4=0$$
この x の 2 次方程式の判別式を D とすると
$$\frac{D}{4}=(mn)^2-(m^2+4)(n^2-4)$$
$$=4(m^2-n^2+4)$$
直線と楕円が接するための必要十分条件は $D=0$ である。
よって $m^2-n^2+4=0$

◀ x^2 の係数は $m^2+4\neq 0$

(2) 点 $(2, 1)$ を通る接線は，x 軸に垂直ではないから，その方
程式は $y=m(x-2)+1$ すなわち $y=mx-2m+1$
とおける。

よって，(1) の直線の方程式において $n=-2m+1$ とすると
$$m^2-(-2m+1)^2+4=0$$
すなわち $3m^2-4m-3=0$

◆(1) の結果を利用できる。

この 2 次方程式の 2 つの解を α，β とすると，α，β は 2 つの
接線の傾きを表す。

解と係数の関係により $\alpha\beta=\dfrac{-3}{3}=-1$

したがって，2 つの接線は直交する。

◆ 2 直線が直交
$\iff$ 傾きの積が -1

EX
③**42** 次の媒介変数表示は，どのような曲線を表すか。

(1) $x=\sqrt{t}-1$，$y=2t+2$

(2) $x=t+\dfrac{1}{t}$，$y=t-\dfrac{1}{t}$

(3) $x=4\tan\theta$，$y=\dfrac{3}{\cos\theta}$

(4) $x=1+2\cos\theta$，$y=3\sin\theta-2$

(5) $x=\cos\theta$，$y=\cos2\theta$

(6) $x=\sin\theta+\cos\theta$，$y=\sin\theta-\cos\theta$

(1) $x=\sqrt{t}-1$ から $\sqrt{t}=x+1$

これを $y=2(\sqrt{t})^2+2$ に代入すると
$$y=2(x+1)^2+2$$
ゆえに $y=2x^2+4x+4$

ここで，$\sqrt{t}=x+1\geqq0$ であるから $x\geqq-1$

よって **放物線 $y=2x^2+4x+4$ の $x\geqq-1$ の部分**

◆ x の変域が制限されることに注意。

(2) $x=t+\dfrac{1}{t}$ …… ①，$y=t-\dfrac{1}{t}$ …… ② とする。

①＋② から $x+y=2t$

よって $t=\dfrac{x+y}{2}$ …… ③

$t\neq0$ であるから $x+y\neq0$

③ を ① に代入すると $x=\dfrac{x+y}{2}+\dfrac{2}{x+y}$

両辺に $2(x+y)$ を掛けると $2(x+y)x=(x+y)^2+4$
整理すると $x^2-y^2=4$

よって **双曲線 $x^2-y^2=4$**

◆ $x=t+\dfrac{1}{t}$ と表されていることから $t\neq0$

別解 $x=t+\dfrac{1}{t}$，$y=t-\dfrac{1}{t}$ の両辺をそれぞれ 2 乗すると

$$x^2=t^2+2+\dfrac{1}{t^2}\ \cdots\cdots\ ①,\quad y^2=t^2-2+\dfrac{1}{t^2}\ \cdots\cdots\ ②$$

①－② から $x^2-y^2=4$ よって **双曲線 $x^2-y^2=4$**

◆ x^2 と y^2 に $t^2+\dfrac{1}{t^2}$ が現れてまとめて消去できる。

(3) $\tan\theta=\dfrac{x}{4}$，$\dfrac{1}{\cos\theta}=\dfrac{y}{3}$ を $1+\tan^2\theta=\dfrac{1}{\cos^2\theta}$ に代入すると

$$1+\left(\dfrac{x}{4}\right)^2=\left(\dfrac{y}{3}\right)^2$$ よって **双曲線 $\dfrac{x^2}{16}-\dfrac{y^2}{9}=-1$**

(4) $\cos\theta=\dfrac{x-1}{2}$, $\sin\theta=\dfrac{y+2}{3}$ を $\sin^2\theta+\cos^2\theta=1$ に代入す

る と $\left(\dfrac{y+2}{3}\right)^2+\left(\dfrac{x-1}{2}\right)^2=1$

よって 楕円 $\dfrac{(x-1)^2}{4}+\dfrac{(y+2)^2}{9}=1$

(5) $\cos2\theta=2\cos^2\theta-1$ であるから $y=2x^2-1$ ← 2倍角の公式

ここで, $-1\leqq\cos\theta\leqq1$ から $-1\leqq x\leqq1$ ← この x の変域に注意。

よって 放物線 $y=2x^2-1$ の $-1\leqq x\leqq1$ の部分

(6) $x=\sin\theta+\cos\theta$ ……①, $y=\sin\theta-\cos\theta$ ……② とする。 ← $\sin\theta$, $\cos\theta$ をそれぞ
れ x, y で表し,
$\sin^2\theta+\cos^2\theta=1$
を利用する方針。

(①+②)÷2 から $\sin\theta=\dfrac{x+y}{2}$

(①−②)÷2 から $\cos\theta=\dfrac{x-y}{2}$

これらを $\sin^2\theta+\cos^2\theta=1$ に代入すると

$\left(\dfrac{x+y}{2}\right)^2+\left(\dfrac{x-y}{2}\right)^2=1$

整理すると $x^2+y^2=2$ よって 円 $x^2+y^2=2$

別解 $x^2+y^2=(\sin\theta+\cos\theta)^2+(\sin\theta-\cos\theta)^2$ ← $\sin^2\theta+\cos^2\theta=1$
を利用する方針。
$=2(\sin^2\theta+\cos^2\theta)=2\cdot1=2$

よって 円 $x^2+y^2=2$

EX
③**43** 次の極方程式はどのような曲線を表すか。

(1) $r=4\cos\theta$ 　　　　(2) $\theta=-\dfrac{\pi}{6}$

(3) $r\cos\theta=2$ 　　　　(4) $r(\cos\theta+\sqrt{3}\,\sin\theta)=4$

(1) $r=2\cdot2\cos\theta$

よって, **中心 $(2, 0)$, 半径2の円** を表す。

(2) **極を通り, 始線とのなす角が $-\dfrac{\pi}{6}$ の直線** を表す。

(3) $r\cos(\theta-0)=2$

点 $(2, 0)$ を通り, 始線に垂直な直線 を表す。

(4) $r(\cos\theta+\sqrt{3}\,\sin\theta)=r\cdot2\sin\left(\theta+\dfrac{\pi}{6}\right)$

$=2r\sin\left(\theta-\dfrac{\pi}{3}+\dfrac{\pi}{2}\right)$

$=2r\cos\left(\theta-\dfrac{\pi}{3}\right)$

よって $2r\cos\left(\theta-\dfrac{\pi}{3}\right)=4$ ゆえに $r\cos\left(\theta-\dfrac{\pi}{3}\right)=2$

よって, **極座標が $\left(2, \dfrac{\pi}{3}\right)$ の点Aを通り, OA(Oは極)に垂直
な直線** を表す。

(1) $r=2a\cos\theta$ ⟶
中心 $(a, 0)$, 半径 a
の円。

(2) $\theta=\alpha$ ⟶
極を通り, 始線とのな
す角が α の直線。

(3), (4)
$r\cos(\theta-\alpha)=a$
⟶ 極座標が (a, α)
である点Aを通り,
OA(Oは極)に垂直な
直線。

EX ③**44** 次の極方程式で表された円の中心の極座標と半径を求めよ。
    (1) $r^2-4r\cos\theta+3=0$ (2) $r^2-r(\cos\theta-\sqrt{3}\sin\theta)-8=0$

> **HINT** 極方程式 $\longrightarrow$ 直交座標に関する方程式 $\longrightarrow$ 直交座標に関する中心と半径 $\longrightarrow$ 極座標 に関する中心と半径 の順に考える。

(1) $r^2=x^2+y^2$, $r\cos\theta=x$ を代入すると
$$x^2+y^2-4x+3=0$$
ゆえに $(x-2)^2+y^2=1$
よって，直交座標において，中心 $(2,\ 0)$，半径 1 の円である から

          中心の極座標は $(2,\ 0)$，半径は 1

4章
EX

(2) $r^2=x^2+y^2$, $r\cos\theta=x$, $r\sin\theta=y$ を代入すると
$$x^2+y^2-x+\sqrt{3}\,y-8=0$$
ゆえに
$$\left\{x^2-x+\left(\frac{1}{2}\right)^2\right\}-\left(\frac{1}{2}\right)^2$$
$$+\left\{y^2+\sqrt{3}\,y+\left(\frac{\sqrt{3}}{2}\right)^2\right\}-\left(\frac{\sqrt{3}}{2}\right)^2=8$$
よって $\left(x-\frac{1}{2}\right)^2+\left(y+\frac{\sqrt{3}}{2}\right)^2=3^2$

ゆえに，直交座標において，中心 $\left(\dfrac{1}{2},\ -\dfrac{\sqrt{3}}{2}\right)$，半径 3 の円

である。
中心の極座標を $(a,\ \alpha)$ とすると
$$a=\sqrt{\left(\frac{1}{2}\right)^2+\left(-\frac{\sqrt{3}}{2}\right)^2}=1$$
よって $\cos\alpha=\dfrac{1}{2}$, $\sin\alpha=-\dfrac{\sqrt{3}}{2}$

$0\leqq\alpha<2\pi$ とすると $\alpha=\dfrac{5}{3}\pi$

したがって **中心の極座標は $\left(1,\ \dfrac{5}{3}\pi\right)$，半径は 3**

$\Leftarrow$ 直交座標が $(x_1,\ y_1)$ である点の極座標を $(a,\ \alpha)$ とすると
$$a=\sqrt{x_1{}^2+y_1{}^2}$$
$$\cos\alpha=\frac{x_1}{a},$$
$$\sin\alpha=\frac{y_1}{a}$$

EX ④**45** 楕円 $\dfrac{(x+4)^2}{25}+\dfrac{(y+3)^2}{16}=1$ 上の点 $\left(-1,\ \dfrac{1}{5}\right)$ における接線の方程式を求めよ。

楕円 $\dfrac{(x+4)^2}{25}+\dfrac{(y+3)^2}{16}=1$ を C とする。

楕円 C と点 $\left(-1,\ \dfrac{1}{5}\right)$ を，x 軸方向に
4，y 軸方向に 3 だけ平行移動すると，
それぞれ
    楕円 $C'\colon\dfrac{x^2}{25}+\dfrac{y^2}{16}=1$，点 $\left(3,\ \dfrac{16}{5}\right)$
に一致する。

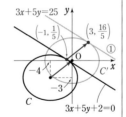

$\Leftarrow$ 楕円の中心が原点に くるように平行移動し，**標準形の場合に直す。** 楕円 C は楕円 C' を x 軸方向に -4，y 軸方向に -3 だけ平行移動 したもの。

楕円 C' 上の点 $\left(3, \dfrac{16}{5}\right)$ における接線の方程式は

$$\dfrac{3x}{25}+\dfrac{1}{16}\cdot\dfrac{16}{5}y=1$$

◀接線の公式を利用。

すなわち $\quad 3x+5y=25$ …… ①

求める接線は，直線 ① を x 軸方向に -4，y 軸方向に -3 だけ平行移動したものであるから，その方程式は

$$3(x+4)+5(y+3)=25 \quad すなわち \quad \boldsymbol{3x+5y+2=0}$$

EX
④**46** ☆ 楕円 $x^2+4y^2=4$ 上の点Pと直線 $x+2y=3$ 上の点Qについて，2点P，Q間の距離の最小値を求めよ。

求める距離 PQ の最小値は，直線
$x+2y=3$ …… ① と平行で，楕円
$x^2+4y^2=4$ …… ② に第1象限で接
する直線 $x+2y+k=0$ …… ③ と
直線 ① との距離に等しい。

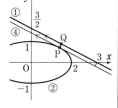

③ から $\quad y=-\dfrac{1}{2}x-\dfrac{k}{2}$ …… ④

これを ② に代入して整理すると $\quad 2x^2+2kx+k^2-4=0$

判別式を D とすると $\quad \dfrac{D}{4}=k^2-2(k^2-4)=-k^2+8$

直線 ④ が楕円 ② に接するための条件は $\quad D=0$

ゆえに，$-k^2+8=0$ から $\quad k=\pm2\sqrt{2}$

◀接する条件
⟺ 重解条件

直線 ④ が楕円 ② に第1象限で接するとき，$k<0$ であるから

$$k=-2\sqrt{2}$$

◀(④ の y 切片)>0

よって，求める最小値は，直線 $x+2y-2\sqrt{2}=0$ と直線 ①
上の点 $(3, 0)$ との距離に等しいから

◀点 (p, q) と直線
$ax+by+c=0$ の
距離は

$$\dfrac{|3+2\cdot0-2\sqrt{2}|}{\sqrt{1^2+2^2}}=\dfrac{3-2\sqrt{2}}{\sqrt{5}}=\dfrac{3\sqrt{5}-2\sqrt{10}}{5}$$

$$\dfrac{|ap+bq+c|}{\sqrt{a^2+b^2}}$$

EX
④**47** 放物線 $y^2=4px$ $(p\neq0)$ の焦点Fを通る直線が，この放物線と2点 A，B で交わるとき，2点 A，B の y 座標の積は一定であることを示せ。

放物線 $y^2=4px$ …… ① の焦点をFとすると $\quad$ F$(p, 0)$

[1] 点Fを通り，x 軸に垂直な直線 $x=p$ …… ② と放物線
① の交点の y 座標は，② を ① に代入して $\quad y^2=4p^2$

ゆえに $\quad y=\pm2p$

◀$p\neq0$

よって，2点 A，B の y 座標は $2p$，$-2p$ であり，その積は

$$2p\times(-2p)=-4p^2 \text{（一定）}$$

◀p は定数と考えられる。

[2] 点Fを通り，x 軸に垂直でない直線の方程式を
$y=m(x-p)$ …… ③ とおく。ただし，$m\neq0$ である。

① の両辺に m を掛けて

$$my^2=4pmx \cdots\cdots ④$$

③ から $\quad mx=y+mp$

◀$m=0$ とすると ③ は
$y=0$ となり，放物線
と直線 ③ が2点で交
わらない。

これを ④ に代入して整理すると

$$my^2 - 4py - 4mp^2 = 0 \cdots\cdots ⑤$$

$m \neq 0$ であるから，2 次方程式 ⑤ の判別式を D とすると

$$\frac{D}{4} = (-2p)^2 - m \cdot (-4mp^2) = 4p^2(1+m^2)$$

$4p^2(1+m^2) > 0$ であるから　　$D > 0$

よって，2 次方程式 ⑤ は異なる 2 つの実数解 y_1，y_2 をもつ。

⑤ の解 y_1，y_2 は，2 つの交点 A，B の y 座標であり，その積は，解と係数の関係から

$$y_1 y_2 = \frac{-4mp^2}{m} = -4p^2 \ (\text{一定})$$

[1]，[2] から，2 点 A，B の y 座標の積は一定である。

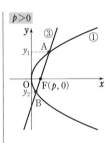

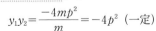

EX
④**48** 次の媒介変数表示は，どのような曲線を表すか。

(1) $x = \dfrac{2}{1+t^2}$，$y = \dfrac{2t}{1+t^2}$ 　　　(2) $x = t + \dfrac{1}{t}$，$y = t^2 + \dfrac{1}{t^2}$，$t > 0$

(1) $y = t \cdot \dfrac{2}{1+t^2} = tx$　　　$x > 0$ であるから　　　$t = \dfrac{y}{x}$

⟸ $2 > 0$，$1 + t^2 > 0$ から　$x > 0$

これを $x = \dfrac{2}{1+t^2}$ に代入すると　　　$x = \dfrac{2}{1 + \left(\dfrac{y}{x}\right)^2}$

ゆえに　　　$x = \dfrac{2x^2}{x^2+y^2}$　　　$x > 0$ であるから　　　$1 = \dfrac{2x}{x^2+y^2}$

よって　　　$x^2 - 2x + y^2 = 0$

したがって　　**円 $(x-1)^2 + y^2 = 1$ の $x > 0$ の部分**

別解　与えられた式の両辺を 2 乗すると

$$x^2 = \frac{4}{(1+t^2)^2} \ \cdots\cdots ① \qquad y^2 = \frac{4t^2}{(1+t^2)^2} \ \cdots\cdots ②$$

①+② と x の式から

$$x^2 + y^2 = \frac{4(1+t^2)}{(1+t^2)^2} = 2 \cdot \frac{2}{1+t^2} = 2x$$

よって　　　$x^2 - 2x + y^2 = 0$

また　　　$x = \dfrac{2}{1+t^2} > 0$

したがって　　**円 $(x-1)^2 + y^2 = 1$ の $x > 0$ の部分**

⟸ 与えられた x，y の式から $x^2 + y^2$ を考えると，$1 + t^2$ が約分できて簡単にまとめることができる。

(2) $x = t + \dfrac{1}{t}$ の両辺を 2 乗すると　　　$x^2 = t^2 + \dfrac{1}{t^2} + 2$

ゆえに　　$x^2 = y + 2$　　　よって　　$y = x^2 - 2$

$t > 0$ であるから，(相加平均) ≧ (相乗平均) により

$$x = t + \frac{1}{t} \geqq 2\sqrt{t \cdot \frac{1}{t}} = 2$$

したがって　　**放物線 $y = x^2 - 2$ の $x \geqq 2$ の部分**

⟸ 右辺に y にあたるものが出てくる。

⟸ $a > 0$，$b > 0$ のとき $a + b \geqq 2\sqrt{ab}$ この かくれた条件に注意。

EX
④**49**

$x=2\cos\theta$, $y=\sin\theta$ $(0\le\theta\le2\pi)$ で表される曲線 C について
(1) 曲線 C はどのような図形か。
(2) 点 A$(-1,\ 0)$ から曲線 C 上の点までの距離の最小値を求めよ。　　　　[類 成蹊大]

(1)　$\cos\theta=\dfrac{x}{2}$, $\sin\theta=y$ を $\sin^2\theta+\cos^2\theta=1$ に代入すると

$$y^2+\left(\dfrac{x}{2}\right)^2=1$$

CHART
媒介変数表示された曲線
　媒介変数を消去して,
　x, y だけの式へ

　　よって, 曲線 C は　　楕円 $\dfrac{x^2}{4}+y^2=1$

(2)　曲線 C 上の点を P$(2\cos\theta,\ \sin\theta)$, $0\le\theta\le2\pi$ とおくと
$$\begin{aligned}
\text{AP}^2&=(2\cos\theta+1)^2+\sin^2\theta\\
&=4\cos^2\theta+4\cos\theta+1+(1-\cos^2\theta)\\
&=3\cos^2\theta+4\cos\theta+2
\end{aligned}$$

←$\sin^2\theta=1-\cos^2\theta$ を代入して $\cos\theta$ のみの式に直す。

　ここで, $\cos\theta=t$ とおくと

$$\begin{aligned}
\text{AP}^2&=3t^2+4t+2=3\left\{t^2+\dfrac{4}{3}t+\left(\dfrac{2}{3}\right)^2\right\}-3\cdot\left(\dfrac{2}{3}\right)^2+2\\
&=3\left(t+\dfrac{2}{3}\right)^2+\dfrac{2}{3}
\end{aligned}$$

←$\cos\theta=t$ とおくと, t の 2 次関数になる。

←**基本形** に直す。

　$0\le\theta\le2\pi$ であるから　　$-1\le t\le1$

←この t の変域に注意。

　ゆえに, AP^2 は $t=-\dfrac{2}{3}$ のとき最小値 $\dfrac{2}{3}$ をとり, AP≥0

であるから, このとき AP も最小となる。

　よって, AP の最小値は　　$\sqrt{\dfrac{2}{3}}=\dfrac{\sqrt{6}}{3}$

EX
④**50**

★ 点 P$(x,\ y)$ が楕円 $\dfrac{x^2}{4}+y^2=1$ の上を動くとき, $3x^2-16xy-12y^2$ の最大値, 最小値を求めよ。　　　　[類 福島県立医大]

　点 P$(x,\ y)$ が楕円 $\dfrac{x^2}{4}+y^2=1$ 上を動くから,
$$x=2\cos\theta,\quad y=\sin\theta\quad(0\le\theta<2\pi)$$

←楕円 $\dfrac{x^2}{a^2}+\dfrac{y^2}{b^2}=1$

の媒介変数表示
　$x=a\cos\theta$,
　$y=b\sin\theta$

と表されて
$$\begin{aligned}
3x^2-16xy-12y^2&=3\cdot4\cos^2\theta-16\cdot2\cos\theta\cdot\sin\theta-12\sin^2\theta\\
&=12(\cos^2\theta-\sin^2\theta)-16\cdot2\sin\theta\cos\theta\\
&=12\cos2\theta-16\sin2\theta\\
&=-4(4\sin2\theta-3\cos2\theta)\\
&=-4\cdot5\sin(2\theta-\alpha)=-20\sin(2\theta-\alpha)
\end{aligned}$$

←$\cos2\theta$
　$=\cos^2\theta-\sin^2\theta$,
　$\sin2\theta=2\sin\theta\cos\theta$,
　$a\sin\theta+b\cos\theta$
　$=\sqrt{a^2+b^2}\sin(\theta+\alpha)$
ただし
$\sin\alpha=\dfrac{b}{\sqrt{a^2+b^2}}$,

$\cos\alpha=\dfrac{a}{\sqrt{a^2+b^2}}$

　ただし　　$\cos\alpha=\dfrac{4}{5}$, $\sin\alpha=\dfrac{3}{5}$

　$-1\le\sin(2\theta-\alpha)\le1$ であるから, $3x^2-16xy-12y^2$ は
　　$\sin(2\theta-\alpha)=-1$ のとき　**最大値 20**,
　　$\sin(2\theta-\alpha)=1$　 のとき　**最小値 -20**
をとる。

EX ④51

座標平面において，極方程式 $r=2\cos\theta$ で表される曲線を C とし，C 上において極座標が $\left(\sqrt{2}, \dfrac{\pi}{4}\right)$，$(2, 0)$ である点をそれぞれ A，B とする。また，A，B を通る直線を ℓ とし，A を中心とし，線分 AB を半径にもつ円を D とする。

(1) 直線 ℓ の極方程式を求めよ。

(2) 円 D の極方程式を求めよ。　　　　　　　　　　　　　　〔類 金沢工大〕

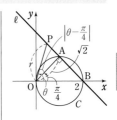

(1) $r=2\cos\theta$ から，曲線 C は点 $(1, 0)$ を中心とし，半径が 1 の円を表す。

線分 OB は円 C の直径であるから　　$\text{OA}\perp\text{AB}$

よって，直線 ℓ は，点 A を通り OA に垂直な直線である。

ゆえに，直線 ℓ 上の点 P の極座標を (r, θ) とすると，

$\text{OA}=\text{OP}\cos\angle\text{POA}$ から　　$\sqrt{2}=r\cos\left|\theta-\dfrac{\pi}{4}\right|$

したがって　　$r\cos\left(\theta-\dfrac{\pi}{4}\right)=\sqrt{2}$

4章 EX

(2) 円 D 上の点 Q の極座標を (r, θ) とする。

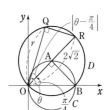

$\text{AB}=\text{OA}=\sqrt{2}$ であるから，極座標が $\left(2\sqrt{2}, \dfrac{\pi}{4}\right)$ である点を R とすると，直角三角形 OQR において

$$\text{OQ}=\text{OR}\cos\angle\text{QOR}$$

したがって　　$r=2\sqrt{2}\cos\left(\theta-\dfrac{\pi}{4}\right)$

別解　$(x, y$ の方程式を極方程式に直す)

(1) 点 A，B の直交座標は，それぞれ

$$\text{A}(1, 1), \quad \text{B}(2, 0)$$

よって，直線 ℓ の方程式は　　$x+y=2$

$x=r\cos\theta$，$y=r\sin\theta$ を代入して

$$r\cos\theta+r\sin\theta=2$$

すなわち　　$r(\cos\theta+\sin\theta)=2$

ここで　　$\cos\theta+\sin\theta$

$$=\sqrt{2}\cdot\left(\dfrac{1}{\sqrt{2}}\cos\theta+\dfrac{1}{\sqrt{2}}\sin\theta\right)=\sqrt{2}\cos\left(\theta-\dfrac{\pi}{4}\right)$$

したがって　　$r\cos\left(\theta-\dfrac{\pi}{4}\right)=\sqrt{2}$

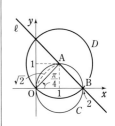

(2) $\text{AB}=\sqrt{2}$ であるから，円 D の方程式は

$$(x-1)^2+(y-1)^2=2$$

すなわち　　$x^2+y^2=2x+2y$

$x^2+y^2=r^2$，$x=r\cos\theta$，$y=r\sin\theta$ を代入して

$$r^2=2r\cos\theta+2r\sin\theta$$

すなわち　　$r^2=2\sqrt{2}\,r\cos\left(\theta-\dfrac{\pi}{4}\right)$

よって　　$r=0$ または $r=2\sqrt{2}\cos\left(\theta-\dfrac{\pi}{4}\right)$

←点 A を中心とし，半径 $\sqrt{2}$ の円。

$r=0$ は極を表し，曲線 $r=2\sqrt{2}\cos\left(\theta-\dfrac{\pi}{4}\right)$ は極を通る。

したがって，円 D の極方程式は　　$r=2\sqrt{2}\cos\left(\theta-\dfrac{\pi}{4}\right)$

EX
⑤**52** 放物線 $C:y^2=4px\ (p>0)$ の焦点 F を通り，互いに直交する 2 つの弦を AB, CD とする。
　　(1) F を極，x 軸の正の部分を始線として，放物線 C の極方程式を求めよ。
　　(2) $\dfrac{1}{\mathrm{AB}}+\dfrac{1}{\mathrm{CD}}$ は一定であることを示せ。

(1) 放物線 C 上の点 P の極座標を $(r,\ \theta)$ とし，点 P から準線
　$x=-p$ に垂線 PH を下ろすと
　　　　　　PF＝PH
　ここで　　PF＝r，
　　　　　　PH＝$2p+\mathrm{PF}\cos\theta$
　　　　　　　　＝$2p+r\cos\theta$
　ゆえに　　$r=2p+r\cos\theta$
　よって　　$(1-\cos\theta)r=2p$

　$\cos\theta\neq1$ であるから　　$r=\dfrac{2p}{1-\cos\theta}$

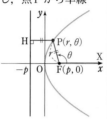

← 放物線の性質。

← 焦点 F を極とみることに注意。

← $\theta\neq2n\pi$ [n は整数]

(2) 2 つの弦 AB, CD がともに F を通り，
　互いに直交することから，(1) における
　極座標について
　　　A$(r_1,\ \theta)$, B$(r_2,\ \theta+\pi)$,
　　　C$\left(r_3,\ \theta+\dfrac{\pi}{2}\right)$, D$\left(r_4,\ \theta+\dfrac{3}{2}\pi\right)$
　とおける（ただし，$r_1>0,\ r_2>0,$
　$r_3>0,\ r_4>0$）。
　ゆえに，(1) から

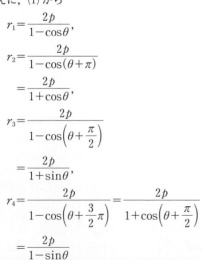

← D$\left(r_4,\ \theta+\dfrac{\pi}{2}+\pi\right)$

$$r_1=\dfrac{2p}{1-\cos\theta},$$
$$r_2=\dfrac{2p}{1-\cos(\theta+\pi)}$$
$$\quad=\dfrac{2p}{1+\cos\theta},$$
$$r_3=\dfrac{2p}{1-\cos\left(\theta+\dfrac{\pi}{2}\right)}$$
$$\quad=\dfrac{2p}{1+\sin\theta},$$
$$r_4=\dfrac{2p}{1-\cos\left(\theta+\dfrac{3}{2}\pi\right)}=\dfrac{2p}{1+\cos\left(\theta+\dfrac{\pi}{2}\right)}$$
$$\quad=\dfrac{2p}{1-\sin\theta}$$

← 4 点 A, B, C, D は
　放物線上にある。

← $\cos(\theta+\pi)=-\cos\theta$

← $\cos\left(\theta+\dfrac{\pi}{2}\right)=-\sin\theta$

← $\cos\left\{\left(\theta+\dfrac{\pi}{2}\right)+\pi\right\}$

よって

$$\mathrm{AB}=r_1+r_2=\frac{2p}{1-\cos\theta}+\frac{2p}{1+\cos\theta}=\frac{4p}{1-\cos^2\theta}=\frac{4p}{\sin^2\theta},$$

←AB＝FA＋FB

$$\mathrm{CD}=r_3+r_4=\frac{2p}{1+\sin\theta}+\frac{2p}{1-\sin\theta}=\frac{4p}{1-\sin^2\theta}=\frac{4p}{\cos^2\theta}$$

←CD＝FC＋FD

したがって $\quad\dfrac{1}{\mathrm{AB}}+\dfrac{1}{\mathrm{CD}}=\dfrac{\sin^2\theta+\cos^2\theta}{4p}=\dfrac{1}{4p}\quad$（一定）

← p は r, θ に無関係。

4章

EX

TRAINING 実践の解答

注意　数学Cの問題番号はC-○のように表している。

TR実践
④C-1
k を実数の定数とする。ある平面上に点Pと三角形 ABC があり，次の等式を満たしている。
$$3\overrightarrow{PA}+4\overrightarrow{PB}+5\overrightarrow{PC}=k\overrightarrow{BC}$$
(1) 点Pが直線 AB 上にあるとき，$k=$ ［　ア　］ である。
(2) 点Pが三角形 ABC の内部にあるとき，［　イウ　］$<k<$［　エ　］ である。ただし，点Pは三角形 ABC の周上にはないものとする。

$3\overrightarrow{PA}+4\overrightarrow{PB}+5\overrightarrow{PC}=k\overrightarrow{BC}$ から

$-3\overrightarrow{AP}+4(\overrightarrow{AB}-\overrightarrow{AP})+5(\overrightarrow{AC}-\overrightarrow{AP})=k(\overrightarrow{AC}-\overrightarrow{AB})$　　←始点をAにそろえる。

ゆえに　　$\overrightarrow{AP}=\dfrac{k+4}{12}\overrightarrow{AB}+\dfrac{-k+5}{12}\overrightarrow{AC}$

(1) 点Pが直線 AB 上にある条件は

$$\dfrac{-k+5}{12}=0\qquad よって\qquad k=^{\text{ア}}\mathbf{5}$$

←点Pが直線 AB 上にあるとき，3 点 A，B，P は一直線上にある。よって，$\overrightarrow{AP}=\bigcirc\overrightarrow{AB}$ の形に表すことができる。

(2) 点Pが三角形 ABC の内部にある条件は

$$0<\dfrac{k+4}{12}+\dfrac{-k+5}{12}<1 \cdots\cdots ①\quad かつ$$

$$\dfrac{k+4}{12}>0 \cdots\cdots ②\quad かつ\quad \dfrac{-k+5}{12}>0 \cdots\cdots ③$$

① は常に成り立つ。

② から　　$k>-4$　　　③ から　　$k<5$

これらの共通範囲を求めて　　$^{\text{イウ}}\mathbf{-4}<k<{}^{\text{エ}}\mathbf{5}$

←① を整理すると
$$0<\dfrac{3}{4}<1$$

TR実践
④**C-2**

a を実数とする。xyz 空間内の 4 点を A$(0,\ a,\ 4)$, B$(-2,\ 0,\ 3)$, C$(1,\ 0,\ 2)$, D$(0,\ 2,\ 3)$ とし，点 P$(1,\ 0,\ 6)$ に光源をおく。

(1) 光源が xy 平面上につくる点Aの影の座標は（$\boxed{アイ}$, $\boxed{ウ}\,a$, 0）である。

(2) 光源が xy 平面上につくる三角形 BCD の影は三角形となる。この三角形の頂点の座標は（$\boxed{エ}$, $\boxed{オ}$, 0）, $(-\boxed{カ}$, $\boxed{キ}$, 0）, $(-\boxed{ク}$, $\boxed{ケ}$, 0）である。ただし，$\boxed{カ} > \boxed{ク}$ とする。

---

(1) 点Aの影を A′ とすると，A′ は直線 PA と xy 平面との交点である。

$\overrightarrow{PA'} = k\overrightarrow{PA}$（$k$ は実数）とおくと，
$\overrightarrow{PA} = (-1,\ a,\ -2)$ であるから

$$\begin{aligned}
\overrightarrow{OA'} &= \overrightarrow{OP} + \overrightarrow{PA'} = \overrightarrow{OP} + k\overrightarrow{PA} \\
&= (1,\ 0,\ 6) + (-k,\ ak,\ -2k) \\
&= (1-k,\ ak,\ 6-2k)
\end{aligned}$$

$\overrightarrow{OA'}$ の z 成分は 0 であるから　$6-2k=0$

よって，$k=3$ であるから　　$\overrightarrow{OA'} = (-2,\ 3a,\ 0)$

すなわち，点 A′ の座標は　　（$^{アイ}\mathbf{-2}$, $^{ウ}\mathbf{3a}$, 0)

(2) (1)と同様に，点 B, C, D の影をそれぞれ B′, C′, D′ とする。

まず，P$(1,\ 0,\ 6)$ と C$(1,\ 0,\ 2)$ の x 成分，y 成分が等しいから，直線 PC は z 軸に平行な直線となる。

よって，点 C′ の座標は　　（$^{エ}\mathbf{1}$, $^{オ}\mathbf{0}$, 0)

また，$\overrightarrow{PB'} = l\overrightarrow{PB}$, $\overrightarrow{PD'} = m\overrightarrow{PD}$（$l,\ m$ は実数）とおく。
$\overrightarrow{PB} = (-3,\ 0,\ -3)$, $\overrightarrow{PD} = (-1,\ 2,\ -3)$ であるから

$$\overrightarrow{OB'} = \overrightarrow{OP} + \overrightarrow{PB'} = \overrightarrow{OP} + l\overrightarrow{PB} = (1-3l,\ 0,\ 6-3l)$$
$$\overrightarrow{OD'} = \overrightarrow{OP} + \overrightarrow{PD'} = \overrightarrow{OP} + m\overrightarrow{PD} = (1-m,\ 2m,\ 6-3m)$$

$\overrightarrow{OB'}$, $\overrightarrow{OD'}$ の z 成分は 0 であるから　$6-3l=0$, $6-3m=0$

よって　　$l=2$, $m=2$

ゆえに，B′, D′ の座標は

$$\text{B}'(-^{カ}\mathbf{5},\ ^{キ}\mathbf{0},\ 0),\ \text{D}'(-^{ク}\mathbf{1},\ ^{ケ}\mathbf{4},\ 0)$$

⬅点 R が直線 PQ 上にある
　　$\iff \overrightarrow{PR} = k\overrightarrow{PQ}$ となる実数 k がある

⬅点 A′ は xy 平面上にあるから，その z 座標は 0 である。

⬅点 B′ が直線 PB 上にある。
また，点 D′ が直線 PD 上にある。

⬅点 B′, D′ は xy 平面上にあるから，その z 座標は 0 である。

TR実践
⑤**C-3** 複素数平面上に 6 点 $A(z_1)$, $B(z_2)$, $C(z_3)$, $D(z_4)$, $E(z_5)$, $F(z_6)$ がある。

六角形 ABCDEF が右の図のような正六角形のとき

$$z_3 = \boxed{\text{ア}}\, z_1 + \boxed{\text{イ}}\, z_5,$$
$$z_2 = \boxed{\text{ウ}}\, z_1 - \boxed{\text{エ}}\, z_5,$$
$$z_6 = \boxed{\text{オ}}\, z_1 + \boxed{\text{カ}}\, z_5$$

である。

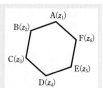

$\boxed{\text{ア}} \sim \boxed{\text{カ}}$ の解答群 （同じものを繰り返し選んでもよい。）

⓪ $\dfrac{3+\sqrt{3}\,i}{3}$ ① $\dfrac{1+\sqrt{3}\,i}{2}$ ② $\dfrac{\sqrt{3}}{3}\,i$

③ $\dfrac{1-\sqrt{3}\,i}{2}$ ④ $\dfrac{3-\sqrt{3}\,i}{6}$ ⑤ $\dfrac{3+\sqrt{3}\,i}{6}$

点 z_3 は，点 z_5 を中心として点 z_1 を $\dfrac{\pi}{3}$ だけ回転した点である

から $\quad z_3 - z_5 = \left(\cos\dfrac{\pi}{3} + i\sin\dfrac{\pi}{3}\right)(z_1 - z_5)$

よって $\quad z_3 = \left(\dfrac{1}{2} + \dfrac{\sqrt{3}}{2}i\right)(z_1 - z_5) + z_5$

$\qquad\qquad = \dfrac{1+\sqrt{3}\,i}{2}z_1 + \dfrac{1-\sqrt{3}\,i}{2}z_5 \quad (^{\text{ア}}①, \ ^{\text{イ}}③)$

点 z_2 は，点 z_1 を中心として点 z_5 を $-\dfrac{\pi}{2}$ だけ回転して，点

z_1 からの距離を $\dfrac{1}{\sqrt{3}}$ 倍した点であるから

$$z_2 - z_1 = \dfrac{1}{\sqrt{3}}\left\{\cos\left(-\dfrac{\pi}{2}\right) + i\sin\left(-\dfrac{\pi}{2}\right)\right\}(z_5 - z_1)$$

よって $\quad z_2 = \dfrac{1}{\sqrt{3}}(-i)(z_5 - z_1) + z_1$

$\qquad\qquad = \dfrac{3+\sqrt{3}\,i}{3}z_1 - \dfrac{\sqrt{3}}{3}iz_5 \quad (^{\text{ウ}}⓪, \ ^{\text{エ}}②)$

点 z_3 を点 z_2 に移す平行移動によって，点 z_5 は点 z_6 に移動するから

$$z_6 = z_5 + (z_2 - z_3)$$
$$= z_5 + \left(\dfrac{3+\sqrt{3}\,i}{3}z_1 - \dfrac{\sqrt{3}}{3}iz_5\right) - \left(\dfrac{1+\sqrt{3}\,i}{2}z_1 + \dfrac{1-\sqrt{3}\,i}{2}z_5\right)$$
$$= \dfrac{3-\sqrt{3}\,i}{6}z_1 + \dfrac{3+\sqrt{3}\,i}{6}z_5 \quad (^{\text{オ}}④, \ ^{\text{カ}}⑤)$$

TR実践
④**C-4** 座標平面上で原点を中心とする半径5の円を C_1，点F(12, 0)を中心とする半径1の円を C_2 とする。
円 C_1 と円 C_2 に外接する円の中心をPとすると，点Pはある双曲線上に存在し，その双曲線の方程式は $\dfrac{(x-\boxed{\text{ア}})^2}{\boxed{\text{イ}}} - \dfrac{y^2}{\boxed{\text{ウエ}}} = \boxed{\text{オ}}$ である。

円 C_1，C_2 に外接する円を C_3 とし，円 C_3 と円 C_1，C_2 との接点をそれぞれ A，B とすると

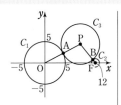

$$|OP-FP|$$
$$=|(OA+PA)-(FB+PB)|$$
$$=|(5+PA)-(1+PB)|$$

ここで，PA＝PB であるから

$$|OP-FP|=4$$

である。

⇐PA，PB は，円 C_3 の半径である。

したがって，点Pは2点O，Fを焦点とする双曲線上にある。
ここで，線分 OF の中点の座標は　　(6, 0)
求める双曲線を x 軸方向に -6 だけ平行移動すると，焦点O，Fはそれぞれ点 $(-6, 0)$，$(6, 0)$ に移る。

⇐双曲線の中心が原点となるように平行移動する。

この2点を焦点とし，双曲線上の点から2つの焦点までの距離の差が4である双曲線の方程式を $\dfrac{x^2}{a^2} - \dfrac{y^2}{b^2} = 1$ $(a>0, \ b>0)$

とおくと　$2a=4$，$\sqrt{a^2+b^2}=6$

よって　　$a=2$，$b=4\sqrt{2}$

⇐距離の差　$2a$
　焦点の座標
　　$(\pm\sqrt{a^2+b^2}, \ 0)$

ゆえに，求める双曲線は，双曲線 $\dfrac{x^2}{4} - \dfrac{y^2}{32} = 1$ を x 軸方向に

6だけ平行移動したものであるから，その方程式は

$$\dfrac{(x-{}^{\text{ア}}\mathbf{6})^2}{{}^{\text{イ}}\mathbf{4}} - \dfrac{y^2}{{}^{\text{ウエ}}\mathbf{32}} = {}^{\text{オ}}\mathbf{1}$$

発行所
数研出版株式会社

本書の一部または全部を許可なく
複写・複製すること，および本書
の解説書，問題集ならびにこれに
類するものを無断で作成すること
を禁じます。

〒101-0052　東京都千代田区神田小川町2丁目3番地3
　　　　　　　　　〔振替〕　00140-4-118431
〒604-0861　京都市中京区烏丸通竹屋町上る大倉町205番地
〔電話〕代表 (075)231-0161
ホームページ　https://www.chart.co.jp
印刷　岩岡印刷株式会社
乱丁本・落丁本はお取り替えします。　　　　　240606